自然科学基础系列教材

工科大学数学教程

线性代数与空间解析几何

（偏理）

吴勃英　游　宏　董增福　编

U0223264

哈爾濱工業大學出版社

内 容 简 介

本书是以前国家教委1995年颁布的高等工业学校本科高等数学课程教学基本要求为纲，针对本、硕连读生和对数学有较高要求的非数学专业本科生，在吸取了我校多年来教材改革和教学实践经验基础上编写而成的。其内容包括：一元多项式；行列式；矩阵；向量与线性空间；线性方程组及其在几何学中的应用；线性变换；特征值、特征向量及相似矩阵；Jordan标准形；二次型与二次曲面。每章中配有一定数量的例题，每章后配有大量的习题。

本书可作为理工科院校非数学专业本科生的数学课教材，也可作为考研人员和工程技术人员的参考书。

图书在版编目（CIP）数据

线性代数与空间解析几何/吴勃英，游宏，董增福编. —哈尔滨：哈尔滨工业大学出版社，2000.5（2023.7重印）
ISBN 978-7-5603-1541-6

Ⅰ.线… Ⅱ.①吴… ②游… ③董… Ⅲ.①线性代数 ②空间几何：解析几何 Ⅳ.①O151.2 ②O182.2

中国版本图书馆CIP数据核字（2009）第213690号

责任编辑 王桂芝 黄菊英
封面设计 卞秉利
出版发行 哈尔滨工业大学出版社
社 址 哈尔滨市南岗区复华四道街10号 邮编150006
传 真 0451-86414749
网 址 http://hitpress.hit.edu.cn
印 刷 哈尔滨圣铂印刷有限公司
开 本 787mm×1092mm 1/16 印张13.5 字数341千字
版 次 2000年5月第1版 2023年7月第8次印刷
书 号 ISBN 978-7-5603-1541-6
定 价 36.80元

国家工科数学教学基地
哈尔滨工业大学工科数学教材编写委员会

主　任　王　勇

委　员　（按姓氏笔划为序）

前　言

培养基础扎实、勇于创新的人才历来是大学教育的一个重要目标，随着知识经济时代的到来，这一目标显得更加突出。在工科大学教育中，数学课既是基础理论课程，又在培养学生抽象思维能力、逻辑推理能力、空间想象能力和科学计算能力诸方面起着特殊重要的作用。为适应培养21世纪工程技术人才对数学的要求，我们按照原国家教委关于系列课程改革的精神，多年来在数学教学改革方面进行了探索，取得一定的成效，在此基础上，编写了这套教材，其中包括《工科数学分析（上下册）》、《线性代数与空间解析几何》、《概率论与数理统计》、《计算方法》、《数学实验》及针对本、硕连读生和对数学有较高要求的非数学专业本科生的《工科数学分析（上下册）》、《线性代数与空间解析几何》。这套教材是参照原国家教委1995年颁布的高等工业学校本科各门数学课程教学基本要求和1997年研究生入学考试大纲编写的。为满足不同专业、不同层次学生的需要，这套教材适当增加了部分内容，对学生能力的要求也有所提高。

本教材的编写力求具有以下特色：

1.将各门课程的内容有机结合、融会贯通，既保证了教学质量的提高，又压缩了教学时数。

2.重视对学生能力的培养，注意提高学生基本素质。对基本概念、理论、思想方法的阐述准确、简洁、透彻、深入。取材上，精选内容，突出重点，强调应用，注意奠定学生创新能力的基础。

3.例题和习题丰富，特别是综合性和实际应用性的题较多，有利于学生掌握所学内容、提高分析问题和解决问题的能力。

4.以简介和附录的形式为学生展望新知识留下窗口，以开阔学生的视野，为进一步拓宽数学知识指出方向。

本教材主要由哈尔滨工业大学数学系各教研室教师编写，东北电力学院、黑龙江科技学院、鞍山师范学院、大庆石油学院等学校的教师参加了部分章节的编写工作，哈尔滨工业大学数学系富景隆、杨克劭、曹彬、戚振开、薛小平五位教授分别审阅了教材的各部分内容，提出了许多宝贵意见。

由于编者水平有限，教材中缺点和疏漏在所难免，恳请读者批评指正。

哈尔滨工业大学工科数学教材编写委员会

2000年5月

编者的话

本书是为对数学基础要求较高的高等院校工科专业，如计算机、自动控制、通信工程、力学等专业及非数学理科专业本科学生的《线性代数与空间解析几何》课程编写的。

近年来，哈尔滨工业大学对一些数学基础要求较高的工科专业本科教学实行了新的教学体系。本体系无论在数学教学的内容上，还是在数学各分支间的融会上，都对原有的工科数学教材作了一定程度的改革。本书是在教学实践的基础上，结合相关专业的实际状况，参考部分兄弟重点院校工科数学教材，遵循“加强基础、注重应用、培养能力”的指导思想编写而成的。本书具有以下几方面的特点：

(1) 注重了线性代数与解析几何的融合。以线性代数为主，用代数的观点介绍解析几何。

(2) 增加了一元多项式的内容。这在一般工科线性代数教材中是少见的。编者认为近代许多工程计算问题都要涉及多项式方程组，让工科学生具备一点多项式方面的基础知识有利于今后解决工程中的多元多项式方程组的计算问题。

(3) 增添了线性变换的内容。这有利于学生了解矩阵理论的几何背景及如何将空间中的变换(线性)用矩阵来表现。

(4) 介绍了复数域上相似矩阵的 Jordan 标准形。可使学生们了解如何用形式最简的矩阵来表示一个线性变换。

本书第一章、第四章、第五章大部、第六章、第七章前三节、第八章由游宏编写，第二章、第三章、第五章第一节、第七章第四节及各章大多习题由吴勃英编写，第九章由董增福编写，全书由游宏、吴勃英校阅。

限于编者水平，书中不当之处在所难免，我们热诚希望使用本教材的教师和同学批评指正。

编　者

2000 年 8 月

目　　录

第 1 章　一元多项式

多项式是代数学研究的古老课题，也是代数学研究的基本对象之一。近年来，由于用"非线性方法"处理工程和技术问题的增多，多项式方程组的计算与求解在工程计算中就显得日趋重要，因此学习和掌握有关多项式的一些基本知识对工科专业的学生来说亦有必要。

在中学代数课程中已介绍过不少有关多项式的知识，主要为多项式的具体运算，而高等代数则以多项式的理论为主，即讨论多项式的一般规律。

多项式理论一般包括一元多项式和多元多项式两部分。本书只介绍一元多项式，为了解多项式理论起一个"入门"的作用，也为今后学习相似矩阵的标准形打一个基础。

本章主要介绍：

1. 数环与数域；
2. 一元多项式的带余除法；
3. 最大公因式及辗转相除法；
4. 一元多项式的因式分解；
5. 重因式的判断；
6. 多项式的根。

数环与数域

我们知道整数集 **Z** 可以进行加、减、乘三种运算，但不能进行除法运算，用代数学的术语来说，整数集 **Z** 对加、减、乘三种运算**封闭**，但对除法运算不封闭。而有理数集 **Q**、实数集 **R**、复数集 **C** 则对加、减、乘、除这四种运算（也称四则运算）都封闭。

除了上述熟知的四种数集，是否还有其他数集可以对四则运算中的某几种运算封闭呢？我们来看两个例子。

【例 1.1】　令

$$\mathbf{F}=\{a+b\sqrt{2}\mid \forall a,b\in Q\}$$

（符号 $\forall$ 表示任意的意思，即 a,b 为 Q 中任意元素），则 **F** 对四则运算封闭。

易见，**F** 中含不为 0 的元素，例如 $a=1,b=0$，那么 $1\in\mathbf{F}$。下面验证 **F** 对四则运算封闭。令

$$\alpha=a_1+b_1\sqrt{2},\beta=a_2+b_2\sqrt{2}，其中\ a_1,a_2,b_1,b_2\in Q$$

于是

$$\alpha\pm\beta=(a_1\pm a_2)+(b_1\pm b_2)\sqrt{2}$$

$$\alpha\cdot\beta=(a_1a_2+2b_1b_2)+(a_1b_2+b_1a_2)\sqrt{2}$$

现设 $\beta\neq 0$，即 a_2,b_2 不同时为 0，则

$$\frac{\alpha}{\beta}=\frac{a_1+b_1\sqrt{2}}{a_2+b_2\sqrt{2}}=\frac{(a_1+b_1\sqrt{2})(a_2-b_2\sqrt{2})}{(a_2+b_2\sqrt{2})(a_2-b_2\sqrt{2})}=$$
$$\frac{a_1a_2-2b_1b_2}{a_2^2-2b_2^2}+\frac{b_1a_2-a_1b_2}{a_2^2-2b_2^2}\sqrt{2}$$

因为 $a_1\pm a_2, b_1\pm b_2, a_1a_2+2b_1b_2, a_1b_2+b_1a_2, \frac{a_1a_2-2b_1b_2}{a_2^2-2b_2^2}, \frac{b_1a_2-a_1b_2}{a_2^2-2b_2^2}$(注意 $a_2^2-2b_2^2\neq 0$)都是有理数,所以在 **F** 中可进行四则运算。

【例 1.2】 将例 1.1 中的数集 **F** 作一改动,变为

$$\mathbf{R}=\{a+b\sqrt{2}\mid \forall a,b\in\mathbf{Z}\}$$

由例 1.1 的验证可知,**R** 对加、减、乘三种运算封闭,但对除法不封闭。

同学们可以想象到,按例 1.1 的构造方式可以在有理数集与实数集之间得到无穷多个对四则运算封闭的数集;也可以在整数集基础上用例 1.2 的方式得到无穷多个对加、减、乘三种运算封闭的数集。由此可见,在四则运算中某些运算封闭是很多数集的共性。下面我们给出反映这种对运算封闭性质的代数学中两个常见的概念。

【定义 1.1】 令 **R** 是一非空数集,若 **R** 对加、减、乘三种运算封闭,即对 **R** 中任意二个数 a、b,其和、差、积($a+b, a-b, ab$) 都在 **R** 中,则称 **R** 是一个**数环**。

【定义 1.2】 令 **F** 是至少含一个不为 0 的数的数集,若 **F** 对四则运算封闭,则称 **F** 是一个**数域**。

现在我们可以说例 1.1 中的数集 **F** 为一数域,当然,有理数集、实数集、复数集都是数域。例 1.2 中的数集 **R** 为一数环,同样,我们称整数集为整数环。

注 1. 数域都是数环,但数环可能不是数域;

2. 在数域中做除法时,0 不能做除数;

3. 数环、数域都是考虑了运算的数集。

【命题】 任何数域都包含有理数域。

【证明】 设 **F** 为数域,那么 **F** 中有不为 0 的元 a。于是 $a-a=0\in\mathbf{F}$, $\frac{a}{a}=1\in\mathbf{F}$,再由 1 通过加法可以得出一切正整数;而 0 减去(一切) 正整数就得到(一切) 负整数。因而全体整数在 **F** 中。通过除法,可得一切有理数在 **F** 中。

问题 1 单独一个数 0 能否构成一个数环? 能否构成一个数域?

问题 2 任何数环都包含整数环吗?

一元多项式的运算

A. 一元多项式环

一元多项式的概念及运算大家都有所了解,本节只作一简单介绍。

【定义 1.3】 设 **F** 为数域,x 是一符号(也称未定元),形式表达式

$$a_nx^n+a_{n-1}x^{n-1}+\cdots+a_1x+a_0=\sum_{i=0}^{n}a_ix^i \tag{1.1}$$

称为 **F** 上的一个一元多项式,其中 n 为非负整数,$a_0, a_1, \cdots, a_{n-1}, a_n\in\mathbf{F}$。

a_ix^i（令 $a_0x^0=a_0$）称为该多项式的 i 次项，a_i 称为 i 次项的系数，a_0 又称为常数项。当 $a_n\neq 0$ 时，a_nx^n 称为首项，a_n 称为首项系数，n 称为该多项式的次数。若把(1.1) 中的多项式记为 $f(x)$，该多项式的次数常记为 $\deg f(x)$（有时简记为 $\deg f$）。各项系数全为 0 的多项式记为 0，称为零多项式。零多项式的次数规定为 $-\infty$（也有不规定其次数的）。

为书写方便，常约定：

1. 系数为 0 的项可省略不写（自然也可添上一些系数为 0 的项）；

2. 系数为 1 的项可把系数 1 略去不写。

数域 $\mathbf{F}$ 上一元多项式的集合常用 $\mathbf{F}[x]$ 表示，且 $\mathbf{F}\subset\mathbf{F}[x]$。

【定义 1.4】 设 $f(x),g(x)\in\mathbf{F}[x]$，如果它们同次项的系数都相等，则称 $f(x)$ 与 $g(x)$ 相等，记做 $f(x)=g(x)$。

现设

$$f(x)=a_nx^n+\cdots+a_1x+a_0=\sum_{i=0}^{n}a_ix^i$$

$$g(x)=b_mx^m+\cdots+b_1x+b_0=\sum_{i=0}^{m}b_ix^i$$

【定义 1.5】 $\mathbf{F}[x]$ 中的多项式 $f(x)$ 与 $g(x)$ 的和(假定 $n\geqslant m$) 定义为

$$h(x)=(a_n+b_n)x^n+\cdots+(a_1+b_1)x+(a_0+b_0)$$

（注意：因 $m\leqslant n$，我们可为 $g(x)$ 添上一些系数为 0 的项)，记做 $h(x)=f(x)+g(x)$。

【定义 1.6】 $\mathbf{F}[x]$ 中多项式 $f(x)$ 与 $g(x)$ 的积定义为

$$h(x)=a_nb_mx^{n+m}+(a_{n-1}b_m+a_nb_{m-1})x^{n+m-1}+\cdots+$$
$$(a_0b_i+a_1b_{i-1}+\cdots+a_ib_0)x^i+\cdots+a_0b_0$$

记为 $h(x)=f(x)g(x)$，其中 $h(x)$ 的第 i 次项的系数为 $c_i=\sum\limits_{j+k=i}a_jb_k$。

由定义可知，对任意多项式 $f(x)$ 有如下关系式

$$0+f(x)=f(x)\qquad 1\cdot f(x)=f(x)$$

$$0\cdot f(x)=0\qquad f(x)+(-f(x))=0$$

其中 $-f(x)$ 是由 $f(x)$ 的各项系数变号而得到的多项式。

多项式的减法可以由多项式的加法得出

$$g(x)-f(x)=g(x)+(-f(x))$$

易于验证，多项式的加法、乘法满足以下算律：

(1) 加法交换律

$$f(x)+g(x)=g(x)+f(x)$$

(2) 加法结合律

$$(f(x)+g(x))+h(x)=f(x)+(g(x)+h(x))$$

(3) 乘法交换律

$$f(x)g(x)=g(x)f(x)$$

(4) 乘法结合律

$$(f(x)g(x))h(x)=f(x)(g(x)h(x))$$

事实上，若设 $h(x)=c_tx^t+\cdots+c_1x+c_0$，则

$$(f(x)g(x))h(x)=\sum_{r=0}^{n+m+t}\Big(\sum_{k+l=r}\Big(\sum_{i+j=k}a_ib_j\Big)c_l\Big)x^r=$$

$$\sum_{r=0}^{n+m+t}\Big(\sum_{i+j+l=r} a_i b_j c_l\Big)x^r =$$
$$\sum_{r=0}^{n+m+t}\Big(\sum_{i+k=r} a_i\Big(\sum_{j+l=k} b_j c_l\Big)\Big)x^r =$$
$$f(x)(g(x)h(x))$$

(5) 乘法对加法的分配律

$$f(x)(g(x)+h(x)) = f(x)g(x) + f(x)h(x)$$

从上面的论述可以看出 $\mathbf{F}[x]$ 对加、减、乘三种运算封闭，这很像数环，因而我们也把 $\mathbf{F}[x]$ 称为**一元多项式环**(简称多项式环)。

易见，多项式的次数与运算之间有如下关系

$$\deg(f(x) \pm g(x)) \leqslant \max(\deg f(x), \deg g(x))$$
$$\deg(f(x)g(x)) = \deg f(x) + \deg g(x)$$

特别地，我们有 $f(x)g(x)=0$ 当且仅当 $f(x)=0$ 或者 $g(x)=0$。

B. 带余除法

两个多项式相除，可能得到一个多项式，也可能得不到一个多项式。我们有必要研究一下多项式的除法。

【定义 1.7】 令 $f(x), g(x) \in \mathbf{F}[x]$，若存在多项式 $q(x) \in \mathbf{F}[x]$，使得 $f(x) = g(x)q(x)$，就说 $g(x)$ 整除 $f(x)$，记做 $g(x) \mid f(x)$；否则说 $g(x)$ 不能整除 $f(x)$，记做 $g(x) \nmid f(x)$。

当 $g(x) \mid f(x)$ 时，称 $g(x)$ 是 $f(x)$ 的一个因式，而 $f(x)$ 称为 $g(x)$ 的倍式。

关于整除有如下一些性质：

(1) 若 $g(x) \mid f(x), h(x) \mid g(x)$，则 $h(x) \mid f(x)$。

(2) 若 $g(x) \mid f(x), f(x) \mid g(x)$，那么 $f(x) = cg(x)$，其中 c 是 $\mathbf{F}$ 中一非零常数。

(3) 若 $h(x) \mid f(x), h(x) \mid g(x)$，则 $h(x) \mid f(x) \pm g(x)$。

(4) 每一多项式可整除零多项式，也可被任一零次多项式整除。

我们只验证 2，其余留给读者验证。

由条件及多项式整除的定义，应有 $q(x)$ 与 $h(x)$，使得

$$f(x) = g(x)q(x), g(x) = f(x)h(x)$$

于是

$$f(x) = f(x)h(x)q(x)$$
$$f(x)(1 - h(x)q(x)) = 0$$

若 $f(x) \neq 0$，则

$$1 - h(x)q(x) = 0, h(x)q(x) = 1$$

从而 $\deg h(x) + \deg q(x) = 0$，由此得

$$\deg h(x) = 0, \deg q(x) = 0$$

即 $q(x)$ 为一非零常数 c，故 $f(x) = cg(x)$。

若 $f(x) = 0$，此时 $g(x) = 0$，取 $q(x)$ 为一非零常数 c 即可。

一般情况下，我们有：

【定理 1.1】 设 $f(x), g(x) \in \mathbf{F}[x]$，且 $g(x) \neq 0$，那么存在 $\mathbf{F}$ 上的多项式 $q(x)$ 与 $r(x)$，使得

$$f(x) = g(x)q(x) + r(x) \tag{1.2}$$

其中或者 $r(x) = 0$，或者 $\deg r(x) < \deg g(x)$；满足以上条件的多项式 $q(x)$ 与 $r(x)$ 只有惟一

的一对。

【证明】 先证 $q(x)$ 与 $r(x)$ 的存在性。

若 $\deg f(x) < \deg g(x)$，可取 $q(x)=0, r(x)=f(x)$。

现假定 $\deg f(x) \geqslant \deg g(x)$，把 $f(x)$ 与 $g(x)$ 按 x 的降幂写出

$$f(x)=a_n x^n + a_{n-1}x^{n-1}+\cdots+a_1x+a_0$$
$$g(x)=b_m x^m + b_{m-1}x^{m-1}+\cdots+b_1x+b_0$$

其中 $a_n \neq 0, b_m \neq 0$，且 $n \geqslant m$。

令

$$f_1(x)=f(x)-\frac{a_n}{b_m}x^{n-m}g(x)$$

易见 $\deg f_1(x) < \deg f(x)$。如果 $f_1(x)=0$ 或$\deg f_1(x) <\deg g(x)$，问题得证。此时 $r(x)=f_1(x), q(x)=\dfrac{a_n}{b_m}x^{n-m}$。否则，我们用同样的方法可得 **F** 上一多项式 $f_2(x)$

$$f_2(x)=f_1(x)-\frac{a_{n_1}}{b_m}x^{n_1-m}g(x)$$

这里 a_{n_1} 是 $f_1(x)$ 的首项系数，$f_2(x)$ 有以下性质：或者 $f_2(x)=0$ 或者 $\deg f_2(x) < \deg f_1(x)$。

这样作下去，由于 $f_1(x), f_2(x)$ 的次数是递降的，最后一定可以得到多项式 $f_k(x)$

$$f_k(x)=f_{k-1}(x)-\frac{a_{n_{k-1}}}{b_m}x^{n_{k-1}-m}g(x)$$

而 $f_k(x)=0$ 或 $\deg f_k(x) < \deg g(x)$。

归纳上述过程，我们可得

$$f(x)=g(x)\left(\frac{a_n}{b_m}x^{n-m}+\frac{a_{n_1}}{b_m}x^{n_1-m}+\cdots+\frac{a_{n_{k-1}}}{b_m}x^{n_{k-1}-m}\right)+f_k(x)$$

这样 $q(x)=\dfrac{a_n}{b_m}x^{n-m}+\dfrac{a_{n_1}}{b_m}x^{n_1-m}+\cdots+\dfrac{a_{n_{k-1}}}{b_m}x^{n_{k-1}-m}$ 与 $r(x)=f_k(x)$ 满足(1.2)的要求。

再证 $q(x)$ 与 $r(x)$ 的惟一性。

若还有 $q_1(x), r_1(x) \in \mathbf{F}[x]$，使得 $f(x)=g(x)q_1(x)+r_1(x)$，且满足 $r_1(x)=0$ 或 $\deg r_1(x) < \deg g(x)$，那么有

$$g(x)q(x)+r(x)=g(x)q_1(x)+r_1(x)$$
$$g(x)(q(x)-q_1(x))=r_1(x)-r(x) \tag{1.3}$$

若 $r_1(x)-r(x)\neq 0$，那么 $q(x)-q_1(x)$ 也不等于零。此时 $\deg(r_1(x)-r(x)) < \deg g(x)$，而等式(1.3)左端的次数大于等于 $g(x)$ 的次数，这不可能，故必有

$$r_1(x)=r(x), q(x)=q_1(x)$$

证毕

(1.2)中的多项式 $q(x)$ 与 $r(x)$ 分别叫做 $g(x)$ 除 $f(x)$ 所得的商式与余式，而求 $q(x)$ 与 $r(x)$ 的方法称为**带余除法**。应注意的是定理 1.1 的证明不仅是对结论的证明，而且也给出了求 $q(x)$ 与 $r(x)$ 的具体方法与步骤。

【推论】 $g(x) \mid f(x)$ 当且仅当 $g(x)$ 除 $f(x)$ 的余式 $r(x)=0$。

【例 1.3】 设

$$f(x)=2x^4-3x^3+4x^2-5x+6$$
$$g(x)=x^2-3x+1$$

求以 $g(x)$ 除 $f(x)$ 的商式与余式。

【解】 我们以如下算式进行运算

$$
\begin{array}{r|l}
 & 2x^2+3x+11 \\
\hline
x^2-3x+1 & 2x^4-3x^3+4x^2-5x+6 \\
 & 2x^4-6x^3+2x^2 \\
\cline{2-2}
 & \qquad 3x^3+2x^2-5x+6 \\
 & \qquad 3x^3-9x^2+3x \\
\cline{2-2}
 & \qquad\quad 11x^2-8x+6 \\
 & \qquad\quad 11x^2-33x+11 \\
\cline{2-2}
 & \qquad\qquad 25x-5
\end{array}
$$

所以,商式 $q(x)=2x^3+3x+11$,余式 $r(x)=25x-5$。

问题 1 设 $\mathbf{F},\mathbf{F}_1$ 都是数域且 $\mathbf{F}\subseteq\mathbf{F}_1$,又设 $f(x),g(x)\in\mathbf{F}[x]\subseteq\mathbf{F}_1[x]$,$g(x)\neq 0$。若 $g(x)$ 在 $\mathbf{F}[x]$ 中不整除 $f(x)$,那么在 $\mathbf{F}_1[x]$ 中 $g(x)$ 是否整除 $f(x)$?

问题 2 平行于定理 1.1,写出整数的带余除法表达式。

最大公因式

设 $\mathbf{F}$ 是一数域,$f(x),g(x),h(x)\in\mathbf{F}[x]$。若 $h(x)$ 既是 $f(x)$ 的因式,又是 $g(x)$ 的因式,则称 $h(x)$ 是 $f(x)$ 与 $g(x)$ 的公因式。

【定义 1.8】 设 $d(x)$ 是 $f(x)$ 与 $g(x)$ 的一个公因式,若 $d(x)$ 能被 $f(x)$ 与 $g(x)$ 的每一个公因式整除,那么称 $d(x)$ 为 $f(x)$ 与 $g(x)$ 的一个**最大公因式**。

【例 1.4】 $x-\sqrt{2}$,$x+\sqrt{2}$,x^2-2 都是 x^4-4 与 x^4-4x^2+4 的公因式,但 x^2-2 是它们的最大公因式。

注 对于任意多项式 $f(x)$,$f(x)$ 是 $f(x)$ 与 0 的一个最大公因式,特别地,两个零多项式的最大公因式就是 0;若 $g(x)\mid f(x)$,那么 $g(x)$ 就是 $f(x)$ 与 $g(x)$ 的一个最大公因式;若 $d(x)$ 是 $f(x)$ 与 $g(x)$ 的一个最大公因式,那么对任一 $0\neq c\in\mathbf{F}$,$cd(x)$ 也是 $f(x)$ 与 $g(x)$ 的一个最大公因式(读者可以根据定义 1.8 自已证明)。因此,如果 $f(x)$ 与 $g(x)$ 的最大公因式存在,就不是惟一的,但彼此之间差一常数因子,它们之间有惟一的一个首项系数为 1(这样的多项式称为首一多项式)的最大公因式,记为 $(f(x),g(x))$。

下面我们将研究最大公因式的存在性。

【引理】 若对 $f(x)$ 与 $g(x)$ 有等式

$$f(x)=g(x)q(x)+r(x) \tag{1.4}$$

则 $f(x)$ 与 $g(x)$ 和 $g(x)$ 与 $r(x)$ 有相同的公因式,进而,有相同的最大公因式。

【证明】 若 $d(x)$ 是 $g(x)$ 与 $r(x)$ 的一个公因式,即 $d(x)\mid g(x)$,$d(x)\mid r(x)$,那么由 (1.4),$d(x)\mid f(x)$,这就是说 $d(x)$ 也是 $f(x)$ 与 $g(x)$ 的一个公因式。

反之,若 $d(x)$ 是 $f(x)$ 与 $g(x)$ 的一个公因式,即 $d(x)\mid f(x)$,$d(x)\mid g(x)$,那么由(1.4),$d(x)\mid r(x)$,故 $d(x)$ 也是 $g(x)$ 与 $r(x)$ 的一个公因式。

若 $d(x)$ 是 $f(x)$ 与 $g(x)$ 的一个最大公因式,$d_1(x)$ 是 $g(x)$ 与 $r(x)$ 的一个最大公因式,由上面的讨论知,必有 $d_1\mid d(x)$,$d(x)\mid d_1(x)$。因而 $d(x)=cd_1(x)\mid(c\in\mathbf{F})$。 **证毕**

【定理 1.2】 对于 $\mathbf{F}[x]$ 中两个多项式 $f(x),g(x)$,最大公因式 $(f(x),g(x))$ 存在,且存在 $u(x),v(x)\in\mathbf{F}[x]$,使得

$$(f(x),g(x))=f(x)u(x)+g(x)v(x)$$

【证明】 若 $f(x)$，$g(x)$ 有一个为零，比如说 $g(x)=0$，那么 $f(x)$ 就是一个最大公因式，若其首项系数为 $c\neq 0$，那么

$$(f(x),0)=c^{-1}\cdot f(x)+1\cdot 0$$

下面不妨设 $g(x)\neq 0$，按带余除法有 $f(x)=g(x)q_1(x)+r_1(x)$；若 $r_1(x)\neq 0$，又有 $g(x)=r_1(x)q_2(x)+r_2(x)$；若 $r_2(x)\neq 0$，再用 $r_2(x)$ 去除 $r_1(x)$，得商式 $q_3(x)$，余式 $r_3(x)$；如此辗转相除下去，显然所得余式的次数不断降低，即

$$\deg g(x)>\deg r_1(x)>\deg r_2(x)>\cdots$$

因此在有限次之后，必然有余式为零，于是我们有一串等式

$$\begin{aligned}
f(x)&=g(x)q_1(x)+r_1(x)\\
g(x)&=r_1(x)q_2(x)+r_2(x)\\
&\ \ \vdots\\
r_{i-2}(x)&=r_{i-1}(x)q_i(x)+r_i(x)\\
&\ \ \vdots\\
r_{k-2}(x)&=r_{k-1}(x)q_k(x)+r_k(x)\\
r_{k-1}(x)&=r_k(x)q_{k+1}(x)+0
\end{aligned}$$

$r_k(x)$ 与 0 的最大公因式是 $r_k(x)$。根据以上说明，$r_k(x)$ 也就是 $r_k(x)$ 与 $r_{k-1}(x)$ 的一个最大公因式；同样的理由，逐步推上去，$r_k(x)$ 就是 $f(x)$ 与 $g(x)$ 的一个最大公因式。

由以上等式的倒数第二个，我们有

$$r_k(x)=r_{k-2}(x)-r_{k-1}(x)q_k(x)$$

然后用上面的等式逐个地消去 $r_{k-1}(x),\cdots,r_1(x)$，再并项就得到

$$r_k(x)=f(x)u(x)+g(x)v(x)$$

若 $r_k(x)$ 首项系数为 $c\neq 0$，则

$$c^{-1}r_k(x)=(f(x),g(x))=f(x)(c^{-1}u(x))+g(x)(c^{-1}v(x))$$

证毕

上面我们不仅证明了任意两个多项式的最大公因式的存在性，也获得了求出这样公因式的实际方法，这种方法叫做**辗转相除法**。一般可用下面形式表示

$q_2(x)$	$g(x)$	$f(x)$	$q_1(x)$
	$r_1(x)q_2(x)$	$g(x)q_1(x)$	
	$r_2(x)$	$r_1(x)$	$q_3(x)$
	$\vdots$	$\vdots$	

【例 1.5】 求 $(f(x),g(x))$ 及 $u(x)$，$v(x)$，使

$$(f(x),g(x))=f(x)u(x)+g(x)v(x)$$

其中 $f(x)=x^3+2x^2-5x-6$，$g(x)=x^2+x-2$。

【解】 用辗转相除法，有

$-\frac{1}{4}x$	$x^2+x\quad -2$	$x^3+\quad 2x^2\quad -5x\quad -6$	$x+1$
	x^2+x	$x^3+\quad x^2\quad -2x$	
	-2	$x^2\quad -3x\quad -6$	
		$x^2\quad +x\quad -2$	
		$-4x\quad -4$	$2x+2$
		$-4x\quad -4$	
		0	

这里 $r_1(x)=-4x-4, r_2(x)=-2, r_3(x)=0$,故

$$(f(x),g(x))=1$$

且由

$$f(x)=g(x)(x+1)+(-4x-4)$$

$$g(x)=(-4x-4)(-\frac{1}{4}x)+(-2)$$

得

$$1=-\frac{1}{2}(-2)=-\frac{1}{2}(g(x)-r_1(x)(-\frac{1}{4}x)=$$

$$-\frac{1}{2}(g(x)-(f(x)-g(x)(x+1))\frac{-x}{4})=$$

$$-\frac{x}{8}f(x)+(\frac{x^2}{8}+\frac{x}{8}-\frac{1}{2})g(x)$$

即可取 $u(x)=-\frac{x}{8}, v(x)=\frac{1}{8}(x^2+x-4)$。

【定义 1.9】 设 $f(x),g(x)\in\mathbf{F}[x]$,如果

$$(f(x),g(x))=1$$

则称 $f(x)$ 与 $g(x)$ **互素**。

如果 $f(x),g(x)$ 互素,则 $f(x),g(x)$ 的任何公因式都是非零常数,反之也是对的。

【定理 1.3】 设 $f(x),g(x)\in\mathbf{F}[x]$,则 $f(x)$ 与 $g(x)$ 互素的充分必要条件是存在 $u(x)$,$v(x)\in\mathbf{F}[x]$,使得

$$f(x)u(x)+g(x)v(x)=1$$

【证明】 必要性由定理 1.2 得到。反之,若

$$f(x)u(x)+g(x)v(x)=1$$

由 $(f(x),g(x))\mid f(x)$,$(f(x),g(x))\mid g(x)$,知 $(f(x),g(x))\mid 1$,这样 $(f(x),g(x))$ 为一非零常数,又 $(f(x),g(x))$ 首项系数为 1,故 $(f(x),g(x))=1$。 **证毕**

由这个定理可推出关于互素多项式如下两个重要性质:

【性质 1.1】 若 $f(x)\mid g(x)h(x)$,且 $(f(x),g(x))=1$,则 $f(x)\mid h(x)$。

事实上,由 $(f(x),g(x))=1$ 可知,有 $u(x),v(x)$,使

$$f(x)u(x)+g(x)v(x)=1$$

等式两边乘以 $h(x)$,得

$$f(x)u(x)h(x)+g(x)v(x)h(x)=h(x)$$

因 $f(x)\mid g(x)h(x)$,故 $f(x)$ 整除等式左端,于是 $h(x)$ 也能被 $f(x)$ 整除。

【性质 1.2】 若 $f_1(x)\mid g(x)$,$f_2(x)\mid g(x)$,且 $(f_1(x),f_2(x))=1$,则 $f_1(x)f_2(x)\mid g(x)$。

事实上,由 $f_1(x)\mid g(x)$ 有

$$g(x)=f_1(x)h_1(x) \tag{1.5}$$

因 $f_2(x)\mid g(x)$,即 $f_2(x)\mid f_1(x)h_1(x)$,又 $(f_1(x),f_2(x))=1$,由性质 1.1 有 $f_2(x)\mid h_1(x)$,即

$$h_1(x)=f_2(x)h_2(x) \tag{1.6}$$

将式(1.6)代入式(1.5),得

$$g(x)=f_1(x)f_2(x)h_2(x)$$

亦即 $f_1(x)f_2(x)\mid g(x)$。

关于两个多项式的公因式、最大公因式的概念及讨论可以推广到 n 个多项式的情形。

如果 $\varphi(x)$ 是 $f_1(x),f_2(x),\cdots,f_n(x)$ 中每一个多项式的因式，则称 $\varphi(x)$ 是 $f_1(x),f_2(x),\cdots,f_n(x)$ 的一个公因式。进而，若 $\varphi(x)$ 能被 $f_1(x),f_2(x),\cdots,f_n(x)$ 的任一公因式整除，则称 $\varphi(x)$ 是 $f_1(x),f_2(x),\cdots,f_n(x)$ 的一个最大公因式。

我们仍用符号 $(f_1(x),\cdots,f_n(x))$ 表示 $f_1(x),\cdots,f_n(x)$ 的首项系数为1的最大公因式。

对于 n 个多项式 $f_1(x),\cdots,f_n(x)$，我们可以得出平行于定理 1.2、定理 1.3 的结论，读者试自已写出。

最后明确一个问题，两个多项式的公因式会因系数域的扩大而不同，如例 1.4 中的多项式 x^4-4 与 x^4-4x^2+4 在实数域上 $x-\sqrt{2}$ 及 $x+\sqrt{2}$ 都是它们的公因式，但在有理数域上这两个一次多项式不能认为是它们的公因式；但两个多项式的最大公因式却不因系数域的扩大而改变。同学们可作为一个问题来思考，为什么会是这样的呢？

【例 1.6】 若 $(f(x),g(x))=1$，则 $(f(x)g(x),f(x)+g(x))=1$

【证明】 因 $(f(x),g(x))=1$，存在 $u(x),v(x)\in \mathbf{F}[x]$，使得

$$f(x)u(x)+g(x)v(x)=1 \tag{1.7}$$

我们有

$$f(x)u(x)+g(x)u(x)-g(x)u(x)+g(x)v(x)=1$$

$$(f(x)+g(x))u(x)+g(x)(v(x)-u(x))=1 \tag{1.8}$$

即 $(f(x)+g(x),g(x))=1$。同理 $(f(x)+g(x),f(x))=1$，即有 $u_1(x),v_1(x)\in \mathbf{F}[x]$，使得

$$(f(x)+g(x))u_1(x)+f(x)v_1(x)=1 \tag{1.9}$$

将(1.9)的两边乘以 $g(x)$ 并将 $g(x)=f(x)g(x)v_1(x)+(f(x)+g(x))g(x)u_1(x)$ 代入(1.8)，合并同类项后可得

$$(f(x)+g(x))u_2(x)+f(x)g(x)v_2(x)=1$$

即

$$(f(x)+g(x),f(x)g(x))=1$$

问题 1 两个整数的最大公因数及整数互素的概念同学们在中、小学已学过，试写出并证明平行于定理 1.2、定理 1.3 的结论。

问题 2 设 $f(x),g(x),d(x)\in \mathbf{F}[x]$，且有

$$f(x)u(x)+g(x)v(x)=d(x)$$

能否断定 $d(x)$ 是 $f(x)$ 与 $g(x)$ 的最大公因式？

一元多项式的因式分解

在中学代数里我们学过一些具体方法把一个多项式分解为不能再分的因式之积，但那时有些问题没有明确：一是何为不能再分，二是每个多项式是否都能分解成不能再分的多项式之积，分法是否惟一？

【例 1.7】

$$x^4-4=(x^2-2)(x^2+2)$$

将 x^4-4 看做 $\mathbf{Q}[x]$($\mathbf{Q}$ 表示有理数域) 中元素，上面的分解已不能再分；但看做 $\mathbf{R}[x]$ 中元素($\mathbf{R}$ 表示实数域)，还可继续分解

$$x^4-4=(x-\sqrt{2})(x+\sqrt{2})(x^2+2)$$

且在 $\mathbf{R}[x]$ 中已不能再分；但作为 $\mathbf{C}[x]$($\mathbf{C}$ 表示复数域) 中元素又可进一步分解，因 $(x^2+2)=$

$(x+\sqrt{2}i)(x-\sqrt{2}i)$，当然这的确不能再分了。

【定义 1.10】 数域 $\mathbf{F}$ 上多项式 $f(x)(\deg f(x)\geqslant 1)$ 如果不能表示为 $\mathbf{F}[x]$ 中两个次数均小于 $\deg f(x)$ 的多项式的积，则称 $f(x)$ 为 $\mathbf{F}[x]$ 中**不可约多项式**。否则称 $f(x)$ 是 $\mathbf{F}[x]$ 中**可约多项式**。

按照定义，一次多项式总是不可约的。对于零多项式与零次多项式，我们既不说它们是可约的，也不说它们不可约，这正如整数中的 0 与 1 既不是素数也不是合数一样。

我们先列出不可约多项式的若干性质。

(1) 令 $f(x),p(x)\in\mathbf{F}[x]$，且 $p(x)$ 不可约，则或者 $p(x)\mid f(x)$，或者 $(p(x),f(x))=1$。

事实上，设 $(f(x),p(x))=d(x)$，则 $d(x)\mid p(x)$，由于 $p(x)$ 不可约，故 $d(x)=1$ 或 $d(x)=cp(x)$($c\in\mathbf{F}$，c^{-1} 为 $p(x)$ 的首项系数)。如果 $d(x)=1$，则 $(f(x),p(x))=1$，如果 $d(x)=cp(x)$，则 $p(x)\mid f(x)$。

(2) 设 $p(x)$ 为不可约多项式，且 $p(x)\mid f(x)g(x)$，则或者 $p(x)\mid f(x)$，或者 $p(x)\mid g(x)$。

事实上，若 $p(x)\mid f(x)$，则结论成立。否则，由性质(1)知 $(f(x),p(x))=1$，再由 1.3 节性质 1.1 知 $p(x)\mid g(x)$。

(3) 设 $p(x)$ 为不可约多项式，且 $p(x)\mid f_1(x)\cdots f_k(x)$，则 $p(x)$ 必整除 $f_1(x),\cdots,f_k(x)$ 中的某一 $f_i(x)$。

【定理 1.4】(因式分解惟一性定理) 数域 $\mathbf{F}$ 上任一次数 $\geqslant 1$ 的多项式 $f(x)$ 都可以惟一地分解成 $\mathbf{F}$ 上不可约多项式的乘积。所谓惟一性是指，如果有两个分解式

$$f(x)=p_1(x)p_2\cdots(x)p_s(x)=q_1(x)q_2(x)\cdots q_t(x)$$

那么必有 $s=t$，且适当排列因式次序后，有

$$p_i(x)=c_iq_i(x)\qquad i=1,2,\cdots,s$$

其中 $c_i(i=1,2,\cdots,s)$ 是 $\mathbf{F}$ 中不为 0 的数，$p_i(x),q_i(x)(i=1,2,\cdots,s)$ 是 $\mathbf{F}$ 上的不可约多项式。

【证明】 先证分解式的存在。我们对 $f(x)$ 的次数 n 应用数学归纳法。

当 $n=1$ 时，$f(x)$ 是不可约的，故结论成立。现假设对次数低于 n 的多项式结论成立。设 $f(x)$ 是次数为 n 的多项式，若它是不可约的，则定理已成立。否则，若 $f(x)$ 是可约的，即有

$$f(x)=f_1(x)f_2(x)\tag{1.10}$$

其中 $f_1(x),f_2(x)$ 的次数都低于 $f(x)$ 的次数 n，于是由归纳假设，$f_1(x),f_2(x)$ 都可以分解成 $\mathbf{F}$ 上不可约多项式的乘积，把这两个分解式代入(1.10)，就将 $f(x)$ 分解成 $\mathbf{F}$ 上不可约多项式的乘积，这就证明了分解式的存在。

其次证明惟一性。设

$$f(x)=p_1(x)p_2(x)\cdots p_s(x)=q_1(x)q_2(x)\cdots q_t(x)\tag{1.11}$$

其中 $p_i(x),q_j(x)(i=1,2,\cdots,s,j=1,2,\cdots,t)$ 都是不可约的。

我们对 $f(x)$ 的次数 n 作数学归纳法，显然当 $n=1$ 时结论成立。假设对于次数低于 n 的多项式惟一性成立。

由式(1.11)有 $p_1(x)\mid q_1(x)\cdots q_t(x)$，据本节性质(3)，$p_1(x)$ 必整除其中的一个，不妨设

$$p_1(x)\mid q_1(x)$$

因 $q_1(x)$ 也不可约，故有

$$p_1(x)=c_1q_1(x),c_1\in F$$

于是，把 $p_1(x)=c_1q_1(x)$ 代入式(1.11)，并消去 $q_1(x)$，得

$$c_1p_2(x)\cdots p_s(x)=q_2(x)\cdots q_t(x)=g(x)$$

8. 证明：如果 $f(x)$，$g(x)$ 不全为零，且

$$f(x)u(x)+g(x)v(x)=(f(x),g(x))$$

那么$(u(x),v(x))=1$。

9. 设 $d(x)$ 是首项系数为 1 的多项式，且 $d(x)=f(x)u(x)+g(x)v(x)$，问 $d(x)$ 是否一定是 $f(x)$ 与 $g(x)$ 的一个最大公因式，为什么？

10. 设 $p(x)$ 是 **F** 上次数 $\geqslant 1$ 的多项式，证明：如果对于 **F** 上的任意多项式 $f(x)$，$g(x)$，由 $p(x)\mid f(x)g(x)$ 可推出 $p(x)\mid f(x)$ 或者 $p(x)\mid g(x)$，那么 $p(x)$ 是 **F** 上的不可约多项式。

11. 将 $x^4+x^3+x^2+x+1$ 在复数域上分解为不可约多项式之积。

12. 证明：次数大于 0 的首项系数为 1 的多项式 $f(x)$ 是一不可约多项式的方幂的充要条件是：对任意多项式 $g(x)$ 必有$(f(x),g(x))=1$，或者对于某一正整数 m，$f(x)\mid g^m(x)$。

13. 判断下列多项式有无重因式

(1) $f(x)=x^4+4x^2-4x-3$　　　　(2) $f(x)=x^5-5x^4+7x^3-2x^2+4x-3$

14. 求 t 值，使 $f(x)=x^3-3x^2+tx-1$ 有重根。

15. 若$(x-1)^2\mid Ax^4+Bx^2+1$，求 A，B。

16. 设 $\deg f(x)>0$。试证 $f'(x)\mid f(x)$ 当且仅当 $f(x)=a(x-b)^n$，$a,b,\in \mathbf{F}$。

17. 证明：如果$(x^2+x+1)\mid f_1(x^3)+xf_2(x^3)$，那么

$$(x-1)\mid f_1(x),\quad (x-1)\mid f_2(x)$$

18. 证明：$\sin x$ 不能表成 x 的多项式。

19. 试就以下给出的根做出次数尽可能低的实系数多项式：

(1) 二重根 1，单根 2 及 $1+i$；

(2) 二重根 $2-i$，单根 $1-i$。

20. 证明：奇次实系数多项式至少有一个实根。

21. 设实系数多项式 $x^4-6x^3+ax^2+bx+2$ 有四个实根，求证这四个根中至少有一个小于 1。

第2章　行　列　式

行列式是一个重要的数学工具，广泛应用于工程技术和科学研究的许多领域。学习行列式一是要理解行列式的概念，二是要掌握行列式的性质并运用这些性质进行行列式的计算。

本章主要介绍以下几个内容：

1. 行列式的概念；
2. 行列式的性质；
3. 行列式的展开定理；
4. 克莱姆(Cramer) 法则。

行列式的概念

在讨论行列式的一般概念之前，先领会一下二阶和三阶行列式的引进。

A. 二阶和三阶行列式

对二元线性方程组

$$\begin{cases} a_{11}x_1 + a_{12}x_2 = b_1 \\ a_{21}x_1 + a_{22}x_2 = b_2 \end{cases} \tag{2.1}$$

用熟知的消元法，可得

$$\begin{cases} (a_{11}a_{22} - a_{12}a_{21})x_1 = b_1a_{22} - b_2a_{12} \\ (a_{11}a_{22} - a_{12}a_{21})x_2 = b_2a_{11} - b_1a_{21} \end{cases}$$

如果$(a_{11}a_{22} - a_{12}a_{21}) \neq 0$，可得方程组(2.1) 惟一的一组解

$$x_1 = \frac{b_1a_{22} - b_2a_{12}}{a_{11}a_{22} - a_{12}a_{21}}, x_2 = \frac{b_2a_{11} - b_1a_{21}}{a_{11}a_{22} - a_{12}a_{21}} \tag{2.2}$$

我们引入记号

$$\begin{vmatrix} a_{11} & a_{12} \\ a_{21} & a_{22} \end{vmatrix}$$

称其为**二阶行列式**。横写的为行，竖写的为列，每个数 a_{ij} $(i,j = 1,2)$ 均称为它的元素。第一个下标 i 称为行指标，表示该元素位于第 i 行，第二个下标 j 称为列指标，表示该元素位于第 j 列。

二阶行列式的展开式为

$$\begin{vmatrix} a_{11} & a_{12} \\ a_{21} & a_{22} \end{vmatrix} = a_{11}a_{22} - a_{12}a_{21} \tag{2.3}$$

即左对角线上的两个元素相乘之积减去右对角线上两个元素相乘之积。

分析解的表达式(2.2)，不难看出

$$x_1 = \frac{\Delta_1}{\Delta} \qquad x_2 = \frac{\Delta_2}{\Delta} \tag{2.4}$$

其中 $\Delta=\begin{vmatrix}a_{11} & a_{12}\\ a_{21} & a_{22}\end{vmatrix}$ 称为方程组(2.1)的系数行列式；$\Delta_1=\begin{vmatrix}b_1 & a_{12}\\ b_2 & a_{22}\end{vmatrix}$、$\Delta_2=\begin{vmatrix}a_{11} & b_1\\ a_{21} & b_2\end{vmatrix}$ 可由 Δ 中的第一列、第二列分别以常数项 b_1,b_2 置换而得到。

【例 2.1】 解二元线性方程组 $\begin{cases}2x+3y=9\\ x+7y=-4\end{cases}$

【解】 计算

$$\Delta=\begin{vmatrix}2 & 3\\ 1 & 7\end{vmatrix}=2\times 7-3\times 1=11\neq 0$$

$$\Delta_1=\begin{vmatrix}9 & 3\\ -4 & 7\end{vmatrix}=9\times 7-3\times(-4)=75$$

$$\Delta_2=\begin{vmatrix}2 & 9\\ 1 & -4\end{vmatrix}=2\times(-4)-9\times 1=-17$$

得方程组的解为

$$x=\frac{\Delta_1}{\Delta}=\frac{75}{11}\qquad y=\frac{\Delta_2}{\Delta}=-\frac{17}{11}$$

类似地，我们引入记号

$$\begin{vmatrix}a_{11} & a_{12} & a_{13}\\ a_{21} & a_{22} & a_{23}\\ a_{31} & a_{32} & a_{33}\end{vmatrix}$$

称其为**三阶行列式**。

三阶行列式的展开式为

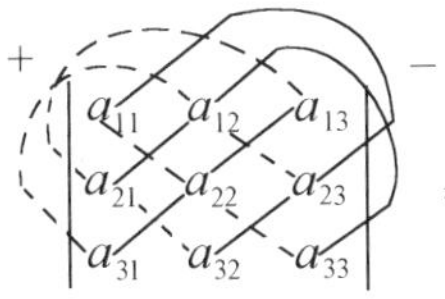

$$=a_{11}a_{22}a_{33}+a_{12}a_{23}a_{31}+a_{13}a_{21}a_{32}-a_{11}a_{23}a_{32}-a_{12}a_{21}a_{33}-a_{13}a_{22}a_{31}\tag{2.5}$$

即虚线连接的三个元素乘积(从左到右)之和减去实线连接的三个元素(从右到左)乘积之和。

于是，我们可以利用三阶行列式来讨论三元线性方程组的求解问题。

对于三元线性方程组

$$\begin{cases}a_{11}x_1+a_{12}x_2+a_{13}x_3=b_1\\ a_{21}x_1+a_{22}x_2+a_{23}x_3=b_2\\ a_{31}x_1+a_{32}x_2+a_{33}x_3=b_3\end{cases}\tag{2.6}$$

如果系数排成的行列式

$$\Delta=\begin{vmatrix}a_{11} & a_{12} & a_{13}\\ a_{21} & a_{22} & a_{23}\\ a_{31} & a_{32} & a_{33}\end{vmatrix}\neq 0$$

则方程(2.6)的解惟一，为

$$x_1=\frac{\Delta_1}{\Delta},\quad x_2=\frac{\Delta_2}{\Delta},\quad x_3=\frac{\Delta_3}{\Delta}$$

其中 Δ_1、Δ_2、Δ_3 是分别以 b_1、b_2、b_3 置换 Δ 中的第一、二、三列而得到的三阶行列式。

【例 2.2】 解三元线性方程组

$$\begin{cases} x_1 - x_2 - x_3 = 4 \\ 3x_1 + 5x_2 + x_3 = -2 \\ -x_1 + 2x_2 + 6x_3 = 1 \end{cases}$$

【解】 计算

$$\Delta = \begin{vmatrix} 1 & -1 & -1 \\ 3 & 5 & 1 \\ -1 & 2 & 6 \end{vmatrix} = 1\times5\times6+(-1)\times1\times(-1)+(-1)\times3\times2-1\times1\times2-$$

$$(-1)\times3\times6-(-1)\times5\times(-1)=46\neq0$$

$$\Delta_1 = \begin{vmatrix} 4 & -1 & -1 \\ -2 & 5 & 1 \\ 1 & 2 & 6 \end{vmatrix} = 4\times5\times6+(-1)\times1\times1+(-1)\times(-2)\times2-(-1)\times5\times$$

$$1-(-1)\times(-2)\times6-4\times1\times2=108$$

$$\Delta_2 = \begin{vmatrix} 1 & 4 & -1 \\ 3 & -2 & 1 \\ -1 & 1 & 6 \end{vmatrix} = -90 \qquad \Delta_3 = \begin{vmatrix} 1 & -1 & 4 \\ 3 & 5 & -2 \\ -1 & 2 & 1 \end{vmatrix} = 54$$

求得方程组的解为

$$x_1=\frac{\Delta_1}{\Delta}=\frac{54}{23} \qquad x_2=\frac{\Delta_2}{\Delta}=-\frac{45}{23} \qquad x_3=\frac{\Delta_3}{\Delta}=\frac{27}{23}$$

从上述讨论可以看出，引入行列式概念后，二元、三元线性方程组的解可以公式化。为了把这个思想推广到 n 元线性方程组，我们先来引入 n 阶行列式的概念。

B. n 阶行列式的定义

为了定义 n 阶行列式，先来介绍排列及其重要性质。

把 n 个不同的元素按一定顺序排成一行，称为这 n 个元素的一个**排列**。n 个不同元素的排列共有 $n!$ 种。如自然数 1,2,3 的排列共有 $3!=6$ 种，即 123,231,312,132,213,321。

由自然数 $1,2,\cdots,n$ 组成的有序数组称为一个 n **阶排列**，通常用 $j_1j_2\cdots j_n$ 表示，且当 $m\neq l$ 时，$j_m\neq j_l(m,l=1,2,\cdots,n)$。

对于 n 个自然数的一个排列，如果一个大的数排在一个小的数之前，就称这两个数构成一个**逆序**。一个排列的逆序总和称为该排列的**逆序数**，记为 $\tau(j_1j_2\cdots j_n)$。

【例 2.3】 求排列 1342 和排列 31542 的逆序数。

【解】 4 阶排列 1342 的逆序是(3,2)，(4,2)，故 $\tau(1342)=2$。5 阶排列 31542 的逆序是(3,1)，(3,2)(5,4)，(5,2)，(4,2)，故 $\tau(31542)=5$。

逆序数为奇(偶)数的排列称为**奇(偶)排列**。显然，排列 1342 是偶排列，排列 31542 是奇排列。**自然排列** $123\cdots n$ 的逆序为 0，故它是偶排列。

在一个排列中，把某两个数的位置互换(其他数不动)变成另一个排列的变动称为一个**对换**。

排列有如下性质：

(1) 一个排列中的任意两个数对换后，排列改变奇偶性。即经过一次对换，奇排列变成偶排列，偶排列变成奇排列。

【证明】 先证明相邻对换的情形。

设排列 $a_1a_2\cdots a_sabb_1b_2\cdots b_t$，对换 a 与 b 后排列变为 $a_1a_2\cdots a_sbab_1b_2\cdots b_t$。易见，$a$ 与 b 的对

换不影响 $a_1,a_2,\cdots,a_s,b_1,b_2,\cdots,b_t$ 与其他数的序关系。但 a、b 两数间的序关系却变为：当 $a<b$ 时在新排列中 a、b 构成逆序；当 $a>b$ 时在新排列中 a、b 不构成逆序。因而，排列 $a_1a_2\cdots a_sbab_1b_2\cdots b_t$ 的逆序比排列 $a_1a_2\cdots a_sabb_1b_2\cdots b_t$ 的逆序数多 1 或者少 1，因而奇偶性不同。

再证一般对换的情形。

对排列 $a_1\cdots a_sab_1\cdots b_mbc_1\cdots c_t$ 作 m 次相邻对换，调成 $a_1\cdots a_sabb_1\cdots b_mc_1\cdots c_t$，再作 $m+1$ 次相邻对换，调成 $a_1\cdots a_sbb_1\cdots b_mac_1\cdots c_t$。总之，经过 $2m+1$ 次相邻对换，可以把排列 $a_1\cdots a_sab_1\cdots b_mbc_1\cdots c_t$ 调成排列 $a_1\cdots a_sbb_1\cdots b_mac_1\cdots c_t$，所以这两个排列的奇偶性相反。

证毕

(2) 在全部 $n(n\geqslant 2)$ 阶排列中，奇偶排列各占一半。

请同学们利用本节性质(1) 证明这个结论。

(3) 任意一个 n 阶排列可经过一系列对换变成自然排列，所作对换次数的奇偶性与这个排列的奇偶性相同。

有了上述一系列性质和概念，我们回顾一下三阶行列式的展开式(2.5)，可以看到有两个特点：

(1) 每一项均可写成 $a_{1j_1}a_{2j_2}a_{3j_3}$ 的形式，其中 j_1,j_2,j_3 无相同者，且是 1,2,3 的一个排列，所以式(2.5) 共有 $3!=6$ 项。

(2) 每一项 $a_{1j_1}a_{2j_2}a_{3j_3}$ 带有符号 $\pm 1=s(j_1,j_2,j_3)$，符号 $s(j_1,j_2,j_3)$ 与排列 $j_1j_2j_3$ 的奇偶性有关，即 $s(j_1,j_2,j_3)=(-1)^{\tau(j_1j_2j_3)}$，例如

$$s(1,2,3)=(-1)^0=1 \qquad s(2,3,1)=(-1)^2=1$$
$$s(3,1,2)=(-1)^2=1 \qquad s(1,3,2)=(-1)^1=-1$$
$$s(2,1,3)=(-1)^1=-1 \qquad s(3,2,1)=(-1)^3=-1$$

可见，三阶行列式可以定义为

$$\begin{vmatrix} a_{11} & a_{12} & a_{13} \\ a_{21} & a_{22} & a_{23} \\ a_{31} & a_{32} & a_{33} \end{vmatrix} = \sum_{(j_1j_2j_3)} (-1)^{\tau(j_1j_2j_3)} a_{1j_1}a_{2j_2}a_{3j_3}$$

其中 $\sum\limits_{(j_1j_2j_3)}$ 是对 1,2,3 所有排列 $j_1j_2j_3$ 取和。

将这个定义推广到 n 阶行列式。

【定义 2.1】 设有数域 $\mathbf{F}$ 中的 n^2 个数 $a_{ij}(i,j=1,\cdots,n)$。称

$$D=\begin{vmatrix} a_{11} & a_{12} & \cdots & a_{1n} \\ a_{21} & a_{22} & \cdots & a_{2n} \\ \vdots & \vdots & & \vdots \\ a_{n1} & a_{n2} & \cdots & a_{nn} \end{vmatrix}$$

为 n 阶行列式，其等于所有取自不同行、不同列的 n 个元素的乘积

$$a_{1j_1}a_{2j_2}\cdots a_{nj_n} \tag{2.7}$$

的代数和，这里 $j_1j_2\cdots j_n$ 是 $1,2,\cdots,n$ 的一个排列，按下列规则带有符号：当 $j_1j_2\cdots j_n$ 是偶排列时，(2.7) 带有正号，当 $j_1j_2\cdots j_n$ 是奇排列时，(2.7) 带有负号。故有

$$\begin{vmatrix} a_{11} & a_{12} & \cdots & a_{1n} \\ a_{21} & a_{22} & \cdots & a_{2n} \\ \vdots & \vdots & & \vdots \\ a_{n1} & a_{n2} & \cdots & a_{nn} \end{vmatrix} = \sum_{j_1j_2\cdots j_n} (-1)^{\tau(j_1j_2\cdots j_n)} a_{1j_1}a_{2j_2}\cdots a_{nj_n} \tag{2.8}$$

这里 $\sum\limits_{j_1j_2\cdots j_n}$ 表示对所有 n 阶排列求和。

当 $n=2,3$ 时,式(2.8)与式(2.3)、(2.5)一致;当 $n=1$ 时,我们规定 $|a_{11}|=a_{11}$。有时,当行列式的阶已很明确时,简记 $D=|a_{ij}|$。

【例 2.4】 在 5 阶行列式

$$\begin{vmatrix} a_{11} & a_{12} & a_{13} & a_{14} & a_{15} \\ a_{21} & a_{22} & a_{23} & a_{24} & a_{25} \\ a_{31} & a_{32} & a_{33} & a_{34} & a_{35} \\ a_{41} & a_{42} & a_{43} & a_{44} & a_{45} \\ a_{51} & a_{52} & a_{53} & a_{54} & a_{55} \end{vmatrix}$$

中,是否有 $a_{13}a_{25}a_{31}a_{42}a_{54}$ 和 $a_{12}a_{22}a_{33}a_{44}a_{55}$ 项?若有,应取什么符号?

【解】 有 $a_{13}a_{25}a_{31}a_{42}a_{54}$ 这一项。因为 3,5,1,2,4 是 1,2,3,4,5 的一个排列,且排列 35124 的逆序有(3,1),(3,2),(5,1),(5,2),(5,4),共 5 个,$\tau(35124)=5$。故 $a_{13}a_{25}a_{31}a_{42}a_{54}$ 这一项的符号为"—"。

由于 2,2,3,4,5 不是 1,2,3,4,5 的一个排列,因此 5 阶行列式中没有 $a_{12}a_{22}a_{33}a_{44}a_{55}$ 这一项。

【例 2.5】 证明上三角行列式

$$\begin{vmatrix} a_{11} & a_{12} & \cdots & a_{1n} \\ 0 & a_{22} & \cdots & a_{2n} \\ & & \ddots & \vdots \\ \text{\Large 0} & & & a_{nn} \end{vmatrix} = a_{11}a_{22}\cdots a_{nn} \tag{2.9}$$

这种主对角线(从左上角到右下角这条线)以下(上)的元素都是 0 的行列式,称为**上(下)三角行列式**。

【证明】 由式(2.8)知道,n 阶行列式展开式中项的一般形式是 $(-1)^{\tau(j_1j_2\cdots j_n)}a_{1j_1}a_{2j_2}\cdots a_{nj_n}$,对于上三角行列式,第 n 行中当 $j_n\neq n$ 时,$a_{nj_n}=0$,故只需考虑 $j_n=n$ 的项即可。又因为在第 $n-1$ 行中,当 $j_{n-1}\neq n-1,n$ 时,$a_{n-1j_{n-1}}=0$,故只需考虑 $j_{n-1}=n-1$ 和 n 这两种情形。但是 $j_n=n$,并且 $j_{n-1}\neq j_n$,因此只有 $j_{n-1}=n-1$。依此类推,可知在 n 阶行列式的展开式中只有惟一的项 $a_{11}a_{22}\cdots a_{nn}$ 可能不为零,而 $\tau(123\cdots n)=0$。于是结论得证。

用类似于例 2.5 的讨论,可以证明

$$\begin{vmatrix} 0 & \cdots & 0 & a_{1n} \\ 0 & \cdots & a_{2\,n-1} & a_{2n} \\ \vdots & \iddots & \vdots & \vdots \\ a_{n1} & \cdots & a_{nn-1} & a_{nn} \end{vmatrix} = (-1)^{\frac{n(n-1)}{2}}a_{1n}a_{2n-1}\cdots a_{n1}$$

行列式的性质

行列式的定义本身,给出了行列式的计算方法,然而当行列式的阶数 n 较大时,用定义来计算极不方便。为了简化计算,先来讨论行列式的一些重要性质。

将 n 阶行列式 D 的第 i 行上的元素放到第 i 列的相应位置上,即把 (i,j) 位置上元素 a_{ij} 放到 (j,i) 位置上而得到的新行列式,称为原行列式的**转置行列式**,记为 D^{T},即

$$D^{\mathrm{T}}=\begin{vmatrix} a_{11} & a_{21} & \cdots & a_{n1} \\ a_{12} & a_{22} & \cdots & a_{n2} \\ \vdots & \vdots & & \vdots \\ a_{1n} & a_{2n} & \cdots & a_{nn} \end{vmatrix}$$

【性质 2.1】 行列式与其转置行列式相等，即

$$D=D^{\mathrm{T}} \tag{2.10}$$

【证明】 设 $B=|b_{ij}|=D^{\mathrm{T}}$，$B$ 的 i 行 j 列元素为 b_{ij}（注意 $b_{ij}=a_{ji}$），则按定义

$$B=\sum_{j_1j_2\cdots j_n}(-1)^{\tau(j_1j_2\cdots j_n)}b_{1j_1}b_{2j_2}\cdots b_{nj_n}=$$
$$\sum_{j_1j_2\cdots j_n}(-1)^{\tau(j_1j_2\cdots j_n)}a_{j_11}a_{j_22}\cdots a_{j_nn}$$

将 $a_{j_11}a_{j_21}\cdots a_{j_nn}$ 的行指标按自然排列成为

$$a_{j_11}a_{j_22}\cdots a_{j_nn}=a_{1i_1}a_{2i_2}\cdots a_{ni_n}$$

（例如 $a_{31}a_{12}a_{23}=a_{12}a_{23}a_{31}$），当 $j_1j_2\cdots j_n$ 取遍 $1,2,\cdots,n$ 的所有 $n!$ 个排列时，$i_1,i_2,\cdots,i_n$ 也取遍整个排列。如果 $j_1j_2\cdots j_n$ 变成自然排列需经过 t 次对换，那么，经过 t 次对换，$i_1,i_2,\cdots,i_n$ 也成为自然排列，于是

$$B=\sum_{j_1j_2\cdots j_n}(-1)^{\tau(j_1j_2\cdots j_n)}a_{j_11}a_{j_22}\cdots a_{j_nn}=$$
$$\sum_{i_1i_2\cdots i_n}(-1)^{\tau(i_1i_2\cdots i_n)}a_{1i_1}a_{2j_2}\cdots a_{ni_n}=D$$

证毕

这个性质说明，在行列式中，行与列具有平等的地位。也就是说，在行列式中关于行的一切论断对于列也同样成立。因此，在以后的论述中，只就行的情况给出。

【性质 2.2】 将行列式中的任意两行（列）互换，则行列式变号。即若

$$D=\begin{vmatrix} a_{11} & a_{12} & \cdots & a_{1n} \\ \vdots & \vdots & & \vdots \\ a_{r1} & a_{r2} & \cdots & a_{rn} \\ \vdots & \vdots & & \vdots \\ a_{s1} & a_{s2} & \cdots & a_{sn} \\ \vdots & \vdots & & \vdots \\ a_{n1} & a_{n2} & \cdots & a_{nn} \end{vmatrix} \qquad D_1=\begin{vmatrix} a_{11} & a_{12} & \cdots & a_{1n} \\ \vdots & \vdots & & \vdots \\ a_{s1} & a_{s2} & \cdots & a_{sn} \\ \vdots & \vdots & & \vdots \\ a_{r1} & a_{r2} & \cdots & a_{rn} \\ \vdots & \vdots & & \vdots \\ a_{n1} & a_{n2} & \cdots & a_{nn} \end{vmatrix}$$

则有

$$D_1=-D$$

【证明】 D 中的任意一项 $a_{1j_1}\cdots a_{rj_r}\cdots a_{sj_s}\cdots a_{nj_n}$ 相应于 D_1 中的项 $a_{1j_1}\cdots a_{sj_s}\cdots a_{rj_r}\cdots a_{nj_n}$，因此 D 与 D_1 展开式中的项相同。对应项前面的符号满足

$$(-1)^{\tau(j_1\cdots j_r\cdots j_s\cdots j_n)}=-(-1)^{\tau(j_1\cdots j_s\cdots j_r\cdots j_n)}$$

所以有

$$D_1=\sum_{j_1\cdots j_n}(-1)^{\tau(j_1\cdots j_s\cdots j_r\cdots j_n)}a_{1j_1}\cdots a_{sj_s}\cdots a_{rj_r}\cdots a_{nj_n}=$$
$$-\sum_{j_1\cdots j_n}(-1)^{\tau(j_1\cdots j_r\cdots j_s\cdots j_n)}a_{1j_1}\cdots a_{rj_r}\cdots a_{sj_s}\cdots a_{nj_n}=-D$$

【推论】 行列式中任意两行（列）的元素相同时，该行列式为 0。

事实上，如果行列式 D 中有某两行元素完全相同，那么，将此两行互换得 D_1，但 $D_1=-D$，而实际上 $D_1=D$，所以 $D=-D$，故得 $D=0$。

【性质 2.3】 将行列式的某行(列)所有元素同乘以数 k,等于用数 k 乘此行列式,即

$$\begin{vmatrix} a_{11} & a_{12} & \cdots & a_{1n} \\ \vdots & \vdots & & \vdots \\ ka_{i1} & ka_{i2} & \cdots & ka_{in} \\ \vdots & \vdots & & \vdots \\ a_{n1} & a_{n2} & \cdots & a_{nn} \end{vmatrix} = k \begin{vmatrix} a_{11} & a_{12} & \cdots & a_{1n} \\ \vdots & \vdots & & \vdots \\ a_{i1} & a_{i2} & \cdots & a_{in} \\ \vdots & \vdots & & \vdots \\ a_{n1} & a_{n2} & \cdots & a_{nn} \end{vmatrix} \tag{2.11}$$

【证明】

$$\begin{vmatrix} a_{11} & a_{12} & \cdots & a_{1n} \\ \vdots & \vdots & & \vdots \\ ka_{i1} & ka_{i2} & \cdots & ka_{in} \\ \vdots & \vdots & & \vdots \\ a_{n1} & a_{n2} & \cdots & a_{nn} \end{vmatrix} = \sum_{j_1 j_2 \cdots j_n} (-1)^{\tau(j_1 j_2 \cdots j_n)} a_{1j_1} \cdots (ka_{ij_i}) \cdots a_{nj_n} =$$

$$k \sum_{j_1 j_2 \cdots j_n} (-1)^{\tau(j_1 j_2 \cdots j_n)} a_{1j_1} \cdots a_{ij_i} \cdots a_{nj_n}$$

这两个性质说明,若行列式中某行(列)的元素有公因式 k,则可将 k 提到行列式符号的外面。

【推论 1】 若行列式的某一行(列)元素全为 0,则此行列式等于 0。

【推论 2】 若行列式中有两行(列)的元素成比例,则此行列式为 0。

【性质 2.4】 若行列式的某一行(列)的元素都是两数之和,则此行列式等于两个行列式之和,即

$$\begin{vmatrix} a_{11} & a_{12} & \cdots & a_{1n} \\ \vdots & \vdots & & \vdots \\ a_{i1}+a'_{i1} & a_{i2}+a'_{i2} & \cdots & a_{in}+a'_{in} \\ \vdots & \vdots & & \vdots \\ a_{n1} & a_{n2} & \cdots & a_{nn} \end{vmatrix} = \begin{vmatrix} a_{11} & a_{12} & \cdots & a_{1n} \\ \vdots & \vdots & & \vdots \\ a_{i1} & a_{i2} & \cdots & a_{in} \\ \vdots & \vdots & & \vdots \\ a_{n1} & a_{n2} & \cdots & a_{nn} \end{vmatrix} + \begin{vmatrix} a_{11} & a_{12} & \cdots & a_{1n} \\ \vdots & \vdots & & \vdots \\ a'_{i1} & a'_{i2} & \cdots & a'_{in} \\ \vdots & \vdots & & \vdots \\ a_{n1} & a_{n2} & \cdots & a_{nn} \end{vmatrix}$$

【证明】

$$\text{左边} = \sum_{j_1 j_2 \cdots j_n} (-1)^{\tau(j_1 j_2 \cdots j_n)} a_{1j_1} \cdots (a_{ij_i} + a'_{ij_i}) \cdots a_{nj_n} =$$

$$\sum_{j_1 \cdots j_n} (-1)^{\tau(j_1 j_2 \cdots j_n)} a_{1j_1} \cdots a_{ij_i} \cdots a_{nj_n} +$$

$$\sum_{j_1 j_2 \cdots j_n} (-1)^{\tau(j_1 \cdots j_n)} a_{1j_1} \cdots a'_{ij_i} \cdots a_{nj_n} = \text{右边}$$

证毕

【性质 2.5】 将行列式某一行(列)的元素乘以数 k 后,加到另一行(列)相对应的元素上,行列式不变,即

$$\begin{vmatrix} a_{11} & a_{12} & \cdots & a_{1n} \\ \vdots & \vdots & & \vdots \\ a_{i1} & a_{i2} & \cdots & a_{in} \\ \vdots & \vdots & & \vdots \\ a_{j1} & a_{j2} & \cdots & a_{jn} \\ \vdots & \vdots & & \vdots \\ a_{n1} & a_{n2} & \cdots & a_{nn} \end{vmatrix} = \begin{vmatrix} a_{11} & a_{12} & \cdots & a_{1n} \\ \vdots & \vdots & & \vdots \\ a_{i1} & a_{i2} & \cdots & a_{in} \\ \vdots & \vdots & & \vdots \\ a_{j1}+ka_{i1} & a_{j2}+ka_{i2} & \cdots & a_{jn}+ka_{in} \\ \vdots & \vdots & & \vdots \\ a_{n1} & a_{n2} & \cdots & a_{nn} \end{vmatrix} \tag{2.12}$$

下面通过例子说明如何应用行列式的性质简化行列式的计算。为了注明每一步所作的变换，用 $r_i \leftrightarrow r_j$ ($c_i \leftrightarrow c_j$) 表示交换行列式 i、j 两行(列)，用 $r_i + kr_j$ ($c_i + kc_j$) 表示以数 k 乘以行列式第 j 行(列) 后加到第 i 行(列) 上的变换。

【例 2.6】 计算 4 阶行列式

$$D=\begin{vmatrix} 1 & 2 & -3 & 4 \\ 2 & 3 & -4 & 7 \\ -1 & -2 & 5 & -8 \\ 1 & 3 & -5 & 10 \end{vmatrix}$$

【解】

$$D \xlongequal{r_2+(-2)r_1} \begin{vmatrix} 1 & 2 & -3 & 4 \\ 0 & -1 & 2 & -1 \\ -1 & -2 & 5 & -8 \\ 1 & 3 & -5 & 10 \end{vmatrix} \xlongequal[r_3+r_1]{r_4+(-1)r_1} \begin{vmatrix} 1 & 2 & -3 & 4 \\ 0 & -1 & 2 & -1 \\ 0 & 0 & 2 & -4 \\ 0 & 1 & -2 & 6 \end{vmatrix} \xlongequal{r_4+r_2}$$

$$\begin{vmatrix} 1 & 2 & 3 & 4 \\ 0 & -1 & 2 & -1 \\ 0 & 0 & 2 & -4 \\ 0 & 0 & 0 & 5 \end{vmatrix} = 1\times(-1)\times 2\times 5=-10$$

在这个例子中，把行列式简化成上三角行列式来计算，是计算行列式的基本方法。对于阶数较高的行列式计算可用计算机来完成。

【例 2.7】 试证

$$\begin{vmatrix} a_1+b_1 & b_1+c_1 & c_1+a_1 \\ a_2+b_2 & b_2+c_2 & c_2+a_2 \\ a_3+b_3 & b_3+c_3 & c_3+a_3 \end{vmatrix} = 2\begin{vmatrix} a_1 & b_1 & c_1 \\ a_2 & b_2 & c_2 \\ a_3 & b_3 & c_3 \end{vmatrix}$$

【证明】

$$\text{左边} \xlongequal{\text{性质 2.4}} \begin{vmatrix} a_1 & b_1+c_1 & c_1+a_1 \\ a_2 & b_2+c_2 & c_2+a_2 \\ a_3 & b_3+c_3 & c_3+a_3 \end{vmatrix} + \begin{vmatrix} b_1 & b_1+c_1 & c_1+a_1 \\ b_2 & b_2+c_2 & c_2+a_2 \\ b_3 & b_3+c_3 & c_3+a_3 \end{vmatrix} \xlongequal{\text{性质 2.4、推论}}$$

$$\begin{vmatrix} a_1 & b_1 & c_1+a_1 \\ a_2 & b_2 & c_2+a_2 \\ a_3 & b_3 & c_3+a_3 \end{vmatrix} + \begin{vmatrix} a_1 & c_1 & c_1+a_1 \\ a_2 & c_2 & c_2+a_2 \\ a_3 & c_3 & c_3+a_3 \end{vmatrix} + 0 + \begin{vmatrix} b_1 & c_1 & c_1+a_1 \\ b_2 & c_2 & c_2+a_2 \\ b_3 & c_3 & c_3+a_3 \end{vmatrix} \xlongequal{\text{性质 2.4、推论}}$$

$$\begin{vmatrix} a_1 & b_1 & c_1 \\ a_2 & b_2 & c_2 \\ a_3 & b_3 & c_3 \end{vmatrix} +0+0+0+0+0+ \begin{vmatrix} b_1 & c_1 & a_1 \\ b_2 & c_2 & a_2 \\ b_3 & c_3 & a_3 \end{vmatrix} \xlongequal{\text{性质 2.2}}$$

$$2\begin{vmatrix} a_1 & b_1 & c_1 \\ a_2 & b_2 & c_2 \\ a_3 & b_3 & c_3 \end{vmatrix}$$

【例 2.8】 计算 n 阶行列式

$$D=\begin{vmatrix} b & a & \cdots & a \\ a & b & \cdots & a \\ \vdots & \vdots & \ddots & \vdots \\ a & a & \cdots & b \end{vmatrix}$$

【解】

$$D \xlongequal{c_1+c_2+\cdots+c_n} \begin{vmatrix} b+(n-1)a & a & \cdots & a \\ b+(n-1)a & b & \cdots & a \\ \vdots & \vdots & \ddots & \vdots \\ b+(n-1)a & a & \cdots & b \end{vmatrix} \xlongequal{\text{性质 2.3}}$$

$$[b+(n-1)a]\begin{vmatrix} 1 & a & \cdots & a \\ 1 & b & \cdots & a \\ \vdots & \vdots & \ddots & \vdots \\ 1 & a & \cdots & b \end{vmatrix} \xlongequal[i=2,3,\cdots,n]{r_i+(-1)r_1}$$

$$[b+(n-1)a]\begin{vmatrix} 1 & a & \cdots & a \\ 0 & b-a & \cdots & 0 \\ \vdots & \vdots & \ddots & \vdots \\ 0 & 0 & \cdots & b-a \end{vmatrix}=$$

$$[b+(n-1)a](b-a)^{n-1}$$

【例 2.9】 称行列式

$$D=\begin{vmatrix} 0 & a_{12} & \cdots & a_{1n} \\ -a_{12} & 0 & \cdots & a_{2n} \\ \vdots & \vdots & & \vdots \\ -a_{1n} & -a_{2n} & \cdots & 0 \end{vmatrix} \tag{2.15}$$

为**反对称行列式**。试证:奇数阶反对称行列式等于 0。

【证明】 由性质 2.1 知

$$D=\begin{vmatrix} 0 & -a_{12} & \cdots & -a_{1n} \\ a_{12} & 0 & \cdots & -a_{2n} \\ \vdots & \vdots & & \vdots \\ a_{1n} & a_{2n} & \cdots & 0 \end{vmatrix} \xlongequal{\text{性质 2.3}}$$

$$(-1)^n\begin{vmatrix} 0 & a_{12} & \cdots & a_{1n} \\ -a_{12} & 0 & \cdots & a_{2n} \\ \vdots & \vdots & & \vdots \\ -a_{1n} & -a_{2n} & \cdots & 0 \end{vmatrix}=(-1)^n D$$

因为 n 是奇数,所以有 $D=-D$,故 $D=0$。

问题 如何证明行列式的性质 2.5。

行列式的展开定理

简化行列式计算的另一条途径是降阶，即把高阶行列式的计算化为低阶行列式的计算。为此，先引入下面的概念。

【定义 2.2】 在行列式 D 中划去元素 a_{ij} 所在的第 i 行与第 j 列，剩下的元素按原来的排法组成一个 $n-1$ 阶行列式

$$\begin{vmatrix} a_{11} & \cdots & a_{1j-1} & a_{1j+1} & \cdots & a_{1n} \\ \vdots & & \vdots & \vdots & & \vdots \\ a_{i-1,1} & \cdots & a_{i-1j-1} & a_{i-1j+1} & \cdots & a_{i-1n} \\ a_{i+1,1} & \cdots & a_{i+1j-1} & a_{i+1j+1} & \cdots & a_{i+1n} \\ \vdots & & \vdots & \vdots & & \vdots \\ a_{n1} & \cdots & a_{nj-1} & a_{nj+1} & \cdots & a_{nn} \end{vmatrix} \tag{2.14}$$

称其为元素 a_{ij} 的**余子式**，记做 M_{ij}。

令

$$A_{ij}=(-1)^{i+j}M_{ij} \tag{2.15}$$

A_{ij} 称为元素 a_{ij} 的**代数余子式**。

【例 2.10】 求 4 阶行列式

$$\begin{vmatrix} 1 & 2 & 3 & 4 \\ 5 & 0 & 0 & 0 \\ -1 & 2 & 3 & 6 \\ 5 & -1 & 1 & -2 \end{vmatrix}$$

的代数余子式 A_{12}, A_{23}, A_{34}。

【解】

$$M_{12}=\begin{vmatrix} 5 & 0 & 0 \\ -1 & 3 & 6 \\ 5 & 1 & -2 \end{vmatrix}=-60,\ A_{12}=(-1)^{1+2}M_{12}=60$$

$$M_{23}=\begin{vmatrix} 1 & 2 & 4 \\ -1 & 2 & 6 \\ 5 & -1 & -2 \end{vmatrix}=22,\ A_{23}=(-1)^{2+3}M_{23}=-22$$

$$M_{34}=\begin{vmatrix} 1 & 2 & 3 \\ 5 & 0 & 0 \\ 5 & -1 & 1 \end{vmatrix}=-25,\ A_{34}=(-1)^{3+4}M_{34}=25$$

【性质 2.6】（行列式展开定理） n 阶行列式 D 等于它的任意一行的所有元素与其代数余子式乘积的和。即

$$D=a_{i1}A_{i1}+a_{i2}A_{i2}+\cdots+a_{in}A_{in} \qquad (i=1,2,\cdots,n) \tag{2.16}$$

【证明】 将式(2.16)中的 $A_{ij}(i,j=1,2,\cdots,n)$ 完全展开可以得到一个包含 $n(n-1)!=n!$ 项的代数和。这个代数和中的每一项都是 D 在展开式(2.8)中的项，所以式(2.16)中两边

展开式中包含的项相同。下面说明对应项的符号也相同。

$a_{ij}A_{ij}$ 的展开式中的一般项可写成

$$a_{ij}a_{1j_1}\cdots a_{i-1j_{i-1}}a_{i+1j_{i+1}}\cdots a_{nj_n}$$

这里 $j_1\cdots j_{i-1}j_{i+1}\cdots j_n$ 是 $1,2,\cdots,j-1,j+1,\cdots,n$ 的一个排列。在右边的展开式中，这项前面所带的符号是

$$(-1)^{i+j}(-1)^{\tau(j_1\cdots j_{i-1}j_{i+1}\cdots j_n)}=(-1)^{(i-1)+(j-1)}(-1)^{\tau(j_1\cdots j_{i-1}j_{i+1}\cdots j_n)}=$$
$$(-1)^{\tau(i1\cdots i-1i+1\cdots n)+\tau(jj_1\cdots j_{i-1}j_{i+1}\cdots j_n)}=(-1)^{\tau(j_1\cdots j_{i-1}jj_{i+1}\cdots j_n)}$$

这恰好是在 D 的展开式中 $a_{1j_1}\cdots a_{i-1j_{i-1}}a_{ij}a_{i+1j_{i+1}}\cdots a_{nj_n}=a_{ij}a_{1j_1}\cdots a_{i-1j_{i-1}}a_{i+1j_{i+1}}\cdots a_{nj_n}$ 前面所带的符号。

证毕

【性质 2.7】 n 阶行列式 D 中某一行的所有元素与另一行相应元素的代数余子式乘积之和等于 0。即

$$a_{i1}A_{k1}+a_{i2}A_{k2}+\cdots+a_{in}A_{kn}=0 \qquad k\neq i$$

【证明】 设

$$D_1=\begin{vmatrix} a_{11} & a_{12} & \cdots & a_{1n} \\ \vdots & \vdots & & \vdots \\ a_{i1} & a_{i2} & \cdots & a_{in} \\ \vdots & \vdots & & \vdots \\ a_{i1} & a_{i2} & \cdots & a_{in} \\ \vdots & \vdots & & \vdots \\ a_{n1} & a_{n2} & \cdots & a_{nn} \end{vmatrix}\begin{matrix} \\ \\ \text{第 } i \text{ 行} \\ \\ \text{第 } k \text{ 行} \\ \\ \\ \end{matrix}$$

由式(2.16)，D_1 按第 k 行展开，有

$$D_1=a_{i1}A_{k1}+\cdots+a_{in}A_{kn} \qquad i\neq k$$

但 $D_1=0$，故结论得证。

证毕

综上所述，得到下述关系式

$$\sum_{s=1}^{n}a_{is}A_{ks}=\begin{cases} D & i=k \\ 0 & i\neq k \end{cases} \tag{2.17}$$

由于行列式中行与列是平等的，因此关于列也可以得到相应的结果，即

$$\sum_{s=1}^{n}a_{si}A_{sk}=\begin{cases} D & i=k \\ 0 & i\neq k \end{cases} \tag{2.18}$$

【例 2.11】 计算

$$D_{2n}=\begin{vmatrix} a & & & & & & b \\ & a & & & & b & \\ & & \ddots & & \iddots & & \\ & & & a & b & & \\ & & & c & d & & \\ & & \iddots & & & \ddots & \\ & c & & & & d & \\ c & & & & & & d \end{vmatrix}$$

【解】 按第 1 行展开，有

$$D_{2n}=a\begin{vmatrix} a & & & 0 & & & b & 0\\ & \ddots & & & & \cdot^{\cdot^{\cdot}} & & \vdots\\ 0 & & a & b & & & 0 & \vdots\\ & & c & d & & & & \vdots\\ & \cdot^{\cdot^{\cdot}} & & 0 & & \ddots & & \vdots\\ c & & & & & & d & 0\\ 0 & & & & & & 0 & d \end{vmatrix}+(-1)^{1+2n}b\begin{vmatrix} 0 & a & & & 0 & & & b\\ \vdots & & \ddots & & & & \cdot^{\cdot^{\cdot}} & \\ \vdots & 0 & & a & b & & & 0\\ \vdots & & & c & d & & & \\ \vdots & & \cdot^{\cdot^{\cdot}} & & 0 & & \ddots & \\ 0 & c & & & & & & d\\ c & 0 & \cdots & \cdots & \cdots & \cdots & \cdots & 0 \end{vmatrix}=$$

$$adD_{2(n-1)}+(-1)^{(1+2n)+(1+2n-1)}bcD_{2(n-1)}=(ad-bc)D_{2(n-1)}$$

依次递推,可得

$$D_{2n}=(ad-bc)D_{2(n-1)}=(ad-bc)^2D_{2(n-2)}=\cdots=$$

$$(ad-bc)^{n-1}D_2=(ad-bc)^{n-1}\begin{vmatrix} a & b\\ c & d \end{vmatrix}=(ad-bc)^n$$

【例 2.12】 计算 n 阶三对角行列式

$$D_n=\begin{vmatrix} \alpha+\beta & \alpha\beta & & & \\ 1 & \alpha+\beta & \alpha\beta & & \\ & \ddots & \ddots & \ddots & \\ & & \ddots & \ddots & \alpha\beta\\ & & & 1 & \alpha+\beta \end{vmatrix}$$

【解】 将 D_n 按第一行展开,得

$$D_n=(\alpha+\beta)D_{n-1}-\alpha\beta\begin{vmatrix} 1 & \alpha\beta & & & \\ 0 & \alpha+\beta & \ddots & & \\ 0 & 1 & \ddots & \ddots & \\ & & \ddots & \ddots & \alpha\beta\\ & & & 1 & \alpha+\beta \end{vmatrix}=(\alpha+\beta)D_{n-1}-\alpha\beta D_{n-2}$$

即 $$D_n-\alpha D_{n-1}=\beta(D_{n-1}-\alpha D_{n-2})$$

利用上式反复递推,可得

$$D_n-\alpha D_{n-1}=\beta^2(D_{n-2}-\alpha D_{n-3})=\cdots=\beta^{n-2}(D_2-\alpha D_1)$$

而 $$D_2=(\alpha+\beta)^2-\alpha\beta=\alpha^2+\alpha\beta+\beta^2,D_1=\alpha+\beta$$

于是得 $$D_n-\alpha D_{n-1}=\beta^n \tag{1}$$

同理 $$D_n-\beta D_{n-1}=\alpha^n \tag{2}$$

若 $\alpha\neq\beta$,(1)、(2) 联立解之,得

$$D_n=\frac{\alpha^{n+1}-\beta^{n+1}}{\alpha-\beta}$$

若 $\alpha=\beta$,(1) 成为

$$D_n=\alpha D_{n-1}+\alpha^n=\alpha(\alpha D_{n-2}+\alpha^{n-1})+\alpha^n=\alpha^2D_{n-2}+2\alpha^n=$$

$$\alpha^{n-1}D_1+(n-1)\alpha^n=(n+1)\alpha^n$$

【例 2.13】 证明范德蒙行列式

$$V_n=\begin{vmatrix}1 & 1 & \cdots & 1\\ x_1 & x_2 & \cdots & x_n\\ x_1^2 & x_2^2 & \cdots & x_n^2\\ \vdots & \vdots & & \vdots\\ x_1^{n-1} & x_2^{n-1} & \cdots & x_n^{n-1}\end{vmatrix}=\prod_{1\leqslant j<i\leqslant n}(x_i-x_j)\qquad (n\geqslant 2)\tag{2.19}$$

【证明】 用数学归纳法证明，由于

$$V_2=\begin{vmatrix}1 & 1\\ x_1 & x_2\end{vmatrix}=x_2-x_1=\prod_{1\leqslant j<i\leqslant 2}(x_i-x_j)$$

所以，当 $n=2$ 时结论正确。现假设对 $n-1$ 阶范德蒙行列式结论正确，往证 n 阶情况。

$$D_n\xlongequal[r_2-x_1r_1]{\substack{r_n-x_1r_{n-1}\\ r_{n-1}-x_1r_{n-2}\\ \vdots}}\begin{vmatrix}1 & 1 & \cdots & 1\\ 0 & x_2-x_1 & \cdots & x_n-x_1\\ 0 & x_2(x_2-x_1) & \cdots & x_n(x_n-x_1)\\ \vdots & \vdots & & \vdots\\ 0 & x_2^{n-2}(x_2-x_1) & \cdots & x_n^{n-2}(x_n-x_1)\end{vmatrix}$$

按第 1 列展开并提出公因子，得

$$V_n=(x_2-x_1)(x_3-x_1)\cdots(x_n-x_1)\begin{vmatrix}1 & 1 & \cdots & 1\\ x_2 & x_3 & \cdots & x_n\\ \vdots & \vdots & & \vdots\\ x_2^{n-2} & x_3^{n-2} & \cdots & x_n^{n-2}\end{vmatrix}\xlongequal{\text{由归纳法假设}}$$

$$(x_2-x_1)\cdots(x_n-x_1)\prod_{2\leqslant j<i\leqslant n}(x_i-x_j)=\prod_{1\leqslant j<i\leqslant n}(x_i-x_j)$$

克莱姆　　　　法则

行列式可以应用于线性方程组的求解问题，但这里只考虑方程个数与未知数个数相等的情形，至于更一般的情形留到以后讨论。

【定理 2.1】（Cramer 法则） 如果线性方程组

$$\begin{cases}a_{11}x_1+a_{12}x_2+\cdots+a_{1n}x_n=b_1\\ a_{21}x_1+a_{22}x_2+\cdots+a_{2n}x_n=b_2\\ \vdots\\ a_{n1}x_1+a_{n2}x_2+\cdots+a_{nn}x_n=b_n\end{cases}\tag{2.20}$$

的系数行列式

$$D=\begin{vmatrix}a_{11} & a_{12} & \cdots & a_{1n}\\ a_{21} & a_{22} & \cdots & a_{2n}\\ \vdots & \vdots & & \vdots\\ a_{n1} & a_{n2} & \cdots & a_{nn}\end{vmatrix}\neq 0$$

则线性方程组(2.20)有惟一解

$$x_j=\frac{D_j}{D}\qquad j=1,2,\cdots,n\tag{2.21}$$

其中 D_j 是线性方程组(2.20)的常数项 $b_1,b_2,\cdots,b_n$ 替换 D 中第 j 列元素得到的行列式,即

$$D_j=\begin{vmatrix} a_{11} & \cdots & a_{1j-1} & b_1 & a_{1j+1} & \cdots & a_{1n} \\ a_{21} & \cdots & a_{2j-1} & b_2 & a_{2j+1} & \cdots & a_{2n} \\ \vdots & \vdots & \vdots & \vdots & \vdots & \vdots & \vdots \\ a_{n1} & \cdots & a_{nj-1} & b_n & a_{nj+1} & \cdots & a_{nn} \end{vmatrix} \qquad j=1,2,\cdots,n \tag{2.22}$$

【证明】 证明分两步:1° 证明 $x_j=\dfrac{D_j}{D}(j=1,\cdots,n)$ 的确是方程组(2.20)的解;2° 证明若(2.20)有解,则解必为(2.21)的形式。

1° 现在考虑第 1 行与第 $i+1$ 行完全相同的 $n+1$ 阶行列式

$$\begin{vmatrix} b_i & a_{i1} & a_{i2} & \cdots & a_{in} \\ b_1 & a_{11} & a_{12} & \cdots & a_{1n} \\ b_2 & a_{21} & a_{22} & \cdots & a_{2n} \\ \vdots & \vdots & \vdots & & \vdots \\ b_n & a_{n1} & a_{n2} & \cdots & a_{nn} \end{vmatrix} \qquad i=1,2,\cdots,n$$

显然该行列式为 0。

将该行列式按第 1 行展开,即

$$0=b_iD+\sum_{j=1}^{n}(-1)^{1+(j+1)}a_{ij}\begin{vmatrix} b_1 & a_{11} & \cdots & a_{1j-1} & a_{1j+1} & \cdots & a_{1n} \\ b_2 & a_{21} & \cdots & a_{2j-1} & a_{2j+1} & \cdots & a_{2n} \\ \vdots & \vdots & & \vdots & \vdots & & \vdots \\ b_n & a_{n1} & \cdots & a_{nj-1} & a_{nj+1} & \cdots & a_{nn} \end{vmatrix}$$

而

$$(-1)^{1+(j+1)}\begin{vmatrix} b_1 & a_{11} & \cdots & a_{1j-1} & a_{1j+1} & \cdots & a_{1n} \\ b_2 & a_{21} & \cdots & a_{2j-1} & a_{2j+1} & \cdots & a_{2n} \\ \vdots & \vdots & & \vdots & \vdots & & \vdots \\ b_n & a_{n1} & \cdots & a_{nj-1} & a_{nj+1} & \cdots & a_{nn} \end{vmatrix}\xlongequal[c_{j-1}\leftrightarrow c_j]{c_1\leftrightarrow c_2,\ c_2\leftrightarrow c_3,\ \cdots}$$

$$(-1)^{2+j}(-1)^{j-1}\begin{vmatrix} a_{11} & \cdots & a_{1j-1} & b_1 & a_{1j+1} & \cdots & a_{1n} \\ a_{21} & \cdots & a_{2j-1} & b_2 & a_{2j+1} & \cdots & a_{2n} \\ \vdots & & \vdots & \vdots & \vdots & & \vdots \\ a_{n1} & \cdots & a_{nj-1} & b_n & a_{nj+1} & \cdots & a_{nn} \end{vmatrix}=-D_j$$

故有
$$\sum_{j=1}^{n}a_{ij}\frac{D_j}{D}=b_i \qquad i=1,2,\cdots,n$$

说明(2.21)的确是方程(2.20)的解。

2° 设 $x_j=c_j(j=1,2,\cdots,n)$ 是方程(2.20)的解,往证 $c_j=\dfrac{D_j}{D}(j=1,2,\cdots,n)$。

因为
$$a_{i1}c_1+a_{i2}c_2+\cdots+a_{in}c_n=b_i \qquad i=1,2,\cdots,n$$

用代数余子式 A_{i1} 乘以上式两边,得

$$A_{i1}a_{i1}c_1+A_{i1}a_{i2}c_2+\cdots+A_{i1}a_{in}c_n=A_{i1}b_i \qquad i=1,2,\cdots,n \tag{2.23}$$

对式(2.23)中 i 取和,有

$$c_1\sum_{i=1}^{n}A_{i1}a_{i1}+c_2\sum_{i=1}^{n}a_{i2}A_{i1}+\cdots+c_n\sum_{i=1}^{n}a_{in}A_{i1}=\sum_{i=1}^{n}b_iA_{i1}$$

由式(2.18)、(2.22)知上式可表为 $c_1D=D_1$，即 $c_1=\frac{D_1}{D}$。同理，可以得到 $c_2=\frac{D_2}{D}, \cdots, c_n=\frac{D_n}{D}$。这说明(2.22)若有解，一定惟一且为(2.21)所示。

证毕

【推论】 如果齐次线性方程组

$$\begin{cases} a_{11}x_1+a_{12}x_2+\cdots+a_{1n}x_n=0 \\ a_{21}x_1+a_{22}x_2+\cdots+a_{2n}x_n=0 \\ \vdots \\ a_{n1}x_1+a_{n2}x_2+\cdots+a_{nn}x_n=0 \end{cases} \tag{2.24}$$

的系数行列式 $D\neq 0$，则方程组(2.24)只有零解。即若(2.24)有非零解，则必有 $D=0$。

【证明】 如果(2.24)的系数行列式 $D\neq 0$，则由克莱姆法则知其解存在且惟一，解为 $x_j=\frac{D_j}{D}(j=1,2,\cdots,n)$。而对于方程组(2.24)，$D_j=0(j=1,2,\cdots,n)$。故 $x_j=0(j=1,2,\cdots,n)$。

证毕

习　题　2

1. 求下列排列的逆序数，并指出奇偶性

(1) 3 2 1 5 7 8 6 4　　　　(2) 1 3…(2n−1)2n(2n−2)…42

2. (1) 选择 i,j，使 9 7 i 2 1 3 j 5 4 为奇排列；(2) 选择 i,j，使 2 1 3 i 6 9 j 8 5 为偶排列。

3. 用行列式定义证明

(1) $\begin{vmatrix} a_{11} & a_{12} & a_{13} & a_{14} & a_{15} \\ a_{21} & a_{22} & a_{23} & a_{24} & a_{25} \\ 0 & 0 & 0 & a_{34} & a_{35} \\ 0 & 0 & 0 & a_{44} & a_{45} \\ 0 & 0 & 0 & a_{54} & a_{55} \end{vmatrix}=0$

(2) $\begin{vmatrix} a_{11} & a_{12} & 0 & 0 \\ a_{21} & a_{22} & 0 & 0 \\ a_{31} & a_{32} & a_{33} & a_{34} \\ a_{41} & a_{42} & a_{43} & a_{44} \end{vmatrix}=\begin{vmatrix} a_{11} & a_{12} \\ a_{21} & a_{22} \end{vmatrix}\cdot\begin{vmatrix} a_{33} & a_{34} \\ a_{43} & a_{44} \end{vmatrix}$

4. 在 5 阶行列式的展开式中，下列各项前面的符号是什么？

(1) $a_{14}a_{23}a_{32}a_{41}a_{55}$　　　　(2) $a_{13}a_{25}a_{32}a_{41}a_{54}$

5. 用行列式定义计算

(1) $\begin{vmatrix} 0 & 1 & 0 & 0 \\ 1 & 0 & 1 & 0 \\ 0 & 1 & 0 & 1 \\ 0 & 0 & 1 & 0 \end{vmatrix}$　　　　(2) $\begin{vmatrix} 0 & 1 & 0 & \cdots & 0 \\ 0 & 0 & 2 & \cdots & 0 \\ \vdots & \vdots & \vdots & & \vdots \\ 0 & 0 & 0 & \cdots & n-1 \\ n & 0 & 0 & \cdots & 0 \end{vmatrix}$

6. 证明下列等式

(1) $$\begin{vmatrix} a^2 & ab & b^2 \\ 2a & a+b & 2b \\ 1 & 1 & 1 \end{vmatrix} = (a-b)^3$$

(2) $$\begin{vmatrix} a_1+b_1x & a_1x+b_1 & c_1 \\ a_2+b_2x & a_2x+b_2 & c_2 \\ a_3+b_3x & a_3x+b_3 & c_3 \end{vmatrix} = (1-x^2)\begin{vmatrix} a_1 & b_1 & c_1 \\ a_2 & b_2 & c_2 \\ a_3 & b_3 & c_3 \end{vmatrix}$$

(3) $$\begin{vmatrix} a^2 & (a+1)^2 & (a+2)^2 & (a+3)^2 \\ b^2 & (b+1)^2 & (b+2)^2 & (b+3)^2 \\ c^2 & (c+1)^2 & (c+2)^2 & (c+3)^2 \\ d^2 & (d+1)^2 & (d+2)^2 & (d+3)^2 \end{vmatrix} = 0$$

(4) $$\begin{vmatrix} 1 & x_1+a_1 & x_1^2+b_1x_1+b_2 & x_1^3+c_1x_1^2+c_2x_1+c_3 \\ 1 & x_2+a_1 & x_2^2+b_1x_2+b_2 & x_3^3+c_1x_2^2+c_2x_2+c_3 \\ 1 & x_3+a_1 & x_3^2+b_1x_3+b_2 & x_2^3+c_1x_3^2+c_2x_3+c_3 \\ 1 & x_4+a_1 & x_4^2+b_1x_4+b_2 & x_4^3+c_1x_4^2+c_2x_4+c_3 \end{vmatrix} = \begin{vmatrix} 1 & x_1 & x_1^2 & x_1^3 \\ 1 & x_2 & x_2^2 & x_2^3 \\ 1 & x_3 & x_3^2 & x_3^3 \\ 1 & x_4 & x_4^2 & x_4^3 \end{vmatrix}$$

7. 计算下列行列式

(1) $$\begin{vmatrix} 3 & 2 & 1 \\ 0 & -1 & 4 \\ 1 & -1 & 2 \end{vmatrix}$$

(2) $$\begin{vmatrix} x & y & x+y \\ y & x+y & x \\ x+y & x & y \end{vmatrix}$$

(3) $$\begin{vmatrix} 1 & 1 & 1 & 1+x \\ 1 & 1 & 1-x & 1 \\ 1 & 1+y & 1 & 1 \\ 1-y & 1 & 1 & 1 \end{vmatrix}$$

(4) $$\begin{vmatrix} x & -1 & 0 & 0 \\ 0 & x & -1 & 0 \\ 0 & 0 & x & -1 \\ a_4 & a_3 & a_2 & a_1+x \end{vmatrix}$$

8. 求 x 的值，使

(1) $$\begin{vmatrix} 1 & x & 0 \\ -2 & x+1 & 1 \\ 0 & -1 & x-1 \end{vmatrix} = 0$$

(2) $$\begin{vmatrix} a & a & x \\ m & m & m \\ b & x & b \end{vmatrix} = 0 \qquad (m \neq 0)$$

9. 设 $a_1a_2\cdots a_n\neq 0$，计算 $n+1$ 阶行列式

$$D=\begin{vmatrix} 1 & 1 & 1 & \cdots & 1 \\ -1 & a_1 & & & \vdots \\ -1 & & a_2 & & \vdots \\ \vdots & & & \ddots & \\ -1 & \cdots & \cdots & \cdots & a_n \end{vmatrix}\quad（空白处元素均为零）$$

10. 证明

(1) $$\begin{vmatrix} a_1 & -1 & 0 & \cdots & 0 & 0 \\ a_2 & x & -1 & \cdots & 0 & 0 \\ a_3 & 0 & x & \cdots & 0 & 0 \\ \vdots & \vdots & \vdots & & \vdots & \vdots \\ a_{n-1} & 0 & 0 & \cdots & x & -1 \\ a_n & 0 & 0 & \cdots & 0 & x \end{vmatrix}=a_1x^{n-1}+a_2x^{n-2}+\cdots+a_{n-1}x+a_n$$

(2) $$\begin{vmatrix} 2\cos\theta & 1 & 0 & \cdots & 0 & 0 \\ 1 & 2\cos\theta & 1 & \cdots & 0 & 0 \\ 0 & 1 & 2\cos\theta & \cdots & 0 & 0 \\ \vdots & \vdots & \vdots & & \vdots & \vdots \\ 0 & 0 & 0 & \cdots & 1 & 2\cos\theta \end{vmatrix}=\frac{\sin(n+1)\theta}{\sin\theta}\qquad \theta\neq k\pi$$

(3) $$\begin{vmatrix} 2 & -1 & 0 & \cdots & 0 & 0 \\ -1 & 2 & -1 & \cdots & 0 & 0 \\ \vdots & \vdots & \vdots & & \vdots & \vdots \\ 0 & 0 & 0 & \cdots & 2 & -1 \\ 0 & 0 & 0 & \cdots & -1 & 2 \end{vmatrix}=n+1$$

(4) $$\begin{vmatrix} 1+a_1 & 1 & 1 & \cdots & 1 \\ 1 & 1+a_2 & 1 & \cdots & 1 \\ 1 & 1 & 1+a_3 & \cdots & \cdots \\ \vdots & \vdots & \vdots & & \vdots \\ 1 & 1 & 1 & \cdots & 1+a_n \end{vmatrix}=\prod_{i=1}^{n}a_i(1+\sum_{i=1}^{n}\frac{1}{a_i})\ a_i\neq 0, i=1,2,\cdots,n$$

11. 计算

(1) $\begin{vmatrix} 1 & 2 & 3 & \cdots & n \\ 2 & 3 & 4 & \cdots & 1 \\ 3 & 4 & 5 & \cdots & 2 \\ \vdots & & & & \vdots \\ n & 1 & 2 & \cdots & n-1 \end{vmatrix}$　　(2) $\begin{vmatrix} a & b & b & \cdots & b & b \\ c & a & b & \cdots & b & b \\ c & c & a & \cdots & b & b \\ \vdots & \vdots & \vdots & & \vdots & \vdots \\ c & c & c & \cdots & a & b \\ c & c & c & \cdots & c & a \end{vmatrix}$

12. 若 $\sum_{i=1}^{n} x_i = 1$，证明

$$\begin{vmatrix} 1 & 1 & \cdots & 1 \\ x_1 & x_2 & \cdots & x_n \\ \vdots & \vdots & & \vdots \\ x_1^{n-2} & x_2^{n-2} & \cdots & x_n^{n-2} \\ x_1^n & x_2^n & \cdots & x_n^n \end{vmatrix} = \prod_{1 \leqslant j < i \leqslant n} (x_i - x_j)$$

13. 设

$$P(x) = \begin{vmatrix} 1 & x & x^2 & \cdots & x^{n-1} \\ 1 & a_1 & a_1^2 & \cdots & a_1^{n-1} \\ \vdots & \vdots & \vdots & & \vdots \\ 1 & a_{n-1} & a_{n-1}^2 & \cdots & a_{n-1}^{n-1} \end{vmatrix}，其中\ a_1, \cdots, a_{n-1}\ 互不相等$$

(1) 试证 $P(x)$ 是 $n-1$ 次多项式；

(2) 求 $P(x)$ 的全部根。

14. 用 Cramer 法则解方程组

(1) $\begin{cases} 5x_1 + 6x_2 = 0 \\ x_1 + 5x_2 + 6x_3 = 0 \\ x_2 + 5x_3 = 0 \end{cases}$　　(2) $\begin{cases} x_2 + x_4 = 1 \\ x_1 + x_3 = 0 \\ x_3 + x_4 = 0 \\ x_2 + x_3 = 0 \end{cases}$

15. 齐次线性方程组

$$\begin{cases} (1-\lambda)x_1 - 2x_2 + 4x_3 = 0 \\ 2x_1 + (3-\lambda)x_2 + x_3 = 0 \\ x_1 + x_2 + (1-\lambda)x_3 = 0 \end{cases}$$

当 λ 为何值时，此方程组有非零解？

16. 已知 $ad \neq bc$，证明方程组

$$\begin{cases} a_1x_1 & & + & & bx_{2n} & =0 \\ & a_2x_2 & + & bx_{2n-1} & & =0 \\ \cdots & \cdots & \cdots & \cdots & \cdots & \cdots \\ & & ax_n + bx_{n+1} & & & =0 \\ & & cx_n + dx_{n+1} & & & =0 \\ \cdots & \cdots & \cdots & \cdots & \cdots & \cdots \\ & cx_2 & + & dx_{2n-1} & & =0 \\ cx_1 & & + & & dx_{2n} & =0 \end{cases}$$

只有零解。

17. 设 $A(x_1,y_1)$,$B(x_2,y_2)$ 是平面上两个不同的点,试证过 A、B 的直线方程是

$$\begin{vmatrix} 1 & x & y \\ 1 & x_1 & y_1 \\ 1 & x_2 & y_2 \end{vmatrix}=0$$

18. 设$l_1:\alpha x+\beta y+\gamma=0$,$l_2:\gamma x+\alpha y+\beta=0$,$l_3:\beta x+\gamma y+\alpha=0$是三条不同的直线,若它们相交于一点,试证 $\alpha+\beta+\gamma=0$。

19. 设α_i为4阶行列式的第i列,$i=1,2,3,4$。已知行列式$|\alpha_1 \quad \alpha_2 \quad \alpha_3 \quad \alpha_4|=a$,求行列式$|\alpha_2 \quad -2\alpha_4 \quad 2\alpha_1 \quad -\alpha_3|$。

第3章　矩　　阵

矩阵是线性代数学中一个最基本的概念。线性代数的理论及其应用都离不开矩阵及其计算。矩阵可以把庞大且杂乱无章的数据变得有序，为我们应用计算机处理科学计算和日常事务带来了很大方便与可能。因此，掌握并灵活运用矩阵运算规律是非常重要的。

本章主要介绍以下几个内容：

1. 矩阵的概念；
2. 矩阵的运算；
3. 可逆矩阵；
4. 分块矩阵；
5. 矩阵的初等变换与初等矩阵；
6. 矩阵的秩。

矩阵的概念

在工程技术和科学研究中，经常遇到用数表刻画某种状态或关系的情况。

【例 3.1】　如图 3.1 所示电路：A_1、A_2、A_3、A_4 表示 4 个节点，1～6 表示 6 个支路，电流方向如箭头所示。现在我们用 0 表示支路与节点不相联接；用 1 表示支路与节点联接且电流流向节点；用 －1 表示支路与节点联接但电流由节点流出；横写的行代表节点，竖写的列代表支路，则此电路的联接状态就可用数表

$$\begin{matrix} A_1 \\ A_2 \\ A_3 \\ A_4 \end{matrix}\begin{bmatrix} -1 & 0 & 0 & 1 & 0 & 1 \\ 1 & -1 & 0 & 0 & -1 & 0 \\ 0 & 1 & -1 & 0 & 0 & 1 \\ 0 & 1 & -1 & -1 & 1 & 0 \end{bmatrix}$$

来表示。如第三行第二列交叉点上为 1，说明节点 A_3 与支路 2 是联接的且电流流向节点 A_3。

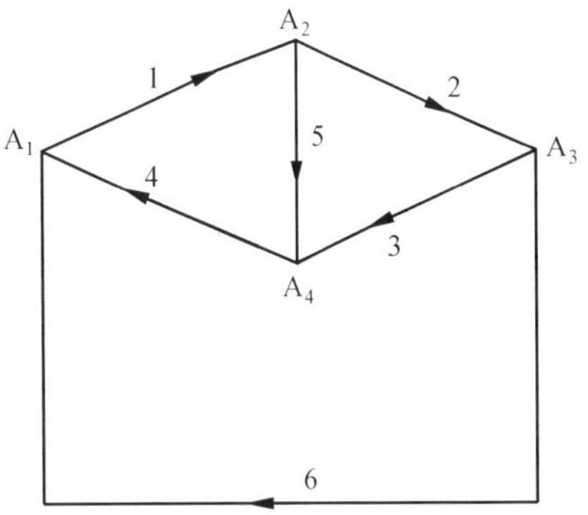

图 3.1

【例 3.2】　某航空公司在 A、B、C、D 四城市之间开辟了若干航线。图 3.2 中表示 4 城市航班图。点表示城市，如果从 A 城市到 B 城市有航班，则用线段连接 A、B 且箭头指向 B；如果 B 城市也有到 A 城市的航班，则画双向箭头。如果我们用 0 表示没有航班，用 1 表示有航班，横写的行表示入港城市，竖写的列表示出港城市，则下表就反映了 4 城市航班情况：

$$\begin{matrix} & \begin{matrix} A & B & C & D \end{matrix} \\ \begin{matrix} A \\ B \\ C \\ D \end{matrix} & \begin{bmatrix} 0 & 1 & 0 & 1 \\ 0 & 0 & 1 & 1 \\ 1 & 0 & 0 & 0 \\ 1 & 1 & 0 & 0 \end{bmatrix} \end{matrix}$$

如第1行第2列是1,第2行第1列是0,说明A城市到B城市有航班,而B城市到A城市则没有航班。

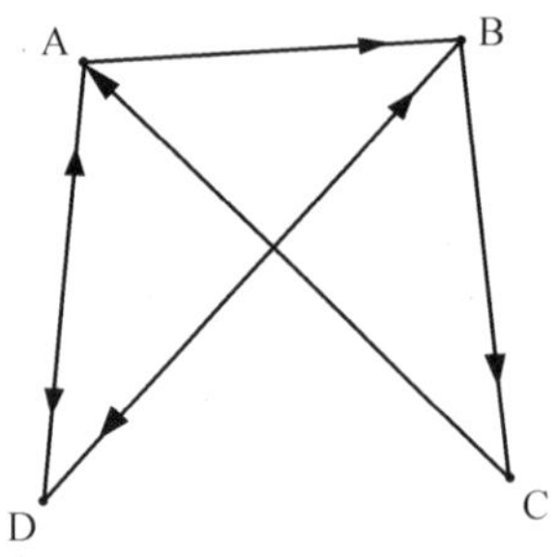

图 3.2

像这样,由数按一定顺序排列形成的数表,就抽象出了矩阵的概念。

【定义 3.1】 由数域 **F** 内 $m\times n$ 个数 $a_{ij}(i=1,2,\cdots,m;j=1,2,\cdots,n)$ 排列成的 m 行 n 列的数表

$$\boldsymbol{A}=\begin{bmatrix} a_{11} & a_{12} & \cdots & a_{1n} \\ a_{21} & a_{22} & \cdots & a_{2n} \\ \vdots & \vdots & \vdots & \vdots \\ a_{m1} & a_{m2} & \cdots & a_{mn} \end{bmatrix} \tag{3.1}$$

称为一个 $m\times n$ **矩阵**,其中 a_{ij} 称为矩阵的第 i 行第 j 列元素。

通常用大写英文字母表示矩阵。(3.1)可以简写成

$$\boldsymbol{A}=(a_{ij})_{m\times n} \quad 或 \quad \boldsymbol{A}=(a_{ij})$$

若 $m=n$,则称 $\boldsymbol{A}$ 为 n 阶**方阵**,全体 n 阶方阵的集合记做 $\boldsymbol{M}_n(\mathbf{F})$。$a_{ii}(i=1,2,\cdots,n)$ 称为矩阵 $\boldsymbol{A}$ 的主对角线元素,简称对角线元素。

若 $m=1$,$\boldsymbol{A}$ 是1行 n 列矩阵,此时称

$$\boldsymbol{A}=(a_{ij})_{1\times n}=[a_{11} \quad a_{12} \quad \cdots \quad a_{1n}]$$

为行矩阵。

若 $n=1$,$\boldsymbol{A}$ 是 m 行1列矩阵,此时称

$$\boldsymbol{A}=(a_{ij})_{m\times 1}=\begin{bmatrix} a_{11} \\ a_{21} \\ \vdots \\ a_{m1} \end{bmatrix}$$

为列矩阵。

若 $m=n=1$,矩阵只由一个数构成。

若 $\boldsymbol{A}$ 的所有元素都等于0,则称其为**零矩阵**,记为 $\mathbf{0}_{m\times n}$,或 $\mathbf{0}$。

两个矩阵 $\boldsymbol{A}=(a_{ij})_{m\times n}$,$\boldsymbol{B}=(b_{ij})_{s\times t}$,若 $m=s,n=t$,则称 $\boldsymbol{A}$ 与 $\boldsymbol{B}$ 是**同型矩阵**。如

$$\begin{bmatrix} 1 & 3 & 2 \\ 3 & 0 & 1 \end{bmatrix} \quad 与 \quad \begin{bmatrix} 1 & 0 & -2 \\ 0 & -1 & 3 \end{bmatrix}$$

是同型矩阵。

若两个 $m\times n$ 阶矩阵 $\boldsymbol{A}$、$\boldsymbol{B}$ 的对应元素均相等,即 $a_{ij}=b_{ij},i=1,2,\cdots,m;j=1,2,\cdots,n$。则称矩阵 $\boldsymbol{A}$ 与 $\boldsymbol{B}$ **相等**,记为 $\boldsymbol{A}=\boldsymbol{B}$。

【例 3.3】 设

$$\boldsymbol{A}=\begin{bmatrix} 1 & -1 \\ 0 & 2 \end{bmatrix} \qquad \boldsymbol{B}=\begin{bmatrix} x_1 & x_2 \\ y_1 & 2 \end{bmatrix}$$

若 $\boldsymbol{A}=\boldsymbol{B}$,则必有 $x_1=1,x_2=-1,y_1=0$。

若 n 阶方阵 $\boldsymbol{A}$,除主对角线元素外均为零,则称其为 n 阶**对角阵**,即

$$\boldsymbol{A}=\begin{bmatrix} a_{11} & 0 & \cdots & 0 \\ 0 & a_{22} & \cdots & 0 \\ \vdots & \vdots & \ddots & \vdots \\ 0 & \cdots & \cdots & a_{nn} \end{bmatrix} \tag{3.2}$$

记为 $\boldsymbol{A}=\mathrm{diag}(a_{11},a_{22},\cdots,a_{nn})$。

若 n 阶对角阵中 $a_{ii}=1(i=1,2,\cdots,n)$，则称该矩阵为 n 阶**单位阵**，记为 $\boldsymbol{I}_n$，即

$$\boldsymbol{I}_n=\begin{bmatrix}1&0&\cdots&0\\0&1&\cdots&0\\\vdots&&\ddots&\vdots\\0&\cdots&&1\end{bmatrix}\tag{3.3}$$

若方阵 $\boldsymbol{A}=(a_{ij})$，当 $i>j$ 时 $a_{ij}=0$，即

$$\boldsymbol{A}=\begin{bmatrix}a_{11}&a_{12}&\cdots&a_{1n}\\0&a_{22}&\cdots&a_{2n}\\\vdots&&\ddots&\vdots\\0&\cdots&\cdots&a_{nn}\end{bmatrix}\tag{3.4}$$

称为**上三角阵**。反之，当 $i<j$ 时 $a_{ij}=0$，即

$$\boldsymbol{A}=\begin{bmatrix}a_{11}&0&\cdots&0\\a_{21}&a_{22}&&\vdots\\\vdots&\ddots&&\vdots\\a_{n1}&\cdots&\cdots&a_{nn}\end{bmatrix}\tag{3.5}$$

称为**下三角阵**。

若 $\boldsymbol{A}=(a_{ij})_{n\times n}$ 是方阵，行列式

$$\begin{vmatrix}a_{11}&a_{12}&\cdots&a_{1n}\\a_{21}&a_{22}&\cdots&a_{2n}\\\vdots&\vdots&\vdots&\vdots\\a_{n1}&a_{n2}&\cdots&a_{nn}\end{vmatrix}$$

称为矩阵 $\boldsymbol{A}$ 的行列式，记为 $\det\boldsymbol{A}$ 或 $|\boldsymbol{A}|$。

对于单位阵 $\boldsymbol{I}_n$，$\det\boldsymbol{I}_n=1$；对角阵 $\boldsymbol{D}=\mathrm{diag}(d_1,d_2,\cdots,d_n)$，$\det\boldsymbol{D}=d_1d_2\cdots d_n$。

注　1. 只有方阵才有行列式，一般的 $m\times n$ 矩阵($m\neq n$)没有行列式。

2. 矩阵和行列式是两个截然不同的概念。行列式是一个数值，且必须有相同的行和列；而矩阵不是一个数值，它是表示一些数及其排列位置的整体概念，且可以有不同的行和列。

矩阵的运算

A. 矩阵的加法

【定义 3.2】　设 $\boldsymbol{A}=(a_{ij})_{m\times n}$，$\boldsymbol{B}=(b_{ij})_{m\times n}$ 是同型矩阵，则矩阵 $\boldsymbol{C}=(c_{ij})_{m\times n}=(a_{ij}+b_{ij})_{m\times n}$ 称为矩阵 $\boldsymbol{A}$ 与 $\boldsymbol{B}$ 的和，记为 $\boldsymbol{C}=\boldsymbol{A}+\boldsymbol{B}$。

例如

$$\boldsymbol{A}=\begin{bmatrix}1&0&-1&2\\-1&2&0&1\end{bmatrix}\qquad\boldsymbol{B}=\begin{bmatrix}-2&1&0&-1\\1&0&-3&-2\end{bmatrix}$$

则 $\boldsymbol{A}+\boldsymbol{B}=\begin{bmatrix}1-2&0+1&-1+0&2-1\\-1+1&2+0&0-3&1-2\end{bmatrix}=\begin{bmatrix}-1&1&-1&1\\0&2&-3&-1\end{bmatrix}$

设 $\boldsymbol{A}=(a_{ij})_{m\times n}$，称矩阵 $(-a_{ij})_{m\times n}$ 为 $\boldsymbol{A}$ 的**负矩阵**，记为 $-\boldsymbol{A}$，即

$$-\boldsymbol{A}=\begin{bmatrix}-a_{11} & -a_{12} & \cdots & -a_{1n}\\ -a_{21} & -a_{22} & \cdots & -a_{2n}\\ \vdots & \vdots & & \vdots\\ -a_{n1} & -a_{n2} & \cdots & -a_{nn}\end{bmatrix} \tag{3.6}$$

显然，$\boldsymbol{A}+(-\boldsymbol{A})=\boldsymbol{0}$。

有了负矩阵的概念，可以定义两个同型矩阵 $\boldsymbol{A}$、$\boldsymbol{B}$ 的差为 $\boldsymbol{A}-\boldsymbol{B}=\boldsymbol{A}+(-\boldsymbol{B})$。

矩阵加法有与实数加法类似的性质。

【性质 3.1】 设 $\boldsymbol{A}$、$\boldsymbol{B}$、$\boldsymbol{C}$ 是三个同型矩阵，则有

(1) 结合律：$\boldsymbol{A}+(\boldsymbol{B}+\boldsymbol{C})=(\boldsymbol{A}+\boldsymbol{B})+\boldsymbol{C}$

(2) 交换律：$\boldsymbol{A}+\boldsymbol{B}=\boldsymbol{B}+\boldsymbol{A}$

B. 矩阵与数的乘法

【定义 3.3】 设 $\boldsymbol{A}=(a_{ij})_{m\times n}$，$k$ 是一个数，规定 k 与 $\boldsymbol{A}$ 的乘积为矩阵 $(ka_{ij})_{m\times n}$，记为 $k\boldsymbol{A}$ 或 $\boldsymbol{A}k$，即

$$k\boldsymbol{A}=\boldsymbol{A}k=\begin{bmatrix}ka_{11} & ka_{12} & \cdots & ka_{1n}\\ ka_{21} & ka_{22} & \cdots & ka_{2n}\\ \vdots & \vdots & & \vdots\\ ka_{m1} & ka_{m2} & \cdots & ka_{mn}\end{bmatrix} \tag{3.7}$$

称为数与矩阵的乘法，简称**数乘**。

例如，设 $\boldsymbol{A}=\begin{bmatrix}1 & 2 & 0\\ -1 & 3 & 2\end{bmatrix}$，则 $3\boldsymbol{A}=\begin{bmatrix}3 & 6 & 0\\ -3 & 9 & 6\end{bmatrix}$。

可见，数乘是用数去乘矩阵的每个元素。不难验证，数乘具有以下性质：

【性质 3.2】 设 $\boldsymbol{A}$、$\boldsymbol{B}$ 是同型矩阵，k、l 是两个常数，则

(1) $1\boldsymbol{A}=\boldsymbol{A}$，$0\boldsymbol{A}=\boldsymbol{0}$

(2) $k(l\boldsymbol{A})=(kl)\boldsymbol{A}$

(3) $k(\boldsymbol{A}+\boldsymbol{B})=k\boldsymbol{A}+k\boldsymbol{B}$

(4) $(k+l)\boldsymbol{A}=k\boldsymbol{A}+l\boldsymbol{A}$

注 数与矩阵的乘法与数乘以行列式不同。例如

$$2\begin{bmatrix}1 & -1\\ 3 & 2\end{bmatrix}=\begin{bmatrix}2\times 1 & 2\times(-1)\\ 2\times 3 & 2\times 2\end{bmatrix}=\begin{bmatrix}2 & -2\\ 6 & 4\end{bmatrix}$$

而

$$2\begin{vmatrix}1 & -1\\ 3 & 2\end{vmatrix}=\begin{vmatrix}2\times 1 & -1\\ 2\times 3 & 2\end{vmatrix}=\begin{vmatrix}1 & 2\times(-1)\\ 3 & 2\times 2\end{vmatrix}=\begin{vmatrix}2\times 1 & 2\times(-1)\\ 3 & 2\end{vmatrix}=\begin{vmatrix}1 & -1\\ 2\times 3 & 2\times 2\end{vmatrix}$$

另外，$\begin{bmatrix}2 & 6\\ 4 & 8\end{bmatrix}=\begin{bmatrix}2\times 1 & 2\times 3\\ 2\times 2 & 2\times 4\end{bmatrix}=2\begin{bmatrix}1 & 3\\ 2 & 4\end{bmatrix}$，而 $\begin{vmatrix}2 & 6\\ 4 & 8\end{vmatrix}=\begin{vmatrix}2\times 1 & 2\times 3\\ 2\times 2 & 2\times 4\end{vmatrix}=2^2\begin{vmatrix}1 & 3\\ 2 & 4\end{vmatrix}$。

因此，若 $\boldsymbol{A}$，$\boldsymbol{B}$ 为 n 阶方阵且 $\boldsymbol{B}=k\boldsymbol{A}$，则 $|\boldsymbol{B}|=k^n|\boldsymbol{A}|$。

C. 矩阵乘法

【定义 3.4】 设 $\boldsymbol{A}=(a_{ij})_{m\times r}$，$\boldsymbol{B}=(b_{ij})_{r\times n}$，$\boldsymbol{C}=(c_{ij})_{m\times n}$，其中

$$c_{ij}=a_{i1}b_{1j}+a_{i2}b_{2j}+\cdots+a_{ir}b_{rj}=\sum_{l=1}^{r}a_{il}b_{lj}$$

则称 $\boldsymbol{C}$ 为 $\boldsymbol{A}$ 与 $\boldsymbol{B}$ 的乘积，记为 $\boldsymbol{C}=\boldsymbol{AB}$。

从定义知道，$\boldsymbol{A}$ 乘以 $\boldsymbol{B}$ 要求 $\boldsymbol{A}$ 的列数与 $\boldsymbol{B}$ 的行数相等，否则不能相乘。乘积 $\boldsymbol{C}$ 的行数和列数分别与 $\boldsymbol{A}$ 的行数、$\boldsymbol{B}$ 的列数相等。$\boldsymbol{C}$ 中元素 c_{ij} 是由 $\boldsymbol{A}$ 的第 i 行每个元素与 $\boldsymbol{B}$ 的第 j 列相应元素相乘后再相加而得到的，即

$$\begin{bmatrix} a_{11} & a_{12} & \cdots & a_{1r} \\ \vdots & \vdots & & \vdots \\ \boxed{a_{i1} \quad a_{i2} \quad \cdots \quad a_{ir}} \\ \vdots & \vdots & & \vdots \\ a_{m1} & a_{m2} & \cdots & a_{mr} \end{bmatrix} \begin{bmatrix} b_{11} & \cdots & \boxed{b_{1j}} & \cdots & b_{1n} \\ b_{21} & \cdots & \boxed{b_{2j}} & \cdots & b_{2n} \\ \vdots & & \boxed{\vdots} & & \vdots \\ b_{r1} & \cdots & \boxed{b_{rj}} & \cdots & b_{rn} \end{bmatrix} = \begin{bmatrix} c_{11} & c_{12} & \cdots & c_{1n} \\ c_{21} & c_{22} & \cdots & c_{2n} \\ \vdots & \vdots & \boxed{c_{ij}} & \vdots \\ c_{m1} & c_{m2} & \cdots & c_{mn} \end{bmatrix}$$

【例 3.4】 设

$$\boldsymbol{A}=\begin{bmatrix} 1 & 3 & 2 \\ 0 & -1 & -3 \end{bmatrix} \qquad \boldsymbol{B}=\begin{bmatrix} 1 & -1 \\ 0 & 1 \\ -2 & 0 \end{bmatrix}$$

则

$$\boldsymbol{AB}=\begin{bmatrix} 1 & 3 & 2 \\ 0 & -1 & -3 \end{bmatrix}\begin{bmatrix} 1 & -1 \\ 0 & 1 \\ -2 & 0 \end{bmatrix}=\begin{bmatrix} -3 & 2 \\ 6 & -1 \end{bmatrix}$$

$$\boldsymbol{BA}=\begin{bmatrix} 1 & -1 \\ 0 & 1 \\ -2 & 0 \end{bmatrix}\begin{bmatrix} 1 & 3 & 2 \\ 0 & -1 & -3 \end{bmatrix}=\begin{bmatrix} 1 & 4 & 5 \\ 0 & -1 & -3 \\ -2 & -6 & -4 \end{bmatrix}$$

【例 3.5】

$$\begin{bmatrix} a_1 a_2 a_3 \end{bmatrix}\begin{bmatrix} b_1 \\ b_2 \\ b_3 \end{bmatrix}=a_1b_1+a_2b_2+a_3b_3$$

$$\begin{bmatrix} b_1 \\ b_2 \\ b_3 \end{bmatrix}\begin{bmatrix} a_1 a_2 a_3 \end{bmatrix}=\begin{bmatrix} b_1a_1 & b_1a_2 & b_1a_3 \\ b_2a_1 & b_2a_2 & b_2a_3 \\ b_3a_1 & b_3a_2 & b_3a_3 \end{bmatrix}$$

【例 3.6】 $\begin{bmatrix} 1 & 0 \\ 0 & 0 \end{bmatrix}\begin{bmatrix} 0 & -1 \\ 0 & 0 \end{bmatrix}=\begin{bmatrix} 0 & -1 \\ 0 & 0 \end{bmatrix} \qquad \begin{bmatrix} 0 & -1 \\ 0 & 0 \end{bmatrix}\begin{bmatrix} 1 & 0 \\ 0 & 0 \end{bmatrix}=\begin{bmatrix} 0 & 0 \\ 0 & 0 \end{bmatrix}$

对于一般线性方程组

$$\begin{cases} a_{11}x_1+a_{12}x_2+\cdots+a_{1n}x_n=b_1 \\ a_{21}x_1+a_{22}x_2+\cdots+a_{2n}x_n=b_2 \\ \vdots \\ a_{m1}x_1+a_{m2}x_2+\cdots+a_{mn}x_n=b_m \end{cases} \tag{3.8}$$

令

$$\boldsymbol{A}=\begin{bmatrix} a_{11} & a_{12} & \cdots & a_{1n} \\ a_{21} & a_{22} & \cdots & a_{2n} \\ \vdots & \vdots & & \vdots \\ a_{m1} & a_{m2} & \cdots & a_{mn} \end{bmatrix} \qquad \boldsymbol{X}=\begin{bmatrix} x_1 \\ x_2 \\ \vdots \\ x_n \end{bmatrix} \qquad \boldsymbol{b}=\begin{bmatrix} b_1 \\ b_2 \\ \vdots \\ b_n \end{bmatrix}$$

容易验证，上述方程组可写成矩阵形式，即

$$\boldsymbol{AX}=\boldsymbol{b}$$

矩阵 $\boldsymbol{A}$ 通常称为线性方程组(3.8)的系数矩阵。

【性质 3.3】 假设矩阵的加法、数乘和乘法运算对下面的矩阵均有意义，我们有：

(1) $\boldsymbol{0}_m\boldsymbol{A}=\boldsymbol{0}_{m\times n}$，$\boldsymbol{A}\boldsymbol{0}_n=\boldsymbol{0}_{m\times n}$ （$\boldsymbol{A}$ 是 $m\times n$ 矩阵）；

(2) $\boldsymbol{I}_m\boldsymbol{A}=\boldsymbol{A}_{m\times n}$，$\boldsymbol{A}\boldsymbol{I}_n=\boldsymbol{A}_{m\times n}$ （$\boldsymbol{A}$ 是 $m\times n$ 矩阵）；

(3) 结合律：$\boldsymbol{A}(\boldsymbol{BC})=(\boldsymbol{AB})\boldsymbol{C}$；

(4) 分配律：$\boldsymbol{A}(\boldsymbol{B}+\boldsymbol{C})=\boldsymbol{AB}+\boldsymbol{AC}$，$(\boldsymbol{B}+\boldsymbol{C})\boldsymbol{A}=\boldsymbol{BA}+\boldsymbol{CA}$。

注 1. 矩阵乘法不满足交换律，即 $\boldsymbol{AB}\neq\boldsymbol{BA}$（如例 3.4、例 3.5）。

2. 由 $\boldsymbol{AB}=\boldsymbol{0}$，并不能推出 $\boldsymbol{A}=\boldsymbol{0}$ 或 $\boldsymbol{B}=\boldsymbol{0}$，如例 3.6。这说明两个非零矩阵的乘积可能是零矩阵。若 $\boldsymbol{A}\neq\boldsymbol{0}$，$\boldsymbol{B}\neq\boldsymbol{0}$，但 $\boldsymbol{AB}=\boldsymbol{0}$。此时矩阵 $\boldsymbol{A}$ 与 $\boldsymbol{B}$ 称为零因子。

3. 矩阵乘法不满足消去律，即由 $\boldsymbol{AB}=\boldsymbol{AC}$，不能推出 $\boldsymbol{B}=\boldsymbol{C}$，如例 3.6。同理由 $\boldsymbol{BA}=\boldsymbol{CA}$ 也不能推出 $\boldsymbol{B}=\boldsymbol{C}$。

利用矩阵乘法的结合律，我们可以定义**方阵的幂**。设 $\boldsymbol{A}$ 是 n 阶方阵，则定义

$$\boldsymbol{A}^0=\boldsymbol{I}_n,\boldsymbol{A}^1=\boldsymbol{A},\boldsymbol{A}^2=\boldsymbol{AA},\cdots,\boldsymbol{A}^{k+1}=\boldsymbol{A}^k\boldsymbol{A},\cdots$$

其中 k 是正整数，即 $\boldsymbol{A}^k$ 是 k 个方阵 $\boldsymbol{A}$ 的连乘积。

显然，$\boldsymbol{AA}$ 有意义的充要条件是 $\boldsymbol{A}$ 为方阵，故只有方阵才能定义幂。由矩阵乘法的结合律，易得：

【性质 3.4】 设 $\boldsymbol{A}$ 为方阵，k、l 为非负整数，则

(1) $\boldsymbol{A}^k\boldsymbol{A}^l=\boldsymbol{A}^{k+l}$；

(2) $(\boldsymbol{A}^k)^l=\boldsymbol{A}^{kl}$。

注 由于矩阵乘法不满足交换律，因此，一般情况下，$(\boldsymbol{AB})^k\neq\boldsymbol{A}^k\boldsymbol{B}^k$。

【例 3.7】 求证

$$\begin{bmatrix}\cos\theta & -\sin\theta\\ \sin\theta & \cos\theta\end{bmatrix}^n=\begin{bmatrix}\cos n\theta & -\sin n\theta\\ \sin n\theta & \cos n\theta\end{bmatrix}\quad n\text{ 为正整数}$$

【证明】 用数学归纳法证明。当 $n=1$ 时，结论显然成立。设 $n=k-1$ 时结论成立，即

$$\begin{bmatrix}\cos\theta & -\sin\theta\\ \sin\theta & \cos\theta\end{bmatrix}^{k-1}=\begin{bmatrix}\cos(k-1)\theta & -\sin(k-1)\theta\\ \sin(k-1)\theta & \cos(k-1)\theta\end{bmatrix}$$

现讨论 $n=k$ 的情形。

$$\begin{bmatrix}\cos\theta & -\sin\theta\\ \sin\theta & \cos\theta\end{bmatrix}^k=\begin{bmatrix}\cos\theta & -\sin\theta\\ \sin\theta & \cos\theta\end{bmatrix}^{k-1}\begin{bmatrix}\cos\theta & -\sin\theta\\ \sin\theta & \cos\theta\end{bmatrix}=$$

$$\begin{bmatrix}\cos(k-1)\theta & -\sin(k-1)\theta\\ \sin(k-1)\theta & \cos(k-1)\theta\end{bmatrix}\begin{bmatrix}\cos\theta & -\sin\theta\\ \sin\theta & \cos\theta\end{bmatrix}=$$

$$\begin{bmatrix}\cos(k-1)\theta\cos\theta-\sin(k-1)\theta\sin\theta & -\cos(k-1)\theta\sin\theta-\sin(k-1)\theta\cos\theta\\ \sin(k-1)\theta\cos\theta+\cos(k-1)\theta\sin\theta & -\sin(k-1)\theta\sin\theta+\cos(k-1)\theta\cos\theta\end{bmatrix}=$$

$$\begin{bmatrix}\cos k\theta & -\sin k\theta\\ \sin k\theta & \cos k\theta\end{bmatrix}$$

于是结论成立。 **证毕**

有了方阵幂的概念，我们进一步给出方阵多项式的定义。

设 $f(x)=a_nx^n+a_{n-1}x^{n-1}+\cdots+a_1x+a_0$ 是 x 的多项式，$\boldsymbol{A}$ 是方阵，定义

$$f(\boldsymbol{A})=a_n\boldsymbol{A}^n+a_{n-1}\boldsymbol{A}^{n-1}+\cdots+a_1\boldsymbol{A}+a_0\boldsymbol{I}_n$$

为 $\boldsymbol{A}$ 的**矩阵多项式**，$f(\boldsymbol{A})$ 仍是一个方阵。

若 $f(\boldsymbol{A})$、$g(\boldsymbol{A})$ 是方阵多项式，则有

$$f(\boldsymbol{A})g(\boldsymbol{A})=g(\boldsymbol{A})f(\boldsymbol{A}) \tag{3.9}$$

注　因为矩阵乘法不满足交换律，所以与两个矩阵有关的因式分解和二项式定理一般不成立。但是，若有 $\boldsymbol{AB}=\boldsymbol{BA}$ 成立，那么

$$(\boldsymbol{A}+\boldsymbol{B})^n=\boldsymbol{A}^n+C_n^1\boldsymbol{A}^{n-1}\boldsymbol{B}+\cdots+C_n^{n-1}\boldsymbol{AB}^{n-1}+\boldsymbol{B}^n$$

成立。

【例 3.8】　设 $f(x)=x^2-3x+4$，$g(x)=x^2-3x+2$，$\boldsymbol{A}=\begin{bmatrix}1&1\\0&2\end{bmatrix}$，则

$$f(\boldsymbol{A})=\boldsymbol{A}^2-3\boldsymbol{A}+4\boldsymbol{I}_2=\begin{bmatrix}1&1\\0&2\end{bmatrix}\begin{bmatrix}1&1\\0&2\end{bmatrix}-3\begin{bmatrix}1&1\\0&2\end{bmatrix}+4\begin{bmatrix}1&0\\0&1\end{bmatrix}=$$

$$\begin{bmatrix}1&3\\0&4\end{bmatrix}-\begin{bmatrix}3&3\\0&6\end{bmatrix}+\begin{bmatrix}4&0\\0&4\end{bmatrix}=\begin{bmatrix}2&0\\0&2\end{bmatrix}$$

$$g(\boldsymbol{A})=\boldsymbol{A}^2-3\boldsymbol{A}+2I_2=\begin{bmatrix}1&3\\0&4\end{bmatrix}-3\begin{bmatrix}1&1\\0&2\end{bmatrix}+2\begin{bmatrix}1&0\\0&1\end{bmatrix}=\begin{bmatrix}0&0\\0&0\end{bmatrix}$$

D. 方阵乘积的行列式

对于两个方阵的乘积，其行列式有如下性质：

【性质 3.5】　设 $\boldsymbol{A}$、$\boldsymbol{B}$ 为两个 n 阶方阵，则

$$|\boldsymbol{AB}|=|\boldsymbol{A}||\boldsymbol{B}| \tag{3.10}$$

这个性质我们将在分块矩阵那一节中加以证明。

在 $\boldsymbol{B}$ 小节中我们提到若 $\boldsymbol{A}=(a_{ij})$ 为 n 阶方阵，k 为 $\boldsymbol{F}$ 中一个数，则 $|k\boldsymbol{A}|=k^n|\boldsymbol{A}|$。事实上这一结论是性质 3.5 的推论。因为

$$k\begin{bmatrix}a_{11}&a_{12}&\cdots&a_{1n}\\a_{21}&a_{22}&\cdots&a_{2n}\\\vdots&\vdots&&\vdots\\a_{n1}&a_{n2}&\cdots&a_{nn}\end{bmatrix}=\begin{bmatrix}k&&&\\&k&&\\&&\ddots&\\&&&k\end{bmatrix}\begin{bmatrix}a_{11}&a_{12}&\cdots&a_{1n}\\a_{21}&a_{22}&\cdots&a_{2n}\\\vdots&\vdots&&\vdots\\a_{n1}&a_{n2}&\cdots&a_{nn}\end{bmatrix}$$

由式(3.10)可得出 $|k\boldsymbol{A}|=k^n|\boldsymbol{A}|$。

【例 3.9】　设

$$\boldsymbol{A}=\begin{bmatrix}1&1&0\\0&-1&0\\1&1&1\end{bmatrix}\qquad\boldsymbol{B}=\begin{bmatrix}2&-4&1\\1&-5&0\\0&-1&-1\end{bmatrix}$$

求 $\left|\frac{1}{2}(\boldsymbol{AB})^3\right|$。

【解】

$$|\boldsymbol{A}|=\begin{vmatrix}1&1&0\\0&-1&0\\1&1&1\end{vmatrix}=-1$$

$$|\boldsymbol{B}|=\begin{vmatrix}2&-4&1\\1&-5&0\\0&-1&-1\end{vmatrix}=\begin{vmatrix}2&-4&1\\1&-5&0\\2&-5&0\end{vmatrix}=5$$

$$\left|\frac{1}{2}(\boldsymbol{AB})^3\right|=\left(\frac{1}{2}\right)^3\left|(\boldsymbol{AB})^3\right|=\frac{1}{8}(|\boldsymbol{A}||\boldsymbol{B}|)^3=\frac{1}{8}(-125)=-\frac{125}{8}$$

【例 3.10】 设 $\boldsymbol{A}=I_4,\boldsymbol{B}=-I_4$，求 $|\boldsymbol{A}|+|\boldsymbol{B}|$ 及 $|\boldsymbol{A}+\boldsymbol{B}|$。

【解】

$$|\boldsymbol{A}|+|\boldsymbol{B}|=1+1=2$$

$$|\boldsymbol{A}+\boldsymbol{B}|=|\boldsymbol{0}_{4\times 4}|=0$$

注 一般地讲 $|\boldsymbol{A}+\boldsymbol{B}|\neq|\boldsymbol{A}|+|\boldsymbol{B}|$。但对于 n 阶方阵 $\boldsymbol{A}$、$\boldsymbol{B}$，虽然 $\boldsymbol{AB}\neq\boldsymbol{BA}$，但由性质 3.5，$|\boldsymbol{AB}|=|\boldsymbol{A}||\boldsymbol{B}|=|\boldsymbol{B}||\boldsymbol{A}|=|\boldsymbol{BA}|$。

E. 矩阵的转置

【定义 3.5】 把一个 $m\times n$ 矩阵 $\boldsymbol{A}$ 的 i 行 j 列元素 a_{ij} 放到新矩阵的 j 行 i 列的位置，$i=1,2,\cdots,m;j=1,2,\cdots,n$，得到一个 $n\times m$ 的矩阵 $\boldsymbol{A}^{\mathrm{T}}$，称 $\boldsymbol{A}^{\mathrm{T}}$ 为矩阵 $\boldsymbol{A}$ 的**转置矩阵**。有时也写 $\boldsymbol{A}^{\mathrm{T}}$ 为 $\boldsymbol{A}'$。

例如

$$\boldsymbol{A}=\begin{bmatrix}1&-2\\0&1\\-1&0\end{bmatrix}\qquad\text{则}\qquad\boldsymbol{A}^{\mathrm{T}}=\begin{bmatrix}1&0&-1\\-2&1&0\end{bmatrix}$$

对于方阵 $\boldsymbol{A}=(a_{ij})_{n\times n}$，若 $\boldsymbol{A}^{\mathrm{T}}=\boldsymbol{A}$，即有 $a_{ij}=a_{ji},i,j=1,2,\cdots,n$，则称 $\boldsymbol{A}$ 为**对称矩阵**。如

$$\boldsymbol{A}=\begin{bmatrix}1&2&-1\\2&-1&0\\-1&0&3\end{bmatrix}$$

是一个 3 阶对称阵。

若 $\boldsymbol{A}^{\mathrm{T}}=-\boldsymbol{A}$，即有 $a_{ij}=-a_{ji},i,j=1,2,\cdots,n$，则称 $\boldsymbol{A}$ 为**反对称矩阵**。反对称矩阵的主对角线元素，由于 $a_{ii}=-a_{ii}$，故必有 $a_{ii}=0,i=1,2,\cdots,n$。如

$$\boldsymbol{A}=\begin{bmatrix}0&2&1\\-2&0&-3\\-1&3&0\end{bmatrix}$$

是一个 3 阶反对称阵。

矩阵的转置有如下性质：

【性质 3.6】 假设矩阵运算都可进行，则矩阵的转置矩阵满足：

(1) $(\boldsymbol{A}^{\mathrm{T}})^{\mathrm{T}}=\boldsymbol{A}$；

(2) $(\boldsymbol{A}+\boldsymbol{B})^{\mathrm{T}}=\boldsymbol{A}^{\mathrm{T}}+\boldsymbol{B}^{\mathrm{T}}$；

(3) $(k\boldsymbol{A})^{\mathrm{T}}=k\boldsymbol{A}^{\mathrm{T}}$；

(4) $(\boldsymbol{AB})^{\mathrm{T}}=\boldsymbol{B}^{\mathrm{T}}\boldsymbol{A}^{\mathrm{T}}$。

【证明】 (1)～(3) 结论显然，下面证明(4)。

设 $\boldsymbol{A}=(a_{ij})_{m\times p},\boldsymbol{B}=(b_{ij})_{p\times n}$，则$(\boldsymbol{AB})^{\mathrm{T}}$ 和 $\boldsymbol{B}^{\mathrm{T}}\boldsymbol{A}^{\mathrm{T}}$ 都是 $n\times m$ 矩阵。$(\boldsymbol{AB})^{\mathrm{T}}$ 的第 i 行第 j 列元素是 $\boldsymbol{AB}$ 的第 j 行第 i 列元素，故等于

$$a_{j1}b_{1i}+a_{j2}b_{2i}+\cdots+a_{jp}b_{pi}$$

而 $\boldsymbol{B}^{\mathrm{T}}\boldsymbol{A}^{\mathrm{T}}$ 的第 i 行第 j 列元素是 $\boldsymbol{B}^{\mathrm{T}}$ 的第 i 行与 $\boldsymbol{A}^{\mathrm{T}}$ 的第 j 列相应元素乘积的和，也就是 $\boldsymbol{B}$ 的第 i 列与 $\boldsymbol{A}$ 的第 j 行相应元素乘积的和，即为

$$b_{1i}a_{j1}+b_{2i}a_{j2}+\cdots+b_{pi}a_{jp}$$

上两式显然相等，故$(\boldsymbol{AB})^{\mathrm{T}}=\boldsymbol{B}^{\mathrm{T}}\boldsymbol{A}^{\mathrm{T}}$。 **证毕**

设$\boldsymbol{A}=(a_{ij})_{m\times n}$是复矩阵，用$\overline{a_{ij}}$表示$a_{ij}$的共轭复数。称$(\overline{a_{ij}})_{m\times n}$为$\boldsymbol{A}$的共轭矩阵，记为$\overline{\boldsymbol{A}}$。称$(\overline{\boldsymbol{A}})^{\mathrm{T}}$为$\boldsymbol{A}$的**共轭转置矩阵**，常记为$\boldsymbol{A}^{\mathrm{H}}$。

例如，设

$$\boldsymbol{A}=\begin{bmatrix}1+i & -1+2i & i\\ 2-i & 1 & -1\end{bmatrix}$$

则
$$\overline{\boldsymbol{A}}=\begin{bmatrix}1-i & -1-2i & -i\\ 2+i & 1 & -1\end{bmatrix}\qquad \boldsymbol{A}^{\mathrm{H}}=(\overline{\boldsymbol{A}})^{\mathrm{T}}=\begin{bmatrix}1-i & 2+i\\ -1-2i & 1\\ -i & -1\end{bmatrix}$$

对于共轭矩阵，我们有下面的性质：

(1) $\overline{\boldsymbol{A}+\boldsymbol{B}}=\overline{\boldsymbol{A}}+\overline{\boldsymbol{B}}$；

(2) $\overline{k\boldsymbol{A}}=\overline{k}\,\overline{\boldsymbol{A}}$　(k 为复数)；

(3) $\overline{\boldsymbol{AB}}=\overline{\boldsymbol{A}}\,\overline{\boldsymbol{B}}$；

(4) $|\overline{\boldsymbol{A}}|=\overline{|\boldsymbol{A}|}$；

(5) $(\overline{\boldsymbol{A}})^{\mathrm{T}}=\overline{(\boldsymbol{A}^{\mathrm{T}})}$。

以上均假定矩阵的运算可进行。

可逆矩阵

A. 逆矩阵的定义

【定义 3.6】 设$\boldsymbol{A}$是n阶方阵，若存在n阶方阵$\boldsymbol{B}$，使得

$$\boldsymbol{AB}=\boldsymbol{BA}=\boldsymbol{I}_n \tag{3.11}$$

则称$\boldsymbol{A}$是**可逆矩阵**或是**非奇异矩阵**，称$\boldsymbol{B}$是$\boldsymbol{A}$的**逆矩阵**。若不存在满足(3.11)的矩阵$\boldsymbol{B}$，则称$\boldsymbol{A}$是**不可逆的**或**奇异的**。

例如　设
$$\boldsymbol{A}=\begin{bmatrix}1 & -1\\ 1 & 1\end{bmatrix},\boldsymbol{B}=\begin{bmatrix}\frac{1}{2} & \frac{1}{2}\\ -\frac{1}{2} & \frac{1}{2}\end{bmatrix}$$

因为
$$\boldsymbol{AB}=\begin{bmatrix}1 & -1\\ 1 & 1\end{bmatrix}\begin{bmatrix}\frac{1}{2} & \frac{1}{2}\\ -\frac{1}{2} & \frac{1}{2}\end{bmatrix}=\begin{bmatrix}1 & 0\\ 0 & 1\end{bmatrix}$$

$$\boldsymbol{BA}=\begin{bmatrix}\frac{1}{2} & \frac{1}{2}\\ -\frac{1}{2} & \frac{1}{2}\end{bmatrix}\begin{bmatrix}1 & -1\\ 1 & 1\end{bmatrix}=\begin{bmatrix}1 & 0\\ 0 & 1\end{bmatrix}$$

即$\boldsymbol{AB}=\boldsymbol{BA}=\boldsymbol{I}_n$，所以$\boldsymbol{A}$可逆，$\boldsymbol{B}$是$\boldsymbol{A}$的逆矩阵。显然，$\boldsymbol{B}$也是可逆的，且$\boldsymbol{A}$是$\boldsymbol{B}$的逆矩阵，即$\boldsymbol{A}$、$\boldsymbol{B}$互为逆矩阵。

易见，对角矩阵

$$\begin{bmatrix}\lambda_1 & & & \\ & \lambda_2 & & \\ & & \ddots & \\ & & & \lambda_n\end{bmatrix}$$ 当 $\lambda_1\lambda_2\cdots\lambda_n \neq 0$ 时，其逆矩阵为 $$\begin{bmatrix}\frac{1}{\lambda_1} & & & \\ & \frac{1}{\lambda_2} & & \\ & & \ddots & \\ & & & \frac{1}{\lambda_n}\end{bmatrix}$$。

若 n 阶方阵 $\boldsymbol{A}$ 可逆，则 $\boldsymbol{A}$ 的逆矩阵必定惟一。事实上，若 $\boldsymbol{B}$、$\boldsymbol{C}$ 都是 $\boldsymbol{A}$ 的逆矩阵，则有

$$\boldsymbol{B}=\boldsymbol{B}\boldsymbol{I}_n=\boldsymbol{B}(\boldsymbol{A}\boldsymbol{C})=(\boldsymbol{B}\boldsymbol{A})\boldsymbol{C}=\boldsymbol{I}_n\boldsymbol{C}=\boldsymbol{C}$$

今后，将 $\boldsymbol{A}$ 的逆矩阵记做 $\boldsymbol{A}^{-1}$。即有 $\boldsymbol{A}\boldsymbol{A}^{-1}=\boldsymbol{A}^{-1}\boldsymbol{A}=\boldsymbol{I}_n$。

需要注意的是，当使用符号 $\boldsymbol{A}^{-1}$ 时，必须弄清 $\boldsymbol{A}$ 是否可逆。若 $\boldsymbol{A}$ 不可逆，符号 $\boldsymbol{A}^{-1}$ 没有意义。

【定理 3.1】 设 $\boldsymbol{A}$ 是 n 阶方阵

(1) 若 $\boldsymbol{A}$ 是可逆的，则 $\boldsymbol{A}^{-1}$ 也是可逆的，且

$$(\boldsymbol{A}^{-1})^{-1}=\boldsymbol{A}$$

(2) 若 $\boldsymbol{A}$ 和 $\boldsymbol{B}$ 是同阶可逆阵，则 $\boldsymbol{A}\boldsymbol{B}$ 也可逆，且

$$(\boldsymbol{A}\boldsymbol{B})^{-1}=\boldsymbol{B}^{-1}\boldsymbol{A}^{-1}$$

(3) 若 $\boldsymbol{A}$ 可逆，数 $k\neq 0$，则 $k\boldsymbol{A}$ 也可逆，且

$$(k\boldsymbol{A})^{-1}=\frac{1}{k}\boldsymbol{A}^{-1}$$

(4) 若 $\boldsymbol{A}$ 可逆，$\boldsymbol{A}^{\mathrm{T}}$ 也可逆，且

$$(\boldsymbol{A}^{\mathrm{T}})^{-1}=(\boldsymbol{A}^{-1})^{\mathrm{T}}$$

【证明】 (1)、(3) 结论显然成立。我们只证(2)、(4)。

(2) 因为

$$(\boldsymbol{A}\boldsymbol{B})(\boldsymbol{B}^{-1}\boldsymbol{A}^{-1})=\boldsymbol{A}(\boldsymbol{B}\boldsymbol{B}^{-1})\boldsymbol{A}^{-1}=\boldsymbol{A}\boldsymbol{I}_n\boldsymbol{A}^{-1}=\boldsymbol{A}\boldsymbol{A}^{-1}=\boldsymbol{I}_n$$

及

$$(\boldsymbol{B}^{-1}\boldsymbol{A}^{-1})(\boldsymbol{A}\boldsymbol{B})=\boldsymbol{B}^{-1}(\boldsymbol{A}^{-1}\boldsymbol{A})\boldsymbol{B}=\boldsymbol{B}^{-1}\boldsymbol{I}_n\boldsymbol{B}=\boldsymbol{B}^{-1}\boldsymbol{B}=\boldsymbol{I}_n$$

所以 $\boldsymbol{A}\boldsymbol{B}$ 可逆，且有

$$(\boldsymbol{A}\boldsymbol{B})^{-1}=\boldsymbol{B}^{-1}\boldsymbol{A}^{-1}$$

(4) 由转置矩阵性质 3.6 知

$$\boldsymbol{A}^{\mathrm{T}}(\boldsymbol{A}^{-1})^{\mathrm{T}}=(\boldsymbol{A}^{-1}\boldsymbol{A})^{\mathrm{T}}=\boldsymbol{I}^{\mathrm{T}}=\boldsymbol{I}_n$$

及

$$(\boldsymbol{A}^{-1})^{\mathrm{T}}\boldsymbol{A}^{\mathrm{T}}=(\boldsymbol{A}\boldsymbol{A}^{-1})^{\mathrm{T}}=\boldsymbol{I}_n^{\mathrm{T}}=\boldsymbol{I}_n$$

所以 $\boldsymbol{A}^{\mathrm{T}}$ 可逆，由定义知

$$(\boldsymbol{A}^{\mathrm{T}})^{-1}=(\boldsymbol{A}^{-1})^{\mathrm{T}}$$

证毕

【推论】 设 $\boldsymbol{A}_1,\boldsymbol{A}_2,\cdots,\boldsymbol{A}_m$ 是 m 个 n 阶可逆矩阵，则 $\boldsymbol{A}_1\boldsymbol{A}_2\cdots\boldsymbol{A}_m$ 也可逆，且有

$$(\boldsymbol{A}_1\boldsymbol{A}_2\cdots\boldsymbol{A}_m)^{-1}=\boldsymbol{A}_m^{-1}\boldsymbol{A}_{m-1}^{-1}\cdots\boldsymbol{A}_1^{-1}$$

用数学归纳法即可证明。

B. 伴随矩阵

【定义 3.7】 设 $A_{ij}(i,j=1,\cdots,n)$ 是 n 阶方阵 $\boldsymbol{A}=(a_{ij})_{n\times n}$ 的行列式 $|\boldsymbol{A}|$ 中元素 a_{ij} 的代数余子式，由它们组成的一个 n 阶方阵(记为 $\boldsymbol{A}^*$)。

$$\boldsymbol{A}^*=\begin{bmatrix}A_{11} & A_{21} & \cdots & A_{n1}\\ A_{12} & A_{22} & \cdots & A_{n2}\\ \vdots & \vdots & & \vdots\\ A_{1n} & A_{2n} & \cdots & A_{nn}\end{bmatrix} \tag{3.12}$$

称为 $\boldsymbol{A}$ 的伴随矩阵。

注　$\boldsymbol{A}^*$ 中第 i 行第 j 列元素是 A_{ji}，而不是 A_{ij}。

由行列式的性质 2.6 和性质 2.7，得

$$\boldsymbol{A}^*\boldsymbol{A}=\begin{bmatrix}A_{11} & A_{21} & \cdots & A_{n1}\\ A_{12} & A_{22} & \cdots & A_{n2}\\ \vdots & \vdots & & \vdots\\ A_{1n} & A_{2n} & \cdots & A_{nn}\end{bmatrix}\begin{bmatrix}a_{11} & a_{12} & \cdots & a_{1n}\\ a_{21} & a_{22} & \cdots & a_{2n}\\ \vdots & \vdots & & \vdots\\ a_{n1} & a_{n2} & \cdots & a_{nn}\end{bmatrix}=$$

$$\begin{bmatrix}\sum\limits_{i=1}^{n}a_{i1}A_{i1} & 0 & \cdots & 0\\ 0 & \sum\limits_{i=1}^{n}a_{i2}A_{i2} & \cdots & 0\\ \vdots & \vdots & \ddots & \vdots\\ 0 & 0 & \cdots & \sum\limits_{i=1}^{n}a_{in}A_{in}\end{bmatrix}=$$

$$\begin{bmatrix}|\boldsymbol{A}| & 0 & \cdots & 0\\ 0 & |\boldsymbol{A}| & \cdots & 0\\ \vdots & \vdots & \ddots & \vdots\\ 0 & 0 & \cdots & |\boldsymbol{A}|\end{bmatrix}=|\boldsymbol{A}|\boldsymbol{I}_n$$

同理也可以得到

$$\boldsymbol{A}\boldsymbol{A}^*=|\boldsymbol{A}|\boldsymbol{I}_n$$

即

$$\boldsymbol{A}\boldsymbol{A}^*=\boldsymbol{A}^*\boldsymbol{A}=|\boldsymbol{A}|\boldsymbol{I}_n$$

当 $|\boldsymbol{A}|\neq 0$ 时，有

$$\boldsymbol{A}\left[\frac{\boldsymbol{A}^*}{|\boldsymbol{A}|}\right]=\left[\frac{\boldsymbol{A}^*}{|\boldsymbol{A}|}\right]\boldsymbol{A}=\boldsymbol{I}_n \tag{3.13}$$

于是，我们得到如下结果。

【定理 3.2】　n 阶方阵 $\boldsymbol{A}$ **可逆的充分必要条件是** $|\boldsymbol{A}|\neq 0$；若 $\boldsymbol{A}$ 可逆，则 $\boldsymbol{A}^{-1}=\dfrac{\boldsymbol{A}^*}{|\boldsymbol{A}|}$。

【证明】　**必要性**　若 $\boldsymbol{A}$ 可逆，则存在方阵 $\boldsymbol{B}$，使 $\boldsymbol{AB}=\boldsymbol{I}_n$，两边取行列式，由本章性质 3.5 知

$$|\boldsymbol{AB}|=|\boldsymbol{A}||\boldsymbol{B}|=|\boldsymbol{I}_n|=1$$

所以，有 $|\boldsymbol{A}|\neq 0$。

充分性　若 $|\boldsymbol{A}|\neq 0$，由式(3.13)知，$\boldsymbol{A}$ 可逆，且有

$$\boldsymbol{A}^{-1}=\frac{\boldsymbol{A}^*}{|\boldsymbol{A}|} \tag{3.14}$$

【推论】　对于 n 阶方阵 $\boldsymbol{A}$，只要存在 n 阶方阵 $\boldsymbol{B}$，使 $\boldsymbol{AB}=\boldsymbol{I}_n$ 或 $\boldsymbol{BA}=\boldsymbol{I}_n$ 之一成立，则 $\boldsymbol{A}$ 就是可逆的，且 $\boldsymbol{A}^{-1}=\boldsymbol{B}$。

事实上，只要 $\boldsymbol{AB}=\boldsymbol{I}_n$ 或 $\boldsymbol{BA}=\boldsymbol{I}_n$ 任一个成立，都能推出 $|\boldsymbol{A}|\neq 0$。

【例 3.11】　当 $\boldsymbol{A}=\begin{bmatrix}a_{11} & a_{12}\\ a_{21} & a_{22}\end{bmatrix}$ 中各元素满足什么条件时，$\boldsymbol{A}$ 可逆？在 $\boldsymbol{A}$ 可逆时，求 $\boldsymbol{A}^{-1}$。

【解】　由定理 3.2 知，$\boldsymbol{A}$ 可逆的充分必要条件是 $|\boldsymbol{A}|\neq 0$，即

$$\begin{vmatrix}a_{11} & a_{12}\\ a_{21} & a_{22}\end{vmatrix}=a_{11}a_{22}-a_{12}a_{21}\neq 0$$

当 $\boldsymbol{A}$ 可逆时，由定理 3.2 知

$$\boldsymbol{A}^{-1}=\frac{\boldsymbol{A}^*}{|\boldsymbol{A}|}=\frac{1}{a_{11}a_{22}-a_{12}a_{21}}\begin{bmatrix}a_{22} & -a_{12}\\ -a_{21} & a_{11}\end{bmatrix} \tag{3.15}$$

例如

$$\begin{bmatrix}1 & 3\\ -2 & 0\end{bmatrix}^{-1}=\frac{1}{1\times 0-3\times(-2)}\begin{bmatrix}0 & -3\\ 2 & 1\end{bmatrix}=\begin{bmatrix}0 & -\frac{1}{2}\\ \frac{1}{3} & \frac{1}{6}\end{bmatrix}$$

【例 3.12】 设 n 阶方阵 $\boldsymbol{A}$ 满足 $\boldsymbol{A}^2+\boldsymbol{A}-2\boldsymbol{I}_n=0$，证明 $\boldsymbol{A}$ 和 $\boldsymbol{A}-2\boldsymbol{I}$ 都可逆，并求出它们的逆矩阵。

【证明】 由 $\boldsymbol{A}^2+\boldsymbol{A}-2\boldsymbol{I}_n=0$，有 $\boldsymbol{A}(\boldsymbol{A}+\boldsymbol{I}_n)=2\boldsymbol{I}_n$，即

$$\boldsymbol{A}\left[\frac{1}{2}(\boldsymbol{A}+\boldsymbol{I})\right]=\boldsymbol{I}_n$$

由定理 3.2 的推论知，$\boldsymbol{A}$ 可逆，且

$$\boldsymbol{A}^{-1}=\frac{1}{2}(\boldsymbol{A}+\boldsymbol{I}_n)$$

又由 $\boldsymbol{A}^2+\boldsymbol{A}-2\boldsymbol{I}_n=0$，有 $(\boldsymbol{A}-2\boldsymbol{I}_n)(\boldsymbol{A}+3\boldsymbol{I}_n)+4\boldsymbol{I}_n=0$，即

$$(\boldsymbol{A}-2\boldsymbol{I}_n)\left[\frac{-1}{4}(\boldsymbol{A}+3\boldsymbol{I}_n)\right]=\boldsymbol{I}_n$$

故 $\boldsymbol{A}-2\boldsymbol{I}_n$ 可逆，且

$$(\boldsymbol{A}-2\boldsymbol{I}_n)^{-1}=-\frac{1}{4}(\boldsymbol{A}-3\boldsymbol{I}_n)$$

【例 3.13】 求满足方程 $\boldsymbol{AX}=\boldsymbol{B}$ 的矩阵 $\boldsymbol{X}$，其中

$$\boldsymbol{A}=\begin{bmatrix}1 & 2 & 2\\ 2 & 1 & -2\\ 2 & -2 & 1\end{bmatrix}\qquad \boldsymbol{B}=\begin{bmatrix}8 & 3\\ -5 & 9\\ 2 & 15\end{bmatrix}$$

【解】 因为

$$|\boldsymbol{A}|=\begin{vmatrix}1 & 2 & 2\\ 2 & 1 & -2\\ 2 & -2 & 1\end{vmatrix}=-27\neq 0$$

所以 $\boldsymbol{A}$ 是可逆的，且

$$\boldsymbol{A}^{-1}=\frac{\boldsymbol{A}^*}{|\boldsymbol{A}|}=\frac{1}{-27}\begin{bmatrix}-3 & -6 & -6\\ -6 & 3 & 6\\ -6 & 6 & -3\end{bmatrix}=\frac{1}{9}\begin{bmatrix}1 & 2 & 2\\ 2 & 1 & -2\\ 2 & -2 & 1\end{bmatrix}$$

用 $\boldsymbol{A}^{-1}$ 左乘方程 $\boldsymbol{AX}=\boldsymbol{B}$ 两边，得

$$\boldsymbol{X}=\boldsymbol{A}^{-1}\boldsymbol{B}=\frac{1}{9}\begin{bmatrix}1 & 2 & 2\\ 2 & 1 & -2\\ 2 & -2 & 1\end{bmatrix}\begin{bmatrix}8 & 3\\ -5 & 9\\ 2 & 15\end{bmatrix}=\begin{bmatrix}\frac{2}{9} & \frac{17}{3}\\ \frac{7}{9} & -\frac{5}{3}\\ \frac{28}{9} & \frac{1}{3}\end{bmatrix}$$

从前面的几个例子可以看出，对高阶矩阵，用伴随矩阵法求 $\boldsymbol{A}^{-1}$ 是比较麻烦的，比如要求

一个 n 阶方阵的逆矩阵，要计算 n^2 个 $n-1$ 阶行列式和一个 n 阶行列式，计算量是很大的。因此，我们在后面将要向大家介绍一种比较简单、易于掌握的求逆矩阵的方法。

分块矩阵

A. 分块矩阵的概念

在处理阶数较大的矩阵时，为了使计算简化，常常将其分割成若干小块，这样，就将大矩阵的运算转换成对若干个小矩阵的运算。在运算中，往往把这些小矩阵当做"数"来处理。这种方法就是矩阵的分块。

矩阵分块的方法是用一些水平线与垂直线将矩阵分成一些长方形的小块，如

$$\boldsymbol{A}_{m\times n}=\left[\begin{array}{c:c:c:c}\boldsymbol{A}_{11} & \boldsymbol{A}_{12} & \cdots & \boldsymbol{A}_{1s}\\ \hdashline \boldsymbol{A}_{21} & \boldsymbol{A}_{22} & \cdots & \boldsymbol{A}_{2s}\\ \hdashline \cdots & \cdots & \cdots & \cdots\\ \hdashline \boldsymbol{A}_{r1} & \boldsymbol{A}_{r2} & \cdots & \boldsymbol{A}_{rs}\end{array}\right] \tag{3.16}$$

其中 $\boldsymbol{A}_{ij}$ 构成一个 $m_i\times n_j$ 阶矩阵，称为 $\boldsymbol{A}$ 的**子块**，这里

$$m_1+m_2+\cdots+m_r=m \qquad n_1+n_2+\cdots+n_s=n$$

分为子块的矩阵称为**分块矩阵**。根据不同的需要，一个矩阵可以用不同的方法分块，形成不同的分块矩阵。例如，$\boldsymbol{A}=\begin{bmatrix}a_{11} & a_{12} & a_{13}\\ a_{21} & a_{22} & a_{23}\end{bmatrix}$，那么

$$\left[\begin{array}{ccc}a_{11} & a_{12} & a_{13}\\ \hdashline a_{21} & a_{22} & a_{23}\end{array}\right] \quad \left[\begin{array}{c:cc}a_{11} & a_{12} & a_{13}\\ a_{21} & a_{22} & a_{23}\end{array}\right] \quad \left[\begin{array}{cc:c}a_{11} & a_{12} & a_{13}\\ a_{21} & a_{22} & a_{23}\end{array}\right] \quad \left[\begin{array}{c:cc}a_{11} & a_{12} & a_{13}\\ \hdashline a_{21} & a_{22} & a_{23}\end{array}\right]$$

就是矩阵 $\boldsymbol{A}$ 的不同的分块形式(事实上可有 8 种形式)。

B. 分块矩阵的运算

分块矩阵的运算规则与普通矩阵的运算规则类似。

(1) 加法。设 $\boldsymbol{A}$ 和 $\boldsymbol{B}$ 是同型矩阵，采用相同的划分进行分块，成为

$$\boldsymbol{A}=\begin{bmatrix}\boldsymbol{A}_{11} & \boldsymbol{A}_{12} & \cdots & \boldsymbol{A}_{1s}\\ \boldsymbol{A}_{21} & \boldsymbol{A}_{22} & \cdots & \boldsymbol{A}_{2s}\\ \vdots & \vdots & & \vdots\\ \boldsymbol{A}_{r1} & \boldsymbol{A}_{r2} & \cdots & \boldsymbol{A}_{rs}\end{bmatrix} \qquad \boldsymbol{B}=\begin{bmatrix}\boldsymbol{B}_{11} & \boldsymbol{B}_{12} & \cdots & \boldsymbol{B}_{1s}\\ \boldsymbol{B}_{21} & \boldsymbol{B}_{22} & \cdots & \boldsymbol{B}_{2s}\\ \vdots & \vdots & & \vdots\\ \boldsymbol{B}_{r1} & \boldsymbol{B}_{r2} & \cdots & \boldsymbol{B}_{rs}\end{bmatrix} \tag{3.17}$$

其中子块 $\boldsymbol{A}_{ij}$ 和 $\boldsymbol{B}_{ij}$ $(i=1,2,\cdots,r, j=1,2,\cdots,s)$ 都是同型矩阵，则 $\boldsymbol{A}$ 和 $\boldsymbol{B}$ 相加只需将它们对应的子块相加，即

$$\boldsymbol{A}+\boldsymbol{B}=\begin{bmatrix}\boldsymbol{A}_{11}+\boldsymbol{B}_{11} & \boldsymbol{A}_{12}+\boldsymbol{B}_{12} & \cdots & \boldsymbol{A}_{1s}+\boldsymbol{B}_{1s}\\ \vdots & & & \vdots\\ \boldsymbol{A}_{r1}+\boldsymbol{B}_{r1} & \boldsymbol{A}_{r2}+\boldsymbol{B}_{r2} & \cdots & \boldsymbol{A}_{rs}+\boldsymbol{B}_{rs}\end{bmatrix} \tag{3.18}$$

(2) 矩阵与数的乘法。数 k 乘矩阵 $\boldsymbol{A}$，只需 k 乘以 $\boldsymbol{A}$ 的每一个子块。设 $\boldsymbol{A}$ 形如(3.16)的划分，k 是常数，则

$$
k\boldsymbol{A}=\begin{bmatrix} k\boldsymbol{A}_{11} & k\boldsymbol{A}_{12} & \cdots & k\boldsymbol{A}_{1s} \\ k\boldsymbol{A}_{21} & k\boldsymbol{A}_{22} & \cdots & k\boldsymbol{A}_{2s} \\ \vdots & \vdots & & \vdots \\ k\boldsymbol{A}_{r1} & k\boldsymbol{A}_{r2} & \cdots & k\boldsymbol{A}_{rs} \end{bmatrix} \tag{3.19}
$$

(3) 矩阵乘法。设 $\boldsymbol{A}$ 为 $m\times p$ 矩阵，$\boldsymbol{B}$ 是 $p\times n$ 矩阵，分块如下

$$
\boldsymbol{A}=\begin{bmatrix} \boldsymbol{A}_{11} & \boldsymbol{A}_{12} & \cdots & \boldsymbol{A}_{1s} \\ \boldsymbol{A}_{21} & \boldsymbol{A}_{22} & \cdots & \boldsymbol{A}_{2s} \\ \vdots & \vdots & & \vdots \\ \boldsymbol{A}_{r1} & \boldsymbol{A}_{r2} & \cdots & \boldsymbol{A}_{rs} \end{bmatrix} \qquad \boldsymbol{B}=\begin{bmatrix} \boldsymbol{B}_{11} & \boldsymbol{B}_{12} & \cdots & \boldsymbol{B}_{1t} \\ \boldsymbol{B}_{21} & \boldsymbol{B}_{22} & \cdots & \boldsymbol{B}_{2t} \\ \vdots & \vdots & & \vdots \\ \boldsymbol{B}_{s1} & \boldsymbol{B}_{s2} & \cdots & \boldsymbol{B}_{st} \end{bmatrix} \tag{3.20}
$$

其中 $\boldsymbol{A}_{ij}$ 是 $m_i\times l_i$ 阶矩阵$(i=1,2,\cdots,r;j=1,2,\cdots,s)$，$\boldsymbol{B}_{jk}$ 是 $l_i\times n_k$ 阶矩阵$(j=1,2,\cdots,s;k=1,2,\cdots,t)$，于是

$$
\boldsymbol{C}=\boldsymbol{AB}=\begin{bmatrix} \boldsymbol{C}_{11} & \boldsymbol{C}_{12} & \cdots & \boldsymbol{C}_{1t} \\ \boldsymbol{C}_{21} & \boldsymbol{C}_{22} & \cdots & \boldsymbol{C}_{2t} \\ \vdots & \vdots & & \vdots \\ \boldsymbol{C}_{r1} & \boldsymbol{C}_{r2} & \cdots & \boldsymbol{C}_{rt} \end{bmatrix} \tag{3.21}
$$

其中

$$
\boldsymbol{C}_{ik}=\boldsymbol{A}_{i1}\boldsymbol{B}_{1k}+\boldsymbol{A}_{i2}\boldsymbol{B}_{2k}+\cdots+\boldsymbol{A}_{is}\boldsymbol{B}_{sk} \tag{3.22}
$$
$$
i=1,2,\cdots,r;k=1,2,\cdots,t
$$

注 为了保证乘法可行，$\boldsymbol{A}$ 的列划分与 $\boldsymbol{B}$ 的行划分必须相一致。

(4) 转置。$\boldsymbol{A}$ 是按形如(3.16)划分方法得到的分块矩阵，则

$$
\boldsymbol{A}^{\mathrm{T}}=\begin{bmatrix} \boldsymbol{A}_{11}^{\mathrm{T}} & \boldsymbol{A}_{21}^{\mathrm{T}} & \cdots & \boldsymbol{A}_{r1}^{\mathrm{T}} \\ \boldsymbol{A}_{12}^{\mathrm{T}} & \boldsymbol{A}_{22}^{\mathrm{T}} & \cdots & \boldsymbol{A}_{r2}^{\mathrm{T}} \\ \vdots & \vdots & & \vdots \\ \boldsymbol{A}_{1s}^{\mathrm{T}} & \boldsymbol{A}_{2s}^{\mathrm{T}} & \cdots & \boldsymbol{A}_{rs}^{\mathrm{T}} \end{bmatrix} \tag{3.23}
$$

【例 3.14】 证明两个上三角阵的乘积仍是上三角阵。

【证明】 设 $\boldsymbol{A}$、$\boldsymbol{B}$ 是两个 n 阶上三角阵。对 n 作数学归纳法。当 $n=1$ 时结论显然成立。假设对 $n-1$ 时，结论成立。现在求证结论对 n 成立。

把 $\boldsymbol{A}=(a_{ij})$、$\boldsymbol{B}=(b_{ij})$ 进行分块

$$
\boldsymbol{A}=\begin{bmatrix} a_{11} & \boldsymbol{\alpha} \\ \boldsymbol{0} & \boldsymbol{A}_1 \end{bmatrix} \qquad \boldsymbol{B}=\begin{bmatrix} b_{11} & \boldsymbol{\beta} \\ \boldsymbol{0} & \boldsymbol{B}_1 \end{bmatrix}
$$

其中 $\boldsymbol{\alpha}=(a_{12}\cdots a_{1n})$，$\boldsymbol{\beta}=(b_{12}\cdots b_{1n})$；$\boldsymbol{A}_1$ 和 $\boldsymbol{B}_1$ 是两个 $n-1$ 阶上三角阵。由归纳法假设知，$\boldsymbol{A}_1\boldsymbol{B}_1$ 仍是上三角阵。于是，由分块矩阵乘法准则知

$$
\boldsymbol{AB}=\begin{bmatrix} a_{11} & \boldsymbol{\alpha} \\ \boldsymbol{0} & \boldsymbol{A}_1 \end{bmatrix}\begin{bmatrix} b_{11} & \boldsymbol{\beta} \\ \boldsymbol{0} & \boldsymbol{B}_1 \end{bmatrix}=\begin{bmatrix} a_{11}b_{11} & a_{11}\boldsymbol{\beta}+\boldsymbol{\alpha}\boldsymbol{B}_1 \\ \boldsymbol{0} & \boldsymbol{A}_1\boldsymbol{B}_1 \end{bmatrix}
$$

直接计算可知 $a_{11}\boldsymbol{\beta}+\boldsymbol{\alpha}\boldsymbol{B}_1$ 是 $1\times(n-1)$ 阶矩阵，故 $\boldsymbol{AB}$ 仍是一上三角阵。

C. 分块对角阵

形如

$$A=\begin{bmatrix}A_1 & & & \\ & A_2 & & \\ & & \ddots & \\ & & & A_s\end{bmatrix}_{n\times n} \tag{3.24}$$

的分块矩阵称为**分块对角阵**，也称为**准对角阵**。记为 $\mathrm{diag}(A_1, A_2, \cdots, A_s)$，其中 A_i 是 n_i 阶阵，$i=1,2,\cdots,s$，且 $\sum_{i=1}^{s} n_i = n$。当 $A_i(i=1,2,\cdots,s)$ 的阶数退化为 1 阶时，矩阵 A 即为通常意义下的对角阵。

设 $B=\mathrm{diag}(B_1, B_2, \cdots, B_s)$，若 A_i 与 B_i 是同阶方阵，$i=1,2,\cdots,s$，则

$$AB=\mathrm{diag}(A_1B_1, A_2B_2, \cdots, A_sB_s)$$

若 $AB=I_n$，即

$$\mathrm{diag}(A_1B_1, A_2B_2, \cdots, A_sB_s)=\mathrm{diag}(I_{n_1}, I_{n_2}, \cdots, I_{n_s})$$

则有

$$A_iB_i=I_{n_i} \qquad i=1,2,\cdots,s$$

由此可以推出：A 可逆的充分必要条件是 $A_i(i=1,2,\cdots,s)$ 均可逆，且

$$A^{-1}=\mathrm{diag}(A_1^{-1}, A_2^{-1}, \cdots, A_s^{-1}) \tag{3.25}$$

对应行列式定义，可得

$$|A|=|A_1||A_2|\cdots|A_s| \tag{3.26}$$

矩阵的初等变换与初等矩阵

这一节介绍矩阵的初等变换、初等矩阵、矩阵的秩等概念，建立初等变换与初等矩阵的联系，给出一个实用的通过初等变换求逆矩阵的方法。

A. 初等变换

【定义 3.8】 下面这些变换称为矩阵的**初等行变换**：

(1) 对调两行(对调 i、j 两行，记为 $r_i \leftrightarrow r_j$)；

(2) 以数 $k\neq 0$ 乘某行中的所有元素(如用数 k 乘第 i 行，记为 kr_i)；

(3) 把某一行所有元素的 k 倍加到另一行对应的元素上去(如把第 j 行的 k 倍加到第 i 行上，记为 r_i+kr_j)。

把定义中的“行”换成“列”，即得矩阵的**初等列变换**(相应的记号把“r”换成“c”)。

矩阵的三种初等行变换和矩阵的三种初等列变换合在一起，统称为**矩阵的初等变换**。显然，初等变换是可逆的，比如矩阵 A 经过变换 r_i+kr_j 后，再经过变换 $r_i+(-k)r_j$ 便复原了。

B. 矩阵等价及等价标准形

若矩阵 A 经过一系列初等变换变成矩阵 B，则称**矩阵 A 与 B 等价**，记为 $A\to B$。

因为初等变换是可逆的，所以如果 A 经过一系列初等变换变成 B，则 B 经过一系列初等变换也能变成 A。即若 $A\to B$，则 $B\to A$。于是，等价作为矩阵之间的一种关系，具有如下性质：

(1) 自反性：对 $\forall A, A\to A$；

(2) 对称性：若 $A\to B$，则 $B\to A$；

(3) 传递性：若 $A\to B, B\to C$，则 $A\to C$。

【定理 3.3】 任意矩阵都与一个形如$\begin{bmatrix} \boldsymbol{I}_r & \boldsymbol{0} \\ \boldsymbol{0} & \boldsymbol{0} \end{bmatrix}$的矩阵等价。

【证明】 设 $\boldsymbol{A} \in \boldsymbol{M}_{m\times n}(F)$，若 $\boldsymbol{A}=0$，则结论成立。现假设 $\boldsymbol{A} \neq 0$，不妨设 $a_{ij} \neq 0$，于是将第 i 行与第 1 行对换，第 j 列与第 1 列对换，经过这两次初等变换，就使不为 0 的元素处在左上角(1,1)一位置，再由第 2 种初等变换把此元素变为 1。然后将第 1 行分别乘以 $-a_{21},\cdots,-a_{m1}$ 加至第 2 行，…，第 m 行，得到第 1 列为 $(1,0,\cdots,0)^{\mathrm{T}}$ 的矩阵。再将第 1 列乘以 $-a_{12},\cdots,-a_{1n}$ 加至第 2 列，…，第 n 列，即得

$\boldsymbol{A} \longrightarrow \begin{bmatrix} 1 & \boldsymbol{0} \\ \boldsymbol{0} & \boldsymbol{A}_1 \end{bmatrix}$，这里 $\boldsymbol{A}_1$ 为 $(m-1)\times(n-1)$ 阶矩阵。"$\rightarrow$"表示经过初等变换。

对 $\boldsymbol{A}_1$ 重复上述过程，最终必有

$$\boldsymbol{A} \longrightarrow \begin{bmatrix} \boldsymbol{I}_r & \boldsymbol{0} \\ \boldsymbol{0} & \boldsymbol{0} \end{bmatrix} \tag{3.27}$$

称$\begin{bmatrix} \boldsymbol{I}_r & \boldsymbol{0} \\ \boldsymbol{0} & \boldsymbol{0} \end{bmatrix}$为矩阵 $\boldsymbol{A}$ 的**等价标准形**。$\boldsymbol{I}_r$ 的主对角线上 1 的个数 r 由什么确定，用不同的(一系列)初等变换所得到的 $\boldsymbol{A}$ 的等价标准形是否一致，也就是说 $\boldsymbol{A}$ 的等价标准形是否由 $\boldsymbol{A}$ 惟一确定，这个问题将在后面进一步讨论。 **证毕**

【例 3.15】 求 $\boldsymbol{A}=\begin{bmatrix} -1 & 0 & 1 & 1 \\ 1 & -2 & -1 & -3 \\ 2 & -1 & -2 & -3 \end{bmatrix}$ 的等价标准形。

【解】

$$\boldsymbol{A}=\begin{bmatrix} -1 & 0 & 1 & 1 \\ 1 & -2 & -1 & -3 \\ 2 & -1 & -2 & -3 \end{bmatrix} \xrightarrow[r_3+2r_1]{r_2+r_1} \begin{bmatrix} -1 & 0 & 1 & 1 \\ 0 & -2 & 0 & -2 \\ 0 & -1 & 0 & -1 \end{bmatrix} \xrightarrow{c_3+c_1}$$

$$\begin{bmatrix} -1 & 0 & 0 & 0 \\ 0 & -2 & 0 & -2 \\ 0 & -1 & 0 & -1 \end{bmatrix} \xrightarrow[c_4+(-c_2)]{\substack{(-1)r_1 \\ (-\frac{1}{2})r_2 \\ r_3+r_2}} \begin{bmatrix} 1 & 0 & 0 & 0 \\ 0 & 1 & 0 & 0 \\ 0 & 0 & 0 & 0 \end{bmatrix}$$

C. 初等矩阵

【定义 3.9】 单位阵经过一次初等变换得到的矩阵称为**初等矩阵**。

从定义我们立即得到下面三种类型的初等矩阵。

(1) 把单位阵中 i、j 两行(列)对换，得到

$$\boldsymbol{E}_{ij}=\begin{bmatrix} 1 & & & & & & & & \\ & \ddots & & & & & & & \\ & & 1 & & & & & & \\ & & & 0 & \cdots & 1 & & & \\ & & & \vdots & 1 \ \ddots \ 1 & \vdots & & & \\ & & & 1 & \cdots & 0 & & & \\ & & & & & & 1 & & \\ & & & & & & & \ddots & \\ & & & & & & & & 1 \end{bmatrix} \begin{array}{l} \\ \\ \\ \leftarrow 第\,i\,行 \\ \\ \leftarrow 第\,j\,行 \\ \\ \\ \\ \end{array} \tag{3.28}$$

(2) 以数 $k \neq 0$ 乘单位阵的第 i 行(列)得到

$$\boldsymbol{E}_i(k)=\begin{bmatrix}1&&&&&&\\&\ddots&&&&&\\&&1&&&&\\&&&k&&&\\&&&&1&&\\&&&&&\ddots&\\&&&&&&1\end{bmatrix}\leftarrow \text{第 } i \text{ 行} \tag{3.29}$$

(3) 以数 k 乘单位阵的第 j 行(第 i 列) 加到第 i 行(第 j 列) 得到

$$\boldsymbol{E}_{ij}(k)=\begin{bmatrix}1&&&&&\\&\ddots&&&&\\&&1&\cdots&k&\\&&&\ddots&\vdots&\\&&&&1&\\&&&&&\ddots\\&&&&&&1\end{bmatrix}\begin{matrix}\\ \\ \leftarrow\text{第 } i \text{ 行}\\ \\ \leftarrow\text{第 } j \text{ 行}\\ \\ \\ \end{matrix} \tag{3.30}$$

【定理 3.4】 初等矩阵是可逆矩阵,其逆矩阵是同类型的初等矩阵。

【证明】 注意到 $\boldsymbol{E}_{ij}\boldsymbol{E}_{ij}=\boldsymbol{I}$, $\boldsymbol{E}_i(k)\boldsymbol{E}_i(k^{-1})=\boldsymbol{I}(k\neq 0)$, $\boldsymbol{E}_{ij}(k)\boldsymbol{E}_{ij}(-k)=\boldsymbol{I}$,所以 $\boldsymbol{E}_{ij}$, $\boldsymbol{E}_i(k)$, $\boldsymbol{E}_{ij}(k)$ 可逆,且有

$$\boldsymbol{E}_{ij}^{-1}=\boldsymbol{E}_{ij}\qquad \boldsymbol{E}_i(k)^{-1}=\boldsymbol{E}_i(k^{-1})\qquad \boldsymbol{E}_{ij}(k)^{-1}=\boldsymbol{E}_{ij}(-k)$$

证毕

【定理 3.5】 设 $\boldsymbol{A}=(a_{ij})_{m\times n}$,用 m 阶初等矩阵从左边乘 $\boldsymbol{A}$,就是对 $\boldsymbol{A}$ 进行相应的行变换;用 n 阶初等矩阵从右边乘 $\boldsymbol{A}$,就是对 $\boldsymbol{A}$ 进行相应的列变换。

【证明】 只证左乘初等矩阵的情形。右乘初等矩阵的情形请读者自己证明。

首先将 $\boldsymbol{A}$ 分块

$$\boldsymbol{A}_{m\times n}=\begin{bmatrix}a_{11}&a_{12}&\cdots&a_{1n}\\ \hdashline a_{21}&a_{22}&\cdots&a_{2n}\\ \hdashline \vdots&\vdots&&\vdots\\ \hdashline a_{m1}&a_{m2}&\cdots&a_{mn}\end{bmatrix}=\begin{bmatrix}\boldsymbol{A}_1\\ \boldsymbol{A}_2\\ \vdots\\ \boldsymbol{A}_m\end{bmatrix}$$

即子块 $\boldsymbol{A}_1,\boldsymbol{A}_2,\cdots,\boldsymbol{A}_m$ 分别表示 $\boldsymbol{A}$ 的第 1 行,第 2 行,…,第 m 行。设 $\boldsymbol{B}=(b_{ij})_{m\times m}$ 是任意的 m 阶矩阵,由分块矩阵的乘法,有

$$\boldsymbol{BA}=\begin{bmatrix}b_{11}\boldsymbol{A}_1+b_{12}\boldsymbol{A}_2+\cdots+b_{1m}\boldsymbol{A}_m\\ b_{21}\boldsymbol{A}_1+b_{22}\boldsymbol{A}_2+\cdots+b_{2m}\boldsymbol{A}_m\\ \vdots \\ b_{m1}\boldsymbol{A}_1+b_{m2}\boldsymbol{A}_2+\cdots+b_{mm}\boldsymbol{A}_m\end{bmatrix}$$

若令 $\boldsymbol{B}=\boldsymbol{E}_{ij}$,则得

$$\boldsymbol{E}_{ij}\boldsymbol{A}=\begin{bmatrix}\boldsymbol{A}_1\\ \vdots\\ \boldsymbol{A}_j\\ \vdots\\ \boldsymbol{A}_i\\ \vdots\\ \boldsymbol{A}_m\end{bmatrix}\begin{matrix}\\ \\ \leftarrow i\text{ 行}\\ \\ \leftarrow j\text{ 行}\\ \\ \\ \end{matrix}$$

这相当于把 $\boldsymbol{A}$ 的第 i 行与第 j 行对换。

若令 $\boldsymbol{B}=\boldsymbol{E}_i(k)(k\neq 0)$，则得

$$\boldsymbol{E}_i(k)\boldsymbol{A}=\begin{bmatrix}\boldsymbol{A}_1\\ \vdots\\ k\boldsymbol{A}_i\\ \vdots\\ \boldsymbol{A}_m\end{bmatrix}\begin{matrix}\\ \\ \leftarrow i\text{ 行}\\ \\ \\ \end{matrix}$$

这相当于用数 $k\neq 0$ 乘 $\boldsymbol{A}$ 的第 i 行。

若令 $\boldsymbol{B}=\boldsymbol{E}_{ij}(k)$，则得

$$\boldsymbol{E}_{ij}(k)\boldsymbol{A}=\begin{bmatrix}\boldsymbol{A}_1\\ \vdots\\ \boldsymbol{A}_i+k\boldsymbol{A}_j\\ \vdots\\ \boldsymbol{A}_j\\ \vdots\\ \boldsymbol{A}_m\end{bmatrix}\begin{matrix}\\ \\ \leftarrow i\text{ 行}\\ \\ \leftarrow j\text{ 行}\\ \\ \\ \end{matrix}$$

这相当于把 $\boldsymbol{A}$ 的第 j 行的 k 倍加到第 i 行上。 **证毕**

显然，初等矩阵的转置仍为初等矩阵，即

$$\boldsymbol{E}_{ij}^{\mathrm{T}}=\boldsymbol{E}_{ji}=\boldsymbol{E}_{ij}\qquad \boldsymbol{E}_i^{\mathrm{T}}(k)=\boldsymbol{E}_i(k)\qquad \boldsymbol{E}_{ij}^{\mathrm{T}}(k)=\boldsymbol{E}_{ji}(k)$$

有了初等矩阵的概念，可以看出，与定理 3.3 等价的说法就是：对任意 $\boldsymbol{A}\in\boldsymbol{M}_{m\times n}(\boldsymbol{F})$，存在一系列 m 阶初等矩阵 $\boldsymbol{P}_1,\boldsymbol{P}_2,\cdots,\boldsymbol{P}_s$ 和 n 阶初等矩阵 $\boldsymbol{Q}_1,\boldsymbol{Q}_2,\cdots,\boldsymbol{Q}_t$，使得

$$\boldsymbol{P}_s\cdots\boldsymbol{P}_2\boldsymbol{P}_1\boldsymbol{A}\boldsymbol{Q}_1\boldsymbol{Q}_2\cdots\boldsymbol{Q}_t=\begin{bmatrix}\boldsymbol{I}_r & \boldsymbol{0}\\ \boldsymbol{0} & \boldsymbol{0}\end{bmatrix}\tag{3.31}$$

令 $\boldsymbol{P}=\boldsymbol{P}_s\cdots\boldsymbol{P}_2\boldsymbol{P}_1,\boldsymbol{Q}=\boldsymbol{Q}_1\boldsymbol{Q}_2\cdots\boldsymbol{Q}_t$。由于初等矩阵可逆，故其乘积也可逆，所以 $\boldsymbol{P},\boldsymbol{Q}$ 是可逆矩阵。于是可得到定理 3.3 的 3 个推论：

【推论 1】 对任意 $\boldsymbol{A}\in\boldsymbol{M}_{m\times n}(\boldsymbol{F})$，存在可逆阵 $\boldsymbol{P}\in\boldsymbol{M}_m(\boldsymbol{F})$ 和可逆阵 $\boldsymbol{Q}\in\boldsymbol{M}_n(\boldsymbol{F})$，使得

$$\boldsymbol{PAQ}=\begin{bmatrix}\boldsymbol{I}_r & \boldsymbol{0}\\ \boldsymbol{0} & \boldsymbol{0}\end{bmatrix}\tag{3.32}$$

【推论 2】 设 $\boldsymbol{A}\in\boldsymbol{M}_n(\boldsymbol{F})$，$\boldsymbol{A}$ 可逆的充分必要条件是 $\boldsymbol{A}\rightarrow\boldsymbol{I}_n$。

【证明】 由定理 3.2 知，$\boldsymbol{A}$ 可逆的充分必要条件是 $|\boldsymbol{A}|\neq 0$。因为式(3.32) 的左边是 $|\boldsymbol{PAQ}|=|\boldsymbol{P}||\boldsymbol{A}||\boldsymbol{Q}|\neq 0$，而 $\begin{vmatrix}\boldsymbol{I}_r & \boldsymbol{0}\\ \boldsymbol{0} & \boldsymbol{0}\end{vmatrix}\neq 0$ 充分必要条件是 $r=n$。于是得 $\boldsymbol{A}$ 可逆的充分必要

条件是 $A \to I_n$。

【推论3】 设 $A \in M_n(F)$，A 可逆的充分必要条件是 A 可表示成有限个初等矩阵的乘积。

【证明】 由式(3.31)及上述的推论 2 知，A 可逆的充分必要条件是存在初等矩阵 $P_1, \cdots, P_s$ 和 $Q_1, \cdots, Q_t$，使得 $P_s \cdots P_2 P_1 A Q_1 Q_2 \cdots Q_t = I_n$，于是 $A = P_1^{-1} P_2^{-1} \cdots P_s^{-1} Q_t^{-1} \cdots Q_2^{-1} Q_1^{-1}$。

【定理 3.6】 两个 $m \times n$ 矩阵 A、B 等价的充分必要条件是存在 m 阶可逆阵 P 和 n 阶可逆阵 Q，使得

$$PAQ = B \tag{3.33}$$

【证明】 **必要性** 由 $A \to B$ 知，存在有限个 m 阶初等阵 $P_1, P_2, \cdots, P_s$ 及 n 阶初等阵 $Q_1, Q_2, \cdots, Q_t$，使

$$P_1 P_2 \cdots P_s A Q_1 Q_2 \cdots Q_t = B$$

令 $P = P_1 P_2 \cdots P_s$，$Q = Q_1 Q_2 \cdots Q_t$，易知 P, Q 分别是 m 阶和 n 阶可逆阵，并且 $PAQ = B$。

充分性 因 P, Q 可逆，由定理 3.3 的推论 3 知，存在有限个初等阵 $P_1, P_2, \cdots, P_s$ 及 $Q_1, Q_2, \cdots, Q_t$，使

$$P = P_1 P_2 \cdots P_s \qquad Q = Q_1 Q_2 \cdots Q_t$$

从而，由 $PAQ = B$ 知

$$P_1 P_2 \cdots P_s A Q_1 Q_2 \cdots Q_t = B$$

这说明 A 可经一系列初等变换化成 B，因此 $A \to B$。 **证毕**

D. 用初等变换求逆矩阵

定理 3.5 的推论 2 提供了一个用初等变换求逆矩阵的方法。

事实上，对于可逆矩阵 $A \in M_n(F)$，构造一个 $n \times (n+p)$ 阶分块矩阵 $(A \vdots B)$，其中 $B \in M_{n \times p}(F)$。对于 A^{-1} 由定理 3.5 的推论 3 知

$$A^{-1} = P_1 P_2 \cdots P_s \qquad (\text{这里 } P_1, P_2, \cdots, P_s \text{ 为初等矩阵})$$

于是由分块矩阵乘法准则，得

$$A^{-1}(A \vdots B) = (I_n \vdots A^{-1}B) \tag{3.34}$$

另一方面

$$A^{-1}(A \vdots B) = P_1 P_2 \cdots P_s (A \vdots B)$$

这说明，如果对分块矩阵 $(A \vdots B)$ 进行一系列行初等变换，当子块 A 变成单位阵 I_n 时，子块 B 就变成了 $A^{-1}B$。特别地，当取 $B = I_n$ 时，则分块矩阵 $(A \vdots I_n)$ 中 I_n 的位置就变成了 A^{-1}。

同样，对 $\begin{bmatrix} A \\ \cdots \\ C \end{bmatrix}$ 施行一系列初等列变换，当子块 A 变成 I_n 时，子块 C 变成 CA^{-1}。特别地取 $C = I_n$ 时，C 就变成了 A^{-1}。

【例 3.16】 求 A 的逆矩阵，这里

$$A = \begin{bmatrix} -2 & 1 & 0 \\ 1 & -2 & 1 \\ 0 & 1 & -2 \end{bmatrix}$$

【解】 用 A 与 3 阶单位阵 I_3 一起构成一个分块矩阵

$$[A \vdots I_3] = \left[\begin{array}{ccc|ccc} -2 & 1 & 0 & 1 & 0 & 0 \\ 1 & -2 & 1 & 0 & 1 & 0 \\ 0 & 1 & -2 & 0 & 0 & 1 \end{array}\right]$$

对 $[\boldsymbol{A} \mid \boldsymbol{I}_3]$ 施行一系列行初等变换

$$[\boldsymbol{A} \mid \boldsymbol{I}_3] \xrightarrow{r_1 \leftrightarrow r_2} \left[\begin{array}{ccc|ccc} 1 & -2 & 1 & 0 & 1 & 0 \\ -2 & 1 & 0 & 1 & 0 & 0 \\ 0 & 1 & -2 & 0 & 0 & 1 \end{array}\right] \xrightarrow{r_2+(-2)r_1} \left[\begin{array}{ccc|ccc} 1 & -2 & 1 & 0 & 1 & 0 \\ 0 & -3 & 2 & 1 & 2 & 0 \\ 0 & 1 & -2 & 0 & 0 & 1 \end{array}\right] \xrightarrow{r_2 \leftrightarrow r_3}$$

$$\left[\begin{array}{ccc|ccc} 1 & -2 & 1 & 0 & 1 & 0 \\ 0 & 1 & -2 & 0 & 0 & 1 \\ 0 & -3 & 2 & 1 & 2 & 0 \end{array}\right] \xrightarrow{r_3+3r_2} \left[\begin{array}{ccc|ccc} 1 & -2 & 1 & 0 & 1 & 0 \\ 0 & 1 & -2 & 0 & 0 & 1 \\ 0 & 0 & -4 & 1 & 2 & 3 \end{array}\right] \xrightarrow[r_1+(\frac{1}{4})r_3]{r_2+(-\frac{1}{2})r_3}$$

$$\left[\begin{array}{ccc|ccc} 1 & -2 & 0 & \frac{1}{4} & \frac{3}{2} & \frac{3}{4} \\ 0 & 1 & 0 & -\frac{1}{2} & -1 & -\frac{1}{2} \\ 0 & 0 & -4 & 1 & 2 & 3 \end{array}\right] \xrightarrow[(-\frac{1}{4})r_3]{r_1+2r_2}$$

$$\left[\begin{array}{ccc|ccc} 1 & 0 & 0 & -\frac{3}{4} & -\frac{1}{2} & -\frac{1}{4} \\ 0 & 1 & 0 & -\frac{1}{2} & -1 & -\frac{1}{2} \\ 0 & 0 & 1 & -\frac{1}{4} & -\frac{1}{2} & -\frac{3}{4} \end{array}\right]$$

于是得

$$\boldsymbol{A}^{-1} = \begin{bmatrix} -\frac{3}{4} & -\frac{1}{2} & -\frac{1}{4} \\ -\frac{1}{2} & -1 & -\frac{1}{2} \\ -\frac{1}{4} & -\frac{1}{2} & -\frac{3}{4} \end{bmatrix}$$

【例 3.17】 设 $\boldsymbol{A} = \begin{bmatrix} 1 & 2 \\ 3 & 4 \end{bmatrix}$，$\boldsymbol{B} = \begin{bmatrix} 2 & 5 \\ 3 & -2 \end{bmatrix}$，求 $\boldsymbol{A}^{-1}$ 和 $\boldsymbol{B}\boldsymbol{A}^{-1}$。

【解】 对下列矩阵施行一系列列初等变换

$$\begin{bmatrix} \boldsymbol{A} \\ \hline \boldsymbol{I}_2 \\ \hline \boldsymbol{B} \end{bmatrix} = \left[\begin{array}{cc} 1 & 2 \\ 3 & 4 \\ \hline 1 & 0 \\ 0 & 1 \\ \hline 2 & 5 \\ 3 & -2 \end{array}\right] \xrightarrow{c_2+(-2)c_1} \left[\begin{array}{cc} 1 & 0 \\ 3 & -2 \\ \hline 1 & -2 \\ 0 & 1 \\ \hline 2 & 1 \\ 3 & -8 \end{array}\right] \xrightarrow{(-\frac{1}{2})c_2} \left[\begin{array}{cc} 1 & 0 \\ 3 & 1 \\ \hline 1 & 1 \\ 0 & -\frac{1}{2} \\ \hline 2 & -\frac{1}{2} \\ 3 & 4 \end{array}\right] \xrightarrow{c_1+(-3)c_2} \left[\begin{array}{cc} 1 & 0 \\ 0 & 1 \\ \hline -2 & 1 \\ \frac{3}{2} & -\frac{1}{2} \\ \hline \frac{7}{2} & -\frac{1}{2} \\ -9 & 4 \end{array}\right]$$

于是得

$$\boldsymbol{A}^{-1} = \begin{bmatrix} -2 & 1 \\ \frac{3}{2} & -\frac{1}{2} \end{bmatrix} \qquad \boldsymbol{B}\boldsymbol{A}^{-1} = \begin{bmatrix} \frac{7}{2} & -\frac{1}{2} \\ -9 & 4 \end{bmatrix}$$

【例 3.18】 判断 $\boldsymbol{A} = \begin{bmatrix} 0 & 1 & 2 \\ 1 & 1 & -1 \\ 2 & 4 & 2 \end{bmatrix}$ 是否可逆。

【解】 由定理 3.3 的推论 2 知，我们只需验证 $\boldsymbol{A}$ 是否与 $\boldsymbol{I}_3$ 等价即可。为此，对分块矩阵 $(\boldsymbol{A} \vdots \boldsymbol{I}_3)$ 作一系列行变换，即

$$(\boldsymbol{A} \vdots \boldsymbol{I}_3)=\left[\begin{array}{ccc:ccc}0&1&2&1&0&0\\1&1&-1&0&1&0\\2&4&2&0&0&1\end{array}\right]\xrightarrow{r_1\leftrightarrow r_2}\left[\begin{array}{ccc:ccc}1&1&-1&0&1&0\\0&1&2&1&0&0\\2&4&2&0&0&1\end{array}\right]\xrightarrow{r_3+(-2)r_2}$$

$$\left[\begin{array}{ccc:ccc}1&1&-1&0&1&0\\0&1&2&1&0&0\\0&2&4&0&-2&1\end{array}\right]\xrightarrow{r_3+(-2)r_2}\left[\begin{array}{ccc:ccc}1&1&-1&0&1&0\\0&1&2&1&0&0\\0&0&0&-2&-2&1\end{array}\right]$$

显然，$\boldsymbol{A}$ 不能等价于 $\boldsymbol{I}_3$，因此 $\boldsymbol{A}$ 不可逆。

由此例可以看到，在判断矩阵 $\boldsymbol{A}_{n\times n}$ 是否可逆时，可以直接对分块矩阵 $(\boldsymbol{A} \vdots \boldsymbol{I}_n)$ 作初等变换，如果在变换过程中，与 $\boldsymbol{A}$ 等价的矩阵有一行元素均为 0，就能断定 $\boldsymbol{A}$ 与 $\boldsymbol{I}_n$ 不等价，即 $\boldsymbol{A}$ 不可逆。

E. 分块矩阵的初等变换

在矩阵运算中，经常遇到要对分块矩阵施行初等变换。

【定义 3.10】 对分块矩阵进行的如下三种变换统称为**分块矩阵的初等变换**（这里的分块与运算都假设是可行的）。

(1) 交换分块矩阵的某两行(列)；

(2) 用某一可逆阵左(右) 乘分块阵的某一行(列)；

(3) 用某一矩阵左(右) 乘分块阵的某一行(列) 加到另一行(列) 上去。

将单位阵 $\boldsymbol{I}_n$ 进行分块 $\boldsymbol{I}=\operatorname{diag}(\boldsymbol{I}_s,\boldsymbol{I}_t)$，再作初等变换得到

(1) $\begin{bmatrix}0&\boldsymbol{I}_t\\\boldsymbol{I}_s&0\end{bmatrix}$ 或 $\begin{bmatrix}0&\boldsymbol{I}_s\\\boldsymbol{I}_t&0\end{bmatrix}$

(2) $\begin{bmatrix}\boldsymbol{P}&0\\0&\boldsymbol{I}_t\end{bmatrix}$ 或 $\begin{bmatrix}\boldsymbol{I}_s&0\\0&\boldsymbol{P}\end{bmatrix}$ （这里 $\boldsymbol{P}$ 为可逆阵）

(3) $\begin{bmatrix}\boldsymbol{I}_s&0\\\boldsymbol{Q}&\boldsymbol{I}_t\end{bmatrix}$ 或 $\begin{bmatrix}\boldsymbol{I}_s&\boldsymbol{Q}\\0&\boldsymbol{I}_t\end{bmatrix}$

称为**分块矩阵的初等矩阵**。

现考虑分块初等矩阵左乘分块矩阵的结果。

设分块矩阵

$$\boldsymbol{M}=\begin{bmatrix}\boldsymbol{A}&\boldsymbol{B}\\\boldsymbol{C}&\boldsymbol{D}\end{bmatrix}$$

假设以下的分块与运算是可行的，则有

$$\begin{bmatrix}\boldsymbol{0}&\boldsymbol{I}\\\boldsymbol{I}&\boldsymbol{0}\end{bmatrix}\begin{bmatrix}\boldsymbol{A}&\boldsymbol{B}\\\boldsymbol{C}&\boldsymbol{D}\end{bmatrix}=\begin{bmatrix}\boldsymbol{C}&\boldsymbol{D}\\\boldsymbol{A}&\boldsymbol{B}\end{bmatrix}$$

$$\begin{bmatrix}\boldsymbol{P}&\boldsymbol{0}\\\boldsymbol{0}&\boldsymbol{I}\end{bmatrix}\begin{bmatrix}\boldsymbol{A}&\boldsymbol{B}\\\boldsymbol{C}&\boldsymbol{D}\end{bmatrix}=\begin{bmatrix}\boldsymbol{PA}&\boldsymbol{PB}\\\boldsymbol{C}&\boldsymbol{D}\end{bmatrix}$$

$$\begin{bmatrix}\boldsymbol{I}&\boldsymbol{0}\\\boldsymbol{Q}&\boldsymbol{I}\end{bmatrix}\begin{bmatrix}\boldsymbol{A}&\boldsymbol{B}\\\boldsymbol{C}&\boldsymbol{D}\end{bmatrix}=\begin{bmatrix}\boldsymbol{A}&\boldsymbol{B}\\\boldsymbol{QA}+\boldsymbol{C}&\boldsymbol{QB}+\boldsymbol{D}\end{bmatrix}$$

从上面这几个式子可以清楚地看到，用分块矩阵的初等矩阵左乘分块矩阵 $\boldsymbol{M}$，其结果就相当于对 $\boldsymbol{M}$ 作相应的分块矩阵的初等变换，关于右乘也有类似的结果。并且，分块矩阵的初等变

换还具有如下性质：

【性质 3.7】 (1) 对分块矩阵进行一次行(列)初等变换，相当于对原矩阵进行一系列行(列)初等变换；

(2) 对分块矩阵进行第 3 种初等变换，不改变这个分块阵的行列式。

(3) 对分块矩阵进行初等变换，不改变这个分块矩阵的可逆性。

【例 3.19】 设 $\boldsymbol{A}=\begin{bmatrix}\boldsymbol{B} & \boldsymbol{D}\\ \boldsymbol{0} & \boldsymbol{C}\end{bmatrix}$，其中 $\boldsymbol{B}$、$\boldsymbol{C}$ 可逆，求 $\boldsymbol{A}^{-1}$。

【解】 对分块矩阵 $(\boldsymbol{A} \vdots \boldsymbol{I})$ 作初等变换

$$(\boldsymbol{A} \vdots \boldsymbol{I})=\left[\begin{array}{cc:cc}\boldsymbol{B} & \boldsymbol{D} & \boldsymbol{I} & \boldsymbol{0}\\ \boldsymbol{0} & \boldsymbol{C} & \boldsymbol{0} & \boldsymbol{I}\end{array}\right]\xrightarrow{r_1+(-\boldsymbol{DC}^{-1})r_2}\left[\begin{array}{cc:cc}\boldsymbol{B} & \boldsymbol{0} & \boldsymbol{I} & -\boldsymbol{DC}^{-1}\\ \boldsymbol{0} & \boldsymbol{C} & \boldsymbol{0} & \boldsymbol{I}\end{array}\right]\xrightarrow[\boldsymbol{C}^{-1}r_2]{\boldsymbol{B}^{-1}r_1}$$
$$\left[\begin{array}{cc:cc}\boldsymbol{I} & \boldsymbol{0} & \boldsymbol{B}^{-1} & -\boldsymbol{B}^{-1}\boldsymbol{DC}^{-1}\\ \boldsymbol{0} & \boldsymbol{I} & \boldsymbol{0} & \boldsymbol{C}^{-1}\end{array}\right]$$

可见 $\boldsymbol{A}$ 是可逆的，于是得

$$\boldsymbol{A}^{-1}=\begin{bmatrix}\boldsymbol{B}^{-1} & -\boldsymbol{B}^{-1}\boldsymbol{DC}^{-1}\\ \boldsymbol{0} & \boldsymbol{C}^{-1}\end{bmatrix} \tag{3.35}$$

【例 3.20】 设 $\boldsymbol{M}=\begin{bmatrix}\boldsymbol{A} & \boldsymbol{B}\\ \boldsymbol{C} & \boldsymbol{D}\end{bmatrix}$，其中 $\boldsymbol{M}\in \boldsymbol{M}_n(\boldsymbol{F})$，$\boldsymbol{A}\in \boldsymbol{M}_r(\boldsymbol{F})$，若 $\boldsymbol{A}$ 可逆，证明

$$\det \boldsymbol{M}=\begin{vmatrix}\boldsymbol{A} & \boldsymbol{B}\\ \boldsymbol{C} & \boldsymbol{D}\end{vmatrix}=|\boldsymbol{A}||\boldsymbol{D}-\boldsymbol{CA}^{-1}\boldsymbol{B}|$$

【证明】 因

$$\begin{bmatrix}\boldsymbol{I} & \boldsymbol{0}\\ -\boldsymbol{CA}^{-1} & \boldsymbol{I}\end{bmatrix}\begin{bmatrix}\boldsymbol{A} & \boldsymbol{B}\\ \boldsymbol{C} & \boldsymbol{D}\end{bmatrix}=\begin{bmatrix}\boldsymbol{A} & \boldsymbol{B}\\ \boldsymbol{0} & \boldsymbol{D}-\boldsymbol{CA}^{-1}\boldsymbol{B}\end{bmatrix} \tag{3.36}$$

对式(3.36)两边取行列式，根据分块阵初等变换性质 3.7 中(2)，有

$$\left|\begin{bmatrix}\boldsymbol{I} & \boldsymbol{0}\\ -\boldsymbol{CA}^{-1} & \boldsymbol{I}\end{bmatrix}\begin{bmatrix}\boldsymbol{A} & \boldsymbol{B}\\ \boldsymbol{C} & \boldsymbol{D}\end{bmatrix}\right|=\begin{vmatrix}\boldsymbol{A} & \boldsymbol{B}\\ \boldsymbol{C} & \boldsymbol{D}\end{vmatrix}=|\boldsymbol{A}||\boldsymbol{D}-\boldsymbol{CA}^{-1}\boldsymbol{B}|$$

【例 3.21】 设 $\boldsymbol{A}\in \boldsymbol{M}_{m\times n}(\boldsymbol{F})$，$\boldsymbol{B}\in \boldsymbol{M}_{n\times m}(\boldsymbol{F})$，证明

$$|\boldsymbol{I}_m-\boldsymbol{AB}|=|\boldsymbol{I}_n-\boldsymbol{BA}| \tag{3.37}$$

【证明】 构造一个分块矩阵 $\begin{bmatrix}\boldsymbol{I}_m & \boldsymbol{A}\\ \boldsymbol{B} & \boldsymbol{I}_n\end{bmatrix}$，分别用分块矩阵的初等行变换与列变换将其化成分块上三角阵

$$\begin{bmatrix}\boldsymbol{I}_m & \boldsymbol{0}\\ -\boldsymbol{B} & \boldsymbol{I}_n\end{bmatrix}\begin{bmatrix}\boldsymbol{I}_m & \boldsymbol{A}\\ \boldsymbol{B} & \boldsymbol{I}_n\end{bmatrix}=\begin{bmatrix}\boldsymbol{I}_m & \boldsymbol{A}\\ \boldsymbol{0} & \boldsymbol{I}_n-\boldsymbol{BA}\end{bmatrix}$$
$$\begin{bmatrix}\boldsymbol{I}_m & \boldsymbol{A}\\ \boldsymbol{B} & \boldsymbol{I}_n\end{bmatrix}\begin{bmatrix}\boldsymbol{I}_m & \boldsymbol{0}\\ -\boldsymbol{B} & \boldsymbol{I}_n\end{bmatrix}=\begin{bmatrix}\boldsymbol{I}_m-\boldsymbol{AB} & \boldsymbol{A}\\ \boldsymbol{0} & \boldsymbol{I}_n\end{bmatrix}$$

对上两个等式两边取行列式，则有

$$\begin{vmatrix}\boldsymbol{I}_m & \boldsymbol{A}\\ \boldsymbol{0} & \boldsymbol{I}_n-\boldsymbol{BA}\end{vmatrix}=\begin{vmatrix}\boldsymbol{I}_m-\boldsymbol{AB} & \boldsymbol{A}\\ \boldsymbol{0} & \boldsymbol{I}_n\end{vmatrix}$$

于是有

$$|\boldsymbol{I}_n-\boldsymbol{BA}|=|\boldsymbol{I}_m-\boldsymbol{AB}|$$

证毕

式(3.37)表明，当 $m > n$ 时，可以把某些 m 阶行列式的计算转化成 n 阶行列式的计算，比如当 $\boldsymbol{A}=(a_1,a_2,\cdots,a_n)$，$\boldsymbol{B}=(b_1,b_2,\cdots,b_n)^{\mathrm{T}}$ 时，则

$$|\boldsymbol{I}_n-\boldsymbol{BA}|=|\boldsymbol{I}_1-\boldsymbol{AB}|=1-\sum_{i=1}^{n}a_ib_i$$

当 $n\geqslant m$、$\lambda\neq 0$ 时，由于

$$|\lambda\boldsymbol{I}_n-\boldsymbol{BA}|=\lambda^n\left|\boldsymbol{I}_n-\frac{1}{\lambda}\boldsymbol{BA}\right|=\lambda^n\left|\boldsymbol{I}_m-\frac{1}{\lambda}\boldsymbol{AB}\right|=$$

$$\frac{\lambda^n}{\lambda^m}|\lambda\boldsymbol{I}_m-\boldsymbol{AB}|=\lambda^{n-m}|\lambda\boldsymbol{I}_m-\boldsymbol{AB}|$$

即

$$|\lambda\boldsymbol{I}_n-\boldsymbol{BA}|=\lambda^{n-m}|\lambda\boldsymbol{I}_m-\boldsymbol{AB}| \tag{3.38}$$

【例 3.22】 证明性质 3.5。

【证明】 构造一个 $2n$ 阶分块矩阵 $\begin{bmatrix}\boldsymbol{A} & \boldsymbol{0}\\ -\boldsymbol{I} & \boldsymbol{B}\end{bmatrix}$，对其作初等变换后，则有

$$\begin{bmatrix}\boldsymbol{I} & \boldsymbol{A}\\ \boldsymbol{0} & \boldsymbol{I}\end{bmatrix}\begin{bmatrix}\boldsymbol{A} & \boldsymbol{0}\\ -\boldsymbol{I} & \boldsymbol{B}\end{bmatrix}=\begin{bmatrix}\boldsymbol{0} & \boldsymbol{AB}\\ -\boldsymbol{I} & \boldsymbol{B}\end{bmatrix}$$

于是

$$\begin{vmatrix}\boldsymbol{A} & \boldsymbol{0}\\ -\boldsymbol{I} & \boldsymbol{B}\end{vmatrix}=\begin{vmatrix}\boldsymbol{0} & \boldsymbol{AB}\\ -\boldsymbol{I} & \boldsymbol{B}\end{vmatrix}=\begin{vmatrix}\boldsymbol{I} & \boldsymbol{AB}-\boldsymbol{B}\\ -\boldsymbol{I} & \boldsymbol{B}\end{vmatrix}=\begin{vmatrix}\boldsymbol{I} & \boldsymbol{AB}-\boldsymbol{B}\\ \boldsymbol{0} & \boldsymbol{AB}\end{vmatrix}$$

即

$$|\boldsymbol{A}||\boldsymbol{B}|=|\boldsymbol{AB}|$$

矩 阵 的 秩

矩阵的秩的概念，是反映矩阵某些本质的一个不变量。通过它我们可以研究清楚线性方程组解的结构；可以证明矩阵的等价标准形的惟一性。另外，矩阵的秩在二次型等问题中亦有重要应用。

A. 矩阵的秩的概念

将矩阵 $\boldsymbol{A}=(a_{ij})_{m\times n}$ 的某些行或某些列划掉，余下的元素按原来顺序排列而成的矩阵称为矩阵 $\boldsymbol{A}$ 的**子(矩)阵**。矩阵 $\boldsymbol{A}$ 也不妨可以看做自身的一个子(矩)阵。

例如，设 $\boldsymbol{A}=\begin{bmatrix}1 & 3 & 2\\ 0 & 1 & -1\end{bmatrix}$，则：$[3]$，$\begin{bmatrix}1 & 2\\ 0 & -1\end{bmatrix}$，$[0\quad 1\quad -1]$，$\begin{bmatrix}3 & 2\\ 1 & -1\end{bmatrix}$，$\begin{bmatrix}3\\ 1\end{bmatrix}$ 均是 $\boldsymbol{A}$ 的子阵。

称 $\boldsymbol{A}$ 的子方阵的行列式为 $\boldsymbol{A}$ 的**子式**。

【定义 3.11】 矩阵 $\boldsymbol{A}$ 中不等于零的子式的最大阶数 r 称为**矩阵 $\boldsymbol{A}$ 的秩**。记为 $R(\boldsymbol{A})=r$。零矩阵的秩规定为零。

【定理 3.7】 设 $\boldsymbol{A}=(a_{ij})_{m\times n}$、$R(\boldsymbol{A})=r$ 的充分必要条件是 $\boldsymbol{A}$ 中存在一个不为零的 r 阶子式，且在 $r<\min(m,n)$ 时，$\boldsymbol{A}$ 中任何 $r+1$ 阶子式均为零。

【证明】 必要性是显然的。

充分性 如果 $\boldsymbol{A}$ 中有 $r+2$ 阶子式，则将它根据行列式展开定理，按任一行或任一列作代数余子式展开，各代数余子式均为 $r+1$ 阶子式，由假设都是零，故这 $r+2$ 阶子式为零。于是所有 $r+2$ 阶子式都为零。对于 $\boldsymbol{A}$ 的更高阶的子式(如果存在)，同样可以证明它们均为零。因此

不为零的子式的最高阶数是 r。由定义 3.11 即得结论。 **证毕**

【例 3.23】 已知 $A=\begin{bmatrix}2&1&-1&-1\\0&3&-2&0\\2&4&-3&-1\end{bmatrix}$，求 $R(A)$。

【解】 因为 $\begin{vmatrix}2&1&-1\\0&3&-2\\2&4&-3\end{vmatrix}=0$，$\begin{vmatrix}2&1&-1\\0&3&0\\2&4&-1\end{vmatrix}=0$，$\begin{vmatrix}2&-1&-1\\0&-2&0\\2&-3&-1\end{vmatrix}=0$，

$\begin{vmatrix}1&-1&-1\\3&-2&0\\4&-3&-1\end{vmatrix}=0$，而 $\begin{vmatrix}2&1\\0&3\end{vmatrix}\neq 0$，故得

$$R(A)=2$$

由以上讨论可以看到，$A=(a_{ij})_{m\times n}$ 的秩 $R(A)$ 有以下性质：

【性质 3.8】 (1) $0\leqslant R(A)\leqslant \min(m,n)$。若 $R(A)=n$，则称 A 为**列满秩矩阵**；若 $R(A)=m=n$，则称 A 为**满秩阵**；

(2) $R(A^{\mathrm{T}})=R(A)$；

(3) $R(kA)=\begin{cases}0 & k=0\\ R(A) & k\neq 0\end{cases}$；

(4) $R(A_1)\leqslant R(A)$，其中 A_1 为 A 的任意一个子阵。

对于 n 阶方阵 A，$R(A)=n$ 的充分必要条件是 $\det A\neq 0$。

B. 用初等变换求矩阵秩的方法

当矩阵的阶数较大时，如果用定义来求矩阵的秩，则要计算很多高阶的行列式，计算量相当庞大，所以是不实用的。因此，我们给出用初等变换求矩阵秩的方法。

【定理 3.8】 初等变换不改变矩阵的秩。

【证明】 由于第(1) 种初等变换可以由第(2) 种和第(3) 种初等变换实现，因此，只须证明第(2) 种和第(3) 种初等变换不改变矩阵的秩。下面仅就初等行变换的情况给出证明。

对于第(2) 种初等行变换，变换后矩阵的子式或者是原矩阵的子式，或者与它相差一非零的倍数，因此这种行变换不改变原矩阵的秩。

对于第(3) 种初等行变换。设 $R(A)=r$，若 $A\xrightarrow{r_i+kr_j}A_1$，$R(A_1)=r_1$，则必有 $r_1\leqslant r$。事实上，对于 A_1 的任意一个 $r+1$ 阶子式(如果存在)，或者它就是 A 的某个 $r+1$ 子式(即不含第 i 行)，显然其值为 0；或者该子式包含 A 变换后的第 i 行，由行列式性质知，可将它分解为两个 $r+1$ 阶子式之和。前者是 A 的 $r+1$ 阶子式，其值为 0；后者是一个 $r+1$ 阶子式的 k 倍。这个子式的构成有两种情况：一种是它含有 A 的第 j 行，这样它就有对应元素相同的两行，其值为 0；另一种是不含 A 的第 j 行，此时它或是 A 的一个 $r+1$ 阶子式，或经交换某两行后成为 A 的一个 $r+1$ 阶子式，故其值为 0。因此，A_1 中所有 $r+1$ 阶子式都是 0。故得 $r_1\leqslant r$。另一方面，由初等变换的可逆性可以推出 $r\leqslant r_1$。因此有 $r_1=r$。 **证毕**

注 对于分块矩阵，分块初等变换不改变分块矩阵的秩。

【推论 1】 等价的矩阵有相同的秩。

【推论 2】 设 $A=(a_{ij})_{m\times n}$，P、Q 分别是 m、n 阶可逆矩阵，则

$$R(PAQ)=R(A)$$

【推论 3】 等价的矩阵其等价标准形相同。

【证明】 不妨设 $\boldsymbol{A}$ 的等价标准形的

$$\begin{bmatrix} \boldsymbol{I}_r & \boldsymbol{0} \\ \boldsymbol{0} & \boldsymbol{0} \end{bmatrix}$$

由推论 1 知 $R(\boldsymbol{A})=r$。

若 $\boldsymbol{B}\rightarrow\boldsymbol{A}, R(\boldsymbol{A})=R(\boldsymbol{B})$，则必有 $B\rightarrow\begin{bmatrix} \boldsymbol{I}_r & 0 \\ 0 & 0 \end{bmatrix}$。

综上所述，我们有下面结论：

【定理 3.9】 两个 $m\times n$ 矩阵等价的充分必要条件是它们具有相同的秩。

【例 3.24】 求矩阵 $\boldsymbol{A}=\begin{bmatrix} 1 & -1 & 1 & 2 \\ 2 & 3 & 3 & 2 \\ 1 & 1 & 2 & 1 \end{bmatrix}$ 的秩。

【解】

$$\boldsymbol{A}\xrightarrow[r_3+(-1)r_1]{r_2+(-2)r_1}\begin{bmatrix} 1 & -1 & 1 & 2 \\ 0 & 5 & 1 & -2 \\ 0 & 2 & 1 & -1 \end{bmatrix}\xrightarrow{r_3+(-1)r_2}\begin{bmatrix} 1 & -1 & 1 & 2 \\ 0 & 5 & 1 & -2 \\ 0 & -3 & 0 & 1 \end{bmatrix}\xrightarrow[c_2\leftrightarrow c_3]{}\begin{bmatrix} 1 & 1 & -1 & 2 \\ 0 & 1 & 5 & -2 \\ 0 & 0 & -3 & 1 \end{bmatrix}$$

易见

$$R(\boldsymbol{A})=3$$

事实上，有时矩阵$\boldsymbol{A}$尚未化成等价标准形$\begin{bmatrix} \boldsymbol{I}_r & 0 \\ 0 & 0 \end{bmatrix}$时，就已经能看出所求矩阵的秩，则变换步骤可以停止。

设 $m\times n$ 矩阵 $\boldsymbol{A}$ 满足条件：

(1) 若 $\boldsymbol{A}$ 有零行，那么零行全部位于非零行的下方；

(2) 各个非零行的左起第一个非零元素的列序数由上至下严格递增。

则称 $\boldsymbol{A}$ 为**行阶梯形矩阵**。

观察矩阵

$$\boldsymbol{A}=\begin{bmatrix} 1 & -2 & 0 & -1 & 2 \\ 0 & 1 & 2 & 2 & 3 \\ 0 & 0 & 0 & 1 & 2 \end{bmatrix}$$

它没有零行；非零行左起第一个非零元素的列序数由上至下依次为 1,2,4，严格递增。满足条件(2)。因此，$\boldsymbol{A}$ 是行阶梯形矩阵。显然 $R(\boldsymbol{A})=3$，即它的秩等于其非零行的个数。因而，我们有：**行阶梯形矩阵的秩等于其非零行的个数**。

【例 3.25】 求 $\boldsymbol{A}=\begin{bmatrix} 1 & 2 & 1 & 2 \\ 2 & 1 & 2 & 1 \\ 1 & 2 & 3 & 4 \end{bmatrix}$ 的秩。

【解】 因为

$$\boldsymbol{A}\xrightarrow[r_3+(-1)r_1]{r_2+(-2)r_1}\begin{bmatrix} 1 & 2 & 1 & 2 \\ 0 & -3 & 0 & -3 \\ 0 & 0 & 2 & 2 \end{bmatrix}$$

该行阶梯形矩阵有 3 个非零行，所以 $R(\boldsymbol{A})=3$。

【例 3.26】 已知 $R(\boldsymbol{A})=3$，求 a、b 的值。

$$\boldsymbol{A}=\begin{bmatrix}1 & 1 & 1 & 1\\ 0 & 1 & -1 & b\\ 2 & 3 & a & 4\\ 3 & 5 & 1 & 7\end{bmatrix}$$

【解】 对 $\boldsymbol{A}$ 作初等变换变成行阶梯形矩阵

$$\boldsymbol{A}\xrightarrow[r_4+(-3)r_1]{r_3+(-2)r_1}\begin{bmatrix}1 & 1 & 1 & 1\\ 0 & 1 & -1 & b\\ 0 & 1 & a-2 & 2\\ 0 & 2 & -2 & 4\end{bmatrix}\xrightarrow[(\frac{1}{2})r_3]{\substack{r_3+(-1)r_2\\ r_4+(-2)r_2}}\begin{bmatrix}1 & 1 & 1 & 1\\ 0 & 1 & -1 & b\\ 0 & 0 & a-1 & 2-b\\ 0 & 0 & 0 & 2-b\end{bmatrix}=\boldsymbol{B}$$

因为 $R(\boldsymbol{A})=R(\boldsymbol{B})=3$，所以必须有

$$a-1\neq 0,2-b=0 \quad 或 \quad a-1=0,2-b\neq 0$$

即得
$$a\neq 1,b=2 \text{ 或 } a=1,b\neq 2$$

C. 矩阵秩的性质

在 A 小节中我们已给出矩阵的秩一些初步的性质。这一节我们将进一步研究有关矩阵的秩的若干其他性质。

由于分块矩阵的初等变换不改变矩阵的秩，所以矩阵的秩还具有如下性质：

(1) $R\begin{bmatrix}\boldsymbol{A} & \boldsymbol{0}\\ \boldsymbol{0} & \boldsymbol{B}\end{bmatrix}=R(\boldsymbol{A})+R(\boldsymbol{B})$；

(2) $R\begin{bmatrix}\boldsymbol{A} & \boldsymbol{C}\\ \boldsymbol{0} & \boldsymbol{B}\end{bmatrix}\geqslant R(\boldsymbol{A})+R(\boldsymbol{B})$；

(3) $R(\boldsymbol{A},\boldsymbol{B})\leqslant R(\boldsymbol{A})+R(\boldsymbol{B})$；

(4) $R(\boldsymbol{A}+\boldsymbol{B})\leqslant R(\boldsymbol{A})+R(\boldsymbol{B})$；

(5) $R(\boldsymbol{AB})\leqslant \min\{R(\boldsymbol{A}),R(\boldsymbol{B})\}$；

(6) 设 $\boldsymbol{A}$ 为 $m\times n$ 矩阵，$\boldsymbol{B}$ 为 $n\times s$ 矩阵，则

$$R(\boldsymbol{AB})\geqslant R(\boldsymbol{A})+R(\boldsymbol{B})-n$$

特别地，当 $\boldsymbol{AB}=\boldsymbol{0}$ 时，$R(\boldsymbol{A})+R(\boldsymbol{B})\leqslant n$；

(7) 令 $\boldsymbol{A}$ 是 $m\times n$ 矩阵，$R(\boldsymbol{A})=r$，则存在列满秩矩阵 $\boldsymbol{L}\in \boldsymbol{M}_{m\times r}(\boldsymbol{F})$，行满秩矩阵 $\boldsymbol{U}\in \boldsymbol{M}_{r\times n}(\boldsymbol{F})$，使得 $\boldsymbol{A}=\boldsymbol{LU}$，其中 $R(\boldsymbol{L})=R(\boldsymbol{U})=r$。

【证明】 (1) 设 $R(\boldsymbol{A})=r_1$，$R(\boldsymbol{B})=r_2$，则存在可逆阵 $\boldsymbol{P}_1$、$\boldsymbol{Q}_1$、$\boldsymbol{P}_2$、$\boldsymbol{Q}_2$，使得

$$\boldsymbol{P}_1\boldsymbol{A}\boldsymbol{Q}_1=\begin{bmatrix}\boldsymbol{I}_{r_1} & \boldsymbol{0}\\ \boldsymbol{0} & \boldsymbol{0}\end{bmatrix}\qquad \boldsymbol{P}_2\boldsymbol{B}\boldsymbol{Q}_2=\begin{bmatrix}\boldsymbol{I}_{r_2} & \boldsymbol{0}\\ \boldsymbol{0} & \boldsymbol{0}\end{bmatrix}$$

于是

$$\begin{bmatrix}\boldsymbol{P}_1 & \boldsymbol{0}\\ \boldsymbol{0} & \boldsymbol{P}_2\end{bmatrix}\begin{bmatrix}\boldsymbol{A} & \boldsymbol{0}\\ \boldsymbol{0} & \boldsymbol{B}\end{bmatrix}\begin{bmatrix}\boldsymbol{Q}_1 & \boldsymbol{0}\\ \boldsymbol{0} & \boldsymbol{Q}_2\end{bmatrix}=\begin{bmatrix}\boldsymbol{P}_1\boldsymbol{A}\boldsymbol{Q}_1 & \boldsymbol{0}\\ \boldsymbol{0} & \boldsymbol{P}_2\boldsymbol{B}\boldsymbol{Q}_2\end{bmatrix}=\begin{bmatrix}\boldsymbol{I}_{r_1} & \boldsymbol{0} & & \boldsymbol{0}\\ \boldsymbol{0} & \boldsymbol{0} & & \\ \boldsymbol{0} & & \boldsymbol{I}_{r_2} & \boldsymbol{0}\\ & & \boldsymbol{0} & \boldsymbol{0}\end{bmatrix}$$

所以
$$R\begin{bmatrix}\boldsymbol{A} & \boldsymbol{0}\\ \boldsymbol{0} & \boldsymbol{B}\end{bmatrix}=r_1+r_2=R(\boldsymbol{A})+R(\boldsymbol{B})$$

(2) 易见

$$R\begin{bmatrix}\boldsymbol{A} & \boldsymbol{C}\\ \boldsymbol{0} & \boldsymbol{B}\end{bmatrix}\geqslant R\begin{bmatrix}\boldsymbol{A} & \boldsymbol{0}\\ \boldsymbol{0} & \boldsymbol{B}\end{bmatrix}=R(\boldsymbol{A})+R(\boldsymbol{B})$$

这里,我们用到了这样一个事实:$\begin{bmatrix}\boldsymbol{A} & \boldsymbol{0}\\ \boldsymbol{0} & \boldsymbol{B}\end{bmatrix}$是$\begin{bmatrix}\boldsymbol{A} & \boldsymbol{C}\\ \boldsymbol{0} & \boldsymbol{B}\end{bmatrix}$的部分元素按原位置组成的矩阵,其秩必小于等于原矩阵的秩。

(3) 与(4) 的证明方法基本相同,只证(4)。

由
$$\begin{bmatrix}\boldsymbol{A} & \boldsymbol{0}\\ \boldsymbol{0} & \boldsymbol{B}\end{bmatrix}\xrightarrow[c_2+c_1(\boldsymbol{I})]{r_1+(\boldsymbol{I})r_2}\begin{bmatrix}\boldsymbol{A} & \boldsymbol{A}+\boldsymbol{B}\\ \boldsymbol{0} & \boldsymbol{B}\end{bmatrix}$$

得
$$R(\boldsymbol{A})+R(\boldsymbol{B})=R\begin{bmatrix}\boldsymbol{A} & \boldsymbol{0}\\ \boldsymbol{0} & \boldsymbol{B}\end{bmatrix}=R\begin{bmatrix}\boldsymbol{A} & \boldsymbol{A}+\boldsymbol{B}\\ \boldsymbol{0} & \boldsymbol{B}\end{bmatrix}\geqslant R(\boldsymbol{A}+\boldsymbol{B})$$

(5) 设 $\boldsymbol{A}$ 是 $m\times n$ 矩阵,$\boldsymbol{B}$ 是 $n\times s$ 矩阵,由

$$(\boldsymbol{A},\boldsymbol{0}_{m\times s})\xrightarrow[c_2+c_1(\boldsymbol{B})]{}(\boldsymbol{A},\boldsymbol{AB})$$

$$\begin{bmatrix}\boldsymbol{B}\\ \boldsymbol{0}_{m\times s}\end{bmatrix}\xrightarrow{r_2+(\boldsymbol{A})r_1}\begin{bmatrix}\boldsymbol{B}\\ \boldsymbol{AB}\end{bmatrix}$$

知
$$R(\boldsymbol{A})=R(\boldsymbol{A},\boldsymbol{0}_{m\times s})=R(\boldsymbol{A},\boldsymbol{AB})\geqslant R(\boldsymbol{AB})$$

$$R(\boldsymbol{B})=R\begin{bmatrix}\boldsymbol{B}\\ \boldsymbol{0}_{m\times s}\end{bmatrix}=R\begin{bmatrix}\boldsymbol{B}\\ \boldsymbol{AB}\end{bmatrix}\geqslant R(\boldsymbol{AB})$$

故
$$R(\boldsymbol{AB})\leqslant\min(R(\boldsymbol{A}),R(\boldsymbol{B}))$$

(6) 设 $\boldsymbol{A}$ 是 $m\times n$ 矩阵,$\boldsymbol{B}$ 是 $n\times s$ 矩阵。由

$$\begin{bmatrix}\boldsymbol{A} & \boldsymbol{0}\\ \boldsymbol{I}_n & \boldsymbol{B}\end{bmatrix}\rightarrow\begin{bmatrix}\boldsymbol{0} & -\boldsymbol{AB}\\ \boldsymbol{I}_n & \boldsymbol{B}\end{bmatrix}\rightarrow\begin{bmatrix}\boldsymbol{0} & -\boldsymbol{AB}\\ \boldsymbol{I}_n & \boldsymbol{0}\end{bmatrix}\rightarrow\begin{bmatrix}\boldsymbol{I}_n & \boldsymbol{0}\\ \boldsymbol{0} & \boldsymbol{AB}\end{bmatrix}$$

知
$$R(\boldsymbol{A})+R(\boldsymbol{B})\leqslant R\begin{bmatrix}\boldsymbol{A} & \boldsymbol{0}\\ \boldsymbol{I}_n & \boldsymbol{B}\end{bmatrix}=R\begin{bmatrix}\boldsymbol{I}_n & \boldsymbol{0}\\ \boldsymbol{0} & \boldsymbol{AB}\end{bmatrix}=n+R(\boldsymbol{AB})$$

即
$$R(\boldsymbol{AB})\geqslant R(\boldsymbol{A})+R(\boldsymbol{B})-n$$

(7) 由 $R(\boldsymbol{A})=r$ 知,存在 m 阶可逆矩阵 $\boldsymbol{P}$ 与 n 阶可逆阵 $\boldsymbol{Q}$,使得

$$\boldsymbol{PAQ}=\begin{bmatrix}\boldsymbol{I}_r & \boldsymbol{0}\\ \boldsymbol{0} & \boldsymbol{0}\end{bmatrix}=\begin{bmatrix}\boldsymbol{I}_r\\ \boldsymbol{O}_{(m-r)\times r}\end{bmatrix}[\boldsymbol{I}_r\quad \boldsymbol{O}_{r\times(n-r)}]$$

$$\boldsymbol{A}=\boldsymbol{P}^{-1}\begin{bmatrix}\boldsymbol{I}_r\\ \boldsymbol{0}\end{bmatrix}[\boldsymbol{I}_r\quad \boldsymbol{0}]\boldsymbol{Q}^{-1}=\boldsymbol{LU}$$

其中
$$\boldsymbol{L}=\boldsymbol{P}^{-1}\begin{bmatrix}\boldsymbol{I}_r\\ \boldsymbol{0}\end{bmatrix}\in\boldsymbol{M}_{m\times r}(F),\text{且 }R(\boldsymbol{L})=r$$

$$\boldsymbol{U}=[\boldsymbol{I}_r\quad \boldsymbol{0}]\boldsymbol{Q}^{-1}\in\boldsymbol{M}_{r\times n}(\boldsymbol{F}),\text{且 }R(\boldsymbol{U})=r$$

通常称 $\boldsymbol{A}=\boldsymbol{LU}$ 是 $\boldsymbol{A}$ 的一个**满秩分解**。

【例 3.27】 设 $\boldsymbol{A}\in\boldsymbol{M}_{m\times n}(\boldsymbol{F}),\boldsymbol{B}\in\boldsymbol{M}_{n\times p}(\boldsymbol{F}),\boldsymbol{C}\in\boldsymbol{M}_{p\times s}(\boldsymbol{F})$,则

$$R(\boldsymbol{ABC})\geqslant R(\boldsymbol{AB})+R(\boldsymbol{BC})-R(\boldsymbol{B})$$

【证明】 由

$$\begin{bmatrix}\boldsymbol{ABC} & \boldsymbol{0}\\ \boldsymbol{0} & \boldsymbol{B}\end{bmatrix}\xrightarrow{r_1+(\boldsymbol{A})r_2}\begin{bmatrix}\boldsymbol{ABC} & \boldsymbol{AB}\\ \boldsymbol{0} & \boldsymbol{B}\end{bmatrix}\xrightarrow[c_1+c_2(-\boldsymbol{C})]{}\begin{bmatrix}\boldsymbol{0} & \boldsymbol{AB}\\ -\boldsymbol{BC} & \boldsymbol{B}\end{bmatrix}$$

有
$$R\begin{bmatrix}\boldsymbol{ABC} & 0\\ 0 & \boldsymbol{B}\end{bmatrix}=R\begin{bmatrix}0 & \boldsymbol{AB}\\ -\boldsymbol{BC} & \boldsymbol{B}\end{bmatrix}=R\begin{bmatrix}\boldsymbol{AB} & 0\\ \boldsymbol{B} & \boldsymbol{BC}\end{bmatrix}$$
由上述性质(1)、(2)得
$$R(\boldsymbol{ABC})+R(\boldsymbol{B})\geqslant R(\boldsymbol{AB})+R(\boldsymbol{BC})$$
$$R(\boldsymbol{ABC})\geqslant R(\boldsymbol{AB})+R(\boldsymbol{BC})-R(\boldsymbol{B})$$

【例 3.28】 设 $\boldsymbol{A}$ 为 n 阶对合阵，即 $\boldsymbol{A}^2=\boldsymbol{I}_n$，证明
$$R(\boldsymbol{A}+\boldsymbol{I}_n)+R(\boldsymbol{A}-\boldsymbol{I}_n)=n$$

【证明】 由 $\boldsymbol{A}^2=\boldsymbol{I}_n$ 得 $\boldsymbol{A}^2-\boldsymbol{I}_n=0$，即
$$(\boldsymbol{A}+\boldsymbol{I}_n)(\boldsymbol{A}-\boldsymbol{I}_n)=0$$
由上述性质(6)，得
$$R(\boldsymbol{A}+\boldsymbol{I}_n)+R(\boldsymbol{A}-\boldsymbol{I}_n)\leqslant n$$
又由$\boldsymbol{A}+\boldsymbol{I}_n+(\boldsymbol{A}-\boldsymbol{I}_n)=2\boldsymbol{A}$ 及上述性质(4) 知
$$R(\boldsymbol{A}+\boldsymbol{I}_n)+R(\boldsymbol{A}-\boldsymbol{I}_n)\geqslant R(2\boldsymbol{A})=R(\boldsymbol{A})=n \quad (\text{因 } \boldsymbol{A}^2=\boldsymbol{I}_n,\boldsymbol{A}\text{ 为满秩阵})$$
综合之
$$R(\boldsymbol{A}+\boldsymbol{I}_n)+R(\boldsymbol{A}-\boldsymbol{I}_n)=n$$

问题 同一矩阵用两种不同的初等行变换得到的行阶梯矩阵，其非零行数会不会不同？

习 题 3

1. 设 $\boldsymbol{A}=\begin{bmatrix}1 & 0 & -1\\ -2 & 3 & 0\\ 0 & 1 & 2\end{bmatrix}\quad \boldsymbol{B}=\begin{bmatrix}1 & 1 & -1\\ 0 & -1 & 0\\ 1 & 0 & 1\end{bmatrix}\quad \boldsymbol{C}=\begin{bmatrix}1 & 2 & 3\\ 3 & 1 & 0\\ 0 & 2 & 1\end{bmatrix}$

试计算：$\boldsymbol{A}\pm\boldsymbol{B}$；$\boldsymbol{AB}$；$\boldsymbol{A}-2\boldsymbol{B}+3\boldsymbol{C}$；$\boldsymbol{AB}-\boldsymbol{BA}$；$\boldsymbol{A}^{\mathrm{T}}(\boldsymbol{B}-\boldsymbol{C})$；$\boldsymbol{B}(\boldsymbol{A}-2\boldsymbol{C})^{\mathrm{T}}$。

2. 计算

(1) $\begin{bmatrix}1 & -2 & 3\\ 0 & 1 & -2\\ 2 & 0 & 1\end{bmatrix}\begin{bmatrix}1\\ 2\\ 3\end{bmatrix}$ (2) $\begin{bmatrix}1\\ 3\\ 4\\ 2\end{bmatrix}\begin{bmatrix}0 & -1 & 3 & 2\end{bmatrix}$

(3) $\begin{bmatrix}0 & -1 & 3 & 2\end{bmatrix}\begin{bmatrix}1\\ 3\\ 4\\ 2\end{bmatrix}$ (4) $\begin{bmatrix}3 & 1 & -1\\ 0 & -2 & 1\end{bmatrix}\begin{bmatrix}2 & -1\\ 0 & 2\\ 1 & 3\end{bmatrix}$

(5) $\begin{bmatrix}k_1 & & \\ & k_2 & \\ & & k_3\end{bmatrix}\begin{bmatrix}a_{11} & a_{12}\\ a_{21} & a_{22}\\ a_{31} & a_{32}\end{bmatrix}$ (6) $\begin{bmatrix}a_{11} & a_{12} & a_{13}\\ a_{21} & a_{22} & a_{23}\end{bmatrix}\begin{bmatrix}k_1 & & \\ & k_2 & \\ & & k_3\end{bmatrix}$

(7) $\begin{bmatrix}a_{11} & a_{12} & a_{13}\\ a_{21} & a_{22} & a_{23}\\ a_{31} & a_{32} & a_{33}\end{bmatrix}\begin{bmatrix}x_1\\ x_2\\ x_3\end{bmatrix}$ (8) $\begin{bmatrix}x_1 & x_2 & x_3\end{bmatrix}\begin{bmatrix}a_{11} & a_{12} & a_{13}\\ a_{21} & a_{22} & a_{23}\\ a_{31} & a_{32} & a_{33}\end{bmatrix}\begin{bmatrix}x_1\\ x_2\\ x_3\end{bmatrix}$

3. 设
$$\boldsymbol{E}_1=\begin{bmatrix}1 & 0 & 0\\ 0 & 0 & 1\\ 0 & 1 & 0\end{bmatrix}\quad \boldsymbol{E}_2=\begin{bmatrix}1 & 0 & 0\\ 0 & k & 0\\ 0 & 0 & 1\end{bmatrix}\quad \boldsymbol{E}_3=\begin{bmatrix}1 & 0 & 0\\ 0 & 1 & k\\ 0 & 0 & 1\end{bmatrix}$$

k 是常数。计算 $\boldsymbol{E}_i\boldsymbol{A}$ 和 $\boldsymbol{A}\boldsymbol{E}_i(i=1,2,3)$。其中 $\boldsymbol{A}=(a_{ij})_{3\times 3}$。

4. 设 $\boldsymbol{A}$、$\boldsymbol{B}$ 都是 n 阶方阵,证明

(1) $(\boldsymbol{A}\pm\boldsymbol{B})^2=\boldsymbol{A}^2\pm 2\boldsymbol{A}\boldsymbol{B}+\boldsymbol{B}^2$

(2) $\boldsymbol{A}^2-\boldsymbol{B}^2=(\boldsymbol{A}+\boldsymbol{B})(\boldsymbol{A}-\boldsymbol{B})$

(3) $(\boldsymbol{A}\boldsymbol{B})^{\mathrm{T}}=\boldsymbol{A}^{\mathrm{T}}\boldsymbol{B}^{\mathrm{T}}$

成立的充分必要条件是 $\boldsymbol{A}$ 与 $\boldsymbol{B}$ 可交换,即 $\boldsymbol{A}\boldsymbol{B}=\boldsymbol{B}\boldsymbol{A}$。

5. 设 $\boldsymbol{A}$、$\boldsymbol{B}$ 是 n 阶方阵,若 $\boldsymbol{A}\boldsymbol{B}=\boldsymbol{B}\boldsymbol{A}$,则

(1) $\boldsymbol{A}^m\boldsymbol{B}^m=\boldsymbol{B}^m\boldsymbol{A}^m, m\geqslant 1$

(2) $\boldsymbol{A}^m-\boldsymbol{B}^m=(\boldsymbol{A}-\boldsymbol{B})(\boldsymbol{A}^{m-1}+\boldsymbol{A}^{m-2}\boldsymbol{B}+\cdots+\boldsymbol{A}\boldsymbol{B}^{m-2}+\boldsymbol{B}^{m-1})$

6. 计算(n 为自然数)

(1) $\begin{bmatrix}1 & 1\\ 0 & 1\end{bmatrix}^n$ (2) $\begin{bmatrix}\lambda & 1 & 0\\ 0 & \lambda & 1\\ 0 & 0 & \lambda\end{bmatrix}^n$

(3) $\begin{bmatrix}k_1 & & \\ & k_2 & \\ & & k_3\end{bmatrix}^n$ (4) $\begin{bmatrix}0 & a & b\\ 0 & 0 & c\\ 0 & 0 & 0\end{bmatrix}^n$

(5) $\begin{bmatrix}3 & 4\\ 4 & -3\end{bmatrix}^n$ (6) $\left[\begin{bmatrix}1\\ -3\\ 2\end{bmatrix}\begin{bmatrix}2 & 1 & 2\end{bmatrix}\right]^n$

7. 求下列矩阵的行列式

(1) $-\begin{bmatrix}1 & 0 & 0\\ 0 & 1 & 0\\ 0 & 0 & 1\end{bmatrix}$ (2) $\begin{bmatrix}1 & 1 & 0\\ 0 & 2 & -1\\ 0 & 0 & 3\end{bmatrix}\begin{bmatrix}-1 & 0 & 0\\ 2 & -3 & 0\\ 0 & 1 & 2\end{bmatrix}$

(3) $\begin{bmatrix}-3 & 4 & 0 & 0\\ 1 & -1 & 0 & 0\\ 0 & 0 & 2 & 1\\ 0 & 0 & 3 & 1\end{bmatrix}$

8. 求所有与 $\boldsymbol{A}$ 可交换的同阶矩阵,其中

(1) $\boldsymbol{A}=\begin{bmatrix}1 & 0\\ 2 & 1\end{bmatrix}$ (2) $\boldsymbol{A}=\begin{bmatrix}1 & -1\\ -1 & 2\end{bmatrix}$

(3) $\boldsymbol{A}=\begin{bmatrix}0 & 1 & 0\\ 0 & 0 & 1\\ 0 & 0 & 0\end{bmatrix}$ (4) $\boldsymbol{A}=\begin{bmatrix}1 & 0 & 0\\ 0 & 0 & 1\\ 0 & 1 & 0\end{bmatrix}$

9. 设 $\boldsymbol{A}=\mathrm{diag}(a_1,a_2,\cdots,a_n)$,且 $a_i\neq a_j(i\neq j,i,j=1,2,\cdots,n)$。证明:与 $\boldsymbol{A}$ 可交换的矩阵只能是对角阵。

10. 设 $\boldsymbol{A}$ 是 n 阶方阵,若 $\boldsymbol{A}$ 能与所有的 n 阶方阵交换,则 $\boldsymbol{A}$ 一定是**纯量矩阵**。即 $\boldsymbol{A}=k\boldsymbol{I}_n$。

11. 设 $\boldsymbol{A}=\dfrac{1}{2}(\boldsymbol{B}+\boldsymbol{I})$,$\boldsymbol{A}$ 是**幂等阵**(即 $\boldsymbol{A}^2=\boldsymbol{A}$) 当且仅当 $\boldsymbol{B}$ 是对合阵(即 $\boldsymbol{B}^2=\boldsymbol{I}$)。

12. 设 $\boldsymbol{A}$、$\boldsymbol{B}$ 是对称阵,证明:

(1) $\boldsymbol{A}\boldsymbol{B}$ 也是对称阵当且仅当 $\boldsymbol{A}$ 与 $\boldsymbol{B}$ 可交换;

(2) 当 $\boldsymbol{A}$ 是实矩阵时,$\boldsymbol{A}^2=\boldsymbol{0}$ 当且仅当 $\boldsymbol{A}=\boldsymbol{0}$。

13. 对于一般矩阵，举例说明下列命题是错误的。

(1) 若 $\boldsymbol{A}^2=\boldsymbol{A}$，则 $\boldsymbol{A}=\boldsymbol{0}$ 或 $\boldsymbol{A}=\boldsymbol{I}$；

(2) 若 $\boldsymbol{A}^2=\boldsymbol{0}$，则 $\boldsymbol{A}=\boldsymbol{0}$；

(3) 若 $\boldsymbol{AX}=\boldsymbol{AY}$，且 $\boldsymbol{A}\neq\boldsymbol{0}$，则 $\boldsymbol{X}=\boldsymbol{Y}$；

(4) 若 $\boldsymbol{A}\neq\boldsymbol{0}$，则 $|\boldsymbol{A}|\neq\boldsymbol{0}$；

(5) $|\lambda\boldsymbol{A}|=\lambda|\boldsymbol{A}|$，$\lambda$ 是数。

14. 已知 $\boldsymbol{A}=\begin{bmatrix}x^3 & 2 & x\\ y & 0 & x+y\\ -3 & z & 2x\end{bmatrix}$ 是对称阵，求 $\boldsymbol{A}$。

15. 设 $\boldsymbol{X}$ 是 $n\times 1$ 矩阵，且 $\boldsymbol{X}^{\mathrm{T}}\boldsymbol{X}=1$，则 $\boldsymbol{S}=\boldsymbol{I}-2\boldsymbol{XX}^{\mathrm{T}}$ 是对称矩阵，且 $\boldsymbol{S}^2=\boldsymbol{I}$。

16. 设 $\boldsymbol{A}\in\boldsymbol{M}_n(\boldsymbol{F})$，$\boldsymbol{X}$ 是任一 $n\times 1$ 矩阵，有 $\boldsymbol{X}^{\mathrm{T}}\boldsymbol{AX}=0$，则 $\boldsymbol{A}$ 是反对称矩阵(即 $\boldsymbol{A}^{\mathrm{T}}=-\boldsymbol{A}$)。

17. 设 $\boldsymbol{A}$ 是对称阵，证明 $\boldsymbol{P}^{\mathrm{T}}\boldsymbol{AP}$ 也是对称阵，这里 $\boldsymbol{P}$ 是与 $\boldsymbol{A}$ 同阶的方阵(此结论对 $\boldsymbol{A}$ 是反对称阵时也成立)

18. 证明任一 n 阶矩阵都可表示成一个对称阵与一个反对称阵的和。

19. 设 $\boldsymbol{A}=\begin{bmatrix}2 & 1\\ 0 & 2\end{bmatrix}$，$f(x)=x^3-3x+1$，求 $f(\boldsymbol{A})$。

20. 求下列矩阵的逆矩阵

(1) $\begin{bmatrix}0 & 1\\ 1 & 0\end{bmatrix}$ (2) $\begin{bmatrix}1 & & & \\ & 2 & & \\ & & 3 & \\ & & & 4\end{bmatrix}$

(3) $\begin{bmatrix}\cos\theta & -\sin\theta\\ \sin\theta & \cos\theta\end{bmatrix}$ (4) $\begin{bmatrix}2 & -1 & 0\\ -1 & 2 & -1\\ 0 & -1 & 2\end{bmatrix}$

(5) $\begin{bmatrix}1 & 2 & 0 & 0\\ 2 & 5 & 0 & 0\\ 0 & 0 & 7 & 1\\ 0 & 0 & 3 & 1\end{bmatrix}$ (6) $\begin{bmatrix}0 & a_1 & 0 & \cdots & 0\\ 0 & 0 & a_2 & \cdots & 0\\ \vdots & \vdots & \vdots & & \vdots\\ 0 & 0 & 0 & \cdots & a_{n-1}\\ a_n & 0 & 0 & \cdots & 0\end{bmatrix}$，$\prod\limits_{i=1}^{n}a_i\neq 0$

21. 设 $f(x)=x^2-x-7$，$\boldsymbol{A}$ 是 n 阶方阵且 $f(\boldsymbol{A})=0$，求证 $\boldsymbol{A}+2\boldsymbol{I}$ 可逆，并求其逆。

22. 确定 x、y，使 $\boldsymbol{B}=\boldsymbol{A}^{-1}$。其中

$$\boldsymbol{A}=\begin{bmatrix}1 & 2\\ -3 & 4\end{bmatrix}\qquad \boldsymbol{B}=\begin{bmatrix}\frac{2}{5} & x\\ \frac{3}{10} & y\end{bmatrix}$$

23. 若 $\boldsymbol{A}$、$\boldsymbol{B}$ 可逆，问 $\boldsymbol{A}-\boldsymbol{B}$、$\boldsymbol{AB}$、$\boldsymbol{AB}^{-1}$ 是否一定可逆？若不是，举例说明。

24. 证明：可逆的对称(反对称)矩阵的逆矩阵仍是对称(反对称)矩阵。

25. 设 $\boldsymbol{A}$ 为 n 阶幂零阵，即 $\boldsymbol{A}^k=\boldsymbol{0}$，$k\in\mathbf{N}$，求证

(1) $(\boldsymbol{I}-\boldsymbol{A})^{-1}=\boldsymbol{I}+\boldsymbol{A}+\cdots+A^{k-1}$

(2) $(\boldsymbol{I}+\boldsymbol{A})^{-1}=\boldsymbol{I}-\boldsymbol{A}+\cdots+(-1)^{k-1}\boldsymbol{A}^{k-1}$

26. 设 $f(x)=a_0+a_1x+\cdots+a_mx^m$

(1) 若 $\boldsymbol{A}=\mathrm{diag}(\lambda_1,\lambda_2,\cdots,\lambda_n)$，则 $f(\boldsymbol{A})=\mathrm{diag}(f(\lambda_1),f(\lambda_2),\cdots,f(\lambda_n))$；

(2) 若存在可逆阵 $\boldsymbol{P}$,使 $\boldsymbol{A}=\boldsymbol{PBP}^{-1}$,则 $f(\boldsymbol{A})=\boldsymbol{P}f(\boldsymbol{B})\boldsymbol{P}^{-1}$。

(3) 若 $\boldsymbol{A}$ 是 n 阶方阵且 $f(\boldsymbol{A})=\boldsymbol{0}$,$a_0\neq 0$,则 $\boldsymbol{A}$ 可逆,并求 $\boldsymbol{A}^{-1}$。

27. 求下列等式中的矩阵 $\boldsymbol{X}$

(1) $\begin{bmatrix}1&2\\-1&1\end{bmatrix}\boldsymbol{X}=\begin{bmatrix}0&-1\\-2&1\end{bmatrix}$

(2) $\boldsymbol{X}\begin{bmatrix}2&1&-1\\2&1&0\\1&-1&1\end{bmatrix}=\begin{bmatrix}1&-1&3\\4&3&2\end{bmatrix}$

(3) $\begin{bmatrix}1&2\\-2&3\end{bmatrix}\boldsymbol{X}\begin{bmatrix}0&-1\\2&1\end{bmatrix}=\begin{bmatrix}2&1\\1&-1\end{bmatrix}$

28. 设

$$\boldsymbol{A}=\begin{bmatrix}1&0&3\\0&2&0\\-1&0&2\end{bmatrix}$$

满足 $\boldsymbol{A}+2\boldsymbol{B}-3\boldsymbol{AB}=0$,求 $\boldsymbol{B}$。

29. 设 $\boldsymbol{A}$ 是 n 阶方阵,证明:

(1) $\boldsymbol{A}$ 可逆时,$(\boldsymbol{A}^{-1})^{*}=(\boldsymbol{A}^{*})^{-1}$;　(2) $(\boldsymbol{A}^{*})^{\mathrm{T}}=(\boldsymbol{A}^{\mathrm{T}})^{*}$;

(3) $\det(\boldsymbol{A}^{*})=[\det(\boldsymbol{A})]^{n-1}$;　(4) $([-\boldsymbol{A})^{*}=(-1)^{n-1}\boldsymbol{A}^{*}$;

(5) 若 $\boldsymbol{A}$ 是正交矩阵(即 $\boldsymbol{A}^{-1}=\boldsymbol{A}^{\mathrm{T}}$)(或对称阵或对合阵),则 $\boldsymbol{A}^{*}$ 也是正交阵(或对称阵或对合阵)。

30. 设 3 阶方阵 $\boldsymbol{A}$ 的行列式 $\det(\boldsymbol{A})=2$,求

(1) $\det(\boldsymbol{A}^{*})$　(2) $\det(-\boldsymbol{A}^{*})$

(3) $\det[(\boldsymbol{A}^{*})^{-1}]$　(4) $\det(\boldsymbol{A}^{-1})$　(5) $|3(\boldsymbol{A}^{\mathrm{T}})^{-1}|$

31. 设 $\boldsymbol{A}$、$\boldsymbol{B}$ 是 n 阶矩阵,若 $\boldsymbol{I}-\boldsymbol{AB}$ 可逆,则 $\boldsymbol{I}-\boldsymbol{BA}$ 也可逆。

32. 设

$$\boldsymbol{A}=\begin{bmatrix}1&2&0&1\\-1&-2&1&3\\0&1&2&4\\3&6&1&2\end{bmatrix}$$

求 A 的等价标准形。

33. 设 $\boldsymbol{A}=(a_{ij})$ 是 n 阶非零实矩阵,(1) 若 $\boldsymbol{A}^{*}=\boldsymbol{A}^{\mathrm{T}}$,则 $\boldsymbol{A}$ 可逆;(2) 若 $a_{ij}=\boldsymbol{A}_{ij}$,则 $R(\boldsymbol{A})=n$,并求 $|\boldsymbol{A}|$。

34. 已知 $\boldsymbol{AP}=\boldsymbol{PB}$,其中

$\boldsymbol{B}=\begin{bmatrix}1&0&0\\0&1&0\\0&0&-1\end{bmatrix}$,$P=\begin{bmatrix}1&0&0\\2&-1&0\\2&1&1\end{bmatrix}$,求 $\boldsymbol{A}$ 及 $\boldsymbol{A}^{10}$。

35. 求下列矩阵的秩

(1) $\boldsymbol{A}=\begin{bmatrix}1 & 2 & -1 & 0\\ 1 & 0 & 1 & -1\\ 1 & 2 & 2 & 1\end{bmatrix}$　　(2) $\boldsymbol{A}=\begin{bmatrix}0 & -1 & 3 & 1\\ 1 & -1 & 0 & 2\\ 2 & -2 & 0 & 4\end{bmatrix}$

(3) $\boldsymbol{A}=\begin{bmatrix}a & b & b\\ b & a & b\\ b & b & a\end{bmatrix}$　　(4) $\boldsymbol{A}=\begin{bmatrix}1 & a & a^2\\ 1 & b & b^2\\ 1 & c & c^2\end{bmatrix}$

(5) $\boldsymbol{A}=\begin{bmatrix}1 & 2 & 3\\ a & 4 & 6\\ 3 & b & 7\end{bmatrix}$　　(6) $\boldsymbol{A}=\begin{bmatrix}1 & -1 & 2 & a\\ 0 & 1 & 0 & b\\ -1 & 0 & -2 & c\end{bmatrix}$

36. 求矩阵方程 $\begin{bmatrix}3 & 1 & -1\\ 0 & 4 & 2\\ 1 & -1 & 2\end{bmatrix}\boldsymbol{X}=2\boldsymbol{X}+\begin{bmatrix}1 & -1 & 0\\ 1 & 0 & 1\\ 0 & 1 & 1\end{bmatrix}$ 的解。

37. 设 A 是 $m\times n$ 矩阵，$\boldsymbol{B}$ 是 $n\times m$ 矩阵，证明：若 $m>n$，则 $|\boldsymbol{AB}|=0$。

38. 设 $\boldsymbol{A}$ 是 $n(n\geqslant 2)$ 阶矩阵，证明

$$R(\boldsymbol{A}^*)=\begin{cases}n & R(\boldsymbol{A})=n\\ 0 & R(\boldsymbol{A})\leqslant n-2\\ 1 & R(\boldsymbol{A})=n-1\end{cases}$$

39. 设 $\boldsymbol{A}$ 是 $m\times n$ 矩阵，$\boldsymbol{B}$ 是 $n\times p$ 矩阵，证明：若 $R(\boldsymbol{A})=n$，则 $R(\boldsymbol{AB})=R(\boldsymbol{B})$。

40. 证明：若 $\boldsymbol{A}$ 是 n 阶幂等阵，则 $R(\boldsymbol{A})+R(\boldsymbol{A}-\boldsymbol{I})=n$。

41. 设 $\boldsymbol{A}_{m\times n}$，$m<n$，$R(\boldsymbol{A})=m$，证明：存在 $n\times m$ 矩阵 $\boldsymbol{B}$，使 $\boldsymbol{AB}=\boldsymbol{I}_m$。

42. 证明：任意秩为 r 的矩阵可以表示成 r 个秩为 1 的矩阵之和，但不能表示成少于 r 个秩为 1 的矩阵之和。

43. 若从矩阵 $\boldsymbol{A}$ 中划去一行得到的矩阵为 $\boldsymbol{B}$，问 $\boldsymbol{A}$、$\boldsymbol{B}$ 秩的关系如何？

44. 设 $\boldsymbol{A}$、$\boldsymbol{B}$ 都是 $m\times n$ 矩阵，$\boldsymbol{A}$ 经初等行变换可化成 $\boldsymbol{B}$，若记

$$\boldsymbol{A}=[\boldsymbol{\alpha}_1,\boldsymbol{\alpha}_2,\cdots,\boldsymbol{\alpha}_n]\qquad \boldsymbol{B}=[\boldsymbol{\beta}_1,\boldsymbol{\beta}_2,\cdots,\boldsymbol{\beta}_n]$$

则当 $\boldsymbol{\beta}_i=\sum\limits_{\substack{j=1\\ j\neq i}}^{n}k_j\boldsymbol{\beta}_j$ 时，$\boldsymbol{\alpha}_i=\sum\limits_{\substack{j=1\\ j\neq i}}^{n}k_j\boldsymbol{\alpha}_j$。

45. 设 4 阶方阵 $\boldsymbol{A}=[\boldsymbol{\alpha},\boldsymbol{X},\boldsymbol{Y},\boldsymbol{Z}]$，$\boldsymbol{B}=[\boldsymbol{\beta},\boldsymbol{X},\boldsymbol{Y},\boldsymbol{Z}]$，$|\boldsymbol{A}|=1$，$|\boldsymbol{B}|=2$，求 $|\boldsymbol{A}-\boldsymbol{B}|$。

46. 设 $\boldsymbol{A}=[\boldsymbol{\alpha}_1,\boldsymbol{\alpha}_2,\cdots,\boldsymbol{\alpha}_{n+1},\cdots,\boldsymbol{\alpha}_{n+m}]$ 是 $n+m$ 阶方阵，$|\boldsymbol{A}|=a$，求 $|\boldsymbol{\alpha}_{n+1},\boldsymbol{\alpha}_{n+2},\cdots,\boldsymbol{\alpha}_{n+m},\boldsymbol{\alpha}_1,\boldsymbol{\alpha}_2,\cdots,\boldsymbol{\alpha}_n|$。

47. 设 A 是 n 阶矩阵，n 是奇数，$\boldsymbol{A}^{\mathrm{T}}\boldsymbol{A}=\boldsymbol{I}$，$|\boldsymbol{A}|=1$，证明：$|\boldsymbol{I}-\boldsymbol{A}|=0$。

48. 设 $\boldsymbol{A}$ 是 n 阶方阵，若对任意 $n\times 1$ 矩阵 $\boldsymbol{B}$，$\boldsymbol{AX}=\boldsymbol{B}$ 都有解，则 $\boldsymbol{A}$ 可逆。

49. 设 $\boldsymbol{A}$、$\boldsymbol{B}$、$\boldsymbol{C}$、$\boldsymbol{D}$ 都是 n 阶方阵，$\boldsymbol{A}$ 可逆且 $\boldsymbol{AC}=\boldsymbol{CA}$，证明

$$\begin{vmatrix} \boldsymbol{A} & \boldsymbol{B} \\ \boldsymbol{C} & \boldsymbol{D} \end{vmatrix} = |\boldsymbol{AD}-\boldsymbol{CB}|$$

50. 设 $\boldsymbol{A}$、$\boldsymbol{B}$ 是方阵，则 $\begin{vmatrix} \boldsymbol{A} & \boldsymbol{B} \\ \boldsymbol{B} & \boldsymbol{A} \end{vmatrix} = |\boldsymbol{A}+\boldsymbol{B}||\boldsymbol{A}-\boldsymbol{B}|$。

51. 设 $\boldsymbol{A}$、$\boldsymbol{B}$ 是 n 阶方阵，且 $\boldsymbol{ABA}=\boldsymbol{B}^{-1}$，证明

$$R(\boldsymbol{I}-\boldsymbol{AB})+R(\boldsymbol{I}+\boldsymbol{AB})=n$$

第 4 章　向量与线性空间

为了描述既有方向又有大小的量，人们引入了向量的概念，向量也就成为解析几何学最基本的要素之一。为了描述更为复杂的现象，人们又引入了更为抽象的向量的概念并以此建立起线性空间(就是向量空间)。在一定意义上说，线性空间是解析几何的推广与升华，而解析几何学则为抽象的线性空间提供了具体、生动的模型。本章主要研究以下几个问题：

1. 几何向量及其线性运算；
2. 坐标系；
3. n 维向量及线性空间；
4. 向量组的线性相关与线性无关；
5. 基、维数与坐标；
6. 向量的数量积、向量积和混合积；
7. 直线与平面。

几何向量及其线性运算

A. 几何向量

描述速度、加速度、力等既有方向又有大小的量，称为**向量**。向量有两个特征 —— 大小与方向。几何中的有向线段恰好也有这两个特征，因此有时也称上述向量为**几何向量**。令 A、B 是空间中的两个点，以 A 为起点、B 为终点的有向线段$\overrightarrow{AB}$(图 4.1) 就可以表示一个向量(大小为线段的长度，箭头方向为向量的方向)。向量的大小叫做**向量的长度**(也叫**向量的模**)，记为 $|\overrightarrow{AB}|$。长度为 1 的向量称为**单位向量**。起点与终点重合的向量称为**零向量**，记为 $\mathbf{0}$。零向量的长度等于 0，方向可看做是任意的。向量除上述表示外，一般也常用黑斜体小写字母(英文或希腊文) 表示，如 $\boldsymbol{\alpha}$、$\boldsymbol{\beta}$、$\boldsymbol{a}$、$\boldsymbol{b}$ 等等。

在实际问题中，有些向量与其起点有关，有些向量与其起点无关。我们只研究与起点无关的向量，并称这种向量为**自由向量**。所以如果两个向量 $\boldsymbol{\alpha}$ 与 $\boldsymbol{\beta}$ 长度相等，互相平行且指向相同，则说 $\boldsymbol{\alpha}$ 与 $\boldsymbol{\beta}$ **相等**，记为 $\boldsymbol{\alpha}=\boldsymbol{\beta}$。但如指向相反，则说它们是**相反向量**，或互为**负向量**。一个向量 $\boldsymbol{\alpha}$ 的负向量是惟一的，记为 $-\boldsymbol{\alpha}$，显然 $-(-\boldsymbol{\alpha})=\boldsymbol{\alpha}$。

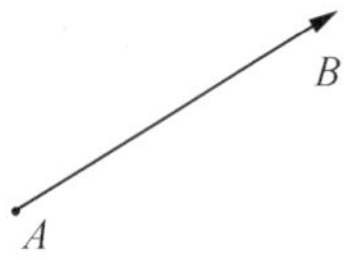

图 4.1

如几个向量平行于同一直线，则称它们共线。任意两个向量一定共面。

B. 向量的线性运算

向量的线性运算是指向量加法和数乘向量。

1. 向量与向量的加法

设 $\boldsymbol{\alpha}$、$\boldsymbol{\beta}$ 为空间的两个向量，在空间任取一点 O，作 $\overrightarrow{OA}=\boldsymbol{\alpha}$，$\overrightarrow{AB}=\boldsymbol{\beta}$，称以 O 为起点、B 为终点的向量 $\overrightarrow{OB}$ 为 $\boldsymbol{\alpha}$ 与 $\boldsymbol{\beta}$ 的和，记为 $\boldsymbol{\alpha}+\boldsymbol{\beta}$，即 $\overrightarrow{OB}=\boldsymbol{\alpha}+\boldsymbol{\beta}$。这一运算称为**向量的加法**(这种求和

法称为三角形法则)。$\boldsymbol{\alpha}+\boldsymbol{\beta}$ 也可以这样得到,作 $\overrightarrow{OA}=\boldsymbol{\alpha}$,$\overrightarrow{OB}=\boldsymbol{\beta}$,以 $\overrightarrow{OA}$、$\overrightarrow{OB}$ 为邻边作平行四边形 $OABC$,将 O 与顶点 C 连线所得向量即为 $\boldsymbol{\alpha}+\boldsymbol{\beta}$(这种求和法称为平行四边形法)。

2. 向量与数的乘法

设 $\boldsymbol{\alpha}$ 为向量,$k\in\mathbf{R}$,k 与 $\boldsymbol{\alpha}$ 的积是满足下面两条件的向量:

(1) $|k\boldsymbol{\alpha}|=|k||\boldsymbol{\alpha}|$;

(2) 若 $k>0$,$k\boldsymbol{\alpha}$ 与 $\boldsymbol{\alpha}$ 同向;若 $k<0$,则 $k\boldsymbol{\alpha}$ 与 $\boldsymbol{\alpha}$ 反向。

从条件(1) 知,当 $k=0$ 或 $\boldsymbol{\alpha}=0$ 时,$k\boldsymbol{\alpha}=0$。

在一般几何学中,我们也常说向量 $\boldsymbol{\alpha}$ 与 $\boldsymbol{\beta}$ 的**差**,记做 $\boldsymbol{\alpha}-\boldsymbol{\beta}$,实际上,$\boldsymbol{\alpha}-\boldsymbol{\beta}=\boldsymbol{\alpha}+(-\boldsymbol{\beta})$,即为 $\boldsymbol{\alpha}$ 与 $\boldsymbol{\beta}$ 的负向量之和。

【定理 4.1】 几何向量对于向量的线性运算满足下面八个性质:

(1) $\boldsymbol{\alpha}+\boldsymbol{\beta}=\boldsymbol{\beta}+\boldsymbol{\alpha}$　　(2) $(\boldsymbol{\alpha}+\boldsymbol{\beta})+\boldsymbol{\gamma}=\boldsymbol{\alpha}+(\boldsymbol{\beta}+\boldsymbol{\gamma})$

(3) $\mathbf{0}+\boldsymbol{\alpha}=\boldsymbol{\alpha}$　　(4) $\boldsymbol{\alpha}+(-\boldsymbol{\alpha})=\mathbf{0}$

(5) $1\cdot\boldsymbol{\alpha}=\boldsymbol{\alpha}$　　(6) $k(l\boldsymbol{\alpha})=(kl)\boldsymbol{\alpha}$

(7) $(k+l)\boldsymbol{\alpha}=k\boldsymbol{\alpha}+l\boldsymbol{\alpha}$　　(8) $k(\boldsymbol{\alpha}+\boldsymbol{\beta})=k\boldsymbol{\alpha}+k\boldsymbol{\beta}$

【证明】 我们只证(8),其余留给读者自行证明。

若 $\boldsymbol{\alpha}$、$\boldsymbol{\beta}$、k 中有一个为 $\mathbf{0}$,(8) 自然成立。故设 $\boldsymbol{\alpha}\neq\mathbf{0}$,$\boldsymbol{\beta}\neq\mathbf{0}$,$k\neq0$。

当 $k>0$ 时,在空间中取 O、O' 分别作 $\boldsymbol{\alpha}=\overrightarrow{OA}$,$k\boldsymbol{\alpha}=\overrightarrow{O'A'}$;$\overrightarrow{AB}=\boldsymbol{\beta}$,$\overrightarrow{A'B'}=k\boldsymbol{\beta}$。于是 $\overrightarrow{OB}=\boldsymbol{\alpha}+\boldsymbol{\beta}$,$\overrightarrow{O'B'}=k\boldsymbol{\alpha}+k\boldsymbol{\beta}$。如图 4.2、图 4.3 所示。

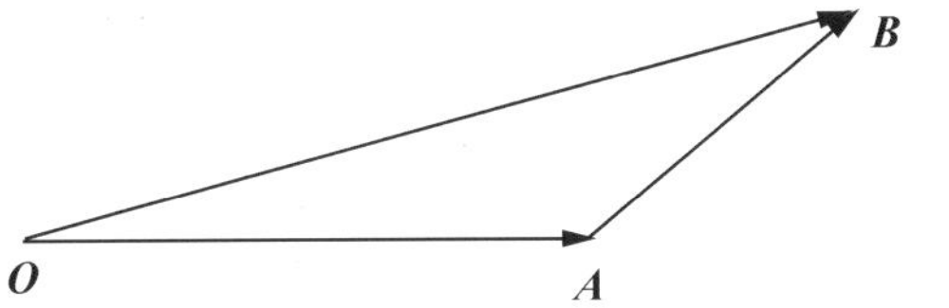

图 4.2

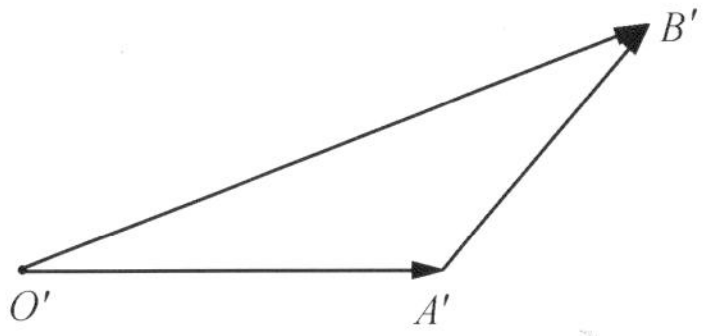

图 4.3

显然 $\triangle OAB\sim\triangle O'B'C'$。于是 $|k\boldsymbol{\alpha}+k\boldsymbol{\beta}|=k|\boldsymbol{\alpha}+\boldsymbol{\beta}|$,且 $\overrightarrow{OB}$ 与 $\overrightarrow{O'B'}$ 同向,故 $k(\boldsymbol{\alpha}+\boldsymbol{\beta})=k\boldsymbol{\alpha}+k\boldsymbol{\beta}$。其次,显然有 $(-1)\boldsymbol{\alpha}=-\boldsymbol{\alpha}$,$-(\boldsymbol{\alpha}+\boldsymbol{\beta})=-\boldsymbol{\alpha}-\boldsymbol{\beta}$。

当 $k<0$ 时,则

$$k(\boldsymbol{\alpha}+\boldsymbol{\beta})=(-1)|k|(\boldsymbol{\alpha}+\boldsymbol{\beta})=(-1)(|k|\boldsymbol{\alpha}+|k|\boldsymbol{\beta})=$$
$$-|k|\boldsymbol{\alpha}-|k|\boldsymbol{\beta}=k\boldsymbol{\alpha}+k\boldsymbol{\beta}$$

故(8) 成立。

证毕

【例 4.1】 在平行四边形 $ABCD$ 中,设 $\overrightarrow{AB}=\boldsymbol{\alpha}$,$\overrightarrow{AD}=\boldsymbol{\beta}$,试用 $\boldsymbol{\alpha}$ 和 $\boldsymbol{\beta}$ 表示 $\overrightarrow{MA}$,$\overrightarrow{MB}$、$\overrightarrow{MC}$ 和 $\overrightarrow{MD}$,这里 M 是平行四边形对角线的交点(图 4.4)。

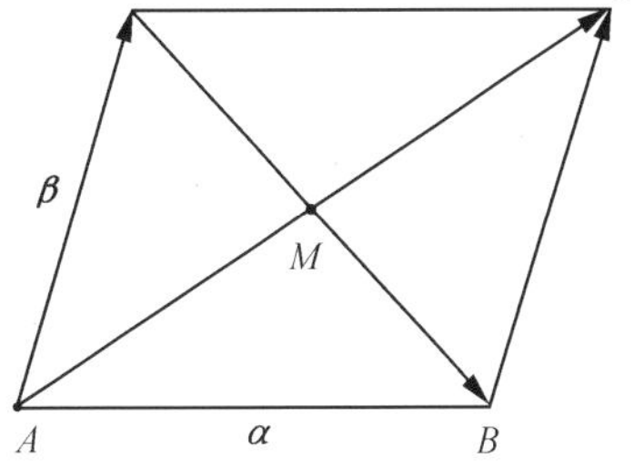

图 4.4

【解】 由 $\boldsymbol{\alpha}+\boldsymbol{\beta}=2\overrightarrow{AM}$ 得 $\overrightarrow{MA}=-\dfrac{1}{2}(\boldsymbol{\alpha}+\boldsymbol{\beta})$

$\overrightarrow{MC}=-\overrightarrow{MA}=\dfrac{1}{2}(\boldsymbol{\alpha}+\boldsymbol{\beta})$

由 $-\boldsymbol{\alpha}+\boldsymbol{\beta}=2\overrightarrow{MD}$ 得 $\overrightarrow{MD}=\dfrac{1}{2}(\boldsymbol{\beta}-\boldsymbol{\alpha})$

$\overrightarrow{MB}=-\overrightarrow{MD}=\dfrac{1}{2}(\boldsymbol{\alpha}-\boldsymbol{\beta})$

【例 4.2】 试证向量 $\boldsymbol{\alpha}$、$\boldsymbol{\beta}$、$\boldsymbol{\gamma}$ 共面的充分必要条件是存在不全为 0 的实数 k、l、m，使得 $k\boldsymbol{\alpha}+l\boldsymbol{\beta}+m\boldsymbol{\gamma}=\mathbf{0}$。

【证明】 **充分性** 若有不全为 0 的实数 k、l、m，使得

$$k\boldsymbol{\alpha}+l\boldsymbol{\beta}+m\boldsymbol{\gamma}=\mathbf{0}$$

不妨设 $m\neq 0$，则 $\boldsymbol{\gamma}=-\dfrac{k}{m}\boldsymbol{\alpha}-\dfrac{l}{m}\boldsymbol{\beta}$。不妨设 $\boldsymbol{\alpha}\neq\mathbf{0}$，$\boldsymbol{\beta}\neq\mathbf{0}$，令 $\overrightarrow{OA}=\boldsymbol{\alpha}$，$\overrightarrow{OB}=\boldsymbol{\beta}$，则 $\boldsymbol{\gamma}$ 实际上是以 $-\dfrac{k}{m}\overrightarrow{OA}$、$-\dfrac{l}{m}\overrightarrow{OB}$ 为边的平行四边形的对角线，当然 $\boldsymbol{\gamma}$ 在 $\boldsymbol{\alpha}$、$\boldsymbol{\beta}$ 所在的平面上（注意任意两个向量共面，若 $\boldsymbol{\alpha}$、$\boldsymbol{\beta}$、$\boldsymbol{\gamma}$ 中有一为 $\mathbf{0}$，这三个向量共面是显然的）。

必要性 设 $\boldsymbol{\alpha}$、$\boldsymbol{\beta}$、$\boldsymbol{\gamma}$ 在同一平面上，令 $\overrightarrow{OA}=\boldsymbol{\alpha}$，$\overrightarrow{OB}=\boldsymbol{\beta}$，$\overrightarrow{OC}=\boldsymbol{\gamma}$（图 4.5）。过 C 作平行于 $\overrightarrow{OB}$、$\overrightarrow{OA}$ 的两条直线，分别交 $\overrightarrow{OA}$、$\overrightarrow{OB}$ 所在的直线于 A' 和 B'。$\overrightarrow{OA'}$ 与 $\overrightarrow{OA}$ 在同一直线上（方向未必相同），$\overrightarrow{OB'}$ 与 $\overrightarrow{OB}$ 在同一直线上。若 $\boldsymbol{\alpha}$、$\boldsymbol{\beta}$ 中有一为 $\mathbf{0}$，不妨设 $\boldsymbol{\alpha}=\mathbf{0}$，则取 $l=m=0$，$k\neq 0$。我们已有

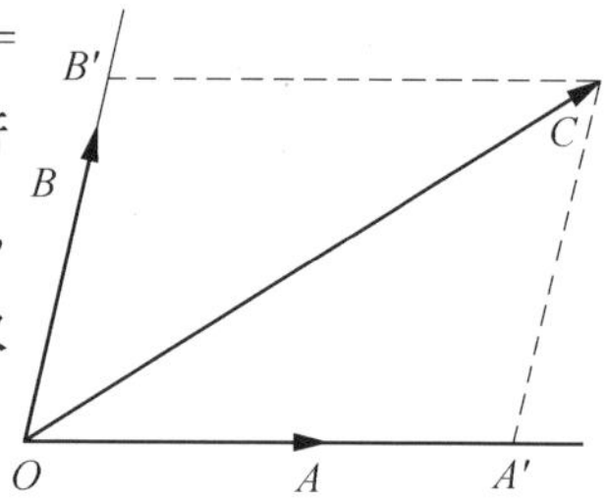

图 4.5

$$k\boldsymbol{\alpha}+l\boldsymbol{\beta}+m\boldsymbol{\gamma}=0$$

故不妨设 $\boldsymbol{\alpha}\neq\mathbf{0}$，$\boldsymbol{\beta}\neq\mathbf{0}$。令 $k=\dfrac{|\overrightarrow{OA'}|}{|\overrightarrow{OA}|}$，$l=\dfrac{|\overrightarrow{OB''}|}{|\overrightarrow{OB}|}$，则

$$\gamma=\pm k\boldsymbol{\alpha}\pm l\boldsymbol{\beta}$$

k、l 前的正、负号依 $\overrightarrow{OA'}$ 与 $\overrightarrow{OA}$、$\overrightarrow{OB'}$ 与 $\overrightarrow{OB}$ 是否同向而定，即有

$$\mp k\boldsymbol{\alpha}\mp l\boldsymbol{\beta}+\boldsymbol{\gamma}=0$$

坐 标 系

把空间中的点与数联系起来要依靠在空间中建立坐标系。坐标系将几何问题代数化，也将向量的线性运算转化为数的运算。

同学们在中学已学习过直角坐标系，这里我们将引进更广泛意义的坐标系。

现设 $\boldsymbol{\alpha}$、$\boldsymbol{\beta}$、$\boldsymbol{\gamma}$ 是空间中三个不共面的向量，我们来看空间中任一向量 $\boldsymbol{\delta}$ 与这三个向量的关系。

【定理 4.2】 设 $\boldsymbol{\alpha}$、$\boldsymbol{\beta}$、$\boldsymbol{\gamma}$ 是空间中三个不共面的向量，则对任一向量 $\boldsymbol{\delta}$，存在惟一的一组实数 k、l、m，使得

$$\boldsymbol{\delta}=k\boldsymbol{\alpha}+l\boldsymbol{\beta}+m\boldsymbol{\gamma} \tag{4.1}$$

【证明】 在空间中任取一点 O，过 O 作直线 x、y、z 分别平行于向量 $\boldsymbol{\alpha}$、$\boldsymbol{\beta}$、$\boldsymbol{\gamma}$，并作 $\overrightarrow{OP}=\boldsymbol{\delta}$。由于 $\boldsymbol{\alpha}$、$\boldsymbol{\beta}$、$\boldsymbol{\gamma}$ 不共面，直线 x、y、z 也不共面。过 P 点作三个平面分别平行于平面 yOz、zOx、xOy，它们与 x、y、z 的交点分别为 Q、R、S（图 4.6）。于是有实数 k、l、m，使得 $\overrightarrow{OQ}=k\boldsymbol{\alpha}$，$\overrightarrow{OR}=l\boldsymbol{\beta}$，$\overrightarrow{OS}=m\boldsymbol{\gamma}$，且使式(4.1)成立。若还有 k'，l'，$m'\in\mathbf{R}$，使得

$$\boldsymbol{\delta}=k'\boldsymbol{\alpha}+l'\boldsymbol{\beta}+m'\boldsymbol{\gamma}$$

则

$$(k-k')\boldsymbol{\alpha}+(l-l')\boldsymbol{\beta}+(m-m')\boldsymbol{\gamma}=\mathbf{0}$$

因 $\boldsymbol{\alpha}$、$\boldsymbol{\beta}$、$\boldsymbol{\gamma}$ 不共面，由例 4.2 知必有：$k-k'=l-l'=m-m'=0$，于是 k、l、m 是惟一的。

【定义 4.1】 设 O 为空间一点，$\boldsymbol{\alpha}$、$\boldsymbol{\beta}$、$\boldsymbol{\gamma}$ 为三个不共面的向量，则称 $\{O;\boldsymbol{\alpha},\boldsymbol{\beta},\boldsymbol{\gamma}\}$ 为空间的一个**仿射坐标系**。向量 $\boldsymbol{\alpha}$、$\boldsymbol{\beta}$、$\boldsymbol{\gamma}$ 称为组成空间的一个**基**。P 为空间一点，向量 $\overrightarrow{OP}$ 在仿射坐标系

$\{O,\boldsymbol{\alpha},\boldsymbol{\beta},\boldsymbol{\gamma}\}$ 中有惟一表示(式(1)),我们称 $\begin{bmatrix}k\\l\\m\end{bmatrix}$ 为$\overrightarrow{OP}$ 在基 $\boldsymbol{\alpha}$、$\boldsymbol{\beta}$、$\boldsymbol{\gamma}$ 下的**坐标**。此时,记 P 点为 $P(k,l,m)$。

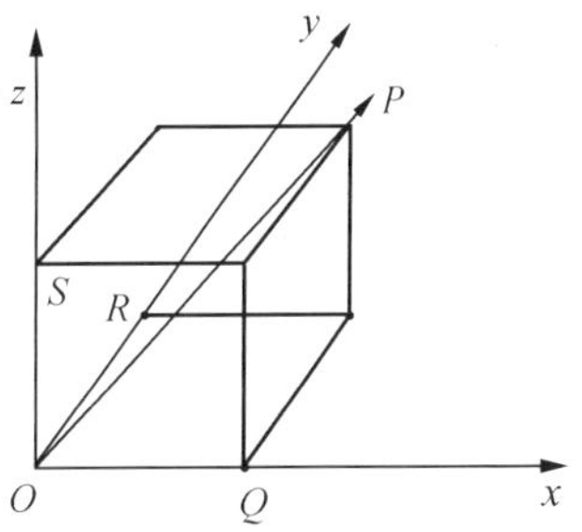

图 4.6

O 称为仿射坐标系的原点,坐标为 $\begin{bmatrix}0\\0\\0\end{bmatrix}$。

由定理 4.2 知,取定坐标系后,空间中每点有惟一的坐标 $\begin{bmatrix}x\\y\\z\end{bmatrix}$;反之,对任一 $\boldsymbol{X}=\begin{bmatrix}x_1\\x_2\\x_3\end{bmatrix}$,空间有惟一点 P,使 $\overrightarrow{OP}=x_1\boldsymbol{\alpha}+x_2\boldsymbol{\beta}+x_3\boldsymbol{\gamma}$,即 P 以 X 为其坐标。$x_1\boldsymbol{\alpha},x_2\boldsymbol{\beta},x_3\boldsymbol{\gamma}$ 分别称为$\overrightarrow{OP}$(在 $\boldsymbol{\alpha}$ 方向、$\boldsymbol{\beta}$ 方向、$\boldsymbol{\gamma}$ 方向)的分量。

通过 O 点,分别平行且同向于 $\boldsymbol{\alpha}$、$\boldsymbol{\beta}$、$\boldsymbol{\gamma}$ 的直线 Ox、Oy、Oz 称为**坐标轴**,平面 xOy、yOz、zOx 称为**坐标平面**。

仿射坐标系的建立,使得任意两个向量 $\boldsymbol{a}=x_1\boldsymbol{\alpha}+y_1\boldsymbol{\beta}+z_1\boldsymbol{\gamma}$、$\boldsymbol{b}=x_2\boldsymbol{\alpha}+y_2\boldsymbol{\beta}+z_2\boldsymbol{\gamma}$ 的和的运算可通过相应的坐标求和来实现。事实上

$$\boldsymbol{a}+\boldsymbol{b}=(x_1+x_2)\boldsymbol{\alpha}+(y_1+y_2)\boldsymbol{\beta}+(z_1+z_2)\boldsymbol{\gamma}$$

由定理 4.2 知 $\boldsymbol{a}+\boldsymbol{b}$ 由其坐标 $\begin{bmatrix}x_1+x_2\\y_1+y_2\\z_1+z_2\end{bmatrix}$ 惟一确定。

数 k 与任一向量 $\boldsymbol{a}=x\boldsymbol{\alpha}+y\boldsymbol{\beta}+z\boldsymbol{\gamma}$ 的积也可通过用数 k 乘以向量 $\boldsymbol{a}$ 的坐标来实现。即

$$k\boldsymbol{a}=(kx)\boldsymbol{\alpha}+(ky)\boldsymbol{\beta}+(kz)\boldsymbol{\gamma}$$

当仿射坐标系$\{O;\boldsymbol{\alpha},\boldsymbol{\beta},\boldsymbol{\gamma}\}$ 中的向量 $\boldsymbol{\alpha}$、$\boldsymbol{\beta}$、$\boldsymbol{\gamma}$ 为互相垂直且长度为 1 的向量时,就得到了**直角坐标系**,习惯上记为$\{O;\boldsymbol{e}_1,\boldsymbol{e}_2,\boldsymbol{e}_3\}$。$\boldsymbol{e}_1$、$\boldsymbol{e}_2$、$\boldsymbol{e}_3$ 表示长度为 1 互相垂直的三个向量,而且 $\boldsymbol{e}_1$ 和 $\boldsymbol{e}_2$ 配置在水平面上,$\boldsymbol{e}_3$ 则是铅垂线,它们的正方向构成"右手系"。(图 4.7,"右手系"详细定义见 4.6 节)。这时空间被三个坐标平面分割成八个部分,每一部分称为一个卦限。它们的顺序按其中点 $P(x,y,z)$ 的坐标如下安排:

第一卦限:$x>0,y>0,z>0$

第二卦限:$x<0,y>0,z>0$

第三卦限:$x<0,y<0,z>0$

第四卦限:$x>0,y<0,z>0$

第五卦限:$x>0,y>0,z<0$

第六卦限:$x<0,y>0,z<0$

第七卦限:$x<0,y<0,z<0$

第八卦限:$x>0,y<0,z<0$

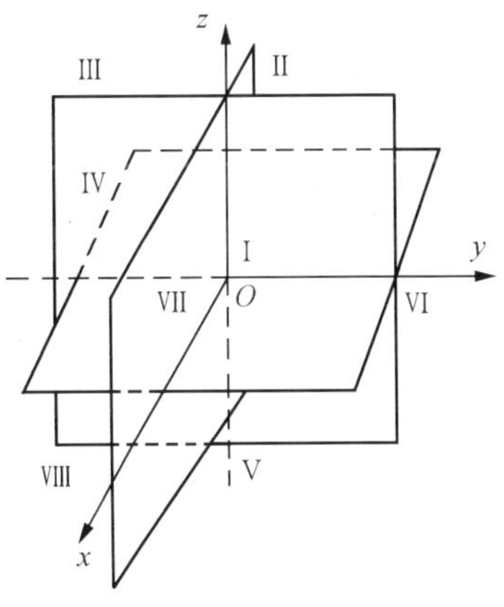

图 4.7

注　仿射坐标系与直角坐标系的差别只在于:

(1) 仿射坐标系的基向量不要求互相垂直;

(2) 仿射坐标系的基向量不要求单位长,也不要求等长。

一般来讲,直角坐标系使用起来较为方便。现在我

们利用直角坐标系来建立空间直线与代数方程(点的坐标满足的)之间的联系,具体研究空间直线的几类方程。

如果非零向量 $\boldsymbol{s}$ 平行于一条已知直线 L,则称 $\boldsymbol{s}$ 是直线 L 的**方向向量**。我们来建立过已知点 $M_0(x_0,y_0,z_0)$,且平行于已知非零向量 $\boldsymbol{s}=(m,n,p)$ 的直线 L 的方程。

设 $M(x,y,z)$ 是直线 L 上任一点,那么向量 $\overrightarrow{M_0M}=(x-x_0,y-y_0,z-z_0)$ 与向量 $\boldsymbol{s}$ 平行,于是存在数 t,使

$$\overrightarrow{M_0M}=t\boldsymbol{s}$$

于是

$$\begin{cases}x=x_0+mt\\ y=y_0+nt\\ z=z_0+pt\end{cases}\qquad (t\text{ 为参数})\tag{4.2}$$

方程(4.2)称为直线 L 的**参数方程**。

消去 t,得

$$\frac{x-x_0}{m}=\frac{y-y_0}{n}=\frac{z-z_0}{p}\tag{4.3}$$

易证,点 $M(x,y,z)$ 在直线 L 上的充要条件是其坐标 x、y、z 满足方程(4.3),称方程(4.3)为直线 L 的**标准方程**。

注 若方程(4.3)的 m、n、p 中有一个为0,例如 $m=0$,而 n、$p\neq 0$ 时,方程(4.3)应理解为

$$\begin{cases}x-x_0=0\\ \dfrac{y-y_0}{m}=\dfrac{z-z_0}{p}\end{cases}$$

若 m、n、p 中有两个为0,例如 $m=n=0$,而 $p\neq 0$ 时,方程(4.3)应理解为

$$\begin{cases}x-x_0=0\\ y-y_0=0\end{cases}$$

【例 4.3】 试求过已知两点 $M_0(x_0,y_0,z_0)$ 与 $M_1(x_1,y_1,z_1)$ 的直线 L 的方程。

【解】 由于 M_0、M_1 在直线 L 上,故 $\overrightarrow{M_0M_1}=(x_1-x_0,y_1-y_0,z_1-z_0)$ 是 L 的方向向量,又 $M_0(x,y,z)$ 在 L 上,故 L 的方程为

$$\frac{x-x_0}{x_1-x_0}=\frac{y-y_0}{y_1-y_0}=\frac{z-z_0}{z_1-z_0}\tag{4.4}$$

方程(4.4)称为直线 L 的**二点式方程**。

【例 4.4】 设二直线

$$L_1:\begin{cases}x=-2+4t\\ y=\ \ 2+mt\\ z=\ \ 3+2t\end{cases}\qquad L_2:\frac{x-1}{2}=\frac{y+1}{-2}=\frac{z}{n}$$

确定 m、n,使 $L_1\parallel L_2$。

【解】 L_1 的标准方程为 $\dfrac{x+2}{4}=\dfrac{y-2}{m}=\dfrac{z-3}{2}$,若 $L_1\parallel L_2$,应有 $(4,m,2)=k(2,-2,n)$,解得 $k=2$,$m=-4$,$n=1$。

维向量及线性空间

A. n 维向量

我们已经知道，给定一个坐标系可使几何向量与有序实数组(a_x, a_y, a_z)一一对应，从而可将几何向量记为$\begin{bmatrix} a_x \\ a_y \\ a_z \end{bmatrix}$。在许多实际问题中，所研究的对象需用多个数构成的有序数组来描述。因此，有必要将几何向量推广到 n 维向量。

【定义 4.2】 数域 $\mathbf{F}$ 内的 n 个数 $a_1, a_2, \cdots, a_n$ 组成的有序数组$(a_1, a_2, \cdots, a_n)$称为数域 $\mathbf{F}$ 上的 n **维**(或 n 元) **向量**，简称向量。数 a_i 叫做 n 维向量的**第 i 个分量**。如 $\mathbf{F}$ 是实数域，称其为**实向量**；如 $\mathbf{F}$ 为复数域，称其为**复向量**。除非特别声明，我们只在实数域上讨论实向量，并记 $\mathbf{R}^n$ 为实数域上 n 维向量的全体构成的集合。

n 维向量习惯上常用黑斜体小写希腊或英文字母表示。

设 $\boldsymbol{\alpha}=(a_1, a_2, \cdots, a_n)$、$\boldsymbol{\beta}=(b_1, b_2, \cdots, b_n)$都是 n 维向量，当且仅当 $a_i=b_i (i=1,2,\cdots,n)$时，称**向量 $\boldsymbol{\alpha}$ 与 $\boldsymbol{\beta}$ 相等**，记做 $\boldsymbol{\alpha}=\boldsymbol{\beta}$。显然，不同维数的向量一定不相等。

分量都是 0 的向量，称做**零向量**，亦记做 $\mathbf{0}=(0,0,\cdots,0)$。称向量$(-a_1, -a_2, \cdots, -a_n)$为向量 $\boldsymbol{\alpha}=(a_1, a_2, \cdots, a_n)$的**负向量**，记为 $-\boldsymbol{\alpha}$。

【定义 4.3】 设 $\boldsymbol{\alpha}=(a_1, a_2, \cdots, a_n)$、$\boldsymbol{\beta}=(b_1, b_2, \cdots, b_n)$都是 n 维向量，那么向量$(a_1+b_1, a_2+b_2, \cdots, a_n+b_n)$称做**向量 $\boldsymbol{\alpha}$ 与 $\boldsymbol{\beta}$ 的和**，记做 $\boldsymbol{\alpha}+\boldsymbol{\beta}$，即

$$\boldsymbol{\alpha}+\boldsymbol{\beta}=(a_1+b_1, a_2+b_2, \cdots, a_n+b_n)$$

利用负向量，可规定向量的减法

$$\boldsymbol{\alpha}-\boldsymbol{\beta}=\boldsymbol{\alpha}+(-\boldsymbol{\beta})=(a_1-b_1, a_2-b_2, \cdots, a_n-b_n)$$

【定义 4.4】 设 $\boldsymbol{\alpha}=(a_1, a_2, \cdots, a_n)$为 n 维向量，k 为实数，那么向量$(ka_1, ka_2, \cdots, ka_n)$称做 k 与**向量 $\boldsymbol{\alpha}$ 的乘积**，记做 $k\boldsymbol{\alpha}$ 或 $\boldsymbol{\alpha}k$，即

$$k\boldsymbol{\alpha}=\boldsymbol{\alpha}k=(ka_1, ka_2, \cdots, ka_n)$$

n 维向量的加法与向量的数乘统称为向量的线性运算。n 维向量的线性运算同样满足定理 4.1 所列出的八个性质。

B. 线性空间

前面已研究过几何向量和推广了的 n 维向量。这两类对象都具有加法与数乘运算，且这两种运算都满足一些共同的规律(八条性质)。除此以外，矩阵、一元多项式也都具有加法与数乘运算，而且这两种运算也满足八条性质。把这些最基本的东西抽象出来，就构成线性空间这一最基本的概念。

【定义 4.5】 设 $\mathbf{F}$ 是一数域，V 是一非空集合，如果对任意两个元素 $\boldsymbol{\alpha}, \boldsymbol{\beta} \in V$，总有惟一的一个元素 $\boldsymbol{\gamma} \in V$ 与之对应，称 $\boldsymbol{\gamma}$ 为 $\boldsymbol{\alpha}$ 与 $\boldsymbol{\beta}$ 的和，记做 $\boldsymbol{\gamma}=\boldsymbol{\alpha}+\boldsymbol{\beta}$；又对于任一数 $k \in \mathbf{F}$ 及任一元素 $\boldsymbol{\alpha} \in V$，有惟一的一个元素 $\boldsymbol{\delta} \in V$ 与之对应，称为 k 与 $\boldsymbol{\alpha}$ 的积，记做 $\boldsymbol{\delta}=k\boldsymbol{\alpha}$；并且这两种运算满足以下八条规则(设 $\boldsymbol{\alpha}, \boldsymbol{\beta}, \gamma \in V$；$k, l \in \mathbf{F}$)：

(1) $\boldsymbol{\alpha}+\boldsymbol{\beta}=\boldsymbol{\beta}+\boldsymbol{\alpha}$；

(2) $(\boldsymbol{\alpha}+\boldsymbol{\beta})+\gamma=\boldsymbol{\alpha}+(\boldsymbol{\beta}+\gamma)$；

(3) 在 V 中存在零元素 $\mathbf{0}$，对任意 $\boldsymbol{\alpha}\in V$，都有 $\boldsymbol{\alpha}+\mathbf{0}=\boldsymbol{\alpha}$；

(4) 对任意 $\boldsymbol{\alpha}\in V$，存在 $\boldsymbol{\beta}\in V$，使 $\boldsymbol{\alpha}+\boldsymbol{\beta}=0$，$\boldsymbol{\beta}$ 称为 $\boldsymbol{\alpha}$ 的负元素；

(5) $1\cdot\boldsymbol{\alpha}=\boldsymbol{\alpha}$；

(6) $k(l\boldsymbol{\alpha})=(kl)\boldsymbol{\alpha}$；

(7) $(k+l)\boldsymbol{\alpha}=k\boldsymbol{\alpha}+l\boldsymbol{\alpha}$；

(8) $k(\boldsymbol{\alpha}+\boldsymbol{\beta})=k\boldsymbol{\alpha}+k\boldsymbol{\beta}$。

那么，称 V 为数域 $\mathbf{F}$ 上的**线性空间**。

在上述定义中，非空集合 V 是什么，加法与数乘如何进行都没有具体规定，而只叙述它们应满足的性质。正是由于这个原因，线性空间的内涵十分丰富，这在下面的例子中可以看出。由于线性空间与 n 维向量空间（数域 $\mathbf{F}$ 上 n 维向量的全体）本质上十分相似，人们也常称线性空间为“**向量空间**”，线性空间中的元素不论其本身性质如何，统称为**向量**。

线性空间的运算除上面八个性质外，还有一些性质是常用的：

1° 满足性质(3) 的零元素是惟一的；

2° V 中每个元素 $\boldsymbol{\alpha}$ 的负元素是惟一的，记为 $-\boldsymbol{\alpha}$；

3° $0\boldsymbol{\alpha}=\mathbf{0}$，$(-1)\boldsymbol{\alpha}=-\boldsymbol{\alpha}$，$k\mathbf{0}=\mathbf{0}$；

4° $k\boldsymbol{\alpha}=\mathbf{0}\Rightarrow k=0$ 或 $\boldsymbol{\alpha}=\mathbf{0}$；

5° 消去律成立：若 $\boldsymbol{\alpha}+\boldsymbol{\beta}=\boldsymbol{\alpha}+\boldsymbol{\gamma}$，则 $\boldsymbol{\beta}=\boldsymbol{\gamma}$。

【证明】 1° 设 $\mathbf{0}_1$、$\mathbf{0}_2$ 都是 V 中的零元素，即对任何 $\boldsymbol{\alpha}\in V$，有 $\mathbf{0}_1+\boldsymbol{\alpha}=\boldsymbol{\alpha}$，$\mathbf{0}_2+\boldsymbol{\alpha}=\boldsymbol{\alpha}$。于是有

$$\mathbf{0}_1+\mathbf{0}_2=\mathbf{0}_2,\quad \mathbf{0}_2+\mathbf{0}_1=\mathbf{0}_1$$

故

$$\mathbf{0}_2=\mathbf{0}_1+\mathbf{0}_2=\mathbf{0}_2+\mathbf{0}_1=\mathbf{0}_1$$

2° 设 $\boldsymbol{\alpha}$ 有两个负元素 $\boldsymbol{\beta}$、$\boldsymbol{\gamma}$，即 $\boldsymbol{\alpha}+\boldsymbol{\beta}=\mathbf{0}$，$\boldsymbol{\alpha}+\boldsymbol{\gamma}=\mathbf{0}$。于是

$$\boldsymbol{\beta}=\boldsymbol{\beta}+\mathbf{0}=\boldsymbol{\beta}+(\boldsymbol{\alpha}+\boldsymbol{\gamma})=(\boldsymbol{\alpha}+\boldsymbol{\beta})+\boldsymbol{\gamma}=\mathbf{0}+\boldsymbol{\gamma}=\boldsymbol{\gamma}$$

3° 我们只证 $0\boldsymbol{\alpha}=\mathbf{0}$（注意等号两边的“0”代表不同对象）。

$$\boldsymbol{\alpha}+0\boldsymbol{\alpha}=1\cdot\boldsymbol{\alpha}+0\boldsymbol{\alpha}=(1+0)\boldsymbol{\alpha}=1\cdot\boldsymbol{\alpha}=\boldsymbol{\alpha}$$

两边加上 $\boldsymbol{\alpha}$ 的负元素，即得 $0\boldsymbol{\alpha}=\mathbf{0}$。

余下性质，请读者自己证明。

【例 4.5】 所有 $m\times n$ 实矩阵的全体构成的集合 $\mathbf{R}^{m\times n}$，关于矩阵的加法与数乘是实线性空间。

【例 4.6】 次数不大于 n 的实多项式的全体和零多项式构成的集合（n 为固定正整数）

$$\mathbf{F}[x]_{n+1}=\{f(x)=a_nx^n+a_{n-1}x^{n-1}+\cdots+a_1x+a_0\mid a_n,a_{n-1},\cdots,a_0\in\mathbf{R}\}$$

关于通常多项式的加法及数与多项式的乘法构成实线性空间。

【例 4.7】 n 次实多项式的全体（n 为因定正整数）

$$\mathbf{P}_n[x]=\{f(x)=a_nx^n+a_{n-1}x^{n-1}+\cdots+a_1x+a_0\mid a_n\neq 0,a_n,a_{n-1},\cdots,a_0\in\mathbf{R}\}$$

关于多项式加法及数与多项式相乘不构成线性空间。事实上，x^n，$-x^n+1\in\mathbf{P}_n[x]$，但 $x^n+(-x^n+1)=1\overline{\in}\mathbf{P}_n[x]$，$\mathbf{P}_n[x]$ 关于加法不封闭。

【例 4.8】 以 $C[a,b]$ 表示所有在闭区间 $[a,b]$ 上连续的函数的集合。对于函数的加法、函数与数的乘法，$C[a,b]$ 构成实线性空间。

【定义 4.6】 设 V 是数域 $\mathbf{F}$ 上的线性空间，L 是 V 的一个非空子集，如果 L 对于 V 上所定义的加法和数乘也构成 $\mathbf{F}$ 上的线性空间，则称 L 是 V 的一个**子空间**。

分析线性空间与子空间的定义，若 L 是数域 $\mathbf{F}$ 上线性空间 V 的非空子集，V 中运算对于 L 而言，规律(1)、(2)、(5)、(6)、(7)、(8) 显然满足。因此，只要 L 中任意两元素 $\boldsymbol{\alpha}$ 与 $\boldsymbol{\beta}$，其和 $\boldsymbol{\alpha}+\boldsymbol{\beta}$ 在 L 中，即对加法封闭；同时对任意 $k\in\mathbf{F}$，$k\boldsymbol{\alpha}\in L$，即对数乘封闭；且规律(3) 和(4) 满足，$L$ 就成为 V 的子空间。但只要 L 对线性运算封闭，(3) 和(4) 自然满足(事实上，取 $k=0$，$\mathbf{0}=0\boldsymbol{\alpha}\in V$，取 $k=-1$，$-\boldsymbol{\alpha}=(-1)\boldsymbol{\alpha}\in V$)。因此，我们有：

【定理 4.3】 $\mathbf{F}$ 上线性空间 V 的非空子集 L 构成 V 的子空间的充要条件是：L 对于 V 中的线性运算封闭，即：

(1) 对任意 $\boldsymbol{\alpha},\boldsymbol{\beta}\in L$，有 $\boldsymbol{\alpha}+\boldsymbol{\beta}\in L$；

(2) 对任意 $\boldsymbol{\alpha}\in L, k\in\mathbf{F}$，有 $k\boldsymbol{\alpha}\in L$。

【例 4.9】 线性空间 V 中的零向量 $\mathbf{0}$ 构成的集合 $\{\mathbf{0}\}$ 是 V 的子空间，V 也是 V 的子空间。这两个子空间叫做平凡子空间。

【例 4.10】 设 V 是数域 $\mathbf{F}$ 上的线性空间，$\boldsymbol{\alpha},\boldsymbol{\beta}\in V$，集合

$$L=\{\boldsymbol{\gamma}\mid\boldsymbol{\gamma}=k\boldsymbol{\alpha}+l\boldsymbol{\beta},k,l\in\mathbf{F}\}$$

是 V 的一个子空间。这是由于：若 $\boldsymbol{\gamma}_1=k_1\boldsymbol{\alpha}+l_1\boldsymbol{\beta}$，$\boldsymbol{\gamma}_2=k_2\boldsymbol{\alpha}+l_2\boldsymbol{\beta}$，$k_1,l_1,k_2,l_2\in\mathbf{F}$，则有

$$\boldsymbol{\gamma}_1+\boldsymbol{\gamma}_2=(k_1+k_2)\boldsymbol{\alpha}+(l_1+l_2)\boldsymbol{\beta}\in L$$

$$k\boldsymbol{\gamma}_1=kk_1\boldsymbol{\alpha}+kl_1\boldsymbol{\beta}\in L, k\in\mathbf{F}$$

称这个线性空间为**由向量 $\boldsymbol{\alpha}$、$\boldsymbol{\beta}$ 所生成的 V 的子空间**。

一般地，由 V 中向量组 $\boldsymbol{\alpha}_1,\boldsymbol{\alpha}_2,\cdots,\boldsymbol{\alpha}_m$ 所生成的线性子空间为

$$L=\{\boldsymbol{\gamma}\mid\boldsymbol{\gamma}=k_1\boldsymbol{\alpha}_1+k_2\boldsymbol{\alpha}_2+\cdots+k_m\boldsymbol{\alpha}_m,k_1,k_2,\cdots,k_m\in\mathbf{F}\}$$

向量组的线性相关与线性无关

A. 线性相关

在中学里同学们已经知道：两个向量 $\boldsymbol{\alpha}$、$\boldsymbol{\beta}$ 共线当且仅当存在不全为 0 的实数 k、l，使得 $k\boldsymbol{\alpha}+l\boldsymbol{\beta}=\mathbf{0}$；例 4.2 又给出三个向量 $\boldsymbol{\alpha}$、$\boldsymbol{\beta}$、$\boldsymbol{\gamma}$ 共面的充要条件。

共线、共面在线性代数中叫线性相关；不共线、不共面则叫线性无关。确切的数学语言如下：

【定义 4.7】 对于数域 $\mathbf{F}$ 上线性空间 V 中的向量组 $\boldsymbol{\alpha}_1,\boldsymbol{\alpha}_2,\cdots,\boldsymbol{\alpha}_m$，如果存在 $\mathbf{F}$ 中一组不全为零的数 $k_1,k_2,\cdots,k_m$，使得

$$k_1\boldsymbol{\alpha}_1+k_2\boldsymbol{\alpha}_2+\cdots+k_m\boldsymbol{\alpha}_m=\mathbf{0}$$

则称向量组 $\boldsymbol{\alpha}_1,\boldsymbol{\alpha}_2,\cdots,\boldsymbol{\alpha}_m$ **线性相关。否则，称这个向量组线性无关**。例如，向量组 $\boldsymbol{\alpha}_1=(1,1,-1)$、$\boldsymbol{\alpha}_2=(2,-3,2)$、$\boldsymbol{\alpha}_3(3,-2,1)$ 线性相关。事实上有：$1\boldsymbol{\alpha}_1+1\boldsymbol{\alpha}_2+(-1)\boldsymbol{\alpha}_3=0$。所谓 $\boldsymbol{\alpha}_1,\boldsymbol{\alpha}_2,\cdots,\boldsymbol{\alpha}_m$ 线性无关，是指：若有

$$k_1\boldsymbol{\alpha}_1+k_2\boldsymbol{\alpha}_2+\cdots+k_m\boldsymbol{\alpha}_m=\mathbf{0}$$

则必有 $k_1=k_2=\cdots=k_m=0$。

定义 4.7 中的向量组如果是无限的，我们将其记为 S，则若 S 中有一个有限子集线性相关，则称 S 线性相关；若 S 中任何有限子集都线性无关，则称 S 线性无关。

【例 4.11】 讨论 n 维向量组

$$\boldsymbol{e}_1=(1,0,\cdots,0),\boldsymbol{e}_2=(0,1,0,\cdots,0),\cdots,\boldsymbol{e}_n=(0,0,\cdots,0,1)$$

的线性相关性。

【解】 设有一组数 $k_1,k_2,\cdots,k_n$,使

$$k_1\boldsymbol{e}_1+k_2\boldsymbol{e}_2+\cdots+k_n\boldsymbol{e}_n=\boldsymbol{0}$$

则

$$(k_1,k_2,\cdots,k_n)=\boldsymbol{0}=(0,0,\cdots,0)$$

于是 $k_1=k_2=\cdots=k_n=0$,从而 $\boldsymbol{e}_1,\boldsymbol{e}_2,\cdots,\boldsymbol{e}_n$ 线性无关。

【例 4.12】 设 $\boldsymbol{\alpha}_1$、$\boldsymbol{\alpha}_2$、$\boldsymbol{\alpha}_3$ 线性无关,$\boldsymbol{\beta}_1=\boldsymbol{\alpha}_1+\boldsymbol{\alpha}_2$,$\boldsymbol{\beta}_2=\boldsymbol{\alpha}_2+\boldsymbol{\alpha}_3$,$\boldsymbol{\beta}_3=\boldsymbol{\alpha}_3+\boldsymbol{\alpha}_1$,试证 $\boldsymbol{\beta}_1$、$\boldsymbol{\beta}_2$、$\boldsymbol{\beta}_3$ 也线性无关。

【证明】 设有 $k_1,k_2,k_3\in\mathbf{F}$,使

$$k_1\boldsymbol{\beta}_1+k_2\boldsymbol{\beta}_2+k_3\boldsymbol{\beta}_3=\boldsymbol{0}$$

$$(k_1+k_3)\boldsymbol{\alpha}_1+(k_1+k_2)\boldsymbol{\alpha}_2+(k_2+k_3)\boldsymbol{\alpha}_3=\boldsymbol{0}$$

由 $\boldsymbol{\alpha}_1$、$\boldsymbol{\alpha}_2$、$\boldsymbol{\alpha}_3$ 线性无关知

$$\begin{cases}k_1+k_3=0\\k_1+k_2=0\\k_2+k_3=0\end{cases}$$

解得 $k_1=k_2=k_3=0$,所以 $\boldsymbol{\beta}_1$、$\boldsymbol{\beta}_2$、$\boldsymbol{\beta}_3$ 线性无关。

【定义 4.8】 对于向量组 $\boldsymbol{\alpha}_1,\boldsymbol{\alpha}_2,\cdots,\boldsymbol{\alpha}_m$ 与向量 $\boldsymbol{\beta}$,如果有一组数 $k_1,k_2,\cdots,k_m$,使

$$\boldsymbol{\beta}=k_1\boldsymbol{\alpha}_1+k_2\boldsymbol{\alpha}_2+\cdots+k_m\boldsymbol{\alpha}_m$$

则说向量 $\boldsymbol{\beta}$ 是 $\boldsymbol{\alpha}_1,\boldsymbol{\alpha}_2,\cdots,\boldsymbol{\alpha}_m$ 的**线性组合**,或说 $\boldsymbol{\beta}$ 可由 $\boldsymbol{\alpha}_1,\boldsymbol{\alpha}_2,\cdots,\boldsymbol{\alpha}_m$ **线性表示**。

下面给出向量组线性相关或无关的一些性质,这些性质也可用于判定一组向量的线性相关性(我们约定所涉及的向量组都是在数域 $\mathbf{F}$ 上的线性空间 V 中)。

【性质 4.1】

(1) 只含有一个向量 $\boldsymbol{\alpha}$ 的向量组线性相关的充要条件是 $\boldsymbol{\alpha}=0$。

(2) 向量组 $\boldsymbol{\alpha}_1,\boldsymbol{\alpha}_2,\cdots,\boldsymbol{\alpha}_m(m\geqslant 2)$ 线性相关的充要条件是:$\boldsymbol{\alpha}_1,\boldsymbol{\alpha}_2,\cdots,\boldsymbol{\alpha}_m$ 中至少有一个向量可由其余 $m-1$ 个向量线性表示。

【证明】 **充分性** 不妨设 $\boldsymbol{\alpha}_m$ 可由 $\boldsymbol{\alpha}_1,\cdots,\boldsymbol{\alpha}_{m-1}$ 线性表示,即存在一组数 $k_1,k_2,\cdots,k_{m-1}$,使

$$\boldsymbol{\alpha}_m=k_1\boldsymbol{\alpha}_1+\cdots+k_{m-1}\boldsymbol{\alpha}_{m-1}$$

故

$$k_1\boldsymbol{\alpha}_1+\cdots+k_{m-1}\boldsymbol{\alpha}_{m-1}+(-1)\boldsymbol{\alpha}_m=0$$

因 $k_1,\cdots,k_{m-1},-1$ 中至少 -1 不为零,所以 $\boldsymbol{\alpha}_1,\boldsymbol{\alpha}_2,\cdots,\boldsymbol{\alpha}_m$ 线性相关。

必要性 设 $\boldsymbol{\alpha}_1,\boldsymbol{\alpha}_2,\cdots,\boldsymbol{\alpha}_m$ 线性相关,即有一组不全为零的数 $k_1,k_2,\cdots,k_m$,使

$$k_1\boldsymbol{\alpha}_1+k_2\boldsymbol{\alpha}_2+\cdots+k_m\boldsymbol{\alpha}_m=\boldsymbol{0}$$

不妨设 $k_1\neq 0$,则有

$$\boldsymbol{\alpha}_1=\left(\frac{-k_2}{k_1}\right)\boldsymbol{\alpha}_2+\cdots+\left(\frac{-k_m}{k_1}\right)\boldsymbol{\alpha}_m$$

即 $\boldsymbol{\alpha}_1$ 可由其余 $m-1$ 个向量线性表示。

(3) 若向量组 $\boldsymbol{\alpha}_1,\boldsymbol{\alpha}_2,\cdots,\boldsymbol{\alpha}_m$ 线性相关,则向量组 $\boldsymbol{\alpha}_1,\boldsymbol{\alpha}_2,\cdots,\boldsymbol{\alpha}_m,\boldsymbol{\alpha}_{m+1},\cdots,\boldsymbol{\alpha}_{m+s}$ 线性相关。

【证明】 因 $\boldsymbol{\alpha}_1,\boldsymbol{\alpha}_2,\cdots,\boldsymbol{\alpha}_m$ 线性相关,所以存在不全为零的数 $k_1,k_2,\cdots,k_m$,使

$$k_1\boldsymbol{\alpha}_1+k_2\boldsymbol{\alpha}_2+\cdots+k_m\boldsymbol{\alpha}_m=\boldsymbol{0}$$

从而 $$k_1\boldsymbol{\alpha}_1+k_2\boldsymbol{\alpha}_2+\cdots+k_m\boldsymbol{\alpha}_m+0\boldsymbol{\alpha}_{m+1}+\cdots+0\boldsymbol{\alpha}_{m+s}=\mathbf{0}$$
因 $k_1,k_2,\cdots,k_m,0,\cdots,0$ 这 $m+s$ 个数不全为零，故 $\boldsymbol{\alpha}_1,\boldsymbol{\alpha}_2,\cdots,\boldsymbol{\alpha}_m,\boldsymbol{\alpha}_{m+1},\cdots,\boldsymbol{\alpha}_{m+s}$ 线性相关。

(4) 若向量组 $\boldsymbol{\alpha}_1,\boldsymbol{\alpha}_2,\cdots,\boldsymbol{\alpha}_m$ 线性无关，则它的任何部分组 $\boldsymbol{\alpha}_{i_1},\boldsymbol{\alpha}_{i_2},\cdots,\boldsymbol{\alpha}_{i_k}(k\leqslant m)$ 线性无关。

请读者自行证明。

(5) 设向量组 $\boldsymbol{\alpha}_1,\boldsymbol{\alpha}_2,\cdots,\boldsymbol{\alpha}_m$ 线性无关，而向量组 $\boldsymbol{\alpha}_1,\boldsymbol{\alpha}_2,\cdots,\boldsymbol{\alpha}_m,\boldsymbol{\alpha}$ 线性相关，则 $\boldsymbol{\alpha}$ 可由 $\boldsymbol{\alpha}_1,\boldsymbol{\alpha}_2,\cdots,\boldsymbol{\alpha}_m$ 线性表示，且表示方法惟一。

【证明】 因 $\boldsymbol{\alpha}_1,\boldsymbol{\alpha}_2,\cdots,\boldsymbol{\alpha}_m,\boldsymbol{\alpha}$ 线性相关，故存在不全为零的数 $k_1,k_2,\cdots,k_m,k$，使
$$k_1\boldsymbol{\alpha}_1+k_2\boldsymbol{\alpha}_2+\cdots+k_m\boldsymbol{\alpha}_m+k\boldsymbol{\alpha}=0$$
如果 $k=0$，则有不全为零的数 $k_1,k_2,\cdots,k_m$，使
$$k_1\boldsymbol{\alpha}_1+k_2\boldsymbol{\alpha}_2+\cdots+k_m\boldsymbol{\alpha}_m=\mathbf{0}$$
这与 $\boldsymbol{\alpha}_1,\boldsymbol{\alpha}_2,\cdots,\boldsymbol{\alpha}_m$ 线性无关矛盾，故 $k\neq 0$，有
$$\boldsymbol{\alpha}=-\left(\frac{k_1}{k}\right)\boldsymbol{\alpha}_1-\left(\frac{k_2}{k}\right)\boldsymbol{\alpha}_2-\cdots-\left(\frac{k_m}{k}\right)\boldsymbol{\alpha}_m$$

再证表示方法惟一，如有两种表示法
$$\boldsymbol{\alpha}=k_1\boldsymbol{\alpha}_1+k_2\boldsymbol{\alpha}_2+\cdots+k_m\boldsymbol{\alpha}_m$$
$$\boldsymbol{\alpha}=k_1'\boldsymbol{\alpha}_1+k_2'\boldsymbol{\alpha}_2+\cdots+k_m'\boldsymbol{\alpha}_m$$
联立得
$$(k_1-k_1')\boldsymbol{\alpha}_1+(k_2-k_2')\boldsymbol{\alpha}_2+\cdots+(k_m-k_m')\boldsymbol{\alpha}_m=\mathbf{0}$$
因 $\boldsymbol{\alpha}_1,\boldsymbol{\alpha}_2,\cdots,\boldsymbol{\alpha}_m$ 线性无关，所以 $k_i=k_i'(i=1,2,\cdots,m)$。 **证毕**

n 维向量 $\boldsymbol{\alpha}=(a_1,a_2,\cdots,a_n)$ 可以看成 $1\times n$ 的矩阵（行矩阵），n 维向量 $\boldsymbol{\alpha}$ 也可写成列矩阵
$$\boldsymbol{\alpha}=\begin{bmatrix}a_1\\a_2\\\vdots\\a_n\end{bmatrix}$$
称前者为 n **维行向量**，后者为 n **维列向量**。显然列向量可由相应的行向量转置得到。

向量组
$$\boldsymbol{\alpha}_1=\begin{bmatrix}a_{11}\\a_{21}\\\vdots\\a_{n1}\end{bmatrix},\boldsymbol{\alpha}_2=\begin{bmatrix}a_{12}\\a_{22}\\\vdots\\a_{n2}\end{bmatrix},\cdots,\boldsymbol{\alpha}_m=\begin{bmatrix}a_{1m}\\a_{2m}\\\vdots\\a_{nm}\end{bmatrix}$$
可以构成矩阵
$$\mathbf{A}=\begin{bmatrix}a_{11}&a_{12}&\cdots&a_{1m}\\a_{21}&a_{22}&\cdots&a_{2m}\\\vdots&\vdots&&\vdots\\a_{n1}&a_{n2}&\cdots&a_{nm}\end{bmatrix}=(\boldsymbol{\alpha}_1,\boldsymbol{\alpha}_2,\cdots,\boldsymbol{\alpha}_m)$$
所以由有限个 n 维向量组成的向量组总可看成由一个矩阵的全体列向量所构成。

按向 量组线性相关的定义，可知矩阵 $\mathbf{A}$ 的列向量组线性相关的充要条件是存在不全为零的数 $k_1,k_2,\cdots,k_m$，使得
$$k_1\boldsymbol{\alpha}_1+k_2\boldsymbol{\alpha}_2+\cdots+k_m\boldsymbol{\alpha}_m=\mathbf{0}$$
也就是

$$(\boldsymbol{\alpha}_1,\boldsymbol{\alpha}_2,\cdots,\boldsymbol{\alpha}_m)\begin{bmatrix}k_1\\k_2\\\vdots\\k_m\end{bmatrix}=\mathbf{0}$$

即 $\boldsymbol{A\beta}=\mathbf{0}$，其中 $\boldsymbol{\beta}=(k_1,k_2,\cdots,k_m)^{\mathrm{T}}$。

【例 4.13】 设有 $n\times m$ 矩阵

$$\boldsymbol{A}=\begin{bmatrix}a_{11} & a_{12} & \cdots & a_{1m}\\a_{21} & a_{22} & \cdots & a_{2m}\\\vdots & \vdots & & \vdots\\a_{n1} & a_{n2} & \cdots & a_{nm}\end{bmatrix}$$

则 $\boldsymbol{A}$ 的列向量组

$$\boldsymbol{\alpha}_1=\begin{bmatrix}a_{11}\\a_{21}\\\vdots\\a_{n1}\end{bmatrix},\boldsymbol{\alpha}_2=\begin{bmatrix}a_{12}\\a_{22}\\\vdots\\a_{n2}\end{bmatrix},\cdots,\boldsymbol{\alpha}_m=\begin{bmatrix}a_{1m}\\a_{2m}\\\vdots\\a_{nm}\end{bmatrix}$$

线性无关的充要条件是 $R(\boldsymbol{A})=m$，即 $\boldsymbol{A}$ 为列满秩阵。

【证明】 **必要性** 若 $R(\boldsymbol{A})\neq m$，设 $R(\boldsymbol{A})=r<m$。于是，存在可逆阵 $\boldsymbol{P}$、$\boldsymbol{Q}$，使

$$\boldsymbol{PAQ}=\begin{bmatrix}\boldsymbol{I}_r & \mathbf{0}_{r\times(m-r)}\\\mathbf{0}_{(n-r)\times r} & \mathbf{0}_{(n-r)\times(m-r)}\end{bmatrix}$$

故

$$\boldsymbol{PAQ}\begin{bmatrix}0\\\vdots\\0\\1\end{bmatrix}=\begin{bmatrix}\boldsymbol{I}_r & \mathbf{0}_{r\times(m-r)}\\\mathbf{0}_{(n-r)\times r} & \mathbf{0}_{(n-r)\times(m-r)}\end{bmatrix}\begin{bmatrix}0\\\vdots\\0\\1\end{bmatrix}=\begin{bmatrix}0\\0\\\vdots\\0\end{bmatrix}$$

$$\boldsymbol{AQ}\begin{bmatrix}0\\\vdots\\0\\1\end{bmatrix}=\boldsymbol{P}^{-1}\begin{bmatrix}0\\0\\\vdots\\0\end{bmatrix}=\begin{bmatrix}0\\0\\\vdots\\0\end{bmatrix}$$

令 $\boldsymbol{Q}\begin{bmatrix}0\\\vdots\\0\\1\end{bmatrix}=\begin{bmatrix}k_1\\k_2\\\vdots\\k_m\end{bmatrix}$，由 $\boldsymbol{Q}$ 可逆知 $k_1,k_2,\cdots,k_m$ 不全为零。

又

$$\boldsymbol{AQ}\begin{bmatrix}0\\\vdots\\0\\1\end{bmatrix}=\boldsymbol{A}\begin{bmatrix}k_1\\k_2\\\vdots\\k_m\end{bmatrix}=(\alpha_1\ \alpha_2\ \cdots\ \alpha_m)\begin{bmatrix}k_1\\k_2\\\vdots\\k_m\end{bmatrix}=k_1\boldsymbol{\alpha}_1+k_2\boldsymbol{\alpha}_2+\cdots+k_m\boldsymbol{\alpha}_m=\mathbf{0}$$

这与 $\boldsymbol{\alpha}_1,\boldsymbol{\alpha}_2,\cdots,\boldsymbol{\alpha}_m$ 线性无关矛盾。

充分性 若 $\boldsymbol{\alpha}_1,\boldsymbol{\alpha}_2,\cdots,\boldsymbol{\alpha}_m$ 线性相关，当 $m=1$ 时，$\boldsymbol{\alpha}_1=\mathbf{0}$，则 $R(\boldsymbol{A})=0$，与 $R(\boldsymbol{A})=1$ 矛盾；

当 $m>1$ 时,因 $\boldsymbol{\alpha}_1,\boldsymbol{\alpha}_2,\cdots,\boldsymbol{\alpha}_m$ 线性相关,其中至少有一向量,设 $\boldsymbol{\alpha}_m$ 可由其余 $m-1$ 个向量线性表示,即

$$\boldsymbol{\alpha}_m=k_1\boldsymbol{\alpha}_1+k_2\boldsymbol{\alpha}_2+\cdots+k_{m-1}\boldsymbol{\alpha}_{m-1}$$

对 $\boldsymbol{A}$ 进行初等列变换

$$\boldsymbol{A}=(\boldsymbol{\alpha}_1,\boldsymbol{\alpha}_2,\cdots,\boldsymbol{\alpha}_m)\xrightarrow{(-k_1)c_1+(-k_2)c_2+\cdots+(-k_{m-1})c_{m-1}+c_m}(\boldsymbol{\alpha}_1,\cdots,\boldsymbol{\alpha}_{m-1},\boldsymbol{0})=\boldsymbol{B}$$

那么 $R(\boldsymbol{A})=R(\boldsymbol{B})\leqslant m-1$,与 $R(\boldsymbol{A})=m$ 矛盾,故 $\boldsymbol{\alpha}_1,\boldsymbol{\alpha}_2,\cdots,\boldsymbol{\alpha}_m$ 线性无关。

例 4.13 将 n 维向量组的线性相关性与由向量组构成的矩阵的秩联系起来,为判定向量组的线性相关性提供了一种方法。

【例 4.14】 设 $\boldsymbol{\alpha}_1,\boldsymbol{\alpha}_2,\cdots,\boldsymbol{\alpha}_m$ 是 m 个 n 维向量,如果 $m>n$,那么,向量组 $\boldsymbol{\alpha}_1,\boldsymbol{\alpha}_2,\cdots,\boldsymbol{\alpha}_m$ 必定线性相关。

【证明】 设 $\boldsymbol{A}=(\boldsymbol{\alpha}_1,\boldsymbol{\alpha}_2,\cdots,\boldsymbol{\alpha}_m)$ 是以 $\boldsymbol{\alpha}_1,\boldsymbol{\alpha}_2,\cdots,\boldsymbol{\alpha}_m$ 为列的矩阵,因 $\boldsymbol{\alpha}_1,\boldsymbol{\alpha}_2,\cdots,\boldsymbol{\alpha}_m$ 是 n 维向量,所以 $\boldsymbol{A}$ 是 $n\times m$ 矩阵,于是 $R(\boldsymbol{A})\leqslant n<m$,由例 4.13 知 $\boldsymbol{\alpha}_1,\boldsymbol{\alpha}_2,\cdots,\boldsymbol{\alpha}_m$ 线性相关。

B. 向量组的秩

设

(a) $\boldsymbol{\alpha}_1,\boldsymbol{\alpha}_2,\cdots,\boldsymbol{\alpha}_r$;　　　(b) $\boldsymbol{\beta}_1,\boldsymbol{\beta}_2,\cdots,\boldsymbol{\beta}_s$

是两个向量组,如果组(a) 中每个向量可被组(b) 中向量线性表示,则称组(a) 可由组(b) 线性表示。若组(a) 可由组(b) 线性表示,组(b) 也可由组(a) 线性表示,则称组(a) 与组(b) **等价**,记为(a) → (b)。

等价具有三个性质:

(1) 反身性:$a\to a$;(2) 对称性:$a\to b$,则 $b\to a$;(3) 传递性:$a\to b,b\to c$,则 $a\to c$。

【定义 4.9】 设 $\boldsymbol{S}$ 是线性空间 V 中的向量组,$\boldsymbol{S}_1$ 是 $\boldsymbol{S}$ 的一个部分组。若

(1) $\boldsymbol{S}_1$ 线性无关;

(2) 任取 $\boldsymbol{\alpha}\in\boldsymbol{S}$,$\boldsymbol{\alpha}$ 总可被 $\boldsymbol{S}_1$ 线性表示,则称 $\boldsymbol{S}_1$ 是 $\boldsymbol{S}$ 的一个**极大线性无关向量组**(简称**极大无关组**)。

易见,若向量组 $\boldsymbol{S}$ 线性无关,$\boldsymbol{S}$ 就是自身的极大无关组。

【例 4.15】 设有向量组

$$\boldsymbol{\alpha}_1=(1,3,4,5),\boldsymbol{\alpha}_2=(0,1,3,1),\boldsymbol{\alpha}_3=(1,2,1,4)$$

易证 $\boldsymbol{\alpha}_1$、$\boldsymbol{\alpha}_2$ 是向量组 $\boldsymbol{\alpha}_1,\boldsymbol{\alpha}_2,\boldsymbol{\alpha}_3$ 的一个极大无关组,同时 $\boldsymbol{\alpha}_1$、$\boldsymbol{\alpha}_3$ 和 $\boldsymbol{\alpha}_2$、$\boldsymbol{\alpha}_3$ 也是向量组 $\boldsymbol{\alpha}_1,\boldsymbol{\alpha}_2,\boldsymbol{\alpha}_3$ 的极大无关组。

可见,向量组的极大无关组一般不惟一。

【定理 4.4】 设有两个向量组:

(a) $\boldsymbol{\alpha}_1,\boldsymbol{\alpha}_2,\cdots,\boldsymbol{\alpha}_r$;　　　(b) $\boldsymbol{\beta}_1,\boldsymbol{\beta}_2,\cdots,\boldsymbol{\beta}_s$

如果组(a) 线性无关,且组(a) 可由组(b) 线性表示,则 $r\leqslant s$。

【证明】 组(a) 可由组(b) 线性表示,故有 $k_{ij},i=1,2,\cdots,s;j=1,2,\cdots,r$ 使

$$\begin{cases}\boldsymbol{\alpha}_1=k_{11}\boldsymbol{\beta}_1+k_{21}\boldsymbol{\beta}_2+\cdots+k_{s1}\boldsymbol{\beta}_s\\ \vdots\\ \boldsymbol{\alpha}_r=k_{1r}\boldsymbol{\beta}_1+k_{2r}\boldsymbol{\beta}_2+\cdots+k_{sr}\boldsymbol{\beta}_s\end{cases}$$

将 $\boldsymbol{\alpha}_i(i=1,2,\cdots,r)$ 的表示式写成矩阵形式

$$\boldsymbol{\alpha}_1=(\boldsymbol{\beta}_1,\boldsymbol{\beta}_2,\cdots,\boldsymbol{\beta}_s)\begin{bmatrix}k_{11}\\k_{21}\\\vdots\\k_{s1}\end{bmatrix}$$

$$\vdots$$

$$\boldsymbol{\alpha}_r=(\boldsymbol{\beta}_1,\boldsymbol{\beta}_2,\cdots,\boldsymbol{\beta}_s)\begin{bmatrix}k_{1r}\\k_{2r}\\\vdots\\k_{sr}\end{bmatrix}$$

于是

$$(\boldsymbol{\alpha}_1,\boldsymbol{\alpha}_2,\cdots,\boldsymbol{\alpha}_r)=(\boldsymbol{\beta}_1,\boldsymbol{\beta}_2,\cdots,\boldsymbol{\beta}_s)\begin{bmatrix}k_{11}&k_{12}&\cdots&k_{1r}\\k_{21}&k_{22}&\cdots&k_{2r}\\\vdots&\vdots&&\vdots\\k_{s1}&k_{s2}&\cdots&k_{sr}\end{bmatrix}$$

若 $r>s$，由例 4.14 知 $(k_{ij})_{s\times r}$ 的列向量组线性相关，于是存在不全为零的数 $l_1,l_2,\cdots,l_r$，使

$$\begin{bmatrix}k_{11}&k_{12}&\cdots&k_{1r}\\k_{21}&k_{22}&\cdots&k_{2r}\\\vdots&\vdots&&\vdots\\k_{s1}&k_{s2}&\cdots&k_{sr}\end{bmatrix}\begin{bmatrix}l_1\\l_2\\\vdots\\l_r\end{bmatrix}=\begin{bmatrix}0\\0\\\vdots\\0\end{bmatrix}$$

故

$$(\boldsymbol{\alpha}_1,\boldsymbol{\alpha}_2,\cdots,\boldsymbol{\alpha}_r)\begin{bmatrix}l_1\\l_2\\\vdots\\l_r\end{bmatrix}=(\boldsymbol{\beta}_1,\boldsymbol{\beta}_2,\cdots,\boldsymbol{\beta}_s)\begin{bmatrix}k_{11}&k_{12}&\cdots&k_{1r}\\k_{21}&k_{22}&\cdots&k_{2r}\\\vdots&\vdots&&\vdots\\k_{s1}&k_{s2}&\cdots&k_{sr}\end{bmatrix}\begin{bmatrix}l_1\\l_2\\\vdots\\l_r\end{bmatrix}=\begin{bmatrix}0\\0\\\vdots\\0\end{bmatrix}$$

这与 $\boldsymbol{\alpha}_1,\boldsymbol{\alpha}_2,\cdots,\boldsymbol{\alpha}_r$ 线性无关矛盾。 **证毕**

【推论 1】 定理 4.4 中的向量组(a) 和(b) 都线性无关且等价，则 $r=s$。

【推论 2】 同一向量组的任意两个极大无关组等价，且含相同个数的向量。

【定义 4.10】 向量组的极大无关组所含向量的个数称为这个**向量组的秩**。

由向量组的秩的定义可知，向量组 $\boldsymbol{\alpha}_1,\boldsymbol{\alpha}_2,\cdots,\boldsymbol{\alpha}_m$ 线性无关的充要条件是这个向量组的秩等于它所含向量的个数 m。

【推论 3】 等价的向量组有相同的秩。

【证明】 设向量组 $\boldsymbol{A}$ 与向量组 $\boldsymbol{B}$ 等价，$\boldsymbol{A}_1$ 为 $\boldsymbol{A}$ 的一个极大无关组，$\boldsymbol{B}_1$ 为 $\boldsymbol{B}$ 的一个极大无关组。由 $\boldsymbol{A}_1\to\boldsymbol{A}$、$\boldsymbol{B}_1\to\boldsymbol{B}$、$\boldsymbol{A}\to\boldsymbol{B}$ 知 $\boldsymbol{A}_1\to\boldsymbol{B}_1$。由推论 1 知 $\boldsymbol{A}_1$ 与 $\boldsymbol{B}_1$ 所含向量的个数相同，即组 $\boldsymbol{A}$ 的秩与组 $\boldsymbol{B}$ 的秩相等。

现在我们来研究 $n\times m$ 矩阵的秩与它的列向量组的秩之间的关系。

【定理 4.5】 设 $\boldsymbol{A}$ 是 $n\times m$ 矩阵，则 $\boldsymbol{A}$ 的列向量组 $\boldsymbol{\alpha}_1,\boldsymbol{\alpha}_2,\cdots,\boldsymbol{\alpha}_m$ 的秩等于矩阵 $\boldsymbol{A}$ 的秩。

【证明】 设 $R(\boldsymbol{A})=r$，则 $\boldsymbol{A}$(至少) 含一个 r 阶子式 $D\neq 0$。若 D 位于 $\boldsymbol{A}$ 中的第 $i_1,i_2,\cdots,i_r$ 列上，$i_1<i_2<\cdots<i_r$，则由 $\boldsymbol{A}$ 的这 r 个列向量 $\boldsymbol{\alpha}_{i_1},\boldsymbol{\alpha}_{i_2},\cdots,\boldsymbol{\alpha}_{i_r}$ 构成的矩阵 $\boldsymbol{A}_1=(\boldsymbol{\alpha}_{i_1},\boldsymbol{\alpha}_{i_2},\cdots,\boldsymbol{\alpha}_{i_r})$ 是列满秩阵。根据例 4.13，$\boldsymbol{\alpha}_{i_1},\boldsymbol{\alpha}_{i_2},\cdots,\boldsymbol{\alpha}_{i_r}$ 线性无关。设 $\boldsymbol{\alpha}_j$ 是 $\boldsymbol{A}$ 的任意一个列向量，若 j

为某 i_k，因 $\boldsymbol{\alpha}_j$ 为 $\boldsymbol{\alpha}_{i_1},\boldsymbol{\alpha}_{i_2},\cdots,\boldsymbol{\alpha}_{i_r}$ 中的一个，必可由这组向量线性表示，从而 $\boldsymbol{\alpha}_j,\boldsymbol{\alpha}_{i_1},\boldsymbol{\alpha}_{i_2},\cdots,\boldsymbol{\alpha}_{i_r}$ 线性相关。否则，不妨设 $i_1<\cdots<i_k<j<i_{k+1}<\cdots<i_r$，于是矩阵

$$\boldsymbol{A}_2=(\boldsymbol{\alpha}_{i_1},\cdots,\boldsymbol{\alpha}_{i_k},\boldsymbol{\alpha}_j,\boldsymbol{\alpha}_{i_{k+1}},\cdots,\boldsymbol{\alpha}_{i_r})$$

是 $\boldsymbol{A}$ 的子矩阵，故 $R(\boldsymbol{A}_2)\leqslant R(\boldsymbol{A})=r<r+1$，由例 4.13，向量组 $\boldsymbol{\alpha}_{i_1},\cdots,\boldsymbol{\alpha}_{i_k},\boldsymbol{\alpha}_j,\boldsymbol{\alpha}_{i_{k+1}},\cdots,\boldsymbol{\alpha}_{i_r}$ 线性相关。于是 $\boldsymbol{\alpha}_{i_1},\boldsymbol{\alpha}_{i_2},\cdots,\boldsymbol{\alpha}_{i_r}$ 是 $\boldsymbol{\alpha}_1,\boldsymbol{\alpha}_2,\cdots,\boldsymbol{\alpha}_m$ 的一个极大无关组，故其秩也为 r。

注 由于 $R(\boldsymbol{A})=R(\boldsymbol{A}^{\mathrm{T}})$，而 $\boldsymbol{A}$ 的行向量组秩就是 $\boldsymbol{A}^{\mathrm{T}}$ 的列向量组秩，故也等于 $\boldsymbol{A}$ 的秩。即 $R(\boldsymbol{A})=\boldsymbol{A}$ 的行向量组的秩 $=\boldsymbol{A}$ 的列向量组的秩。

【推论】 在矩阵 $\boldsymbol{A}$ 内，若有一 r 阶子式 $D\neq 0$，且含 D 的所有 $r+1$ 阶子式(有的话)全为零，则 $R(\boldsymbol{A})=r$。

证明较为复杂，略去。

【例 4.16】 设有向量组

$$\boldsymbol{\alpha}_1=\begin{bmatrix}1\\0\\1\\0\end{bmatrix}\quad \boldsymbol{\alpha}_2=\begin{bmatrix}1\\1\\0\\0\end{bmatrix}\quad \boldsymbol{\alpha}_3=\begin{bmatrix}2\\1\\1\\0\end{bmatrix}\quad \boldsymbol{\alpha}_4=\begin{bmatrix}0\\0\\1\\1\end{bmatrix}$$

求该向量组的秩及其极大无关组。

【解法 1】 设

$$\boldsymbol{A}=(\boldsymbol{\alpha}_1,\boldsymbol{\alpha}_2,\boldsymbol{\alpha}_3,\boldsymbol{\alpha}_4)=\begin{bmatrix}1&1&2&0\\0&1&1&0\\1&0&1&1\\0&0&0&1\end{bmatrix}$$

$\boldsymbol{A}$ 的右下角的 3 阶子式

$$D=\begin{vmatrix}1&1&0\\0&1&1\\0&0&1\end{vmatrix}=1\neq 0$$

但 $|\boldsymbol{A}|=0$($\boldsymbol{A}$ 只有一个 4 阶子式)，故 $R(\boldsymbol{A})=3$，即 $\boldsymbol{\alpha}_1,\boldsymbol{\alpha}_2,\boldsymbol{\alpha}_3,\boldsymbol{\alpha}_4$ 的秩为 3。由 D 位于后 3 列，知 $\boldsymbol{\alpha}_2,\boldsymbol{\alpha}_3,\boldsymbol{\alpha}_4$ 线性无关，是该向量组的一个极大无关组。

【解法 2】 设

$$\boldsymbol{A}=(\boldsymbol{\alpha}_1,\boldsymbol{\alpha}_2,\boldsymbol{\alpha}_3,\boldsymbol{\alpha}_4)=\begin{bmatrix}1&1&2&0\\0&1&1&0\\1&0&1&1\\0&0&0&1\end{bmatrix}$$

由

$$\boldsymbol{A}\xrightarrow{\text{行}}\begin{bmatrix}1&1&2&0\\0&1&1&0\\0&-1&-1&1\\0&0&0&1\end{bmatrix}\xrightarrow{\text{行}}\begin{bmatrix}1&1&2&0\\0&1&1&0\\0&0&0&1\\0&0&0&1\end{bmatrix}\xrightarrow{\text{行}}\begin{bmatrix}1&1&2&0\\0&1&1&0\\0&0&0&1\\0&0&0&0\end{bmatrix}=\boldsymbol{B}$$

知 $R(\boldsymbol{A})=3$，即向量组 $\boldsymbol{\alpha}_1,\boldsymbol{\alpha}_2,\boldsymbol{\alpha}_3,\boldsymbol{\alpha}_4$ 的秩是 3。因 $\boldsymbol{B}$ 的 1、2、4 列构成的矩阵的秩是 3，而由 $\boldsymbol{A}$ 到 $\boldsymbol{B}$ 只用了初等行变换，故 $\boldsymbol{A}$ 的第 1、2、4 列构成的矩阵的秩也是 3。于是 $\boldsymbol{A}$ 的第 1、2、4 列 $\boldsymbol{\alpha}_1,\boldsymbol{\alpha}_2,\boldsymbol{\alpha}_4$ 线性无关，为 $\boldsymbol{\alpha}_1,\boldsymbol{\alpha}_2,\boldsymbol{\alpha}_3,\boldsymbol{\alpha}_4$ 的一个极大无关组。

基 维数与坐标

A. 线性空间的基、维数与坐标

现实生活中我们常提到二维空间和三维空间。什么是空间的维数？现在我们可以给维数一个确切的定义了。

【定义 4.11】 线性空间 V 作为向量组的一个极大线性无关组称为线性空间 V 的一个**基**。称 V 的基所含向量的个数为线性空间 V 的**维数**，记为 $\dim V$。

在我们的教材中所讨论的线性空间一般都是有限维的。因而除非特别声明，总假定 V 的维数有限。维数为 n 的线性空间记为 V_n。

【例 4.17】 所有 2×3 的实矩阵构成的线性空间 $\mathbf{R}^{2\times 3}$ 中任何一个由 6 个矩阵构成的线性无关向量组 $\boldsymbol{\alpha}_1,\boldsymbol{\alpha}_2,\cdots,\boldsymbol{\alpha}_6$ 都是 $\mathbf{R}^{2\times 3}$ 的基。特别地

$$\boldsymbol{I}_{11}=\begin{bmatrix}1&0&0\\0&0&0\end{bmatrix}\quad \boldsymbol{I}_{12}=\begin{bmatrix}0&1&0\\0&0&0\end{bmatrix}\quad \boldsymbol{I}_{13}=\begin{bmatrix}0&0&1\\0&0&0\end{bmatrix}$$

$$\boldsymbol{I}_{21}=\begin{bmatrix}0&0&0\\1&0&0\end{bmatrix}\quad \boldsymbol{I}_{22}=\begin{bmatrix}0&0&0\\0&1&0\end{bmatrix}\quad \boldsymbol{I}_{23}=\begin{bmatrix}0&0&0\\0&0&1\end{bmatrix}$$

是 $\mathbf{R}^{2\times 3}$ 的基，从而 $\dim \mathbf{R}^{2\times 3}=6$。

设 $\boldsymbol{\alpha}_1,\boldsymbol{\alpha}_2,\cdots,\boldsymbol{\alpha}_n$ 是 $\mathbf{F}$ 上线性空间 V_n 的一个基，则 V_n 中任何一个元素 $\boldsymbol{\alpha}$ 都可由 $\boldsymbol{\alpha}_1,\boldsymbol{\alpha}_2,\cdots,\boldsymbol{\alpha}_n$ 惟一地线性表示，从而 V_n 可表示成

$$V_n=\{\boldsymbol{\alpha}\mid \boldsymbol{\alpha}=x_1\boldsymbol{\alpha}_1+x_2\boldsymbol{\alpha}_2+\cdots+x_n\boldsymbol{\alpha}_n,x_1,x_2,\cdots,x_n\in\mathbf{F}\}$$

这样，V_n 中的元素 $\boldsymbol{\alpha}$ 与有序数组 $(x_1,x_2,\cdots,x_n)$ 之间存在着一一对应关系，因此可以用这个有序数组来表示 $\boldsymbol{\alpha}$。

【定义 4.12】 设 $\boldsymbol{\alpha}_1,\boldsymbol{\alpha}_2,\cdots,\boldsymbol{\alpha}_n$ 是 $\mathbf{F}$ 上线性空间 V_n 的一个基，对于任意一元素 $\boldsymbol{\alpha}\in V_n$，总有且仅有一组有序数 $x_1,x_2,\cdots,x_n\in\mathbf{F}$，使

$$\boldsymbol{\alpha}=x_1\boldsymbol{\alpha}_1+x_2\boldsymbol{\alpha}_2+\cdots+x_n\boldsymbol{\alpha}_n$$

称 $x_1,x_2,\cdots,x_n$ 为 $\boldsymbol{\alpha}$ 关于 $\boldsymbol{\alpha}_1,\boldsymbol{\alpha}_2,\cdots,\boldsymbol{\alpha}_n$ 这个基的**坐标**，记为 $(x_1,x_2,\cdots,x_n)$。

前面我们说过线性空间亦称向量空间。实际上，当在线性空间中取定一个基底后，线性空间中的一个元素就与一个有序数组对应，特别当空间的维数有限时(设维数为 n)，线性空间中的任一元素就与一个 n 元有序数组对应，反之给定一个 n 元有序数组，即有线性空间中惟一的一个元素与之对应。这样，线性空间就与由 n 维向量组成的向量空间没有本质区别。

【例 4.18】 在线性空间 $\boldsymbol{F}[x]_3$ 中，1、x、x^2 是 $\boldsymbol{F}[x]_3$ 的一个基，试求 $P(x)=(x-2)(x-3)$ 在该基下的坐标。

【解】 $P(x)=(x-2)(x-3)=x^2-5x+6=6\cdot 1-5x+x^2$

故 $P(x)$ 在该基下坐标为 $(6,-5,1)$。

在 n 维线性空间 V_n 中取定一个基 $\boldsymbol{\varepsilon}_1,\boldsymbol{\varepsilon}_2,\cdots,\boldsymbol{\varepsilon}_n$。设 $\boldsymbol{\alpha},\boldsymbol{\beta}\in V_n$

$$\boldsymbol{\alpha}=x_1\boldsymbol{\varepsilon}_1+x_2\boldsymbol{\varepsilon}_2+\cdots+x_n\boldsymbol{\varepsilon}_n$$

$$\boldsymbol{\beta}=y_1\boldsymbol{\varepsilon}_1+y_2\boldsymbol{\varepsilon}_2+\cdots+y_n\boldsymbol{\varepsilon}_n$$

则

$$\boldsymbol{\alpha}+\boldsymbol{\beta}=(x_1+y_1)\boldsymbol{\varepsilon}_1+(x_2+y_2)\boldsymbol{\varepsilon}_2+\cdots+(x_n+y_n)\boldsymbol{\varepsilon}_n$$

$$k\boldsymbol{\alpha}=kx_1\boldsymbol{\varepsilon}_1+kx_2\boldsymbol{\varepsilon}_2+\cdots+kx_n\boldsymbol{\varepsilon}_n$$

即 $\boldsymbol{\alpha}+\boldsymbol{\beta}$ 在该基下的坐标为 $(x_1+y_1, x_2+y_2, \cdots, x_n+y_n)$，$k\boldsymbol{\alpha}$ 在该基下的坐标为 $(kx_1, kx_2, \cdots, kx_n)$。

B. 坐标变换

线性空间 V_n 中同一元素在不同基下的坐标，一般来说是不同的，但它们毕竟是同一元素在不同基下的坐标，它们之间的联系是怎样的呢？

设 $\boldsymbol{\alpha}_1, \boldsymbol{\alpha}_2, \cdots, \boldsymbol{\alpha}_n$ 及 $\boldsymbol{\beta}_1, \boldsymbol{\beta}_2, \cdots, \boldsymbol{\beta}_n$ 是线性空间 V_n 的两个基，且

$$\begin{cases} \boldsymbol{\beta}_1 = p_{11}\boldsymbol{\alpha}_1 + p_{21}\boldsymbol{\alpha}_2 + \cdots + p_{n1}\boldsymbol{\alpha}_n \\ \boldsymbol{\beta}_2 = p_{12}\boldsymbol{\alpha}_1 + p_{22}\boldsymbol{\alpha}_2 + \cdots + p_{n2}\boldsymbol{\alpha}_n \\ \vdots \\ \boldsymbol{\beta}_n = p_{1n}\boldsymbol{\alpha}_1 + p_{2n}\boldsymbol{\alpha}_2 + \cdots + p_{nn}\boldsymbol{\alpha}_n \end{cases}$$

即

$$(\boldsymbol{\beta}_1, \boldsymbol{\beta}_2, \cdots, \boldsymbol{\beta}_n) = (\boldsymbol{\alpha}_1, \boldsymbol{\alpha}_2, \cdots, \boldsymbol{\alpha}_n) \begin{bmatrix} p_{11} & p_{12} & \cdots & p_{1n} \\ p_{21} & p_{22} & \cdots & p_{2n} \\ \vdots & \vdots & & \vdots \\ p_{n1} & p_{n2} & \cdots & p_{nn} \end{bmatrix} \tag{4.5}$$

则称式(4.5)为**基变换公式**。称矩阵

$$\boldsymbol{P} = \begin{bmatrix} p_{11} & p_{12} & \cdots & p_{1n} \\ p_{21} & p_{22} & \cdots & p_{2n} \\ \vdots & \vdots & & \vdots \\ p_{n1} & p_{n2} & \cdots & p_{nn} \end{bmatrix}$$

为由基 $\boldsymbol{\alpha}_1, \boldsymbol{\alpha}_2, \cdots, \boldsymbol{\alpha}_n$ 到基 $\boldsymbol{\beta}_1, \boldsymbol{\beta}_2, \cdots, \boldsymbol{\beta}_n$ 的**过渡矩阵**。由 $\boldsymbol{\beta}_1, \boldsymbol{\beta}_2, \cdots, \boldsymbol{\beta}_n$ 线性无关可知，过渡矩阵 $\boldsymbol{P}$ 可逆。

【定理 4.6】 设 V_n 的基 $\boldsymbol{\alpha}_1, \boldsymbol{\alpha}_2, \cdots, \boldsymbol{\alpha}_n$ 到基 $\boldsymbol{\beta}_1, \boldsymbol{\beta}_2, \cdots, \boldsymbol{\beta}_n$ 的过渡矩阵是 $\boldsymbol{P}=(p_{ij})$，V_n 中元素 $\boldsymbol{\alpha}$ 在基 $\boldsymbol{\alpha}_1, \boldsymbol{\alpha}_2, \cdots, \boldsymbol{\alpha}_n$ 下的坐标是 $(x_1, x_2, \cdots, x_n)$，在基 $\boldsymbol{\beta}_1, \boldsymbol{\beta}_2, \cdots, \boldsymbol{\beta}_n$ 下的坐标是 $(x_1', x_2', \cdots, x_n')$，则有坐标变换公式

$$\begin{bmatrix} x_1 \\ x_2 \\ \vdots \\ x_n \end{bmatrix} = \boldsymbol{P} \begin{bmatrix} x_1' \\ x_2' \\ \vdots \\ x_n' \end{bmatrix} \quad 或 \quad \begin{bmatrix} x_1' \\ x_2' \\ \vdots \\ x_n' \end{bmatrix} = \boldsymbol{P}^{-1} \begin{bmatrix} x_1 \\ x_2 \\ \vdots \\ x_n \end{bmatrix} \tag{4.6}$$

【证明】

$$\boldsymbol{\alpha} = (\boldsymbol{\alpha}_1, \boldsymbol{\alpha}_2, \cdots, \boldsymbol{\alpha}_n) \begin{bmatrix} x_1 \\ x_2 \\ \vdots \\ x_n \end{bmatrix}$$

$$\boldsymbol{\alpha} = (\boldsymbol{\beta}_1, \boldsymbol{\beta}_2, \cdots, \boldsymbol{\beta}_n) \begin{bmatrix} x_1' \\ x_2' \\ \vdots \\ x_n' \end{bmatrix} = (\boldsymbol{\alpha}_1, \boldsymbol{\alpha}_2, \cdots, \boldsymbol{\alpha}_n)\boldsymbol{P} \begin{bmatrix} x_1' \\ x_2' \\ \vdots \\ x_n' \end{bmatrix}$$

由于 $\boldsymbol{\alpha}$ 在基 $\boldsymbol{\alpha}_1, \boldsymbol{\alpha}_2, \cdots, \boldsymbol{\alpha}_n$ 下的坐标是惟一的，所以

$$\begin{bmatrix} x_1 \\ x_2 \\ \vdots \\ x_n \end{bmatrix} = \boldsymbol{P} \begin{bmatrix} x_1' \\ x_2' \\ \vdots \\ x_n' \end{bmatrix} \quad 或 \quad \begin{bmatrix} x_1' \\ x_2' \\ \vdots \\ x_n' \end{bmatrix} = \boldsymbol{P}^{-1} \begin{bmatrix} x_1 \\ x_2 \\ \vdots \\ x_n \end{bmatrix}$$

【例 4.19】 设 $\boldsymbol{\alpha}_1, \boldsymbol{\alpha}_2, \boldsymbol{\alpha}_3, \boldsymbol{\alpha}_4$ 是 $\mathbf{R}^4$ 的一个基

$$\boldsymbol{\alpha} = \boldsymbol{\alpha}_1 - 2\boldsymbol{\alpha}_2 + 3\boldsymbol{\alpha}_3 + \boldsymbol{\alpha}_4$$

而基 $\boldsymbol{\beta}_1, \boldsymbol{\beta}_2, \boldsymbol{\beta}_3, \boldsymbol{\beta}_4$ 在基 $\boldsymbol{\alpha}_1, \boldsymbol{\alpha}_2, \boldsymbol{\alpha}_3, \boldsymbol{\alpha}_4$ 下的坐标依次为(1,3,−5,7),(0,1,2,−3),(0,0,1,2),(0,0,0,1)。求 $\boldsymbol{\alpha}$ 在基 $\boldsymbol{\beta}_1, \boldsymbol{\beta}_2, \boldsymbol{\beta}_3, \boldsymbol{\beta}_4$ 下的坐标。

【解】 由 $\boldsymbol{\beta}_1, \boldsymbol{\beta}_2, \boldsymbol{\beta}_3, \boldsymbol{\beta}_4$ 在基 $\boldsymbol{\alpha}_1, \boldsymbol{\alpha}_2, \boldsymbol{\alpha}_3, \boldsymbol{\alpha}_4$ 下的坐标可得基 $\boldsymbol{\alpha}_1, \boldsymbol{\alpha}_2, \boldsymbol{\alpha}_3, \boldsymbol{\alpha}_4$ 到基 $\boldsymbol{\beta}_1, \boldsymbol{\beta}_2, \boldsymbol{\beta}_3, \boldsymbol{\beta}_4$ 的过渡矩阵

$$\boldsymbol{P} = \begin{bmatrix} 1 & 0 & 0 & 0 \\ 3 & 1 & 0 & 0 \\ -5 & 2 & 1 & 0 \\ 7 & -3 & 2 & 1 \end{bmatrix}$$

设(x_1', x_2', x_3', x_4')是 $\boldsymbol{\alpha}$ 在基 $\boldsymbol{\beta}_1, \boldsymbol{\beta}_2, \boldsymbol{\beta}_3, \boldsymbol{\beta}_4$ 下的坐标,(x_1, x_2, x_3, x_4)是 $\boldsymbol{\alpha}$ 在基 $\boldsymbol{\alpha}_1, \boldsymbol{\alpha}_2, \boldsymbol{\alpha}_3, \boldsymbol{\alpha}_4$ 下的坐标,则

$$\begin{bmatrix} x_1' \\ x_2' \\ x_3' \\ x_4' \end{bmatrix} = \boldsymbol{P}^{-1} \begin{bmatrix} x_1 \\ x_2 \\ x_3 \\ x_4 \end{bmatrix} = \begin{bmatrix} 1 & 0 & 0 & 0 \\ -3 & 1 & 0 & 0 \\ 11 & -2 & 1 & 0 \\ -38 & 7 & -2 & 1 \end{bmatrix} \begin{bmatrix} 1 \\ -2 \\ 3 \\ 1 \end{bmatrix} = \begin{bmatrix} 1 \\ -5 \\ 18 \\ -57 \end{bmatrix}$$

【例 4.20】 在 $\mathbf{R}^4$ 中取两个基

$$\boldsymbol{\alpha}_1 = (1,2,-1,0), \boldsymbol{\alpha}_2 = (1,-1,1,1), \boldsymbol{\alpha}_3 = (-1,2,1,1), \boldsymbol{\alpha}_4 = (-1,-1,0,1)$$

和 $$\boldsymbol{\beta}_1 = (2,1,0,1), \boldsymbol{\beta}_2 = (0,1,2,2), \boldsymbol{\beta}_3 = (-2,1,1,2), \boldsymbol{\beta}_4 = (1,3,1,2)$$

求前一个基到后一个基的基变换公式和坐标变换公式。

【解】 设

$$\boldsymbol{A} = (\boldsymbol{\alpha}_1, \boldsymbol{\alpha}_2, \boldsymbol{\alpha}_3, \boldsymbol{\alpha}_4) = \begin{bmatrix} 1 & 1 & -1 & -1 \\ 2 & -1 & 2 & -1 \\ -1 & 1 & 1 & 0 \\ 0 & 1 & 1 & 1 \end{bmatrix}$$

$$\boldsymbol{B} = (\boldsymbol{\beta}_1, \boldsymbol{\beta}_2, \boldsymbol{\beta}_3, \boldsymbol{\beta}_4) = \begin{bmatrix} 2 & 0 & -2 & 1 \\ 1 & 1 & 1 & 3 \\ 0 & 2 & 1 & 1 \\ 1 & 2 & 2 & 2 \end{bmatrix}$$

则 $\boldsymbol{A}$、$\boldsymbol{B}$ 可逆,且

$$(\boldsymbol{\beta}_1, \boldsymbol{\beta}_2, \boldsymbol{\beta}_3, \boldsymbol{\beta}_4) = \boldsymbol{B} = \boldsymbol{A}\boldsymbol{A}^{-1}\boldsymbol{B} = (\boldsymbol{\alpha}_1, \boldsymbol{\alpha}_2, \boldsymbol{\alpha}_3, \boldsymbol{\alpha}_4)\boldsymbol{A}^{-1}\boldsymbol{B}$$

由

$$(\boldsymbol{A}, \boldsymbol{B}) \xrightarrow{\text{行}} \left[\begin{array}{cccc:cccc} 1 & 0 & 0 & 0 & 1 & 0 & 0 & 1 \\ 0 & 1 & 0 & 0 & 1 & 1 & 0 & 1 \\ 0 & 0 & 1 & 0 & 0 & 1 & 1 & 1 \\ 0 & 0 & 0 & 1 & 0 & 0 & 1 & 0 \end{array}\right] = (I_4 \vdots \boldsymbol{A}^{-1}\boldsymbol{B})$$

知过渡阵

$$\boldsymbol{P}=\boldsymbol{A}^{-1}\boldsymbol{B}=\begin{bmatrix}1&0&0&1\\1&1&0&1\\0&1&1&1\\0&0&1&0\end{bmatrix}$$

而基变换公式为

$$(\boldsymbol{\beta}_1,\boldsymbol{\beta}_2,\boldsymbol{\beta}_3,\boldsymbol{\beta}_4)=(\boldsymbol{\alpha}_1,\boldsymbol{\alpha}_2,\boldsymbol{\alpha}_3,\boldsymbol{\alpha}_4)\boldsymbol{P}$$

进而求得

$$\boldsymbol{P}^{-1}=\begin{bmatrix}0&1&-1&1\\-1&1&0&0\\0&0&0&1\\1&-1&1&-1\end{bmatrix}$$

及由基 $\boldsymbol{\alpha}_1,\boldsymbol{\alpha}_2,\boldsymbol{\alpha}_3,\boldsymbol{\alpha}_4$ 到基 $\boldsymbol{\beta}_1,\boldsymbol{\beta}_2,\boldsymbol{\beta}_3,\boldsymbol{\beta}_4$ 的坐标变换公式

$$\begin{bmatrix}x_1'\\x_2'\\x_3'\\x_4'\end{bmatrix}=\begin{bmatrix}0&1&-1&1\\-1&1&0&0\\0&0&0&1\\1&-1&1&-1\end{bmatrix}\begin{bmatrix}x_1\\x_2\\x_3\\x_4\end{bmatrix}$$

向量的数量积　向量积和混合积

A. 向量的数量积

为了更好地理解向量的数量积的几何意义,我们先介绍一些有关向量在轴上投影的知识。

设有两个非零向量 $\boldsymbol{\alpha}$、$\boldsymbol{\beta}$,任取空间一点 O,作 $\overrightarrow{OA}=\boldsymbol{\alpha}$,$\overrightarrow{OB}=\boldsymbol{\beta}$,规定不超过 π 的 $\angle AOB$(设 $\theta=\angle AOB$,$0\leqslant\theta\leqslant\pi$)称为向量 $\boldsymbol{\alpha}$ 与 $\boldsymbol{\beta}$ 的夹角(图 4.8),记做 $\langle\boldsymbol{\alpha},\boldsymbol{\beta}\rangle$。零向量与另一向量的夹角可以在 0 到 π 间任意取值。

设有空间一点 A 及一轴 u,通过点 A 作轴 u 的垂直平面 π,那么称平面 π 与轴 u 的交点 A' 为点 A **在轴 u 上的投影**(图 4.9)。

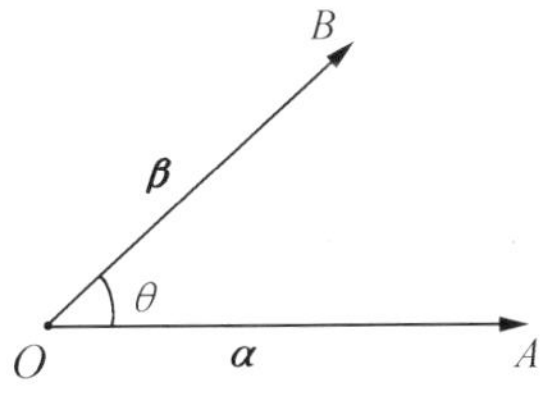

图 4.8

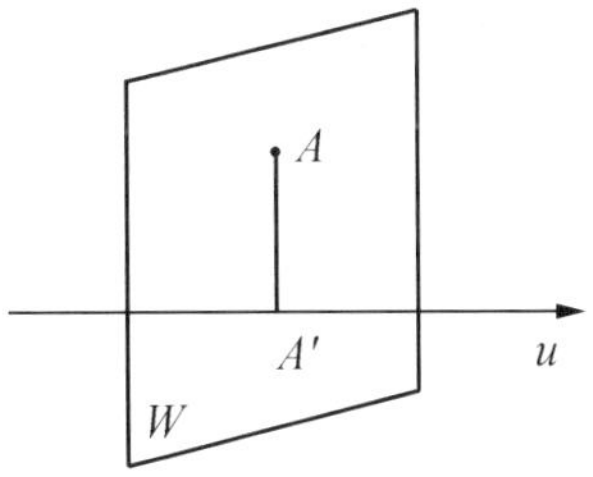

图 4.9

【定义 4.13】　设向量 $\overrightarrow{AB}$ 的起点 A 和终点 B 在轴 u 上的投影分别为 A' 和 B'(图 4.10),那么轴 u 上有向线段 $\overrightarrow{A'B'}$ 的值(其绝对值等于 $|\overrightarrow{A'B'}|$,其符号由 $\overrightarrow{A'B'}$ 的方向决定。当 $\overrightarrow{A'B'}$ 与 u 轴同向时取正号;当 $\overrightarrow{A'B'}$ 与 u 轴反向时取负号)称为**向量 $\overrightarrow{AB}$ 在轴 u 上的投影**,记做 $\mathbf{Pr}_u\,\overrightarrow{AB}$,

轴 u 称为**投影轴**。

【定理 4.7】 向量$\overrightarrow{AB}$ 在轴 u 上的投影等于向量的长度乘以轴与向量的夹角的余弦，即

$$\mathbf{Pr}_u \overrightarrow{AB} = |\overrightarrow{AB}| \cos\theta$$

定理证明比较容易，请读者自行证明。

【定理 4.8】 两个向量的和在某轴上的投影等于这两个向量在该轴上的投影的和，即

$$\mathbf{Pr}_u(\boldsymbol{\alpha}_1 + \boldsymbol{\alpha}_2) = \mathbf{Pr}_u\boldsymbol{\alpha}_1 + \mathbf{Pr}_u\boldsymbol{\alpha}_2$$

读者可根据图 4.11 自己证明该定理。

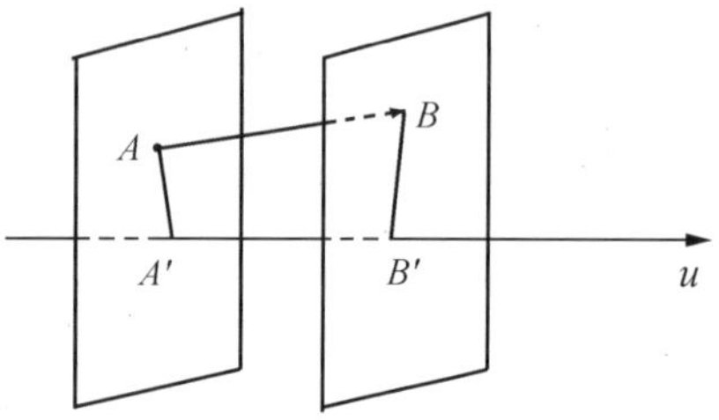

图 4.10

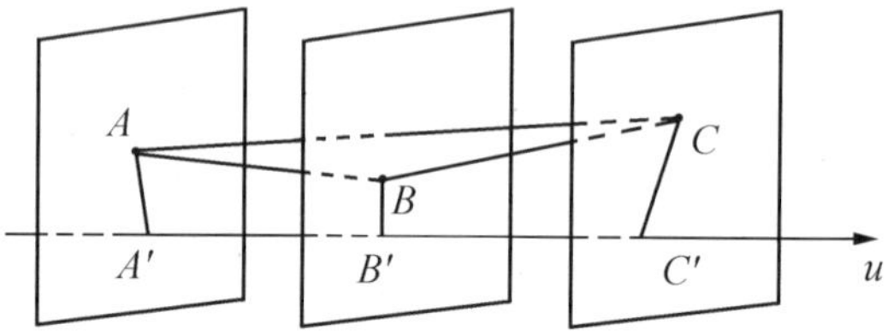

图 4.11

现在考虑空间中的两个向量 $\boldsymbol{\alpha}$、$\boldsymbol{\beta}$，许多问题使得我们需要计算一个向量 $\boldsymbol{\alpha}$ 的长度与另一向量 $\boldsymbol{\beta}$ 在 $\boldsymbol{\alpha}$ 方向上的投影的乘积。常见的例子有：

【例 4.21】 常力 $\boldsymbol{F}$ 作用在质点 m 上，使质点 m 产生位移 $\boldsymbol{s}$，那么力 $\boldsymbol{F}$ 使质点 m 产生位移 $\boldsymbol{s}$ 所作的功为

$$W = |\boldsymbol{F}||\boldsymbol{s}|\cos\theta$$

其中 θ 为 $\boldsymbol{F}$ 与 $\boldsymbol{s}$ 的夹角。显然 W 等于 $\boldsymbol{s}$ 的长度与 $\boldsymbol{F}$ 在 $\boldsymbol{s}$ 方向上投影的乘积，即 $W = |\boldsymbol{s}|\,\mathbf{Pr}_s F$。

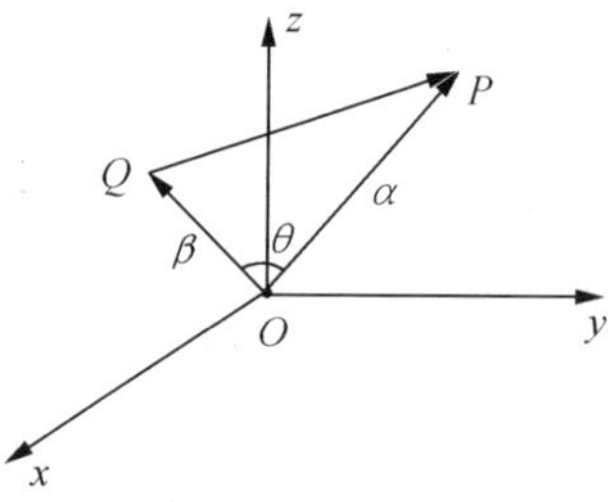

图 4.12

【例 4.22】 空间中向量 $\boldsymbol{\alpha} = \overrightarrow{OP}$、$\boldsymbol{\beta} = \overrightarrow{OQ}$、$\boldsymbol{\gamma} = \overrightarrow{QP}$ 作成一个三角形，令 $\boldsymbol{\alpha}$、$\boldsymbol{\beta}$ 间夹角为 θ。以 O 为原点建立坐标系。设 $\boldsymbol{\alpha} = (x_1, y_1, z_1)^{\mathrm{T}}$、$\boldsymbol{\beta} = (x_2, y_2, z_2)^{\mathrm{T}}$，于是 $\boldsymbol{\gamma} = (x_1 - x_2, y_1 - y_2, z_1 - z_2)^{\mathrm{T}}$。由三角形余弦定理知

$$|\boldsymbol{\gamma}|^2 = |\boldsymbol{\alpha}|^2 + |\boldsymbol{\beta}|^2 - 2|\boldsymbol{\alpha}||\boldsymbol{\beta}|\cos\theta$$

即
$$(x_1 - x_2)^2 + (y_1 - y_2)^2 + (z_1 - z_2)^2 = x_1^2 + y_1^2 + z_1^2 + x_2^2 + y_2^2 + z_2^2 - 2|\boldsymbol{\alpha}||\boldsymbol{\beta}|\cos\theta$$

因此
$$|\boldsymbol{\alpha}||\boldsymbol{\beta}|\cos\theta = x_1x_2 + y_1y_2 + z_1z_2$$

【定义 4.14】 设 $\boldsymbol{\alpha}$、$\boldsymbol{\beta}$ 是三维空间中的向量，称 $|\boldsymbol{\alpha}||\boldsymbol{\beta}|\cos\theta(\theta = \langle\boldsymbol{\alpha}, \boldsymbol{\beta}\rangle)$ 为 $\boldsymbol{\alpha}$ 与 $\boldsymbol{\beta}$ 的**数量积**或**内积**，记做$(\boldsymbol{\alpha}, \boldsymbol{\beta})$ 或 $\boldsymbol{\alpha} \cdot \boldsymbol{\beta}$，即 $\boldsymbol{\alpha} \cdot \boldsymbol{\beta} = (\boldsymbol{\alpha}, \boldsymbol{\beta}) = |\boldsymbol{\alpha}||\boldsymbol{\beta}|\cos\langle\boldsymbol{\alpha}, \boldsymbol{\beta}\rangle$。

三维空间中几何向量的内积可以推广到一般的 n 维向量空间中去。

【定义 4.15】 设 $\boldsymbol{\alpha} = (a_1, a_2, \cdots, a_n)$，$\boldsymbol{\beta} = (b_1, b_2, \cdots, b_n)$，记

$$(\boldsymbol{\alpha}, \boldsymbol{\beta}) = a_1b_1 + a_2b_2 + \cdots + a_nb_n = \sum_{i=1}^{n} a_ib_i$$

称为向量 $\boldsymbol{\alpha}$ 与 $\boldsymbol{\beta}$ 的**内积**。

注 n 维向量空间中向量的内积并不一定只按照定义 4.15 来定义，内积的概念可以更抽象一些给出。但定义 4.15 颇为常用，实际上例 4.22 的向量 $\boldsymbol{\alpha}$ 与 $\boldsymbol{\beta}$ 的内积就是这样计算出来的。

称定义了内积的实数域上 n 维向量空间 $\mathbf{R}^n$ 为**欧氏空间**。

易于验证，上面定义的内积满足下列的运算规律(其中 $\boldsymbol{\alpha},\boldsymbol{\beta},\boldsymbol{\gamma}\in\mathbf{R}^n,k,l\in\mathbf{R}$)：

(1) $(\boldsymbol{\alpha},\boldsymbol{\beta})=(\boldsymbol{\beta},\boldsymbol{\alpha})$；

(2) $(k\boldsymbol{\alpha},\boldsymbol{\beta})=k(\boldsymbol{\alpha},\boldsymbol{\beta})$；

(3) $(\boldsymbol{\alpha}+\boldsymbol{\beta},\boldsymbol{\gamma})=(\boldsymbol{\alpha},\boldsymbol{\gamma})+(\boldsymbol{\beta},\boldsymbol{\gamma})$；

(4) $(\boldsymbol{\alpha},\boldsymbol{\alpha})\geqslant 0$，且$(\boldsymbol{\alpha},\boldsymbol{\alpha})=0\Leftrightarrow\boldsymbol{\alpha}=\mathbf{0}$；

(5) $(\boldsymbol{\alpha},k\boldsymbol{\beta}+l\boldsymbol{\gamma})=k(\boldsymbol{\alpha},\boldsymbol{\beta},)+l(\boldsymbol{\alpha},\boldsymbol{\gamma})$。

下面利用内积将几何向量的长度与夹角的概念推广到 $\mathbf{R}^n$ 中去。

【定义 4.16】 设 $\boldsymbol{\alpha}=(a_1,a_2,\cdots,a_n)\in\mathbf{R}^n$，令

$$|\boldsymbol{\alpha}|=\sqrt{(\boldsymbol{\alpha},\boldsymbol{\alpha})}=\sqrt{a_1^2+a_2^2+\cdots+a_n^2}$$

称 $|\boldsymbol{\alpha}|$ 为向量 $\boldsymbol{\alpha}$ 的长度，称长度为 1 的向量为**单位向量**。

【引理】 设 $\boldsymbol{\alpha},\boldsymbol{\beta}\in\mathbf{R}^n$，则

$$(\boldsymbol{\alpha},\boldsymbol{\beta})^2\leqslant(\boldsymbol{\alpha},\boldsymbol{\alpha})(\boldsymbol{\beta},\boldsymbol{\beta})$$

即

$$|(\boldsymbol{\alpha},\boldsymbol{\beta})|\leqslant|\boldsymbol{\alpha}||\boldsymbol{\beta}| \quad \text{(Cauchy-Буняковский 不等式)}$$

且等号成立当且仅当 $\boldsymbol{\alpha}$ 与 $\boldsymbol{\beta}$ 线性相关。

【证明】 当 $\boldsymbol{\alpha}=\mathbf{0}$ 时，显然成立。当 $\boldsymbol{\alpha}\neq\mathbf{0}$ 时，对任意实数 k，恒有

$$(k\boldsymbol{\alpha}+\boldsymbol{\beta},k\boldsymbol{\alpha}+\boldsymbol{\beta})\geqslant 0$$

即

$$k^2(\boldsymbol{\alpha},\boldsymbol{\alpha})+2k(\boldsymbol{\alpha},\boldsymbol{\beta})+(\boldsymbol{\beta},\boldsymbol{\beta})\geqslant 0$$

左边是 k 的二次三项式，由于它非负，故判别式

$$4(\boldsymbol{\alpha},\boldsymbol{\beta})-4(\boldsymbol{\alpha},\boldsymbol{\alpha})(\boldsymbol{\beta},\boldsymbol{\beta})\leqslant 0$$

即

$$(\boldsymbol{\alpha},\boldsymbol{\beta})^2\leqslant(\boldsymbol{\alpha},\boldsymbol{\alpha})(\boldsymbol{\beta},\boldsymbol{\beta})$$

当 $\boldsymbol{\alpha}$、$\boldsymbol{\beta}$ 线性相关时，等号显然成立。反之，由以上证明过程知，可解出 $k=-\dfrac{(\alpha,\beta)}{(\alpha,\alpha)}$。若 $\alpha\neq\mathbf{0}$，有 $k\alpha+\beta=\mathbf{0}$；若 $\alpha=\mathbf{0}$，α 与 β 当然线性相关。 **证毕**

【定理 4.9】 设 $\boldsymbol{\alpha},\boldsymbol{\beta}\in\mathbf{R}^n$，则：

(1) $|\boldsymbol{\alpha}|\geqslant 0$，且 $|\boldsymbol{\alpha}|=0\Leftrightarrow\boldsymbol{\alpha}=\mathbf{0}$ （非负性）；

(2) $|k\boldsymbol{\alpha}|=|k||\boldsymbol{\alpha}|$（正齐次性）；

(3) $|\boldsymbol{\alpha}+\boldsymbol{\beta}|\leqslant|\boldsymbol{\alpha}|+|\boldsymbol{\beta}|$ （三角不等式）。

【证明】 (1)、(2) 是显然的。

(3) 由引理得

$$|\boldsymbol{\alpha}+\boldsymbol{\beta}|^2=(\boldsymbol{\alpha}+\boldsymbol{\beta},\boldsymbol{\alpha}+\boldsymbol{\beta})=(\boldsymbol{\alpha},\boldsymbol{\alpha})+2(\boldsymbol{\alpha},\boldsymbol{\beta})+(\boldsymbol{\beta},\boldsymbol{\beta})\leqslant$$
$$|\boldsymbol{\alpha}|^2+2|\boldsymbol{\alpha}||\boldsymbol{\beta}|+|\boldsymbol{\beta}|^2=(|\boldsymbol{\alpha}|+|\boldsymbol{\beta}|)^2$$

两边开方，得

$$|\boldsymbol{\alpha}+\boldsymbol{\beta}|\leqslant|\boldsymbol{\alpha}|+|\boldsymbol{\beta}|$$

证毕

【例 4.23】 证明恒等式

$$|\boldsymbol{\alpha}+\boldsymbol{\beta}|^2+|\boldsymbol{\alpha}-\boldsymbol{\beta}|^2=2|\boldsymbol{\alpha}|^2+2|\boldsymbol{\beta}|^2$$

即平行四边形对角线的平方和等于四边的平方和。如图 4.13。

【证明】 $|\boldsymbol{\alpha}+\boldsymbol{\beta}|^2+|\boldsymbol{\alpha}-\boldsymbol{\beta}|^2=(\boldsymbol{\alpha}+\boldsymbol{\beta},\boldsymbol{\alpha}+\boldsymbol{\beta})+(\boldsymbol{\alpha}-\boldsymbol{\beta},\boldsymbol{\alpha}-\boldsymbol{\beta})=$

$$(\boldsymbol{\alpha},\boldsymbol{\alpha})+2(\boldsymbol{\alpha},\boldsymbol{\beta})+(\boldsymbol{\beta},\boldsymbol{\beta})+(\boldsymbol{\alpha},\boldsymbol{\alpha})-2(\boldsymbol{\alpha},\boldsymbol{\beta})+$$
$$(\boldsymbol{\beta},\boldsymbol{\beta})=2(\boldsymbol{\alpha},\boldsymbol{\alpha})+2(\boldsymbol{\beta},\boldsymbol{\beta})=2|\boldsymbol{\alpha}|^2+2|\boldsymbol{\beta}|^2$$

【定义 4.17】 设 $\boldsymbol{\alpha},\boldsymbol{\beta}\in \mathbf{R}^n$，$\boldsymbol{\alpha}\neq \mathbf{0}$，$\boldsymbol{\beta}\neq \mathbf{0}$，称 $\varphi=\arccos \dfrac{(\boldsymbol{\alpha},\boldsymbol{\beta})}{|\boldsymbol{\alpha}||\boldsymbol{\beta}|}(0\leqslant\varphi\leqslant\pi)$ 为 $\boldsymbol{\alpha}$ 与 $\boldsymbol{\beta}$ 的**夹角**。当 $(\boldsymbol{\alpha},\boldsymbol{\beta})=0$ 时，称向量 $\boldsymbol{\alpha}$ 与 $\boldsymbol{\beta}$ 正交，记为 $\boldsymbol{\alpha}\perp\boldsymbol{\beta}$。显然零向量与任何向量正交。

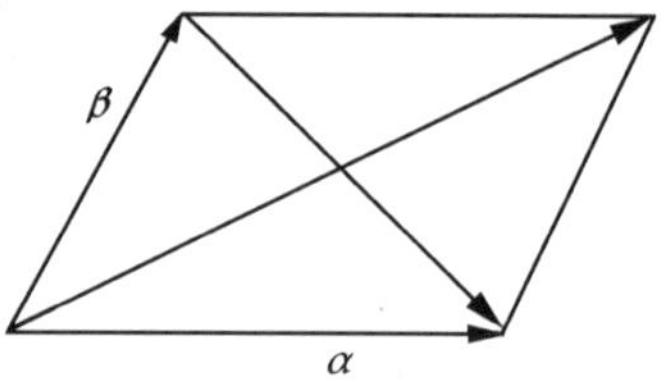

图 4.13

【定义 4.18】 一组两两正交的非零向量称为**正交向量组**。由单位向量组成的正交向量组称为**标准正交向量组**。向量空间的基，如果由正交向量组构成，则称为**正交基**；如果由标准正交向量组构成，则称为**标准正交基**。

显然，$\boldsymbol{\alpha}_1,\boldsymbol{\alpha}_2,\cdots,\boldsymbol{\alpha}_n$ 是正交向量组的充要条件是

$$(\boldsymbol{\alpha}_i,\boldsymbol{\alpha}_j)=\begin{cases}0 & i\neq j\\ c_i & i=j,c_i\text{ 是正实数，}\end{cases}$$

$\boldsymbol{\alpha}_1,\boldsymbol{\alpha}_2,\cdots,\boldsymbol{\alpha}_n$ 是标准正交向量组的充要条件是

$$(\boldsymbol{\alpha}_i,\boldsymbol{\alpha}_j)=\delta_{ij}=\begin{cases}0 & i\neq j\\ 1 & i=j\end{cases}。$$

【定理 4.10】 正交向量组是线性无关的。

【证明】 设 $\boldsymbol{\alpha}_1,\boldsymbol{\alpha}_2,\cdots,\boldsymbol{\alpha}_m$ 是 $\mathbf{R}^n$ 中的正交向量组，且

$$k_1\boldsymbol{\alpha}_1+k_2\boldsymbol{\alpha}_2+\cdots+k_m\boldsymbol{\alpha}_m=\mathbf{0}$$

由 $\boldsymbol{\alpha}_1$ 与上式两端作内积，则左端为

$$\begin{aligned}(\boldsymbol{\alpha}_1,k_1\boldsymbol{\alpha}_1+k_2\boldsymbol{\alpha}_2+\cdots+k_n\boldsymbol{\alpha}_n)=(\boldsymbol{\alpha}_1,k_1\boldsymbol{\alpha}_1)+(\boldsymbol{\alpha}_1,k_2\boldsymbol{\alpha}_2)+\cdots+(\boldsymbol{\alpha}_1,k_m\boldsymbol{\alpha}_m)=\\ k_1(\boldsymbol{\alpha}_1,\boldsymbol{\alpha}_1)+k_2(\boldsymbol{\alpha}_1,\boldsymbol{\alpha}_2)+\cdots+k_m(\boldsymbol{\alpha}_1,\boldsymbol{\alpha}_m)=\\ k_1(\boldsymbol{\alpha}_1,\boldsymbol{\alpha}_1)\end{aligned}$$

而右端为 $(\boldsymbol{\alpha}_1,\mathbf{0})=0$。因为 $\boldsymbol{\alpha}_1\neq\mathbf{0}$，$(\boldsymbol{\alpha}_1,\boldsymbol{\alpha}_1)>0$，所以只能有 $k_1=0$。同理得 $k_2=\cdots=k_n=0$。故 $\boldsymbol{\alpha}_1,\boldsymbol{\alpha}_2,\cdots,\boldsymbol{\alpha}_n$ 线性无关。

证毕

但是，线性无关向量组未必是正交向量组。如 $\boldsymbol{\alpha}_1=(1,0,0)$，$\boldsymbol{\alpha}_2=(1,1,0)$，$\boldsymbol{\alpha}_3=(1,1,1)$ 线性无关，但其中任何两个向量都不正交。

n 维欧氏空间中任意 n 个线性无关的向量 $\boldsymbol{\alpha}_1,\boldsymbol{\alpha}_2,\cdots,\boldsymbol{\alpha}_n$ 都可以作为一组基，这组基未必是标准正交基。但是，任何一组线性无关的向量 $\boldsymbol{\alpha}_1,\boldsymbol{\alpha}_2,\cdots,\boldsymbol{\alpha}_r$ 都可以经过适当的方法化为一组两两正交的单位向量 $\boldsymbol{\varepsilon}_1,\boldsymbol{\varepsilon}_2,\cdots,\boldsymbol{\varepsilon}_r$，且 $\boldsymbol{\varepsilon}_1,\boldsymbol{\varepsilon}_2,\cdots,\boldsymbol{\varepsilon}_r$ 与 $\boldsymbol{\alpha}_1,\boldsymbol{\alpha}_2,\cdots,\boldsymbol{\alpha}_r$ 等价。这种方法就是**施密特(Schmidt)正交化方法**。具体过程如下：

令 $\boldsymbol{\beta}_1=\boldsymbol{\alpha}_1$，$\boldsymbol{\beta}_2=\boldsymbol{\alpha}_2+k\boldsymbol{\beta}_1$，选择适当的 k，使得 $(\boldsymbol{\beta}_1,\boldsymbol{\beta}_2)=0$，即

$$(\boldsymbol{\beta}_1,\boldsymbol{\alpha}_2+k\boldsymbol{\beta}_1)=(\boldsymbol{\alpha}_2,\boldsymbol{\beta}_1)+k(\boldsymbol{\beta}_1,\boldsymbol{\beta}_1)=0$$

得

$$k=-\frac{(\boldsymbol{\alpha}_2,\boldsymbol{\beta}_1)}{(\boldsymbol{\beta}_1,\boldsymbol{\beta}_1)}$$

即

$$\boldsymbol{\beta}_2=\boldsymbol{\alpha}_2-\frac{(\boldsymbol{\alpha}_2,\boldsymbol{\beta}_1)}{(\boldsymbol{\beta}_1,\boldsymbol{\beta}_1)}\boldsymbol{\beta}_1$$

再令 $\boldsymbol{\beta}_3=\boldsymbol{\alpha}_3+k_1\boldsymbol{\beta}_1+k_2\boldsymbol{\beta}_2$，为使 $(\boldsymbol{\beta}_1,\boldsymbol{\beta}_3)=0$，$(\boldsymbol{\beta}_2,\boldsymbol{\beta}_3)=0$，可推出

$$k_1=-\frac{(\boldsymbol{\alpha}_3,\boldsymbol{\beta}_1)}{(\boldsymbol{\beta}_1,\boldsymbol{\beta}_1)},\ k_2=-\frac{(\boldsymbol{\alpha}_3,\boldsymbol{\beta}_2)}{(\boldsymbol{\beta}_2,\boldsymbol{\beta}_2)}$$

于是

$$\boldsymbol{\beta}_3=\boldsymbol{\alpha}_3-\frac{(\boldsymbol{\alpha}_3,\boldsymbol{\beta}_1)}{(\boldsymbol{\beta}_1,\boldsymbol{\beta}_1)}\boldsymbol{\beta}_1-\frac{(\boldsymbol{\alpha}_3,\boldsymbol{\beta}_2)}{(\boldsymbol{\beta}_2,\boldsymbol{\beta}_2)}\boldsymbol{\beta}_2$$

依次类推，最后可以得到

$$\boldsymbol{\beta}_r=\boldsymbol{\alpha}_r-\frac{(\boldsymbol{\alpha}_r,\boldsymbol{\beta}_1)}{(\boldsymbol{\beta}_1,\boldsymbol{\beta}_1)}\boldsymbol{\beta}_1-\frac{(\boldsymbol{\alpha}_r,\boldsymbol{\beta}_2)}{(\boldsymbol{\beta}_2,\boldsymbol{\beta}_2)}\boldsymbol{\beta}_2-\cdots-\frac{(\boldsymbol{\alpha}_r,\boldsymbol{\beta}_{r-1})}{(\boldsymbol{\beta}_{r-1},\boldsymbol{\beta}_{r-1})}\boldsymbol{\beta}_{r-1}$$

若记
$$\boldsymbol{\varepsilon}_i=\frac{1}{|\boldsymbol{\beta}_2|}\boldsymbol{\beta}_i \qquad i=1,2,\cdots,r$$

则 $\boldsymbol{\varepsilon}_1,\boldsymbol{\varepsilon}_2,\cdots,\boldsymbol{\varepsilon}_r$ 是一组与 $\boldsymbol{\alpha}_1,\boldsymbol{\alpha}_2,\cdots,\boldsymbol{\alpha}_r$ 等价的标准正交向量组。

【例 4.24】 在 $\mathbf{R}^3$ 中，将基 $\boldsymbol{\alpha}_1=(1,1,1)$，$\boldsymbol{\alpha}_2=(1,2,1)$，$\boldsymbol{\alpha}_3=(0,-1,1)$ 化成标准正交基。

【解】 (1) 正交化。令

$$\boldsymbol{\beta}_1=\boldsymbol{\alpha}_1=(1,1,1)$$

$$\boldsymbol{\beta}_2=\boldsymbol{\alpha}_2-\frac{(\boldsymbol{\alpha}_2,\boldsymbol{\beta}_1)}{(\boldsymbol{\beta}_1,\boldsymbol{\beta}_1)}=(1,2,1)-\frac{4}{3}(1,1,1)=\frac{1}{3}(-1,2,-1)$$

$$\boldsymbol{\beta}_3=\boldsymbol{\alpha}_3-\frac{(\boldsymbol{\alpha}_3,\boldsymbol{\beta}_1)}{(\boldsymbol{\beta}_1,\boldsymbol{\beta}_1)}\boldsymbol{\beta}_1-\frac{(\boldsymbol{\alpha}_3,\boldsymbol{\beta}_2)}{(\boldsymbol{\beta}_2,\boldsymbol{\beta}_2)}\boldsymbol{\beta}_2=$$

$$(0,-1,1)-\frac{0}{3}(1,1,1)+\frac{1}{2}(-1,2,-1)=\frac{1}{2}(-1,0,1)$$

(2) 单位化。令

$$\boldsymbol{\varepsilon}_1=\frac{1}{|\boldsymbol{\beta}_1|}\boldsymbol{\beta}_1=\frac{1}{\sqrt{3}}(1,1,1)$$

$$\boldsymbol{\varepsilon}_2=\frac{1}{|\boldsymbol{\beta}_2|}\boldsymbol{\beta}_2=\frac{1}{\sqrt{6}}(-1,2,-1)$$

$$\boldsymbol{\varepsilon}_3=\frac{1}{|\boldsymbol{\beta}_3|}\boldsymbol{\beta}_3=\frac{1}{\sqrt{2}}(-1,0,1)$$

于是，$\boldsymbol{\varepsilon}_1,\boldsymbol{\varepsilon}_2,\boldsymbol{\varepsilon}_3$ 就是 $\mathbf{R}^3$ 的一组标准正交基。

B. 向量的向量积与混合积

设 $\boldsymbol{\alpha}$、$\boldsymbol{\beta}$、$\boldsymbol{\gamma}$ 是三维向量空间中的三个向量，称 $\boldsymbol{\alpha}$、$\boldsymbol{\beta}$、$\boldsymbol{\gamma}$ 构成“右手系”，如果把 $\boldsymbol{\alpha}$、$\boldsymbol{\beta}$、$\boldsymbol{\gamma}$ 的起点放在一起，将右手的四指(不含姆指) 由 $\boldsymbol{\alpha}$ 转到 $\boldsymbol{\beta}$(转过的角度 $\langle\boldsymbol{\alpha},\boldsymbol{\beta}\rangle$ 小于 π)，那么伸开的姆指的指向就是 $\boldsymbol{\gamma}$ 的方向，如图 4.14 所示。

【定义 4.19】 设 $\boldsymbol{\alpha}$、$\boldsymbol{\beta}$、$\boldsymbol{\gamma}$ 是三个向量，若 $\boldsymbol{\alpha}$、$\boldsymbol{\beta}$、$\boldsymbol{\gamma}$ 满足：

(1) $|\boldsymbol{\gamma}|=|\boldsymbol{\alpha}||\boldsymbol{\beta}|\sin\theta,\theta=\langle\boldsymbol{\alpha},\boldsymbol{\beta}\rangle$，

(2) $\boldsymbol{\gamma}\perp\boldsymbol{\alpha},\boldsymbol{\gamma}\perp\boldsymbol{\beta}$，

(3) 向量 $\boldsymbol{\alpha},\boldsymbol{\beta},\boldsymbol{\gamma}$ 组成右手系，

则称向量 $\boldsymbol{\gamma}$ 为向量 $\boldsymbol{\alpha},\boldsymbol{\beta}$ 的**向量积**，记做 $\boldsymbol{\alpha}\times\boldsymbol{\beta}$。

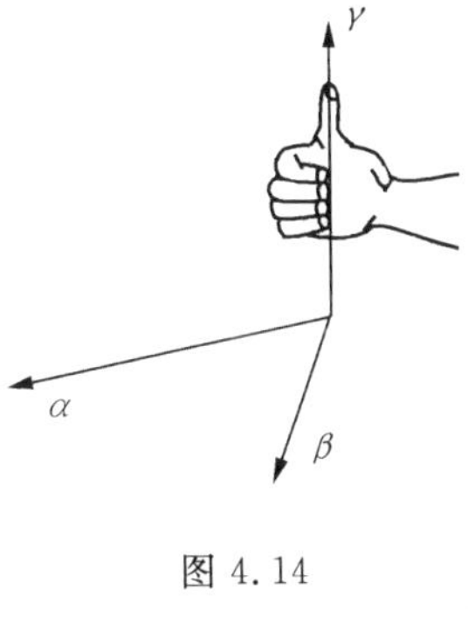

图 4.14

若 $\boldsymbol{\alpha},\boldsymbol{\beta}$ 中有一为零向量，规定 $\boldsymbol{\alpha}\times\boldsymbol{\beta}=\mathbf{0}$。

向量的向量积满足：

(1) $\boldsymbol{\alpha}\times\boldsymbol{\beta}=-\boldsymbol{\beta}\times\boldsymbol{\alpha}$；

(2) $(k\boldsymbol{\alpha})\times\boldsymbol{\beta}=k(\boldsymbol{\alpha}\times\boldsymbol{\beta})=\boldsymbol{\alpha}\times(k\boldsymbol{\beta}),k\in R$；

(3) $(\boldsymbol{\alpha}+\boldsymbol{\beta})\times\zeta=(\boldsymbol{\alpha}\times\zeta)+(\boldsymbol{\beta}\times\zeta)$，

$\zeta\times(\boldsymbol{\alpha}+\boldsymbol{\beta})=(\zeta\times\boldsymbol{\alpha})+(\zeta\times\boldsymbol{\beta})$。

注 (1) 向量的向量积不满足交换律；

(2) 向量的向量积不满足消去律，即一般情形下，$\boldsymbol{\alpha}\times\boldsymbol{\beta}=\boldsymbol{\alpha}\times\boldsymbol{\gamma},\boldsymbol{\alpha}\neq\mathbf{0}$，推不出 $\boldsymbol{\gamma}=\boldsymbol{\beta}$；

(3) $|\boldsymbol{\alpha}\times\boldsymbol{\beta}|$ 与以 $\boldsymbol{\alpha}$、$\boldsymbol{\beta}$ 为邻边的平行四边形(图 4.15) 的面积相同。

由向量积的定义可知，$\boldsymbol{\alpha}\times\boldsymbol{\beta}=\mathbf{0}\Rightarrow\boldsymbol{\alpha}$ 与 $\boldsymbol{\beta}$ 平行，这里 $\boldsymbol{\alpha}\neq\mathbf{0}$，$\boldsymbol{\beta}\neq\mathbf{0}$。

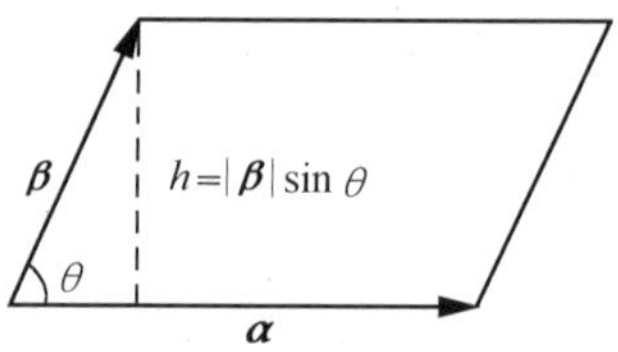

图 4.15

现在空间直角坐标系 $Oxyz$ 的三条轴 Ox、Oy、Oz 的正方向依次取三个单位向量 $\boldsymbol{i},\boldsymbol{j},\boldsymbol{k}$（也可以记做 $\boldsymbol{e}_1,\boldsymbol{e}_2,\boldsymbol{e}_3$，但在解析几何中习惯上记做 $\boldsymbol{i},\boldsymbol{j},\boldsymbol{k}$）。显然有

$$\boldsymbol{i}\times\boldsymbol{i}=\mathbf{0},\boldsymbol{j}\times\boldsymbol{j}=\mathbf{0},\boldsymbol{k}\times\boldsymbol{k}=\mathbf{0},\boldsymbol{i}\times\boldsymbol{j}=\boldsymbol{k},\boldsymbol{j}\times\boldsymbol{k}=\boldsymbol{i},\boldsymbol{k}\times\boldsymbol{i}=\boldsymbol{j},$$
$$\boldsymbol{j}\times\boldsymbol{i}=-\boldsymbol{k},\boldsymbol{k}\times\boldsymbol{j}=-\boldsymbol{i},\boldsymbol{i}\times\boldsymbol{k}=-\boldsymbol{j}$$

空间中的任二个向量

$$\boldsymbol{\alpha}=a_1\boldsymbol{i}+a_2\boldsymbol{j}+a_3\boldsymbol{k}=(a_1,a_2,a_3)$$
$$\boldsymbol{\beta}=b_1\boldsymbol{i}+b_2\boldsymbol{j}+b_3\boldsymbol{k}=(b_1,b_2,b_3)$$

的向量积

$$\begin{aligned}\boldsymbol{\alpha}\times\boldsymbol{\beta}=&(a_1\boldsymbol{i}+a_2\boldsymbol{j}+a_3\boldsymbol{k})\times(b_1\boldsymbol{i}+b_2\boldsymbol{j}+b_3\boldsymbol{k})=\\&a_1b_1\boldsymbol{i}\times\boldsymbol{i}+a_2b_2\boldsymbol{j}\times\boldsymbol{j}+a_3b_3\boldsymbol{k}\times\boldsymbol{k}+a_1b_2\boldsymbol{i}\times\boldsymbol{j}+\\&a_1b_3\boldsymbol{i}\times\boldsymbol{k}+a_2b_1\boldsymbol{j}\times\boldsymbol{i}+a_2b_3\boldsymbol{j}\times\boldsymbol{k}+a_3b_1\boldsymbol{k}\times\boldsymbol{i}+a_3b_2\boldsymbol{k}\times\boldsymbol{j}=\\&(a_2b_3-a_3b_2)\boldsymbol{i}-(a_1b_3-a_3b_1)\boldsymbol{j}+(a_1b_2-a_2b_1)\boldsymbol{k}\end{aligned}$$

利用行列式，我们可以记

$$\boldsymbol{\alpha}\times\boldsymbol{\beta}=\begin{vmatrix}\boldsymbol{i}&\boldsymbol{j}&\boldsymbol{k}\\a_1&a_2&a_3\\b_1&b_2&b_3\end{vmatrix}$$

向量积是有其物理意义的。设有一锥形刚体以等角速度 $\boldsymbol{\omega}$ 绕其中心轴 L 转动，$\boldsymbol{\omega}$ 的方向按“右手法则”规定为：用右手握住轴 L，四指指向旋转方向，则伸开的姆指的指向就是 $\boldsymbol{\omega}$ 的方向（图 4.16）。此时，点 P 的线速度 $\boldsymbol{v}$ 的大小为

$$|\boldsymbol{v}|=|\boldsymbol{\omega}||\overrightarrow{O_1P}|=|\boldsymbol{\omega}||\overrightarrow{OP}|\sin\theta=|\boldsymbol{\omega}\times\overrightarrow{OP}|$$

$\boldsymbol{v}$ 的方向恰为 $\boldsymbol{\omega}\times\overrightarrow{OP}$ 的方向，所以，$\boldsymbol{v}=\boldsymbol{\omega}\times\overrightarrow{OP}$。

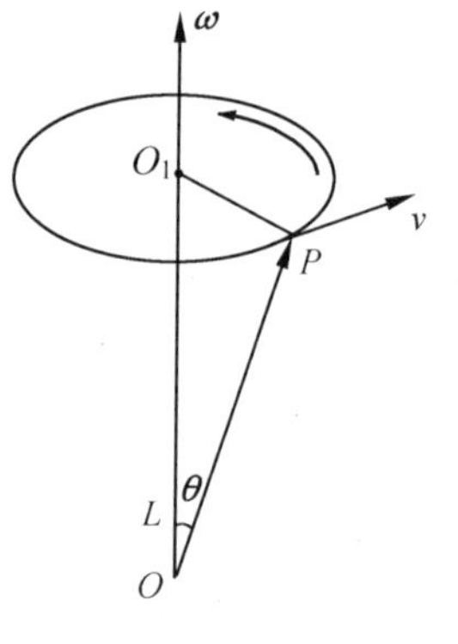

图 4.16

【定义 4.20】 设 $\boldsymbol{\alpha}$、$\boldsymbol{\beta}$、$\boldsymbol{\gamma}$ 为三维向量空间中的三个向量，称

$$(\boldsymbol{\alpha}\times\boldsymbol{\beta},\boldsymbol{\gamma})$$

为 $\boldsymbol{\alpha}$、$\boldsymbol{\beta}$ 与 $\boldsymbol{\gamma}$ 的**混合积**。

向量的混合积的几何意义如下：$\boldsymbol{\alpha}\times\boldsymbol{\beta}$ 与 $\boldsymbol{\alpha}$、$\boldsymbol{\beta}$ 正交，且 $\boldsymbol{\alpha}$、$\boldsymbol{\beta}$、$\boldsymbol{\alpha}\times\boldsymbol{\beta}$ 构成右手系。$|\boldsymbol{\alpha}\times\boldsymbol{\beta}|=|\boldsymbol{\alpha}||\boldsymbol{\beta}|\sin<\boldsymbol{\alpha},\boldsymbol{\beta}>$ 恰为 $\boldsymbol{\alpha}$、$\boldsymbol{\beta}$ 所张成平行四边形的面积。以 θ 表示 $<\boldsymbol{\alpha}\times\boldsymbol{\beta},\boldsymbol{\gamma}>$，则

$$(\boldsymbol{\alpha}\times\boldsymbol{\beta},\boldsymbol{\gamma})=|\boldsymbol{\alpha}\times\boldsymbol{\beta}|\cdot|\boldsymbol{\gamma}|\cos\theta$$

其中 $|\boldsymbol{\gamma}|\cos\theta$ 为 $\boldsymbol{\gamma}$ 在 $\boldsymbol{\alpha}\times\boldsymbol{\beta}$ 所在直线上的投影，而此直线恰为 $\boldsymbol{\alpha}$、$\boldsymbol{\beta}$ 张成平面的垂线。因而 $|(\boldsymbol{\alpha}\times\boldsymbol{\beta},\boldsymbol{\gamma})|$ 为以 $\boldsymbol{\alpha}$、$\boldsymbol{\beta}$、$\boldsymbol{\gamma}$ 为棱的平行六面体的体积。当 $\boldsymbol{\alpha}$、$\boldsymbol{\beta}$、$\boldsymbol{\gamma}$ 成右手系时，$(\boldsymbol{\alpha}\times\boldsymbol{\beta},\boldsymbol{\gamma})$ 为正，当 $\boldsymbol{\alpha}$、$\boldsymbol{\beta}$、$\boldsymbol{\gamma}$ 成左手系时，$(\boldsymbol{\alpha}\times\boldsymbol{\beta},\boldsymbol{\gamma})$ 为负，因而称 $(\boldsymbol{\alpha}\times\boldsymbol{\beta},\boldsymbol{\gamma})$ 为 $\boldsymbol{\alpha}$、$\boldsymbol{\beta}$、$\boldsymbol{\gamma}$ 张成的平行六面体的**有向体积**，也简称**体积**。

为方便起见，经常将 $(\boldsymbol{\alpha}\times\boldsymbol{\beta},\boldsymbol{\gamma})$ 记为 $[\boldsymbol{\alpha}\ \boldsymbol{\beta}\ \boldsymbol{\gamma}]$。

【定理 4.11】 设 $Oxyz$ 为三维空间中直角坐标系，$\boldsymbol{i}$、$\boldsymbol{j}$、$\boldsymbol{k}$ 依次为 Ox、Oy、Oz 正方向上的三个单位向量。令

$$\boldsymbol{\alpha}=a_1\boldsymbol{i}+a_2\boldsymbol{j}+a_3\boldsymbol{k}$$
$$\boldsymbol{\beta}=b_1\boldsymbol{i}+b_2\boldsymbol{j}+b_3\boldsymbol{k}$$

$$\boldsymbol{\gamma}=c_1\boldsymbol{i}+c_2\boldsymbol{j}+c_3\boldsymbol{k}$$

则 $$(\boldsymbol{\alpha}\times\boldsymbol{\beta},\boldsymbol{\gamma})=[\boldsymbol{\alpha}\ \boldsymbol{\beta}\ \boldsymbol{\gamma}]=\begin{vmatrix}a_1 & a_2 & a_3\\ b_1 & b_2 & b_3\\ c_1 & c_2 & c_3\end{vmatrix}$$

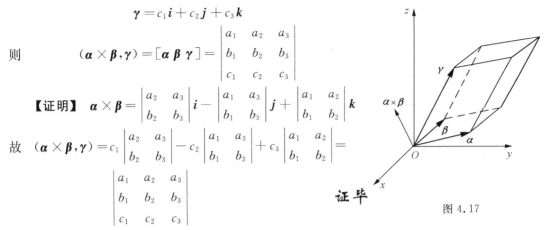

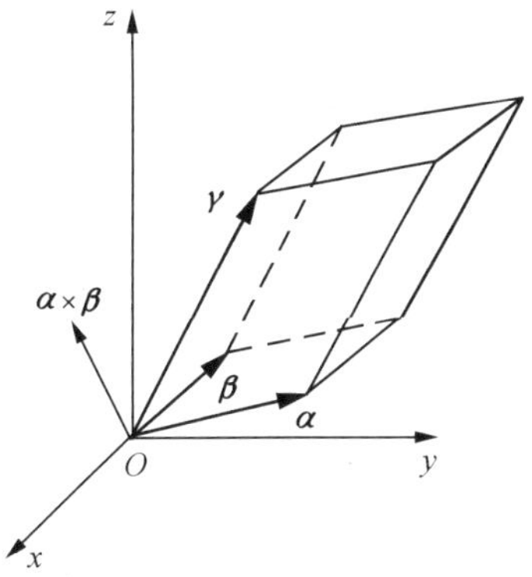

图 4.17

【证明】 $$\boldsymbol{\alpha}\times\boldsymbol{\beta}=\begin{vmatrix}a_2 & a_3\\ b_2 & b_3\end{vmatrix}\boldsymbol{i}-\begin{vmatrix}a_1 & a_3\\ b_1 & b_3\end{vmatrix}\boldsymbol{j}+\begin{vmatrix}a_1 & a_2\\ b_1 & b_2\end{vmatrix}\boldsymbol{k}$$

故 $$(\boldsymbol{\alpha}\times\boldsymbol{\beta},\boldsymbol{\gamma})=c_1\begin{vmatrix}a_2 & a_3\\ b_2 & b_3\end{vmatrix}-c_2\begin{vmatrix}a_1 & a_3\\ b_1 & b_3\end{vmatrix}+c_3\begin{vmatrix}a_1 & a_2\\ b_1 & b_2\end{vmatrix}=$$

$$\begin{vmatrix}a_1 & a_2 & a_3\\ b_1 & b_2 & b_3\\ c_1 & c_2 & c_3\end{vmatrix}$$

证毕

由定理 4.11 及行列式的性质知：

(1) $[\boldsymbol{\alpha}\ \boldsymbol{\beta}\ \boldsymbol{\gamma}]=[\boldsymbol{\beta}\ \boldsymbol{\gamma}\ \boldsymbol{\alpha}]=[\boldsymbol{\gamma}\ \boldsymbol{\alpha}\ \boldsymbol{\beta}]=-[\boldsymbol{\beta}\ \boldsymbol{\alpha}\ \boldsymbol{\gamma}]=-[\boldsymbol{\gamma}\ \boldsymbol{\beta}\ \boldsymbol{\alpha}]=-[\boldsymbol{\alpha}\ \boldsymbol{\gamma}\ \boldsymbol{\beta}]$；

(2) 向量 α、β、γ 共面的充要条件是$[\alpha\ \beta\ \gamma]=\mathbf{0}$。

【例 4.25】 已知三点 $M(1,1,1)$、$A(2,2,1)$ 和 $B(2,1,2)$，求$\angle AMB$ 及$\triangle AMB$ 的面积。

【解】 作向量$\overrightarrow{MA}$、$\overrightarrow{MB}$，$\angle AMB$ 就是向量$\overrightarrow{MA}$ 与$\overrightarrow{MB}$ 的夹角，$\overrightarrow{MA}=(1,1,0)$，$\overrightarrow{MB}=(1,0,1)$，从而

$$\overrightarrow{MA}\cdot\overrightarrow{MB}=1\times1+1\times0+0\times1=1$$

$$|\overrightarrow{MA}|=\sqrt{1+1+0}=\sqrt{2}$$

$$|\overrightarrow{MB}|=\sqrt{1+0+1}=\sqrt{2}$$

$$\cos(\angle AMB)=\frac{\overrightarrow{MA}\cdot\overrightarrow{MB}}{|\overrightarrow{MA}||\overrightarrow{MB}|}=\frac{1}{2}$$

由此知 $\angle AMB=\frac{\pi}{3}$。

$\triangle AMB$ 的面积 $S_{\triangle AMB}$ 等于$\overrightarrow{MA}$ 与$\overrightarrow{MB}$ 的向量积的长度的一半，而

$$\overrightarrow{MA}\times\overrightarrow{MB}=\begin{vmatrix}\boldsymbol{i} & \boldsymbol{j} & \boldsymbol{k}\\ 1 & 1 & 0\\ 1 & 0 & 1\end{vmatrix}=\boldsymbol{i}-\boldsymbol{j}-\boldsymbol{k}$$

$$S_{\triangle AMB}=\frac{1}{2}|\overrightarrow{MA}\times\overrightarrow{MB}|=\frac{1}{2}\sqrt{1+1+1}=\frac{\sqrt{3}}{2}$$

【例 4.26】 已知空间中四点：$A(1,1,1)$，$B(4,4,4)$，$C(3,5,5)$，$D(2,4,7)$，求四面体 $ABCD$ 的体积。

【解】 四面体 $ABCD$ 的体积 V_{ABCD} 等于以向量$\overrightarrow{AB}$、$\overrightarrow{AC}$、$\overrightarrow{AD}$ 为棱作的平行六面体体积的 $\frac{1}{6}$，而该平行六面体的体积等于混合积$[\overrightarrow{AB}\ \ \overrightarrow{AC}\ \ \overrightarrow{AD}]$ 的绝对值。

$$\overrightarrow{AB}=(3,3,3),\overrightarrow{AC}=(2,4,4),\overrightarrow{AD}=(1,3,6)$$

$$[\overrightarrow{AB}\ \ \overrightarrow{AC}\ \ \overrightarrow{AD}]=\begin{vmatrix}3 & 3 & 3\\ 2 & 4 & 4\\ 1 & 3 & 6\end{vmatrix}=18$$

$$V_{ABCD}=\frac{1}{6}|[\overrightarrow{AB}\ \ \overrightarrow{AC}\ \ \overrightarrow{AD}]|=\frac{1}{6}\times18=3$$

直线与平面

三维几何空间中的一维子空间和二维子空间就是通常我们所说的直线与平面。当具体地研究某一直线或平面时,经常通过坐标法将这一直线或平面与方程联系起来。在4.2节中我们已通过方向向量建立了直线的某些方程。这一节中我们将利用向量的数量积、向量积等建立一些平面的方程和直线的方程。

本节中总假定已取定三维几何空间中的一个坐标系(一般为直角坐标系)。

A. 空间中平面的方程

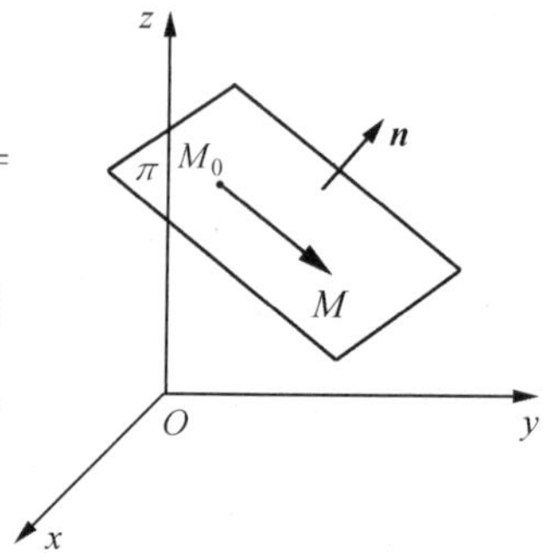

图 4.18

设平面 π 通过点 $M_0(x_0,y_0,z_0)$,并且垂直于非零向量 $\boldsymbol{n}=(A,B,C)$(图4.18),让我们来建立平面 π 的方程。

称垂直于平面 π 的非零向量 $\boldsymbol{n}=(A,B,C)$ 为平面 π 的**法向量**。设 $M(x,y,z)$ 是平面 π 上的任意一点,则 $\overrightarrow{M_0M}$ 与 $\boldsymbol{n}$ 垂直,从而

$$\boldsymbol{n}\cdot\overrightarrow{M_0M}=0$$

由 $\overrightarrow{M_0M}=\overrightarrow{OM}-\overrightarrow{OM_0}=(x-x_0,y-y_0,z-z_0)$,$\boldsymbol{n}=(A,B,C)$ 知

$$A(x-x_0)+B(y-y_0)+C(z-z_0)=0 \tag{4.7}$$

即平面 π 上任意一点 $M(x,y,z)$ 的坐标满足式(4.7)。反之若点 $M(x,y,z,)$ 的坐标满足式(4.7),则 $\overrightarrow{M_0M}$ 与 $\boldsymbol{n}$ 垂直,故点 M 必在平面 π 上。从而方程(4.7)就是平面 π 的方程,称其为平面 π 的**点法式方程**。

将方程(4.7)整理,得

$$Ax+By+Cz+D=0 \tag{4.8}$$

其中 $D=-(Ax_0+By_0+Cz_0)$,称方程(4.8)为**平面 π 的一般方程。**

由于任一平面都可用它上面的一点及它的法向量来确定,所以由上面的讨论可知,任一空间平面 π 的方程都可以写成形如式(4.8)的三元一次方程的形式。反之,当 A、B、C 中至少有一个不为零时,形如式(4.8)的每一个三元一次方程都能确定一个法向量为 $\boldsymbol{n}=(A,B,C)$ 的平面。事实上,任取满足式(4.8)的一组数 x_0,y_0,z_0,则

$$Ax_0+By_0+Cz_0+D=0 \tag{4.9}$$

由式(4.8)、(4.9)得

$$A(x-x_0)+B(y-y_0)+C(z-z_0)=0 \tag{4.10}$$

这是通过点 $M_0(x_0,y_0,z_0)$,垂直于 $\boldsymbol{n}=(A,B,C)$ 的平面方程。又式(4.8)与式(4.10)同解,故当 A、B、C 不全为零时,任意一个形如式(4.8)的三元一次方程都是平面方程。

【例4.27】 已知平面 π 过点 $M_0(2,1,0)$,且平面 π 平行于向量 $\boldsymbol{\alpha}=(1,0,1)$ 和 $\boldsymbol{\beta}=(0,1,0)$,求平面 π 的方程。

【解】 由于平面 π 平行于向量 $\boldsymbol{\alpha}$ 和 $\boldsymbol{\beta}$,故 $\boldsymbol{\alpha}\times\boldsymbol{\beta}$ 与平面 π 垂直,可作为 π 的法向量。由

$$\boldsymbol{\alpha}\times\boldsymbol{\beta}=\begin{vmatrix}\boldsymbol{i}&\boldsymbol{j}&\boldsymbol{k}\\1&0&1\\0&1&0\end{vmatrix}=-\boldsymbol{i}+\boldsymbol{k}=(-1,0,1)$$

及平面 π 通过点 $M_0(2,1,0)$ 知，平面 π 的方程为

$$-1(x-2)+0(y-1)+(x-0)=0$$

即

$$x-z-2=0$$

现设 $M_1(x_1,y_1,z_1)$、$M_2(x_2,y_2,z_2)$、$M_3(x_3,y_3,z_3)$ 是空间中不在同一条直线上的三点，让我们来确定过这三点的平面 π 的方程。

因 M_1、M_2、M_3 在平面 π 上，故 $\overrightarrow{M_1M_2}$、$\overrightarrow{M_1M_3}$ 都平行于平面 π。由于 M_1、M_2、M_3 不共线，所以 $\overrightarrow{M_1M_2}$、$\overrightarrow{M_1M_3}$ 不共线，故 $\overrightarrow{M_1M_2}\times\overrightarrow{M_1M_3}$ 是平面 π 的法向量。

$$\overrightarrow{M_1M_2}=\overrightarrow{OM_2}-\overrightarrow{OM_1}=(x_2-x_1,y_2-y_1,z_2-z_1)$$

$$\overrightarrow{M_1M_3}=\overrightarrow{OM_3}-\overrightarrow{OM_1}=(x_3-x_1,y_3-y_1,z_3-z_1)$$

$$\overrightarrow{M_1M_2}\times\overrightarrow{M_1M_3}=\begin{vmatrix} \boldsymbol{i} & \boldsymbol{j} & \boldsymbol{k} \\ x_2-x_1 & y_2-y_1 & z_2-z_1 \\ x_3-x_1 & y_3-y_1 & z_3-z_1 \end{vmatrix}=$$

$$\left(\begin{vmatrix} y_2-y_1 & z_2-z_1 \\ y_3-y_1 & z_3-z_1 \end{vmatrix},-\begin{vmatrix} x_2-x_1 & z_2-z_1 \\ x_3-x_1 & z_3-z_1 \end{vmatrix},\begin{vmatrix} x_2-x_1 & y_2-y_1 \\ x_3-x_1 & y_3-y_1 \end{vmatrix}\right)$$

又点 $M_1(x_1,y_1,z_1)$ 在平面 π 上，故平面 π 的方程为

$$\begin{vmatrix} y_2-y_1 & z_2-z_1 \\ y_3-y_1 & z_3-z_1 \end{vmatrix}(x-x_1)-\begin{vmatrix} x_2-x_1 & z_2-z_1 \\ x_3-x_1 & z_3-z_1 \end{vmatrix}(y-y_1)+\begin{vmatrix} x_2-x_1 & y_2-y_1 \\ x_3-x_1 & y_3-y_1 \end{vmatrix}\times(z-z_1)=0$$

即

$$\begin{vmatrix} x-x_1 & y-y_1 & z-z_1 \\ x_2-x_1 & y_2-y_1 & z_2-z_1 \\ x_3-x_1 & y_3-y_1 & z_3-z_1 \end{vmatrix}=0 \tag{4.11}$$

方程(4.11)称为平面 π 的**三点式方程**。

【例 4.28】 设一平面 π 与 x、y、z 轴分别交于 $P(a,0,0)$、$Q(0,b,0)$ 和 $R(0,0,c)$（图 4.19）。求平面 π 的方程（a,b,c 都不为零）。

【解】 因 P、Q、R 三点不共线，平面 π 的三点式方程为

$$\begin{vmatrix} x-a & y-0 & z-0 \\ 0-a & b-0 & 0-0 \\ 0-a & 0-0 & c-0 \end{vmatrix}=0$$

即

$$bcx+acy+abz=abc$$

由 a、b、c 都不为零，得

$$\frac{x}{a}+\frac{y}{b}+\frac{z}{c}=1 \tag{4.12}$$

称方程(4.12)为平面 π 的**截距式方程**。

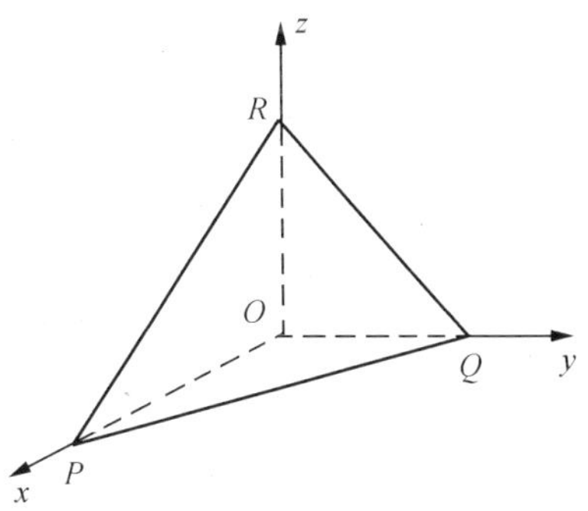

图 4.19

【例 4.29】 设平面 π 过点 $M_0(2,3,4)$ 及 z 轴，求平面 π 的方程。

【解法 1】（待定系数法） 设平面 π 的方程为

$$Ax+By+Cz+D=0$$

因平面 π 通过 z 轴，故点 $(0,0,0)$ 及 $(0,0,1)$ 在平面 π 上，于

是 $C=D=0$。又 $M_0(2,3,4)$ 在平面 π 上，故 $2A+3B=0, A=-\frac{3}{2}B$。从而平面 π 的方程为

$$-\frac{3}{2}Bx+By=0$$

即

$$3x-2y=0$$

【解法 2】 三点 $O(0,0,0)$、$P(0,0,1)$、$M_0(2,3,4)$ 在平面 π 上，且不共线。由平面的三点式方程得

$$\begin{vmatrix} x & y & z \\ 0 & 0 & 1 \\ 2 & 3 & 4 \end{vmatrix}=0$$

即

$$3x-2y=0$$

【解法 3】 由于 $\overrightarrow{OM_0}$ 及 z 轴都平行于平面 π，故可取平面 π 的法向量为

$$\boldsymbol{n}=\overrightarrow{OM_0}\times\boldsymbol{k}=\begin{vmatrix} \boldsymbol{i} & \boldsymbol{j} & \boldsymbol{k} \\ 2 & 3 & 4 \\ 0 & 0 & 1 \end{vmatrix}=(3,-2,0)$$

由点法式方程得平面 π 的方程为(π 过原点)

$$3x-2y=0$$

给定一个点 $P(x_0,y_0,z_0)$ 及不共线的两个向量 $\boldsymbol{\alpha}_1=(x_1,y_1,z_1)$、$\boldsymbol{\alpha}_2=(x_2,y_2,z_2)$ 就可惟一确定一个平面 π，使 π 通过点 P 且与 $\boldsymbol{\alpha}_1$、$\boldsymbol{\alpha}_2$ 平行，即平面 π 上任一点 $M(x,y,z)$ 的坐标满足关系式

$$\begin{cases} x=x_0+t_1x_1+t_2x_2 \\ y=y_0+t_1y_1+t_2y_2 \\ z=z_0+t_1z_1+t_2z_2 \end{cases}$$

称其为平面 π 的**参数方程**，t_1、t_2 是参数。消去参数就能得到形如式(4.8) 的一般方程(请读者自行推导)。

B. 空间中直线的方程

在 4.2 节中我们已经介绍过直线的参数方程与两点式方程。从几何学的角度来看，空间直线往往是两个不互相平行的平面的交线。前面已经介绍了几何空间中平面的方程，因此可以考虑利用平面方程来给出空间直线的方程。

设平面 π_1、π_2 为

$$\pi_1: A_1x+B_1y+C_1z+D_1=0$$
$$\pi_2: A_2x+B_2y+C_2z+D_2=0$$

π_1、π_2 相交于一条直线 L(图 4.20)，则直线 L 的方程为

$$\begin{cases} A_1x+B_1y+C_1z+D_1=0 \\ A_2x+B_2y+C_2z+D_2=0 \end{cases} \tag{4.13}$$

称方程(4.13) 为直线 L 的**一般方程**。

通过给定直线 L 的平面有无限多个，在这无限多个平面中任选两个不重合的平面，把它们的方程联立起来，所得的方程就是 L 的一般方程。但把任意两个平面的方程联立在一起并不一定确定出一条直线的方程，因这两个平面可能平行。在方程组(4.13) 中若平面 π_1 与 π_2 的

法向量平行，即$(A_1,B_1,C_1)=k(A_2,B_2,C_2)(k\in\boldsymbol{R})$，那么$\pi_1$与$\pi_2$平行。

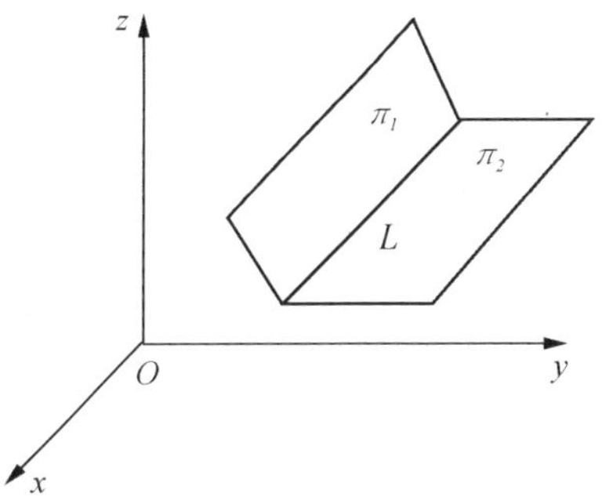

图 4.20

【例 4.30】 设直线 L 的一般方程为

$$\begin{cases}x+3y+2z=0\\x+4y+2z=0\end{cases}$$

试求 L 的标准方程和参数方程。

【解】 设 $\pi_1:x+3y+2z=0$

$\pi_1:x+4y+2z=0$

π_1、π_2 的法向量分别为 $\boldsymbol{n}_1=(1,3,2)$，$\boldsymbol{n}_2=(1,4,2)$，它们的向量积是 L 的方向向量。

$$\boldsymbol{n}_1\times\boldsymbol{n}_2=\begin{vmatrix}\boldsymbol{i}&\boldsymbol{j}&\boldsymbol{k}\\1&3&2\\1&4&2\end{vmatrix}=(-2,0,1)$$

又 $M_0(0,0,0)$ 在直线 L 上，故直线 L 的标准方程为

$$\frac{x}{-2}=\frac{z}{1}$$

令$\frac{x}{-2}=\frac{z}{1}=t$，得直线 L 的参数方程

$$\begin{cases}x=-2t\\y=0\\z=t\end{cases}$$

【例 4.31】 求与直线

$$L_1:\begin{cases}x=1\\y=-1+t\\z=2+t\end{cases}\qquad 及\qquad L_2:\frac{x+1}{1}=\frac{y+2}{2}=\frac{z-1}{1}$$

都平行且过原点的平面。

【解】 首先将直线 L_1 的方程写成标准式

$$L_1:\frac{x-1}{0}=\frac{y+1}{1}=\frac{z-2}{1}$$

则 L_1、L_2 的方向向量分别为 $\boldsymbol{s}_1=(0,1,1)$，$\boldsymbol{s}_2=(1,2,1)$。

解法 1 通过原点且平行于直线 L_1 与 L_2 的平面 π 的法向量为

$$\boldsymbol{n}=\begin{vmatrix}\boldsymbol{i}&\boldsymbol{j}&\boldsymbol{k}\\0&1&1\\1&2&1\end{vmatrix}=(-1,1,-1)$$

故平面 π 的方程为 $$-x+y-z=0$$

即 $$x-y+z=0$$

解法 2 设点 $P(x,y,z)$ 在平面 π 上，因原点 O 在平面 π 上，向量$\overrightarrow{OP}=(x,y,z)$与向量 $\boldsymbol{s}_1$、$\boldsymbol{s}_2$ 共面。因 $\boldsymbol{s}_1$、$\boldsymbol{s}_2$ 线性无关，$\overrightarrow{OP}$ 可由 $\boldsymbol{s}_1$、$\boldsymbol{s}_2$ 惟一表示，设为

$$\overrightarrow{OP}=k\boldsymbol{s}_1+l\boldsymbol{s}_2\qquad(k,l\in\boldsymbol{R})$$

写成坐标形式

$$\begin{cases} x = l \\ y = k + 2l \\ z = k + l \end{cases}$$

消去 k、l，得

$$x - y + z = 0$$

习　题　4

1. 已知 ▱$ABCD$ 的对角线为$\overrightarrow{AC} = \boldsymbol{\alpha}$，$\overrightarrow{BD} = \boldsymbol{\beta}$，求$\overrightarrow{AB}$、$\overrightarrow{BC}$、$\overrightarrow{CD}$、$\overrightarrow{DA}$。

2. 设 A、B、C 是任意三点，求$\overrightarrow{AB} + \overrightarrow{BC} + \overrightarrow{CA}$。

3. 如果平面上一个四边形的对角线互相平分，试应用向量证明它是平行四边形。

4. 用几何作图证明

(1) $(\boldsymbol{\alpha} + \boldsymbol{\beta}) + (\boldsymbol{\alpha} - \boldsymbol{\beta}) = 2\boldsymbol{\alpha}$

(2) $(\boldsymbol{\alpha} + \frac{1}{2}\boldsymbol{\beta}) - (\boldsymbol{\beta} + \frac{1}{2}\boldsymbol{\alpha}) = \frac{1}{2}(\boldsymbol{\alpha} - \boldsymbol{\beta})$

5. 已知 $\boldsymbol{\alpha} = (3,5,4)$，$\boldsymbol{\beta} = (-6,1,2)$，$\boldsymbol{\gamma} = (0,3,-4)$，求 $2\boldsymbol{\alpha} + 3\boldsymbol{\beta} + 4\boldsymbol{\gamma}$。

6. 已知点 $A(3,5,7)$ 和点 $B(0,1,-1)$，求向量$\overrightarrow{AB}$ 并求 A 关于 B 的对称点 C 的坐标。

7. 设向量 $\boldsymbol{\alpha}$ 的长度是 5，$\boldsymbol{\alpha}$ 与轴 u 的夹角是 30°，求 $\boldsymbol{\alpha}$ 在轴 u 上的投影。

8. 已知 $|\boldsymbol{\alpha} + \boldsymbol{\beta}| = |\boldsymbol{\alpha} - \boldsymbol{\beta}|$，试证(1) $\boldsymbol{\alpha} \cdot \boldsymbol{\beta} = 0$；(2) $\boldsymbol{\alpha} \times \boldsymbol{\beta} + \boldsymbol{\beta} \times \boldsymbol{\gamma} + \boldsymbol{\gamma} \times \boldsymbol{\alpha} = \mathbf{0}$ 的充要条件是 $\boldsymbol{\alpha}$、$\boldsymbol{\beta}$、$\boldsymbol{\gamma}$ 共面。

9. 设 $\boldsymbol{\alpha}$、$\boldsymbol{\beta}$、$\boldsymbol{\gamma}$ 是三个向量，k、l 是两个实数，试证

(1) $\boldsymbol{\alpha} \times \boldsymbol{\beta}$ 与 $k\boldsymbol{\alpha} + l\boldsymbol{\beta}$ 正交

(2) $(\boldsymbol{\gamma} \cdot \boldsymbol{\alpha})\boldsymbol{\beta} - (\boldsymbol{\beta} \cdot \boldsymbol{\alpha})\boldsymbol{\gamma}$ 与 $\boldsymbol{\alpha}$ 正交

10. 已知 $\boldsymbol{\alpha}$、$\boldsymbol{\beta}$、$\boldsymbol{\gamma}$ 为单位向量，且满足 $\boldsymbol{\alpha} + \boldsymbol{\beta} + \boldsymbol{\gamma} = \mathbf{0}$，计算 $\boldsymbol{\alpha} \cdot \boldsymbol{\beta} + \boldsymbol{\beta} \cdot \boldsymbol{\gamma} + \boldsymbol{\gamma} \cdot \boldsymbol{\alpha}$。

11. 已知 $\boldsymbol{\alpha} = (1,-2,3)$，$\boldsymbol{\beta} = (2,1,0)$，$\boldsymbol{\gamma} = (6,-2,6)$。

(1) $\boldsymbol{\alpha} + \boldsymbol{\beta}$ 是否与 $\boldsymbol{\gamma}$ 平行？

(2) 求 $\boldsymbol{\alpha} \cdot \boldsymbol{\beta}$，$\boldsymbol{\alpha} \cdot \boldsymbol{\gamma}$，$\langle \boldsymbol{\alpha}, \boldsymbol{\gamma} \rangle$；

(3) 求 $\boldsymbol{\alpha} \times \boldsymbol{\beta}$，$[\boldsymbol{\alpha}\boldsymbol{\beta}\,\boldsymbol{\gamma}]$；

(4) 设 $x = 3\boldsymbol{\alpha} + 4\boldsymbol{\beta} - \boldsymbol{\gamma}$，$y = 2\boldsymbol{\beta} + \boldsymbol{\gamma}$，求$\langle x, y \rangle$。

12. 已知 $\boldsymbol{\alpha} = (\boldsymbol{\alpha}_x, \boldsymbol{\alpha}_y, \boldsymbol{\alpha}_z)$，$\boldsymbol{\beta} = (\boldsymbol{\beta}_x, \boldsymbol{\beta}_y, \boldsymbol{\beta}_z)$，$\boldsymbol{\gamma} = (\boldsymbol{\gamma}_x, \boldsymbol{\gamma}_y, \boldsymbol{\gamma}_z)$，试利用行列式的性质证明

$$(\boldsymbol{\alpha} \times \boldsymbol{\beta}) \cdot \boldsymbol{\gamma} = (\boldsymbol{\beta} \times \boldsymbol{\gamma}) \cdot \boldsymbol{\alpha} = (\boldsymbol{\gamma} \times \boldsymbol{\alpha}) \cdot \boldsymbol{\beta}$$

13. 已知空间三点 $A(1,0,-1)$，$B(1,-2,0)$，$C(1,1,1)$。

(1) 求以 OA、OB 为邻边的平行四边形的面积；

(2) 求以 O、A、B、C 为顶点的四面体的体积。

14. 判断 $\boldsymbol{\alpha}$、$\boldsymbol{\beta}$、$\boldsymbol{\gamma}$ 是否共面

(1) $\boldsymbol{\alpha} = (4,0,2)$，$\boldsymbol{\beta} = (6,-9,8)$，$\boldsymbol{\gamma} = (6,-3,3)$

(2) $\boldsymbol{\alpha} = (1,-2,3)$，$\boldsymbol{\beta} = (3,3,1)$，$\boldsymbol{\gamma} = (1,7,-5)$

(3) $\boldsymbol{\alpha} = (1,-1,2)$，$\boldsymbol{\beta} = (2,4,5)$，$\boldsymbol{\gamma} = (3,9,8)$

15. $\triangle ABC$ 中，$\angle A = 90°$，$\angle B = 30°$，AD 是 BC 边上的高，求点 D 对坐标系$\{A; \overrightarrow{AB}, \overrightarrow{AC}\}$ 的坐标。

16. 在四面体 $OABC$ 中，M 是 $\triangle ABC$ 的重心，E、F 分别是 AB、AC 的中点，求向量 $\overrightarrow{EF}$、$\overrightarrow{ME}$、$\overrightarrow{MF}$ 在坐标系 $\{O;\overrightarrow{OA},\overrightarrow{OB},\overrightarrow{OC}\}$ 下的坐标。

17. 如 $\boldsymbol{\alpha}+\boldsymbol{\beta}+\boldsymbol{\gamma}=0$，证明 $\boldsymbol{\alpha}\times\boldsymbol{\beta}=\boldsymbol{\beta}\times\boldsymbol{\gamma}=\boldsymbol{\gamma}\times\boldsymbol{\alpha}$。

18. 如 $\boldsymbol{\alpha}\times\boldsymbol{\beta}=\boldsymbol{\gamma}\times\boldsymbol{\delta}$，$\boldsymbol{\alpha}\times\boldsymbol{\gamma}=\boldsymbol{\beta}\times\boldsymbol{\delta}$，证明 $\boldsymbol{\alpha}-\boldsymbol{\delta}$ 与 $\boldsymbol{\beta}-\boldsymbol{\gamma}$ 共线。

19. 已知向量 $\boldsymbol{\alpha}=\boldsymbol{i}$，$\boldsymbol{\beta}=\boldsymbol{j}-2\boldsymbol{k}$，$\boldsymbol{\gamma}=2\boldsymbol{i}-2\boldsymbol{j}+\boldsymbol{k}$，求单位向量 $\boldsymbol{\delta}$，使 $\boldsymbol{\delta}\perp\boldsymbol{\gamma}$，且 $\boldsymbol{\alpha}$、$\boldsymbol{\beta}$、$\boldsymbol{\delta}$ 共面。

20. 已知 $\boldsymbol{\alpha}=\boldsymbol{i}+\boldsymbol{j}$，$\boldsymbol{\beta}=\boldsymbol{j}+\boldsymbol{k}$，且 $\boldsymbol{\alpha}$、$\boldsymbol{\beta}$、$\boldsymbol{\gamma}$ 的长度相等，两两夹角也相等，试求 $\boldsymbol{\gamma}$。

21. 已知 $(\boldsymbol{\alpha}\times\boldsymbol{\beta})\cdot\boldsymbol{\gamma}=2$，求 $[(\boldsymbol{\alpha}+\boldsymbol{\beta})\times(\boldsymbol{\beta}-\boldsymbol{\gamma})]\cdot(\boldsymbol{\gamma}+\boldsymbol{\alpha})$。

22. 设 $\boldsymbol{\alpha}_1=\begin{bmatrix}2\\1\\3\\1\end{bmatrix}$，$\boldsymbol{\alpha}_2=\begin{bmatrix}1\\3\\1\\2\end{bmatrix}$，$\boldsymbol{\alpha}_3=\begin{bmatrix}4\\1\\-1\\1\end{bmatrix}$，试求满足下式的 α、β

(1) $\boldsymbol{\alpha}+\boldsymbol{\alpha}_1-\boldsymbol{\alpha}_3-3\boldsymbol{\alpha}_2=0$

(2) $2(\boldsymbol{\alpha}_1-\boldsymbol{\alpha})+5(\boldsymbol{\alpha}_2+\boldsymbol{\alpha})=2(\boldsymbol{\alpha}_3+\boldsymbol{\alpha})$

23. 设 $\mathbf{A}$ 是 n 阶实对称阵，试证对任意 $\boldsymbol{\alpha},\boldsymbol{\beta}\in\mathbf{R}^n$ 都有 $(\mathbf{A}\boldsymbol{\alpha},\boldsymbol{\beta})=(\boldsymbol{\alpha},\mathbf{A}\boldsymbol{\beta})$。

24. 在 $\mathbf{R}^4$ 中求一单位向量 $\boldsymbol{\alpha}$，使 $\boldsymbol{\alpha}$ 与

$$\begin{bmatrix}1\\1\\-1\\0\end{bmatrix},\quad\begin{bmatrix}1\\-1\\-1\\-1\end{bmatrix},\quad\begin{bmatrix}2\\1\\1\\2\end{bmatrix}$$

都正交。

25. 判定下列向量组是否线性相关，为什么？

(1) $\boldsymbol{\alpha}_1=\begin{bmatrix}-3\\2\\4\end{bmatrix}$，$\boldsymbol{\alpha}_2=\begin{bmatrix}6\\-4\\-8\end{bmatrix}$

(2) $\boldsymbol{\alpha}_1=\begin{bmatrix}1\\2\\3\end{bmatrix}$，$\boldsymbol{\alpha}_2=\begin{bmatrix}2\\1\\1\end{bmatrix}$，$\boldsymbol{\alpha}_3=\begin{bmatrix}0\\0\\0\end{bmatrix}$

(3) $\boldsymbol{\alpha}_1=\begin{bmatrix}1\\2\\1\end{bmatrix}$，$\boldsymbol{\alpha}_2=\begin{bmatrix}2\\1\\3\end{bmatrix}$，$\boldsymbol{\alpha}_3=\begin{bmatrix}1\\0\\1\end{bmatrix}$

(4) $\boldsymbol{\alpha}_1=\begin{bmatrix}1\\2\\0\end{bmatrix}$，$\boldsymbol{\alpha}_2=\begin{bmatrix}1\\1\\0\end{bmatrix}$，$\boldsymbol{\alpha}_3=\begin{bmatrix}2\\5\\0\end{bmatrix}$

(5) $\boldsymbol{\alpha}_1=\begin{bmatrix}1\\0\\0\\0\end{bmatrix}$，$\boldsymbol{\alpha}_2=\begin{bmatrix}3\\2\\0\\0\end{bmatrix}$，$\boldsymbol{\alpha}_3=\begin{bmatrix}2\\7\\4\\5\end{bmatrix}$，$\boldsymbol{\alpha}_4=\begin{bmatrix}2\\3\\1\\0\end{bmatrix}$

(6) $\boldsymbol{\alpha}_1=\begin{bmatrix}1\\1\\0\\0\end{bmatrix},\boldsymbol{\alpha}_2=\begin{bmatrix}2\\2\\0\\0\end{bmatrix},\boldsymbol{\alpha}_3=\begin{bmatrix}2\\1\\3\\1\end{bmatrix}$

26. 判断下列命题是否正确：

(1) 若有常数 k_1、k_2、k_3，使 $k_1\boldsymbol{\alpha}_1+k_2\boldsymbol{\alpha}_2+k_3\boldsymbol{\alpha}_3=\mathbf{0}$，则向量组 $\boldsymbol{\alpha}_1,\boldsymbol{\alpha}_2,\boldsymbol{\alpha}_3$ 线性相关；

(2) 若 $\boldsymbol{\beta}$ 不能表为 $\boldsymbol{\alpha}_1,\boldsymbol{\alpha}_2$ 的线性组合，则向量组 $\boldsymbol{\alpha}_1,\boldsymbol{\alpha}_2,\boldsymbol{\beta}$ 线性无关；

(3) 若 $\boldsymbol{\alpha}_1,\boldsymbol{\alpha}_2$ 线性无关，且 $\boldsymbol{\beta}$ 不能由 $\boldsymbol{\alpha}_1,\boldsymbol{\alpha}_2$ 线性表示，则向量组 $\boldsymbol{\alpha}_1,\boldsymbol{\alpha}_2,\boldsymbol{\beta}$ 线性无关；

(4) 若向量组 $\boldsymbol{\alpha}_1,\boldsymbol{\alpha}_2,\boldsymbol{\alpha}_3$ 线性相关，则 $\boldsymbol{\alpha}_1,\boldsymbol{\alpha}_2,\boldsymbol{\alpha}_3$ 中任一向量都可由其余 2 个向量线性表示；

(5) 若向量组 $\boldsymbol{\alpha}_1,\boldsymbol{\alpha}_2,\boldsymbol{\alpha}_3$ 中任意一个向量都可以由其余 2 个向量线性表示，则 $\boldsymbol{\alpha}_1,\boldsymbol{\alpha}_2,\boldsymbol{\alpha}_3$ 线性相关；

(6) 若向量组 $\boldsymbol{\alpha}_1,\boldsymbol{\alpha}_2,\boldsymbol{\alpha}_3$ 中任两个向量都线性无关，则 $\boldsymbol{\alpha}_1,\boldsymbol{\alpha}_2,\boldsymbol{\alpha}_3$ 也线性无关；

(7) 设有一组数 k_1,k_2,k_3，使 $k_1\boldsymbol{\alpha}_1+k_2\boldsymbol{\alpha}_2+k_3\boldsymbol{\alpha}_3=\mathbf{0}$，且 $\boldsymbol{\alpha}_3$ 可由 $\boldsymbol{\alpha}_1,\boldsymbol{\alpha}_2$ 线性表示，则 $k_1\neq 0$。

27. 设 $\boldsymbol{\alpha}_1,\boldsymbol{\alpha}_2,\boldsymbol{\alpha}_3$ 线性无关。若 $\boldsymbol{\beta}$ 可由 $\boldsymbol{\alpha}_1,\boldsymbol{\alpha}_2,\boldsymbol{\alpha}_3$ 线性表示，试证表示式是惟一的。

28. 设 $\boldsymbol{\beta}$ 可由 $\boldsymbol{\alpha}_1,\boldsymbol{\alpha}_2,\boldsymbol{\alpha}_3$ 线性表示，且表示法是惟一的，试证 $\boldsymbol{\alpha}_1,\boldsymbol{\alpha}_2,\boldsymbol{\alpha}_3$ 线性无关。

29. 设 $\boldsymbol{\alpha}_1,\boldsymbol{\alpha}_2,\boldsymbol{\alpha}_3$ 线性相关，$\boldsymbol{\alpha}_2,\boldsymbol{\alpha}_3,\boldsymbol{\alpha}_4$ 线性无关，试证：

(1) $\boldsymbol{\alpha}_1$ 可由 $\boldsymbol{\alpha}_2,\boldsymbol{\alpha}_3$ 线性表示；

(2) $\boldsymbol{\alpha}_4$ 不能由 $\boldsymbol{\alpha}_1,\boldsymbol{\alpha}_2,\boldsymbol{\alpha}_3$ 线性表示。

30. 已知 $\boldsymbol{\alpha}_1,\boldsymbol{\alpha}_2,\boldsymbol{\alpha}_3,\boldsymbol{\beta}$ 线性无关，令

$$\boldsymbol{\beta}_1=\boldsymbol{\alpha}_1+\boldsymbol{\beta},\boldsymbol{\beta}_2=\boldsymbol{\alpha}_2+2\boldsymbol{\beta},\boldsymbol{\beta}_3=\boldsymbol{\alpha}_3+3\boldsymbol{\beta}$$

试证：$\boldsymbol{\beta}_1,\boldsymbol{\beta}_2,\boldsymbol{\beta}_3,\boldsymbol{\beta}$ 线性无关。

31. 设 $\boldsymbol{\alpha}_1,\boldsymbol{\alpha}_2,\cdots,\boldsymbol{\alpha}_m$ 可由 $\boldsymbol{\beta}_1,\boldsymbol{\beta}_2,\cdots,\boldsymbol{\beta}_m$ 线性表示，且 $\boldsymbol{\alpha}_1,\boldsymbol{\alpha}_2,\cdots,\boldsymbol{\alpha}_m$ 线性无关，试证：向量组 $\boldsymbol{\beta}_1,\boldsymbol{\beta}_2,\cdots,\boldsymbol{\beta}_m$ 线性无关。

32. 设 $\boldsymbol{\alpha}$ 可由 $\boldsymbol{\alpha}_1,\boldsymbol{\alpha}_2,\boldsymbol{\alpha}_3$ 线性表示，但 $\boldsymbol{\alpha}$ 不能由 $\boldsymbol{\alpha}_2,\boldsymbol{\alpha}_3$ 线性表示，试证：$\boldsymbol{\alpha}_1$ 可由 $\boldsymbol{\alpha},\boldsymbol{\alpha}_2,\boldsymbol{\alpha}_3$ 线性表示。

33. 设向量组 $\boldsymbol{\alpha}_1,\boldsymbol{\alpha}_2,\cdots,\boldsymbol{\alpha}_m$ 与向量组 $\alpha_1,\alpha_2,\cdots,\alpha_m,\boldsymbol{\beta}$ 的秩相等。试证：向量组 $\boldsymbol{\alpha}_1,\boldsymbol{\alpha}_2,\cdots,\boldsymbol{\alpha}_m$ 与向量组 $\alpha_1,\alpha_2,\cdots,\alpha_m,\boldsymbol{\beta}$ 等价。

34. 确定数 a，使向量组

$$\boldsymbol{\alpha}_1=\begin{bmatrix}a\\1\\\vdots\\1\end{bmatrix},\boldsymbol{\alpha}_2=\begin{bmatrix}1\\a\\\vdots\\1\end{bmatrix},\cdots,\boldsymbol{\alpha}_n=\begin{bmatrix}1\\\vdots\\1\\a\end{bmatrix}$$

的秩为 n。

35. 设有向量组

$\boldsymbol{\alpha}_1=\begin{bmatrix}1\\2\\1\end{bmatrix},\boldsymbol{\alpha}_2=\begin{bmatrix}2\\1\\3\end{bmatrix},\boldsymbol{\alpha}_3=\begin{bmatrix}3\\1\\4\end{bmatrix},\boldsymbol{\alpha}_4=\begin{bmatrix}0\\2\\0\end{bmatrix},\boldsymbol{\alpha}_5=\begin{bmatrix}1\\1\\1\end{bmatrix}$，试求

(1) 该向量组的秩；

(2) 该向量组的一个极大无关组；

(3) 用(2) 中选定的极大无关组表示其余向量。

36. 试证：由向量

$$\boldsymbol{\alpha}_1=\begin{bmatrix}1\\0\\0\end{bmatrix},\boldsymbol{\alpha}_2=\begin{bmatrix}1\\1\\0\end{bmatrix},\boldsymbol{\alpha}_3=\begin{bmatrix}1\\1\\2\end{bmatrix}$$ 所生成的向量空间就是 $\mathbf{R}^3$。

37. 由 $\boldsymbol{\alpha}_1=(1,2,1,0)$、$\alpha_2=(1,0,1,0)$ 所生成的向量空间记做 V_1，由 $\boldsymbol{\beta}_1=(0,1,0,0)$、$\boldsymbol{\beta}_2=(3,0,3,0)$ 所生成的向量空间记做 V_2，证明：$V_1=V_2$。

38. 设 $V_1=\{(x_1,x_2,\cdots,x_n)\mid x_1,x_2,\cdots,x_n\in\mathbf{R}$，满足 $x_1+x_2+\cdots+x_n=0\}$，

$V_2=\{(x_1,x_2,\cdots,x_n)\mid x_1,x_2,\cdots,x_n\in\mathbf{R}$，且 $x_1+x_2+\cdots+x_n=1\}$，

问 V_1、V_2 是不是向量空间，为什么？

39. 验证 $\boldsymbol{\alpha}_1=(1,-1,0)$、$\boldsymbol{\alpha}_2=(2,1,3)$、$\boldsymbol{\alpha}_3=(3,1,2)$ 为 $\mathbf{R}^3$ 的一个基，并求 $\boldsymbol{\beta}_1=(5,0,7)$、$\boldsymbol{\beta}_2=(-9,-8,-13)$ 在这个基下的坐标。

40. 设 $a_1,a_2,\cdots,a_k$ 是互不相同的 k 个数，且 $k\leqslant n$，证明 n 维向量组

$$\boldsymbol{\alpha}_1=\begin{bmatrix}1\\a_1\\a_1^2\\\vdots\\a_1^{n-1}\end{bmatrix},\boldsymbol{\alpha}_2=\begin{bmatrix}1\\a_2\\a_2^2\\\vdots\\a_2^{n-1}\end{bmatrix},\cdots,\boldsymbol{\alpha}_k=\begin{bmatrix}1\\a_k\\a_k^2\\\vdots\\a_k^{n-1}\end{bmatrix}$$ 线性无关。

41. 设向量组 $\boldsymbol{\alpha}_1,\boldsymbol{\alpha}_2,\cdots,\boldsymbol{\alpha}_r$ 与向量组 $\boldsymbol{\beta}_1,\boldsymbol{\beta}_2,\cdots,\boldsymbol{\beta}_s$ 的秩相等，且 $\boldsymbol{\alpha}_1,\boldsymbol{\alpha}_2,\cdots,\boldsymbol{\alpha}_r$ 可由向量组 $\boldsymbol{\beta}_1,\boldsymbol{\beta}_2,\cdots,\boldsymbol{\beta}_s$ 线性表示，证明这两个向量组等价。

42. 设向量组 $\boldsymbol{\alpha}_1,\boldsymbol{\alpha}_2,\cdots,\boldsymbol{\alpha}_r,\boldsymbol{\alpha}_{r+1},\cdots,\boldsymbol{\alpha}_m$ 的秩为 s，向量组 $\boldsymbol{\alpha}_1,\boldsymbol{\alpha}_2,\cdots,\boldsymbol{\alpha}_r$ 的秩是 t，试证：$t\geqslant r+s-m$。

43. 设有 n 维列向量组 $\boldsymbol{\alpha}_1,\boldsymbol{\alpha}_2,\cdots,\boldsymbol{\alpha}_s$ 和 n 维列向量组 $\boldsymbol{\beta}_1,\boldsymbol{\beta}_2,\cdots,\boldsymbol{\beta}_t$，记 $\boldsymbol{A}=(\boldsymbol{\alpha}_1,\boldsymbol{\alpha}_2,\cdots,\boldsymbol{\alpha}_s)$，$\boldsymbol{B}=(\boldsymbol{\beta}_1,\boldsymbol{\beta}_2,\cdots,\boldsymbol{\beta}_t)$，则 $\boldsymbol{\alpha}_1,\boldsymbol{\alpha}_2,\cdots,\boldsymbol{\alpha}_s$ 可由 $\boldsymbol{\beta}_1,\boldsymbol{\beta}_2,\cdots,\boldsymbol{\beta}_t$ 线性表示的充要条件是存在矩阵 $\boldsymbol{C}$，使 $\boldsymbol{A}=\boldsymbol{BC}$。

44. 设 $m\times n$ 矩阵 $\boldsymbol{A}$ 经初等列变换化成矩阵 $\boldsymbol{B}$，试证 $\boldsymbol{A}$ 的列向量组与 $\boldsymbol{B}$ 的列向量组等价。

45. 设向量组 $\boldsymbol{\beta}_1,\boldsymbol{\beta}_2,\cdots,\boldsymbol{\beta}_r$ 可由向量组 $\boldsymbol{\alpha}_1,\boldsymbol{\alpha}_2,\cdots,\boldsymbol{\alpha}_s$ 线性表示为

$$(\boldsymbol{\beta}_1,\boldsymbol{\beta}_2,\cdots,\boldsymbol{\beta}_r)=(\boldsymbol{\alpha}_1,\boldsymbol{\alpha}_2,\cdots,\boldsymbol{\alpha}_s)\boldsymbol{K}$$

其中 $\boldsymbol{K}$ 为 $s\times r$ 矩阵，且 $\boldsymbol{\alpha}_1,\boldsymbol{\alpha}_2,\cdots,\boldsymbol{\alpha}_s$ 线性无关，证明 $\boldsymbol{\beta}_1,\boldsymbol{\beta}_2,\cdots,\boldsymbol{\beta}_r$ 线性无关的充要条件是矩阵 $\boldsymbol{K}$ 的秩 $R(\boldsymbol{K})=r$。

46. 设 $\boldsymbol{\alpha}_1,\boldsymbol{\alpha}_2,\cdots,\boldsymbol{\alpha}_n$ 是一组 n 维向量，证明该向量组线性无关的充要条件是：任一 n 维向量都可由它们线性表示。

47. 设 $\boldsymbol{\alpha}_1,\boldsymbol{\alpha}_2,\cdots,\boldsymbol{\alpha}_n$ 是 $\mathbf{R}^n$ 的一个基，$\boldsymbol{\alpha}\in\mathbf{R}^n$，若 $(\boldsymbol{\alpha},\boldsymbol{\alpha}_i)=0$，$i=1,2,\cdots,n$，则 $\boldsymbol{\alpha}=\mathbf{0}$。

48. 已知 $\boldsymbol{\alpha}_1,\boldsymbol{\alpha}_2,\boldsymbol{\alpha}_3$ 是 $\mathbf{R}^3$ 的一个标准正交基，求 $\boldsymbol{\beta}_1=\boldsymbol{\alpha}_1-\boldsymbol{\alpha}_2+\boldsymbol{\alpha}_3$ 与 $\boldsymbol{\beta}_2=2\boldsymbol{\alpha}_1+\boldsymbol{\alpha}_2+2\boldsymbol{\alpha}_3$ 的内积。

49. 将向量组

$$\boldsymbol{\alpha}_1=\begin{bmatrix}1\\1\\0\\0\end{bmatrix}\quad\boldsymbol{\alpha}_2=\begin{bmatrix}1\\0\\1\\1\end{bmatrix}\quad\boldsymbol{\alpha}_3=\begin{bmatrix}1\\1\\1\\1\end{bmatrix}$$

标准正交化。

50. 设 $\boldsymbol{A}$、$\boldsymbol{B}$ 都是 n 阶正交阵，试证：

(1) $\boldsymbol{A}^{-1}$ 是正交阵；(2) $\boldsymbol{AB}$ 是正交阵。

51. 求下列各平面的参数方程及一般方程：

(1) 经过点 $A(1,2,3)$ 且平行于向量 $\boldsymbol{v}_1=(1,-2,1)$，$\boldsymbol{v}_2=(0,1,2)$；

(2) 经过 $A(1,1,2)$、$B(3,-2,0)$、$C(10,5,-5)$ 三点；

(3) 经过点 $A(1,2,-1)$ 和 z 轴；

(4) 经过点 $A(4,0,-2)$、$B(5,1,7)$，且平行于 z 轴。

52. 已知两个平面

$$x-2y+3z+D=0,\ -2x+4y+Cz+5=0$$

问 C、D 为何值时，两平面平行？何时重合？

53. 求下列直线的参数方程及标准方程：

(1) 平行于 $\boldsymbol{\alpha}=(3,1,2)$ 且经过点 $P(1,0,-2)$；

(2) 平行于 x 轴且经过点 $P(-2,-3,1)$；

(3) 经过 $A(1,0,-1)$、$B(1,1,3)$ 两点；

(4) 经过点 $A(2,3,-5)$ 且与直线 $\dfrac{x-2}{-1}=\dfrac{y}{3}=\dfrac{z+1}{4}$ 平行。

54. 把直线方程化为标准方程

(1) $\begin{cases}x+y+z+3=0\\2x+3y-z+1=0\end{cases}$　　(2) $\begin{cases}3x-y+2=0\\4y+3z+1=0\end{cases}$

55. 判断直线与平面的位置关系，若有交点就求出交点坐标

(1) $\dfrac{x-5}{2}=\dfrac{y+3}{-2}=\dfrac{z-1}{3}$ 和 $x+2y-5z-11=0$

(2) $\dfrac{x-3}{2}=\dfrac{y+1}{-5}=\dfrac{z}{3}$ 和 $2x-y-2z+1=0$

(3) $\dfrac{x-13}{8}=\dfrac{y-1}{2}=\dfrac{z-4}{3}$ 和 $x+2y-4z+1=0$

56. 如直线 $\begin{cases}3x-y+2z-6=0\\x+4y-z+D=0\end{cases}$ 与 z 轴相交，求 D 值。

57. 证明下面两条直线

$$L_1:\frac{x-7}{3}=\frac{y-2}{2}=\frac{z-1}{-2}$$

$$L_2:x=1+2t,y=-2-3t,z=5+4t$$

共面，并求出它们所在平面的方程。

58. 求平面的法向量和点法式方程

(1) $3x-2y+5z-1=0$

(2) $x-y=0$

(3) $4x-3z+2=0$

59. 求点 $M(4,-3,1)$ 在平面 $x+2y-z-3=0$ 上的投影。

60. 检验以下集合对于所指定的加法和数乘运算是否构成线性空间：

(1) 全体 n 阶对称矩阵（反对称阵、上三角阵、对角阵）对于矩阵的加法和数乘；

(2) 平面上全体向量，关于通常的加法及如下定义的数乘：$k\boldsymbol{\alpha}=\boldsymbol{\alpha}$；

(3) 平面上全体向量，两个运算定义为

$$\boldsymbol{\alpha}+\boldsymbol{\beta}=\boldsymbol{\alpha}+(-\boldsymbol{\beta})$$
$$k\cdot\boldsymbol{\alpha}=-k\boldsymbol{\alpha}$$

(4) 全体正实数 $\mathbf{R}^+$，两个运算定义为

$$a+b=ab$$
$$k\cdot a=a^k$$

61. 证明线性空间的性质：

(1) $(-1)\boldsymbol{\alpha}=-\boldsymbol{\alpha},\forall\boldsymbol{\alpha}\in V$；

(2) $k\boldsymbol{\theta}=\boldsymbol{\theta},\forall k\in\mathbf{R},\boldsymbol{\theta}$ 为零向量。

62. $\mathbf{R}^3$ 中前两个分量相等的全体向量构成一个线性空间，试求出其维数及两组不同的基。

63. 设 $\boldsymbol{A}=\begin{bmatrix}1&2&3\\2&3&4\end{bmatrix}$，试把 $\boldsymbol{A}$ 的行向量组扩充成 $\mathbf{R}^3$ 的一组基，把 $\boldsymbol{A}$ 的列向量组缩小为 $\mathbf{R}^2$ 的一组基。

64. 在 $\mathbf{R}^4$ 中，求向量 $\boldsymbol{\beta}$ 在基 $\boldsymbol{\alpha}_1,\boldsymbol{\alpha}_2,\boldsymbol{\alpha}_3,\boldsymbol{\alpha}_4$ 下的坐标：

(1) $\boldsymbol{\alpha}_1=\begin{bmatrix}1\\1\\1\\1\end{bmatrix},\boldsymbol{\alpha}_2=\begin{bmatrix}1\\1\\-1\\-1\end{bmatrix},\boldsymbol{\alpha}_3=\begin{bmatrix}1\\-1\\1\\-1\end{bmatrix},\boldsymbol{\alpha}_4=\begin{bmatrix}1\\-1\\-1\\1\end{bmatrix};\boldsymbol{\beta}=\begin{bmatrix}1\\2\\1\\1\end{bmatrix}$

(2) $\boldsymbol{\alpha}_1=\begin{bmatrix}1\\1\\0\\1\end{bmatrix},\boldsymbol{\alpha}_2=\begin{bmatrix}2\\1\\3\\1\end{bmatrix},\boldsymbol{\alpha}_3=\begin{bmatrix}1\\1\\0\\0\end{bmatrix},\boldsymbol{\alpha}_4=\begin{bmatrix}0\\1\\-1\\-1\end{bmatrix};\boldsymbol{\beta}=\begin{bmatrix}0\\0\\0\\1\end{bmatrix}$

65. 求由基 $\varepsilon_1,\varepsilon_2,\varepsilon_3,\varepsilon_4$ 到基 $\eta_1,\eta_2,\eta_3,\eta_4$ 的过渡矩阵：

(1) $\boldsymbol{\varepsilon}_1=\boldsymbol{e}_1,\boldsymbol{\varepsilon}_2=\boldsymbol{e}_2,\boldsymbol{\varepsilon}_3=\boldsymbol{e}_3,\boldsymbol{\varepsilon}_4=\boldsymbol{e}_4$ 是自然基底，

$\boldsymbol{\eta}_1=(2,1,-1,1)^{\mathrm{T}},\boldsymbol{\eta}_2=(0,3,1,0)^{\mathrm{T}},\boldsymbol{\eta}_3=(5,3,2,1)^{\mathrm{T}},\boldsymbol{\eta}_4=(6,6,1,3)^{\mathrm{T}}$；

(2) $\boldsymbol{\varepsilon}_1=(1,1,1,1)^{\mathrm{T}},\boldsymbol{\varepsilon}_2=(1,2,1,1)^{\mathrm{T}},\boldsymbol{\varepsilon}_3=(1,1,2,1)^{\mathrm{T}},\boldsymbol{\varepsilon}_4=(1,3,2,3)^{\mathrm{T}}$，

$\boldsymbol{\eta}_1=(1,0,3,3)^{\mathrm{T}},\boldsymbol{\eta}_2=(-2,-3,-5,-4)^{\mathrm{T}},\boldsymbol{\eta}_3=(2,2,5,4)^{\mathrm{T}}$，

$\boldsymbol{\eta}_4=(-2,-3,-4,-4)^{\mathrm{T}}$。

66. 在次数小于或等于 n 的多项式空间 $F_{n+1}[x]$ 中，有两组基 $1,x,x^2,\cdots,x^n$；$1,x-a,(x-a)^2,\cdots,(x-a)^n$。求由第一组基到第二组基的过渡矩阵，并求 $f(x)=a_0+a_1x+a_2x^2+\cdots+a_nx^n$ 在这两组基下的坐标。

67. 在所有 2×2 矩阵构成的线性空间中，证明

$$\begin{bmatrix}1&1\\1&1\end{bmatrix},\begin{bmatrix}1&-1\\1&-1\end{bmatrix},\begin{bmatrix}1&1\\-1&-1\end{bmatrix},\begin{bmatrix}-1&1\\1&-1\end{bmatrix}$$

构成一个基，并求矩阵 $\begin{bmatrix}1&-2\\-3&4\end{bmatrix}$ 在这个基下的坐标。

68. 已知 $\boldsymbol{\alpha}_1=(1,2,-1,1)^{\mathrm{T}},\boldsymbol{\alpha}_2=(2,3,1,-1)^{\mathrm{T}},\boldsymbol{\alpha}_3=(-1,-1,-2,2)^{\mathrm{T}}$。

(1) 求 $\boldsymbol{\alpha}_1,\boldsymbol{\alpha}_2,\boldsymbol{\alpha}_3$ 的长度及彼此间的夹角；

(2) 求与 $\boldsymbol{\alpha}_1,\boldsymbol{\alpha}_2,\boldsymbol{\alpha}_3$ 都正交的向量。

69. 如 $\boldsymbol{\beta}$ 与 $\boldsymbol{\alpha}_1,\boldsymbol{\alpha}_2,\cdots,\boldsymbol{\alpha}_s$ 都正交，证明 $\boldsymbol{\beta}$ 与 $\boldsymbol{\alpha}_1,\boldsymbol{\alpha}_2,\cdots,\boldsymbol{\alpha}_s$ 的任一线性组合也正交。

70. 验证下列各组向量是正交的，并添加向量使之成为标准正交基：

(1) $(2,1,2)^{\mathrm{T}},(1,2,-2)^{\mathrm{T}}$；

(2) $(1,1,1,2)^{\mathrm{T}},(1,2,3,-3)^{\mathrm{T}}$。

71. 证明 n 阶主对角线元素为正数的上三角正交矩阵是单位矩阵。

72. 已知

$$\boldsymbol{Q}=\begin{bmatrix} a & -3/7 & 2/7 \\ b & c & d \\ -3/7 & 2/7 & e \end{bmatrix}$$

为正交阵，求 a、b、c、d、e 的值。

73. 写出所有 3 阶正交矩阵，它的元素是 0 或 1。

74. 如果一个正交阵中每个元素都是 1/4 或 $-1/4$，这个正交阵是几阶的？

75. 有两个原点相同的坐标系 $\{\boldsymbol{O};\boldsymbol{\alpha}_1,\boldsymbol{\alpha}_2,\boldsymbol{\alpha}_3\}$ 和 $\{\boldsymbol{O};\boldsymbol{\beta}_1,\boldsymbol{\beta}_2,\boldsymbol{\beta}_3\}$，其中 $\boldsymbol{\beta}_1,\boldsymbol{\beta}_2,\boldsymbol{\beta}_3$ 依次是由 $\boldsymbol{\alpha}_1,\boldsymbol{\alpha}_2$；$\boldsymbol{\alpha}_2,\boldsymbol{\alpha}_3$；$\boldsymbol{\alpha}_3,\boldsymbol{\alpha}_1$ 为边的平行四边形对角线向量（以 $\boldsymbol{O}$ 为起点），求点的坐标变换公式。

第 5 章　线性方程组及其在几何学中的应用

在工程技术和科学研究的各个领域，许多问题都最终归结为解线性方程组。因此，讨论线性方程组解的一般理论是非常有意义的。本章主要介绍以下几方面内容：

1. 线性方程组解的存在性；
2. 齐次线性方程组解的结构；
3. 非齐次线性方程组解的结构；
4. 线性方程组的几何应用。

线性方程组解的存在性

A. 基本概念

一般的 $\boldsymbol{n}$ 元线性方程组可以写成如下标准形式

$$\begin{cases}\boldsymbol{a}_{11}\boldsymbol{x}_1+\boldsymbol{a}_{12}\boldsymbol{x}_2+\cdots+\boldsymbol{a}_{1n}\boldsymbol{x}_n=\boldsymbol{b}_1\\ \boldsymbol{a}_{21}\boldsymbol{x}_1+\boldsymbol{a}_{22}\boldsymbol{x}_2+\cdots+\boldsymbol{a}_{2n}\boldsymbol{x}_n=\boldsymbol{b}_2\\ \vdots\qquad\quad\vdots\qquad\qquad\quad\vdots\qquad\vdots\\ \boldsymbol{a}_{m1}\boldsymbol{x}_1+\boldsymbol{a}_{m2}\boldsymbol{x}_2+\cdots+\boldsymbol{a}_{mn}\boldsymbol{x}_n=\boldsymbol{b}_m\end{cases}\tag{5.1}$$

其中 $x_1,x_2,\cdots,x_n$ 表示 n 个**未知量**，m 是方程个数，分别称

$$\boldsymbol{A}=\begin{bmatrix}a_{11}&a_{12}&\cdots&a_{1n}\\a_{21}&a_{22}&\cdots&a_{2n}\\\vdots&\vdots&&\vdots\\a_{m1}&a_{m2}&\cdots&a_{mn}\end{bmatrix},\boldsymbol{b}=\begin{bmatrix}b_1\\b_3\\\vdots\\b_m\end{bmatrix}$$

为方程组(5,1) 的**系数矩阵和常数项向量**。若将一组数 $c_1,c_2,\cdots,c_n$ 分别代替方程组(5.1) 中的 $x_1,x_2,\cdots,x_n$，使(5.1) 中的 m 个等式都成立，则称有序数组$(c_1,c_2,\cdots,c_n)$ 是方程组(5.1) 的**一个解**。方程组(5.1) 的全部解称为**解集合**。若两个方程组有相同的解集合，则称它们是**同解方程组**。若方程组(5.1) 有解，则称它是**相容的**，否则称为**不相容的**。若(5.1) 中的 b_1，$b_2,\cdots,b_m$ 不全为 0，则称方程组(5.1) 为**非齐次线性方程组**；否则称为**齐次线性方程组**。显然，$x_1=x_2=\cdots=x_n=0$ 满足齐次线性方程组，称其为零解。因此，齐次线性方程组总是相容的。

线性方程组(5.1) 也可写成矩阵形式

$$\boldsymbol{AX}=\boldsymbol{b}\tag{5.2}$$

这里 $\boldsymbol{X}=(x_1,x_2,\cdots,x_n)^{\mathrm{T}}$。若 $\boldsymbol{C}=(c_1,c_2,\cdots,c_n)^{\mathrm{T}}$ 满足(5.2)，称 $\boldsymbol{C}$ 为 $\boldsymbol{AX}=\boldsymbol{b}$ 的**解向量**。

矩阵

$$\overline{\boldsymbol{A}}=\begin{bmatrix}a_{11}&a_{12}&\cdots&a_{1n}&b_1\\a_{21}&a_{22}&\cdots&a_{2n}&b_2\\\vdots&\vdots&&\vdots&\vdots\\a_{m1}&a_{m2}&\cdots&a_{mn}&b_m\end{bmatrix}=(\boldsymbol{A}\mid\boldsymbol{b})$$

称为方程组(5.1)的**增广矩阵**。

记

$$\boldsymbol{\alpha}_1=\begin{bmatrix}a_{11}\\a_{21}\\\vdots\\a_{m1}\end{bmatrix},\boldsymbol{\alpha}_2=\begin{bmatrix}a_{12}\\a_{22}\\\vdots\\a_{m2}\end{bmatrix},\cdots,\boldsymbol{\alpha}_n=\begin{bmatrix}a_{1n}\\a_{2n}\\\vdots\\a_{mn}\end{bmatrix}$$

则(5.2)亦可写成

$$x_1\boldsymbol{\alpha}_1+x_2\boldsymbol{\alpha}_2+\cdots+x_n\boldsymbol{\alpha}_n=\boldsymbol{b} \tag{5.3}$$

B. 非齐次线性方程组有解的充要条件

由式(5.3)可知,方程组(5.1)的解就是向量 $\boldsymbol{b}$ 用向量组 $\boldsymbol{\alpha}_1,\boldsymbol{\alpha}_2,\cdots,\boldsymbol{\alpha}_n$ 线性表示的系数。因此,以下三种论述等价:

(1) 方程组(5.1)有解;

(2) 向量 $\boldsymbol{b}$ 可由向量组 $\boldsymbol{\alpha}_1,\boldsymbol{\alpha}_2,\cdots,\boldsymbol{\alpha}_n$ 线性表示;

(3) 向量组 $\boldsymbol{\alpha}_1,\boldsymbol{\alpha}_2,\cdots,\boldsymbol{\alpha}_n$ 与向量组 $\boldsymbol{\alpha}_1,\boldsymbol{\alpha}_2,\cdots,\boldsymbol{\alpha}_n,\boldsymbol{b}$ 等价。

【定理 5.1】 非齐次线性方程组(5.1)有解的充要条件是它的系数矩阵的秩等于其增广矩阵的秩,即

$$R(\boldsymbol{A})=R(\overline{\boldsymbol{A}})=R(\boldsymbol{A}\ \vdots\ \boldsymbol{b})$$

【证明】 **必要性** 因(5.1)有解,向量组 $\boldsymbol{\alpha}_1,\boldsymbol{\alpha}_2,\cdots,\boldsymbol{\alpha}_n$ 与向量组 $\boldsymbol{\alpha}_1,\boldsymbol{\alpha}_2,\cdots,\boldsymbol{\alpha}_n,\boldsymbol{b}$ 等价,于是

$$R(\boldsymbol{A})=R(\boldsymbol{\alpha}_1,\boldsymbol{\alpha}_2,\cdots,\boldsymbol{\alpha}_n)=R(\boldsymbol{\alpha}_1,\boldsymbol{\alpha}_2,\cdots,\boldsymbol{\alpha}_n,\boldsymbol{b})=R(\overline{\boldsymbol{A}})$$

充分性 记 $R(\boldsymbol{A})=R(\overline{\boldsymbol{A}})=r$。不妨设 $\boldsymbol{\alpha}_1,\boldsymbol{\alpha}_2,\cdots,\boldsymbol{\alpha}_r$ 是向量组 $\boldsymbol{\alpha}_1,\boldsymbol{\alpha}_2,\cdots,\boldsymbol{\alpha}_n$ 的一个极大无关组。由 $R(\overline{\boldsymbol{A}})=r$ 知:$\boldsymbol{\alpha}_1,\boldsymbol{\alpha}_2,\cdots,\boldsymbol{\alpha}_r$ 也是 $\boldsymbol{\alpha}_1,\boldsymbol{\alpha}_2,\cdots,\boldsymbol{\alpha}_n,\boldsymbol{b}$ 的一个极大无关组。于是 $\boldsymbol{b}$ 可由 $\boldsymbol{\alpha}_1,\boldsymbol{\alpha}_2,\cdots,\boldsymbol{\alpha}_r$ 线性表示,当然也可由 $\boldsymbol{\alpha}_1,\cdots,\boldsymbol{\alpha}_r,\boldsymbol{\alpha}_{r+1},\cdots,\boldsymbol{\alpha}_n$ 线性表示。故方程组(5.1)有解。

C. Gauss 消去法

【定理 5.2】 线性方程组(5.2)与线性方程组

$$\boldsymbol{PAX}=\boldsymbol{Pb} \tag{5.4}$$

是同解方程组,其中 $\boldsymbol{P}\in\boldsymbol{M}_{m\times m}(\mathbf{F})$ 是可逆矩阵。

【证明】 设 $\boldsymbol{X}_1$ 是(5.2)的解,即

$$\boldsymbol{AX}_1=\boldsymbol{b}$$

两边左乘可逆矩阵 $\boldsymbol{P}\in\boldsymbol{M}_{m\times m}(\mathbf{F})$,有

$$\boldsymbol{PAX}_1=\boldsymbol{Pb}$$

故 $\boldsymbol{X}_1$ 也是(5.4)的解。

反之,设 $\boldsymbol{X}_2$ 是(5.4)的解,即

$$\boldsymbol{PAX}_2=\boldsymbol{Pb}$$

两边左乘 $\boldsymbol{P}^{-1}$,得

$$\boldsymbol{AX}_2=\boldsymbol{b}$$

故 $\boldsymbol{X}_2$ 也是(5.2)的解。 **证毕**

特别地,若取

$$
\boldsymbol{P}=\begin{cases}E_{ij}\text{，即交换方程组(5.2) 中第 } i \text{ 个方程和第 } j \text{ 个方程的位置；}\\ E_i(k)(k\neq 0)\text{，即将方程组(5.2) 中第 } i \text{ 个方程两边同时乘数 } k\text{；}\\ E_{ij}(k)(k\neq 0)\text{，即将方程组(5.2) 中第 } j \text{ 个方程的 } k \text{ 倍加到第 } i \text{ 个方程上。}\end{cases}
$$

我们知道这三种初等变换都不改变方程组(5.2) 的解。这就是用 Gauss 消去法解线性方程组的理论根据。下面介绍 Gauss 消去法。

对一般线性方程组(5.1)，假设 x_1 的 m 个系数不全为 0(否则可视为 $x_2,x_3,\cdots,x_n$ 的 $n-1$ 元线性方程组来求解)。不妨设 $a_{11}\neq 0$(否则通过交换方程位置来实现)。取 $\boldsymbol{P}_1$ 为一系列初等矩阵的乘积，使得增广矩阵($\boldsymbol{A}\,\vdots\,\boldsymbol{b}$) 变成

$$
\boldsymbol{P}_1(\boldsymbol{A}\,\vdots\,\boldsymbol{b})=\boldsymbol{P}_1\begin{bmatrix}a_{11}&a_{12}&\cdots&a_{1n}&b_1\\a_{21}&a_{22}&\cdots&a_{2n}&b_2\\\vdots&\vdots&&\vdots&\vdots\\a_{m1}&a_{m2}&\cdots&a_{mn}&b_m\end{bmatrix}=\begin{bmatrix}a_{11}&a_{12}&\cdots&a_{1n}&b_1\\0&a_{22}'&\cdots&a_{2n}'&b_2'\\\vdots&\vdots&&\vdots&\vdots\\0&a_{m2}'&\cdots&a_{mn}'&b_m'\end{bmatrix}
$$

不妨再设 $a_{22}'\neq 0$，重复上述过程，直到得到如下结果

$$
\boldsymbol{P}(\boldsymbol{A}\,\vdots\,\boldsymbol{b})=\boldsymbol{P}_s\cdots\boldsymbol{P}_2\boldsymbol{P}_1(\boldsymbol{A}\,\vdots\,\boldsymbol{b})=\begin{bmatrix}c_{11}&c_{12}&\cdots&c_{1r}&\cdots&c_{1n}&d_1\\&c_{22}&\cdots&c_{2r}&\cdots&c_{2n}&d_2\\&&\ddots&\vdots&&\vdots&\vdots\\&&&c_{rr}&\cdots&c_{rn}&d_r\\&&&&&&d_{r+1}\\&\boldsymbol{0}&&&&&0\\&&&&&&\vdots\\&&&&&&0\end{bmatrix}\tag{5.5}
$$

矩阵(5.5) 是一行阶梯形矩阵，其中前 r 行每一行中必有某 $c_{ij}\neq 0$(但某些 c_{ii} 可能为 0)。

矩阵(5.5) 所表示的线性方程组为

$$
\boldsymbol{CX}=\boldsymbol{d}\tag{5.6}
$$

其中

$$
\boldsymbol{C}=\begin{bmatrix}c_{11}&c_{12}&\cdots&c_{1r}&\cdots&c_{1n}\\&c_{22}&\cdots&c_{2r}&\cdots&c_{2n}\\&&\ddots&\vdots&&\vdots\\\boldsymbol{0}&&&c_{rr}&\cdots&c_{rn}\\&&&0&&\end{bmatrix}\qquad\boldsymbol{d}=\begin{bmatrix}d_1\\d_2\\\vdots\\d_r\\d_{r+1}\\0\end{bmatrix}
$$

由上述知，方程组(5.6) 与方程组(5.2) 同解。再由定理 5.1 知方程组(5.6) 有解当且仅当 $d_{r+1}=0$。

当求解方程组(5.6) 时，可将(5.6) 改写为

$$
\begin{aligned}c_{11}x_1+c_{12}x_2+\cdots+c_{1r}x_r&=d_1-c_{1r+1}x_{r+1}-\cdots-c_{1n}x_n\\c_{22}x_2+\cdots+c_{2r}x_r&=d_2-c_{2r+1}x_{r+1}-\cdots-c_{2n}x_n\\&\vdots\\c_{rr}x_r&=d_r-c_{rr+1}x_{r+1}-\cdots-c_{rn}x_n\end{aligned}\tag{5.7}
$$

这里我们假定所有的 $c_{ii}\neq 0(i=1,\cdots,r)$。若有 $c_{jj}=0$，则可将 r 个方程中的 x_j 连同系数移至

等号右边。等号右边的未知量一般称为**自由未知量**。

任给 $x_{r+1},\cdots,x_n$ 一组值，方程组(5.7)的等号右边全是常数，而此时方程组的系数矩阵的行列式为 $c_{11}c_{22}\cdots c_{rr}\neq 0$，应用Cramer法则可惟一求得 $x_1,x_2,\cdots,x_r$ 的一组值，这样就得到方程组(5.2)的一个解$(x_1,\cdots,x_r,x_{r+1},\cdots,x_n)$。当然，也可以从(5.7)的最后一个方程出发先求得 x_r，再代入倒数第二个方程求得 x_{r-1}，以此类推，依次求得 $x_{r-2},\cdots,x_1$，这样也可求得方程组(5.2)的一个解。

【例 5.1】 解方程组

$$\begin{cases}2x_1-x_2+3x_3=1\\4x_1-2x_2+5x_3=4\\2x_1-x_2+4x_3=0\end{cases}$$

【解】 对方程组的增广矩阵作初等变换

$$\begin{bmatrix}2&-1&3&1\\4&-2&5&4\\2&-1&4&0\end{bmatrix}\xrightarrow[r_3+(-1)r_1]{r_2+(-2)r_1}\begin{bmatrix}2&-1&3&1\\0&0&-1&-2\\0&0&1&-1\end{bmatrix}\xrightarrow{r_3+r_2}\begin{bmatrix}2&-1&3&1\\0&0&-1&2\\0&0&0&1\end{bmatrix}$$

易见方程组无解。

【例 5.2】 证明线性方程组

$$\begin{cases}x_1-x_2=a_1\\x_2-x_3=a_2\\x_3-x_4=a_3\\x_4-x_5=a_4\\-x_1+x_5=a_5\end{cases}$$

有解的充要条件是 $\sum\limits_{i=1}^{5}a_i=0$，在有解的情形下求出一解。

【解】 考察方程组的增广矩阵

$$\overline{\mathbf{A}}=\begin{bmatrix}1&-1&&&&a_1\\&1&-1&&&a_2\\&&1&-1&&a_3\\&&&1&-1&a_4\\-1&&&&1&a_5\end{bmatrix}\xrightarrow{r_5+r_4+\cdots+r_1}\begin{bmatrix}1&-1&&&&a_1\\&1&-1&&&a_2\\&&1&-1&&a_3\\&&&1&-1&a_4\\0&0&0&0&0&\sum\limits_{i=1}^{5}a_i\end{bmatrix}$$

因方程组系数阵的秩为4，而 $R(\overline{\mathbf{A}})=4\Leftrightarrow\sum\limits_{i=1}^{5}a_i=0$，故方程组有解的充要条件为 $\sum\limits_{i=1}^{5}a_i=0$。

现令 $x_5=0$，推得 $x_4=a_4,x_3=a_3+a_4,x_2=a_2+a_3+a_4,x_1=-a_5$。这样，得到方程组的一个解$(-a_5,a_2+a_3+a_4,a_3+a_4,a_4,0)$。

齐次线性方程组解的结构

设有齐次线性方程组

$$\begin{cases} a_{11}x_1 + a_{12}x_2 + \cdots + a_{1n}x_n = 0 \\ a_{21}x_1 + a_{22}x_2 + \cdots + a_{2n}x_n = 0 \\ \vdots \\ a_{m1}x_1 + a_{m2}x_2 + \cdots + a_{mn}x_n = 0 \end{cases} \tag{5.8}$$

写成矩阵形式为

$$\mathbf{AX} = \mathbf{0} \tag{5.9}$$

设 $N(\mathbf{A})$ 为齐次线性方程组(5.9) 的全体解向量所构成的集合。

【定理 5.3】 齐次线性方程组(5.9) 的解集合 $N(\mathbf{A})$ 是 $\mathbf{R}^n$ 的子空间,且 $N(\mathbf{A})$ 的维数是 $n - R(\mathbf{A})$。

【证明】 设 $\boldsymbol{\xi}_1$、$\boldsymbol{\xi}_2$ 都是方程组(5.9) 的解。由 $\mathbf{A}(\boldsymbol{\xi}_1 + \boldsymbol{\xi}_2) = \mathbf{A}\boldsymbol{\xi}_1 + \mathbf{A}\boldsymbol{\xi}_2 = 0$,$\mathbf{A}(k\boldsymbol{\xi}_1) = k\mathbf{A}(\boldsymbol{\xi}_1) = k\mathbf{0} = \mathbf{0}$ 知:$\boldsymbol{\xi}_1 + \boldsymbol{\xi}_2$,$k\boldsymbol{\xi}_1$($k$ 为任意实数) 都是(5.9) 的解,故 $N(\mathbf{A})$ 是 $\mathbf{R}^n$ 的子空间。

设 $R(\mathbf{A}) = r$,若 $r = n$,则 $\boldsymbol{\alpha}_1, \boldsymbol{\alpha}_2, \cdots, \boldsymbol{\alpha}_n$ 线性无关($\boldsymbol{\alpha}_1, \boldsymbol{\alpha}_2, \cdots, \boldsymbol{\alpha}_n$ 为 $\mathbf{A}$ 的 n 个列),故(5.9) 只有惟一的零解,于是,$N(\mathbf{A}) = \{\mathbf{0}\}$,$N(\mathbf{A})$ 的维数 $= n - r = 0$。若 $r < n$,不妨设 $\mathbf{A}$ 的左上角的 r 阶子式

$$\begin{vmatrix} a_{11} & \cdots & a_{1r} \\ \vdots & & \vdots \\ a_{r1} & \cdots & a_{rr} \end{vmatrix} \neq 0$$

则 $\mathbf{A}$ 的前 r 个行向量是 $\mathbf{A}$ 的行向量组的极大无关组。由 5.1 节讨论知方程组(5.8) 与下面的方程组同解

$$\begin{cases} a_{11}x_1 + \cdots + a_{1r}x_r = -a_{1,r+1}x_{r+1} - \cdots - a_{1n}x_n \\ \vdots \\ a_{r1}x_1 + \cdots + a_{rr}x_r = -a_{r,r+1}x_{r+1} - \cdots - a_{rn}x_n \end{cases} \tag{5.10}$$

现分别为 $x_{r+1}, \cdots, x_n$ 取下面的 $n - r$ 组数值

$$\begin{gathered} x_{r+1} = 1, x_{r+2} = 0, \cdots, x_n = 0 \\ x_{r+1} = 0, x_{r+2} = 1, \cdots, x_n = 0 \\ \vdots \\ x_{r+1} = 0, x_{r+2} = 0, \cdots, x_n = 1 \end{gathered}$$

对每一组值,(5.10) 的右端成为已知常数,应用 Cramer 法则可惟一确定方程组(5.8) 的一个解。这样,得到 $n - r$ 个解向量

$$\boldsymbol{\xi}_1 = \begin{bmatrix} d_{11} \\ d_{21} \\ \vdots \\ d_{r1} \\ 1 \\ 0 \\ \vdots \\ 0 \end{bmatrix}, \boldsymbol{\xi}_2 = \begin{bmatrix} d_{12} \\ d_{22} \\ \vdots \\ d_{r2} \\ 0 \\ 1 \\ \vdots \\ 0 \end{bmatrix}, \cdots, \boldsymbol{\xi}_{n-r} = \begin{bmatrix} d_{1,n-r} \\ d_{2,n-r} \\ \vdots \\ d_{r,n-r} \\ 0 \\ \vdots \\ 1 \end{bmatrix} \tag{5.11}$$

因 $n-r$ 个 $n-r$ 维向量的向量组 $\begin{bmatrix}1\\0\\\vdots\\0\end{bmatrix}$，$\begin{bmatrix}0\\1\\\vdots\\0\end{bmatrix}$，…，$\begin{bmatrix}0\\\vdots\\0\\1\end{bmatrix}$ 线性无关，应用向量组线性无关的定义易于得出向量组 $\boldsymbol{\xi}_1,\boldsymbol{\xi}_2,\cdots,\boldsymbol{\xi}_{n-r}$ 线性无关。现设 $\boldsymbol{\xi}=\begin{bmatrix}k_1\\k_2\\\vdots\\k_n\end{bmatrix}$ 是方程组(5.9) 的任一解向量，我们欲证 $\boldsymbol{\xi}_1,\boldsymbol{\xi}_2,\cdots,\boldsymbol{\xi}_{n-r},\boldsymbol{\xi}$ 线性相关。

令 $\boldsymbol{B}=(\boldsymbol{\xi}_1,\boldsymbol{\xi}_2,\cdots,\boldsymbol{\xi}_{n-r},\boldsymbol{\xi})$，则 $\boldsymbol{AB}=(\boldsymbol{A\xi}_1,\boldsymbol{A\xi}_2,\cdots,\boldsymbol{A\xi}_{n-r},\boldsymbol{A\xi})=\boldsymbol{0}$。由 3.6 节矩阵的秩的性质知：$R(\boldsymbol{B})\leqslant n-R(\boldsymbol{A})<n-r+1$，从而 $\boldsymbol{\xi}_1,\boldsymbol{\xi}_2,\cdots,\boldsymbol{\xi}_{n-r},\boldsymbol{\xi}$ 线性相关，即 $\boldsymbol{\xi}$ 可由 $\boldsymbol{\xi}_1,\boldsymbol{\xi}_2,\cdots,\boldsymbol{\xi}_{n-r}$ 惟一线性表示。

证毕

【推论 1】 设 $\boldsymbol{A}$ 是 $m\times n$ 实矩阵，$\boldsymbol{X}=(x_1,x_2,\cdots,x_n)^{\mathrm{T}}$，则：

(1) $\boldsymbol{AX}=\boldsymbol{0}$ 有惟一解(只有零解)$\Leftrightarrow R(\boldsymbol{A})$ 等于未知量的个数 $n\Leftrightarrow\boldsymbol{A}$ 为列满秩阵。

(2) $\boldsymbol{AX}=\boldsymbol{0}$ 有无穷多解(有非零解)$\Leftrightarrow R(\boldsymbol{A})$ 小于未知量的个数 n。

【推论 2】 n 个未知量 n 个方程的齐次线性方程组

$$\begin{cases}a_{11}x_1+a_{12}x_2+\cdots+a_{1n}x_n=0\\a_{21}x_1+a_{22}x_2+\cdots+a_{2n}x_n=0\\\vdots\\a_{n1}x_1+a_{n2}x_2+\cdots+a_{nn}x_n=0\end{cases}$$

有非零解的充要条件是它的系数行列式 $|\boldsymbol{A}|=0$。

当 $r=R(\boldsymbol{A})<n$ 时，$N(\boldsymbol{A})\neq\{\boldsymbol{0}\}$。设 $\boldsymbol{\xi}_1,\boldsymbol{\xi}_2,\cdots,\boldsymbol{\xi}_{n-r}$ 是 $N(\boldsymbol{A})$ 的基，则 $\boldsymbol{AX}=\boldsymbol{0}$ 的解空间可表示成

$$N(\boldsymbol{A})=\{\boldsymbol{X}\mid\boldsymbol{X}=k_1\boldsymbol{\xi}_1+k_2\boldsymbol{\xi}_2+\cdots+k_{n-r}\boldsymbol{\xi}_{n-r},\ k_1,\ k_2,\cdots,k_{n-r}\in\mathbf{F}\}$$

称 $N(\boldsymbol{A})$ 的基 $\boldsymbol{\xi}_1,\boldsymbol{\xi}_2,\cdots,\boldsymbol{\xi}_{n-r}$ 为方程组(5.8) 的**基础解系**，称

$$\boldsymbol{X}=k_1\boldsymbol{\xi}_1+k_2\boldsymbol{\xi}_2+\cdots+k_{n-r}\boldsymbol{\xi}_{n-r},\ k_1,k_2,\cdots,k_{n-r}\in\mathbf{F}$$

为方程组(5.8) 的**通解**。

当 $R(\boldsymbol{A})=n$ 时，方程组(5.8) 只有零解，$N(\boldsymbol{A})=\{\boldsymbol{0}\}$，此时方程组(5.8) 没有基础解系。

当 $R(\boldsymbol{A})<n$ 时，解向量组 $\boldsymbol{\beta}_1,\boldsymbol{\beta}_2,\cdots,\boldsymbol{\beta}_s$ 为 $\boldsymbol{AX}=\boldsymbol{0}$ 的基础解系的充要条件是：$\boldsymbol{\beta}_1,\boldsymbol{\beta}_2,\cdots,\boldsymbol{\beta}_s$ 为 $\boldsymbol{AX}=\boldsymbol{0}$ 的 $s=n-R(\boldsymbol{A})$ 个解向量构成的线性无关向量组，也等价于 $\boldsymbol{AX}=\boldsymbol{0}$ 的解空间 $N(\boldsymbol{A})(\dim N(\boldsymbol{A})=s)$ 中任一向量可由 $\boldsymbol{\beta}_1,\boldsymbol{\beta}_2,\cdots,\boldsymbol{\beta}_s$ 线性表示。

【例 5.3】 求方程组

$$\begin{cases}x_1+x_2+x_3-x_4=0\\x_1-x_2+x_3-3x_4=0\\x_1+3x_2+x_3+x_4=0\end{cases}$$

的基础解系和通解。

【解】 由

$$\boldsymbol{A}=\begin{bmatrix}1&1&1&-1\\1&-1&1&-3\\1&3&1&1\end{bmatrix}\longrightarrow\begin{bmatrix}1&1&1&-1\\0&-2&0&-2\\0&0&0&0\end{bmatrix}$$

知 $R(\mathbf{A})=2$，又 $\begin{vmatrix} a_{11} & a_{12} \\ a_{21} & a_{22} \end{vmatrix}=\begin{vmatrix} 1 & 1 \\ 1 & -1 \end{vmatrix}=-2\neq 0$，所以该方程组与

$$\begin{cases} x_1+x_2=-x_3+x_4 \\ x_1-x_2=-x_3+3x_4 \end{cases}$$

同解。

取两组数 $x_3=0,x_4=1;x_3=1,x_4=0$。解得一个基础解系

$$\boldsymbol{\xi}_1=\begin{bmatrix} 2 \\ -1 \\ 0 \\ 1 \end{bmatrix} \qquad \boldsymbol{\xi}_2=\begin{bmatrix} -1 \\ 0 \\ 1 \\ 0 \end{bmatrix}$$

于是通解

$$\mathbf{X}=\begin{bmatrix} x_1 \\ x_2 \\ x_3 \\ x_4 \end{bmatrix}=k_1\begin{bmatrix} 2 \\ -1 \\ 0 \\ 1 \end{bmatrix}+k_2\begin{bmatrix} -1 \\ 0 \\ 1 \\ 0 \end{bmatrix} \qquad k_1、k_2\text{ 为任意实数}$$

【例 5.4】 求解线性方程组

$$\begin{cases} x_1+3x_2+x_3=0 \\ 2x_1+6x_2+3x_3-2x_4=0 \\ -2x_1-6x_2-4x_4=0 \end{cases}$$

【解】

$$\mathbf{A}=\begin{bmatrix} 1 & 3 & 1 & 0 \\ 2 & 6 & 3 & -2 \\ -2 & -6 & 0 & -4 \end{bmatrix}\xrightarrow[r_3+2r_1]{r_2-2r_1}\begin{bmatrix} 1 & 3 & 1 & 0 \\ 0 & 0 & 1 & -2 \\ 0 & 0 & 2 & -4 \end{bmatrix}\xrightarrow{r_3-2r_2}$$

$$\begin{bmatrix} 1 & 3 & 1 & 0 \\ 0 & 0 & 1 & -2 \\ 0 & 0 & 0 & 0 \end{bmatrix}\xrightarrow{r_1-r_2}\begin{bmatrix} 1 & 3 & 0 & 2 \\ 0 & 0 & 1 & -2 \\ 0 & 0 & 0 & 0 \end{bmatrix}$$

得同解方程组

$$\begin{cases} x_1=-3x_2-2x_4 \\ x_3=2x_4 \end{cases}$$

x_2、x_4 为自由未知量，取两组数 $x_2=1,x_4=0;x_2=0,x_4=1$。解得一个基础解系

$$\boldsymbol{\xi}_1=\begin{bmatrix} -3 \\ 1 \\ 0 \\ 0 \end{bmatrix} \qquad \boldsymbol{\xi}_2=\begin{bmatrix} -2 \\ 0 \\ 2 \\ 1 \end{bmatrix}$$

原方程组的通解

$$\mathbf{X}=k_1\boldsymbol{\xi}_1+k_2\boldsymbol{\xi}_2=k_1\begin{bmatrix} -3 \\ 1 \\ 0 \\ 0 \end{bmatrix}+k_2\begin{bmatrix} -2 \\ 0 \\ 2 \\ 1 \end{bmatrix} \qquad k_1、k_2\text{ 为任意实数}$$

【例 5.5】 求方程组（Ⅰ）与（Ⅱ）的公共解

（Ⅰ）$\begin{cases}x_1-x_2+5x_3-x_4=0\\x_1+x_2-2x_3+3x_4=0\end{cases}$　　（Ⅱ）$\begin{cases}3x_1-x_2+8x_3+x_4=0\\x_1+3x_2-9x_3+7x_4=0\end{cases}$

【解】 求（Ⅰ）、（Ⅱ）的公共解，就是求方程组

$$\begin{cases}x_1-x_2+5x_3-x_4=0\\x_1+x_2-2x_3+3x_4=0\\3x_1-x_2+8x_3+x_4=0\\x_1+3x_2-9x_3+7x_4=0\end{cases}$$

的解。

$$\boldsymbol{A}=\begin{bmatrix}1&-1&5&-1\\1&1&-2&3\\3&-1&8&1\\1&3&-9&7\end{bmatrix}\xrightarrow[r_4+(-1)r_1]{\substack{r_2+(-1)r_1\\r_3+(-3)r_1}}\begin{bmatrix}1&-1&5&-1\\0&2&-7&4\\0&2&-7&4\\0&4&-14&8\end{bmatrix}\xrightarrow[r_4+(-2)r_2]{r_3+(-1)r_2}$$

$$\begin{bmatrix}1&-1&5&-1\\0&2&-7&4\\0&0&0&0\\0&0&0&0\end{bmatrix}$$

于是得同解方程组

$$\begin{cases}x_1-x_2=-5x_3+x_4\\2x_2=7x_3-4x_4\end{cases}$$

令 $x_3=1,x_4=0;x_3=0,x_4=1$。得

$$\boldsymbol{\xi}_1=\begin{bmatrix}-\frac{3}{2}\\\frac{7}{2}\\1\\0\end{bmatrix}\qquad\boldsymbol{\xi}_2=\begin{bmatrix}-1\\-2\\0\\1\end{bmatrix}$$

为方程组的基础解系。方程组（Ⅰ）、（Ⅱ）的公共解为

$$\boldsymbol{X}=k_1\boldsymbol{\xi}_1+k_2\boldsymbol{\xi}_2=k_1\begin{bmatrix}-\frac{3}{2}\\\frac{7}{2}\\1\\0\end{bmatrix}+k_2\begin{bmatrix}-1\\-2\\0\\1\end{bmatrix}\qquad k_1、k_2\text{ 为任意实数}$$

【例 5.6】 设 $\boldsymbol{A}\in\boldsymbol{M}_{m\times n}(\boldsymbol{F}),\boldsymbol{B}\in\boldsymbol{M}_{n\times s}(\boldsymbol{F})$，若 $\boldsymbol{AB}=\boldsymbol{0}$，求证 $R(\boldsymbol{A})+R(\boldsymbol{B})\leqslant n$。

【证明】 对 $\boldsymbol{B}$ 按列分块，写 $\boldsymbol{B}=(\boldsymbol{B}_1,\boldsymbol{B}_2,\cdots,\boldsymbol{B}_s)$。由

$$\boldsymbol{AB}=\boldsymbol{A}(\boldsymbol{B}_1,\boldsymbol{B}_2,\cdots,\boldsymbol{B}_s)=(\boldsymbol{AB}_1,\boldsymbol{AB}_2,\cdots,\boldsymbol{AB}_s)=\boldsymbol{0}$$

知 $\boldsymbol{B}$ 的每一列向量 $\boldsymbol{B}_j(j=1,2,\cdots,s)$ 都是齐次线性方程组 $\boldsymbol{AX}=\boldsymbol{0}$ 的解。因而 $R(\boldsymbol{B})\leqslant n-R(\boldsymbol{A})$，即 $R(\boldsymbol{A})+R(\boldsymbol{B})\leqslant n$。

【例 5.7】 设 $\boldsymbol{A}$ 为 $m\times n$ 实矩阵，证明 $R(\boldsymbol{AA}^{\mathrm{T}})=R(\boldsymbol{A}^{\mathrm{T}}\boldsymbol{A})=R(\boldsymbol{A})$。

【证明】 由矩阵的秩的性质有 $R(\boldsymbol{A}^{\mathrm{T}}\boldsymbol{A})\leqslant R(\boldsymbol{A})$。

现证 $R(\boldsymbol{A})\leqslant R(\boldsymbol{A}^{\mathrm{T}}\boldsymbol{A})$。设 $\boldsymbol{X}_0$ 是 $\boldsymbol{A}^{\mathrm{T}}\boldsymbol{AX}=\boldsymbol{0}$ 的解，则有 $\boldsymbol{X}_0^{\mathrm{T}}\boldsymbol{A}^{\mathrm{T}}\boldsymbol{AX}_0=0$，即 $(\boldsymbol{AX}_0)^{\mathrm{T}}(\boldsymbol{AX}_0)=$

0。因 $\boldsymbol{A}$ 是实矩阵,必有 $\boldsymbol{AX}_0=\boldsymbol{0}$,即 $\boldsymbol{X}_0$ 是 $\boldsymbol{AX}=\boldsymbol{0}$ 的解。这就是说 $\boldsymbol{A}^{\mathrm{T}}\boldsymbol{AX}=\boldsymbol{0}$ 的解都是 $\boldsymbol{AX}=0$ 的解,故 $\dim N(\boldsymbol{A}^{\mathrm{T}}\boldsymbol{A})\leqslant\dim N(\boldsymbol{A})$,$R(\boldsymbol{A}^{\mathrm{T}}\boldsymbol{A})\geqslant R(\boldsymbol{A})$。

同理可证 $R(\boldsymbol{A}^{\mathrm{T}})=R((\boldsymbol{A}^{\mathrm{T}})^{\mathrm{T}}(\boldsymbol{A}^{\mathrm{T}}))=R(\boldsymbol{AA}^{\mathrm{T}})$。又 $R(\boldsymbol{A})=R(\boldsymbol{A}^{\mathrm{T}})$,故 $R(\boldsymbol{A})=R(\boldsymbol{A}^{\mathrm{T}}\boldsymbol{A})=R(\boldsymbol{AA}^{\mathrm{T}})$。

非齐次线性方程组解的结构

设有非齐次线性方程组

$$\begin{cases}a_{11}x_1+a_{12}x_2+\cdots+a_{1n}x_n=b_1\\a_{21}x_1+a_{22}x_2+\cdots+a_{2n}x_n=b_2\\\vdots\\a_{m1}x_1+a_{m2}x_2+\cdots+a_{mn}x_n=b_m\end{cases}\tag{5.12}$$

称齐次线性方程组

$$\begin{cases}a_{11}x_1+a_{12}x_2+\cdots+a_{1n}x_n=0\\a_{21}x_1+a_{22}x_2+\cdots+a_{2n}x_n=0\\\vdots\\a_{m1}x_1+a_{m2}x_2+\cdots+a_{mn}x_n=0\end{cases}\tag{5.13}$$

为非齐次线性方程组(5.12)的**导出组**,或称(5.13)为非齐次线性方程组(5.12)相对应的齐次线性方程组。为方便,记(5.12)为 $\boldsymbol{AX}=\boldsymbol{b}$,(5.13)为 $\boldsymbol{AX}=\boldsymbol{0}$。

【定理 5.4】 (1) 若 $\boldsymbol{X}=\boldsymbol{\eta}_1$ 及 $\boldsymbol{X}=\boldsymbol{\eta}_2$ 都是(5.12)的解,则 $\boldsymbol{X}=\boldsymbol{\eta}_1-\boldsymbol{\eta}_2$ 是(5.13)的解;

(2) 若 $\boldsymbol{X}=\boldsymbol{\eta}$ 是(5.12)的解,$\boldsymbol{X}=\boldsymbol{\xi}$ 是(5.13)的解,则 $\boldsymbol{X}=\boldsymbol{\eta}+\boldsymbol{\xi}$ 还是(5.12)的解。

【证明】 (1) $\boldsymbol{A}(\boldsymbol{\eta}_1-\boldsymbol{\eta}_2)=\boldsymbol{A\eta}_1-\boldsymbol{A\eta}_2=\boldsymbol{b}-\boldsymbol{b}=0$,即 $\boldsymbol{\eta}_1-\boldsymbol{\eta}_2$ 是(5.13)的解;

(2) $\boldsymbol{A}(\boldsymbol{\eta}+\boldsymbol{\xi})=\boldsymbol{A\eta}+\boldsymbol{A\xi}=\boldsymbol{b}+0=\boldsymbol{b}$,即 $\boldsymbol{\eta}+\boldsymbol{\xi}$ 是(5.13)的解。

【推论】 设 $\boldsymbol{A}$ 是方程组(5.12)的系数阵,$\overline{\boldsymbol{A}}$ 是方程组(5.12)的增广矩阵,n 是(5.12)的未知量的个数,则:

(1) 方程组(5.12)有惟一解 $\Leftrightarrow R(\boldsymbol{A})=R(\overline{\boldsymbol{A}})=n$;

(2) 方程组(5.12)有无穷多解 $\Leftrightarrow R(\boldsymbol{A})=R(\overline{\boldsymbol{A}})<n$。

【证明】 (1) **充分性** 因 $R(\boldsymbol{A})=R(\overline{\boldsymbol{A}})$,故(5.12)有解。若(5.12)有两个以上不同解,由定理 5.4 的(1)知(5.13)有非零解,这与 $R(\boldsymbol{A})=n$ 矛盾,故(5.12)有惟一解。

必要性 因(5.12)有解,所以 $R(\boldsymbol{A})=R(\overline{\boldsymbol{A}})$。因(5.12)解惟一,由定理 5.4 的(2)知(5.13)的解惟一,于是由定理 5.3 的推论 1 的(1)知 $R(\boldsymbol{A})=n$。

(2) **充分性** 因 $R(\boldsymbol{A})=R(\overline{\boldsymbol{A}})$,(5.12)有解。又 $R(\boldsymbol{A})<n$,由定理 5.3 推论 1 的(2)知(5.13)有无穷多解,故(5.12)有无穷多解。

必要性 因(5.12)有解,所以 $R(\boldsymbol{A})=R(\overline{\boldsymbol{A}})$。又(5.12)有无穷多解,由定理 5.4 的(1)知(5.13)有非零解,于是由定理 5.3 的推论 1 的(2)知 $R(\boldsymbol{A})<n$。 **证毕**

当 $r=R(\boldsymbol{A})=R(\overline{\boldsymbol{A}})<n$($n$ 为未知数个数)时,设 $\boldsymbol{\xi}_1,\boldsymbol{\xi}_2,\cdots,\boldsymbol{\xi}_{n-r}$ 是(5.13)的一个基础解系,$\boldsymbol{\eta}_0$ 是(5.12)的一个**特解**,则(5.12)的**通解**为

$$\boldsymbol{X}=\boldsymbol{\eta}_0+k_1\boldsymbol{\xi}_1+k_2\boldsymbol{\xi}_2+\cdots+k_{n-r}\boldsymbol{\xi}_{n-r}\tag{5.14}$$

其中 $k_1,k_2,\cdots,k_{n-r}$ 为任意实数。

事实上，因 $k_1\boldsymbol{\xi}_1+k_2\boldsymbol{\xi}_2+\cdots+k_{n-r}\boldsymbol{\xi}_{n-r}$ 是(5.13)的解，$\boldsymbol{\eta}_0$ 是(5.12)的解，由定理5.4的(2)知式(5.14)是(5.12)的解。反之若 $\boldsymbol{\eta}$ 是(5.12)的一个解，$\boldsymbol{\eta}-\boldsymbol{\eta}_0$ 则是(5.13)的一个解，则 $\boldsymbol{\eta}-\boldsymbol{\eta}_0$ 可表成 $k_1\boldsymbol{\xi}_1+k_2\boldsymbol{\xi}_2+\cdots+k_{n-r}\boldsymbol{\xi}_{n-r}$，故 $\boldsymbol{\eta}=\boldsymbol{\eta}_0+k_1\boldsymbol{\xi}_1+k_2\boldsymbol{\xi}_2+\cdots+k_{n-r}\boldsymbol{\xi}_{n-r}$。

【例5.8】 求解线性方程组

$$\begin{cases}2x_1+4x_2-x_3+3x_4=9\\x_1+2x_2+x_3=6\\x_1+2x_2+2x_3-x_4=7\\2x_1+4x_2+x_3+x_4=11\end{cases}$$

【解】

$$\overline{\boldsymbol{A}}=(\boldsymbol{A}\,\vdots\,\boldsymbol{b})=\left[\begin{array}{cccc:c}2&4&-1&3&9\\1&2&1&0&6\\1&2&2&-1&7\\2&4&1&1&11\end{array}\right]\xrightarrow{\text{行}}\left[\begin{array}{cccc:c}2&4&-1&3&9\\1&2&1&0&6\\0&0&1&-1&1\\0&0&-1&1&-1\end{array}\right]\xrightarrow{\text{行}}$$

$$\left[\begin{array}{cccc:c}1&2&1&0&6\\0&0&1&-1&1\\0&0&0&0&0\\0&0&0&0&0\end{array}\right]\xrightarrow{\text{行}}\left[\begin{array}{cccc:c}1&2&0&1&5\\0&0&1&-1&1\\0&0&0&0&0\\0&0&0&0&0\end{array}\right]$$

即得

$$\begin{cases}x_1=-2x_2-x_4+5\\x_3=x_4+1\end{cases}\tag{5.15}$$

令 $x_2=0,x_4=0$，得 $x_1=5,x_3=1$，得特解 $\boldsymbol{\eta}_0=\begin{bmatrix}5\\0\\1\\0\end{bmatrix}$。再考虑导出组

$$\begin{cases}x_1=-2x_2-x_4\\x_3=x_4\end{cases}$$

令 $x_2=0,x_4=1$，得 $x_1=-1,x_3=1$；令 $x_2=1,x_4=0$，得 $x_1=-2,x_3=0$。这样，得到导出组的基础解系

$$\xi_1=\begin{bmatrix}-1\\0\\1\\1\end{bmatrix}\qquad\xi_2=\begin{bmatrix}-2\\1\\0\\0\end{bmatrix}$$

故通解为

$$\boldsymbol{X}=\begin{bmatrix}5\\0\\1\\0\end{bmatrix}+k_1\begin{bmatrix}-1\\0\\1\\1\end{bmatrix}+k_2\begin{bmatrix}-2\\1\\0\\0\end{bmatrix}\qquad k_1、k_2\text{ 为任意实数}$$

也可以将求方程组的特解与导出组的基础解系的两个步骤合并为：

对于方程组(5.15)，令 $x_2=k_1,x_4=k_2$，得

$$\begin{cases} x_1 = -2k_1 - k_2 + 5 \\ x_2 = k_1 + 0k_2 + 0 \\ x_3 = 0k_1 + k_2 + 1 \\ x_4 = 0k_1 + k_2 + 0 \end{cases}$$

其通解为

$$\boldsymbol{X} = \begin{bmatrix} x_1 \\ x_2 \\ x_3 \\ x_4 \end{bmatrix} = k_1 \begin{bmatrix} -2 \\ 1 \\ 0 \\ 0 \end{bmatrix} + k_2 \begin{bmatrix} -1 \\ 0 \\ 1 \\ 1 \end{bmatrix} + \begin{bmatrix} 5 \\ 0 \\ 1 \\ 0 \end{bmatrix} \qquad 其中\ k_1、k_2\ 为任意实数$$

$\boldsymbol{\eta}_0 = (5,0,1,0)^{\mathrm{T}}$ 为原方程组的一个特解，$\boldsymbol{\xi}_1 = (-2,1,0,0)^{\mathrm{T}}$、$\boldsymbol{\xi}_2 = (-1,0,1,1)^{\mathrm{T}}$ 是原方程组对应的齐次线性方程组的一个基础解系。

【例 5.9】 求解非齐次线性方程组

$$\begin{cases} x_1 + x_2 - 2x_3 - x_4 = 4 \\ 3x_1 - 2x_2 - x_3 + 2x_4 = 2 \\ 5x_2 + 7x_3 + 3x_4 = -2 \\ 2x_1 - 3x_2 - 5x_3 - x_4 = 4 \end{cases}$$

【解】

$$\overline{\boldsymbol{A}} = (\boldsymbol{A} \mid \boldsymbol{b}) = \left[\begin{array}{cccc|c} 1 & 1 & -2 & -1 & 4 \\ 3 & -2 & -1 & 2 & 2 \\ 0 & 5 & 7 & 3 & -2 \\ 2 & -3 & -5 & -1 & 4 \end{array}\right] \xrightarrow[r_4 - 2r_1]{r_2 - 3r_1} \left[\begin{array}{cccc|c} 1 & 1 & -2 & -1 & 4 \\ 0 & -5 & 5 & 5 & -10 \\ 0 & 5 & 7 & 3 & -2 \\ 0 & -5 & -1 & 1 & -4 \end{array}\right] \xrightarrow[r_4 - r_2]{r_3 + r_2}$$

$$\left[\begin{array}{cccc|c} 1 & 1 & -2 & -1 & 4 \\ 0 & -5 & 5 & 5 & -10 \\ 0 & 0 & 12 & 8 & -12 \\ 0 & 0 & -6 & -4 & 6 \end{array}\right] \xrightarrow[\frac{1}{4}r_3]{\substack{(-\frac{1}{5})r_2 \\ r_4 + \frac{1}{2}r_2}} \left[\begin{array}{cccc|c} 1 & 1 & -2 & -1 & 4 \\ 0 & 1 & -1 & -1 & 2 \\ 0 & 0 & 3 & 2 & -3 \\ 0 & 0 & 0 & 0 & 0 \end{array}\right]$$

即得

$$\begin{cases} x_1 + x_2 - 2x_3 = x_4 + 4 \\ x_2 - x_3 = x_4 + 2 \\ 3x_3 = -2x_4 - 3 \end{cases}$$

令 $x_4 = k$，解得

$$\begin{cases} x_1 = -\dfrac{2}{3}k + 1 \\ x_2 = \dfrac{1}{3}k + 1 \\ x_3 = -\dfrac{2}{3}k - 1 \\ x_4 = k \end{cases}$$

于是原方程组通解为

$$\boldsymbol{X}=\begin{bmatrix}x_1\\x_2\\x_3\\x_4\end{bmatrix}=\begin{bmatrix}1\\1\\-1\\0\end{bmatrix}+k\begin{bmatrix}-\frac{2}{3}\\\frac{1}{3}\\-\frac{2}{3}\\1\end{bmatrix}=\begin{bmatrix}1\\1\\-1\\0\end{bmatrix}+\frac{k}{3}\begin{bmatrix}-2\\1\\-2\\3\end{bmatrix}$$

其中 k 为任意实数。$\boldsymbol{\eta}_0=(1,1,-1,0)^{\mathrm{T}}$ 为原方程组的一个特解，$\boldsymbol{\xi}=(-2,1,-2,3)^{\mathrm{T}}$ 为原方程组导出组的一个基础解系。

【例 5.10】 讨论方程组

$$\begin{cases}ax_1+(a-1)x_2+x_3=1\\ax_1+ax_2+x_3=2\\2ax_1+2(a-1)x_2+ax_3=2\end{cases}$$

何时无解？何时有惟一解？何时有无穷多解？

【解法 1】 由

$$\overline{\boldsymbol{A}}=(\boldsymbol{A}\mid\boldsymbol{b})=\left[\begin{array}{ccc:c}a&a-1&1&1\\a&a&1&2\\2a&2(a-1)&a&2\end{array}\right]\xrightarrow{\text{行}}\left[\begin{array}{ccc:c}a&a-1&1&1\\0&1&0&1\\0&0&a-2&0\end{array}\right]\xrightarrow{\text{行}}$$

$$\left[\begin{array}{ccc:c}a&0&1&2-a\\0&1&0&1\\0&0&a-2&0\end{array}\right]$$

可知，当 $a=0$ 时

$$R(\boldsymbol{A})=R\begin{bmatrix}0&0&1\\0&1&0\\0&0&-2\end{bmatrix}=2,\quad R(\overline{\boldsymbol{A}})=R\begin{bmatrix}0&0&1&2\\0&1&0&1\\0&0&-2&0\end{bmatrix}=3$$

方程组无解；

当 $a\neq0$ 且 $a\neq2$ 时，$R(\boldsymbol{A})=R(\overline{\boldsymbol{A}})=3$，方程组有惟一解；

当 $a=2$ 时，$R(\boldsymbol{A})=R(\boldsymbol{B})=2<3$，方程组有无穷多解。

【解法 2】 由于系数矩阵是方阵，可用 Cramer 法则来讨论。

$$|\boldsymbol{A}|=\begin{vmatrix}a&a-1&1\\a&a&1\\2a&2(a-1)&a\end{vmatrix}=\begin{vmatrix}a&a-1&1\\0&1&0\\0&0&a-2\end{vmatrix}=a(a-2)$$

当 $a\neq0$ 且 $a\neq2$ 时，$|\boldsymbol{A}|\neq0$，方程组有惟一解；

当 $a=0$ 时

$$\overline{\boldsymbol{A}}=(\boldsymbol{A}\mid\boldsymbol{b})=\left[\begin{array}{ccc:c}0&-1&1&1\\0&0&1&2\\0&-2&0&2\end{array}\right]\xrightarrow{\text{行}}\left[\begin{array}{ccc:c}0&-1&1&1\\0&0&1&2\\0&0&-2&0\end{array}\right]\longrightarrow$$

$$\left[\begin{array}{ccc:c}0&-1&1&1\\0&0&1&2\\0&0&0&4\end{array}\right]$$

所以，$R(\boldsymbol{A})=2$，$R(\overline{\boldsymbol{A}})=3$，方程组无解；

当 $a=2$ 时

$$\overline{\boldsymbol{A}}=(\boldsymbol{A}\,\vdots\,\boldsymbol{b})=\begin{bmatrix}2&1&1&\vdots&1\\2&2&1&\vdots&2\\4&2&2&\vdots&2\end{bmatrix}\xrightarrow{\text{行}}\begin{bmatrix}2&1&1&\vdots&1\\0&1&0&\vdots&1\\0&0&0&\vdots&0\end{bmatrix}$$

所以，$R(\boldsymbol{A})=R(\overline{\boldsymbol{A}})=2<3$，方程组有无穷多解。

【例 5.11】 已知 3 阶方阵 $\boldsymbol{B}\neq\boldsymbol{0}$，且 $\boldsymbol{B}$ 的每一列向量都是以下方程组的解

$$\begin{cases}x_1+2x_2+2x_3=0\\2x_1-x_2+\lambda x_3=0\\3x_1+x_2-x_3=0\end{cases}$$

(1) 求 λ 的值；(2) 求 $|\boldsymbol{B}|$。

【解】 因 $\boldsymbol{B}$ 的每一列向量都是该方程的解，且 $\boldsymbol{B}\neq\boldsymbol{0}$，所以该方程组有非零解，于是

$$\begin{vmatrix}1&2&-2\\2&-1&\lambda\\3&1&-1\end{vmatrix}=0$$

解得 $\lambda=1$。

显见，方程组的系数矩阵 $\boldsymbol{A}$ 的秩 $R(\boldsymbol{A})>0$，因而其解空间的维数 $\leqslant2$。$\boldsymbol{B}$ 的列向量都是 $\boldsymbol{AX}=\boldsymbol{0}$ 的解，故 $\boldsymbol{R}(\boldsymbol{B})\leqslant2$，$|\boldsymbol{B}|=0$。

【例 5.12】 设 $\boldsymbol{A}$ 为 4 阶方阵，$R(\boldsymbol{A})=3$，$\boldsymbol{\alpha}_1$、$\boldsymbol{\alpha}_2$、$\boldsymbol{\alpha}_3$ 都是非齐次线性方程组 $\boldsymbol{AX}=\boldsymbol{b}$ 的解向量，其中

$$\boldsymbol{\alpha}_1+\boldsymbol{\alpha}_2=\begin{bmatrix}1\\9\\9\\4\end{bmatrix}\qquad\boldsymbol{\alpha}_2+\boldsymbol{\alpha}_3=\begin{bmatrix}1\\8\\8\\5\end{bmatrix}$$

(1) 求 $\boldsymbol{AX}=\boldsymbol{b}$ 的导出组 $\boldsymbol{AX}=\boldsymbol{0}$ 的一个基础解系；

(2) 求 $\boldsymbol{AX}=\boldsymbol{b}$ 的通解。

【解】 (1) 由定理 5.4 的(1) 知

$$(\boldsymbol{\alpha}_1+\boldsymbol{\alpha}_2)-(\boldsymbol{\alpha}_2+\boldsymbol{\alpha}_3)=\boldsymbol{\alpha}_1-\boldsymbol{\alpha}_3=\begin{bmatrix}0\\1\\1\\-1\end{bmatrix}=\boldsymbol{\xi}$$

是 $\boldsymbol{AX}=\boldsymbol{b}$ 的导出组 $\boldsymbol{AX}=\boldsymbol{0}$ 的一个非零解。又 $R(\boldsymbol{A})=3$，故 ξ 是 $\boldsymbol{AX}=\boldsymbol{0}$ 的基础解系。

(2) 由 $\boldsymbol{A}(\boldsymbol{\alpha}_1+\boldsymbol{\alpha}_2)=\boldsymbol{A\alpha}_1+\boldsymbol{A\alpha}_2=2\boldsymbol{b}$ 知

$$\boldsymbol{\eta}=\frac{\boldsymbol{\alpha}_1+\boldsymbol{\alpha}_2}{2}=\begin{bmatrix}\frac{1}{2}\\\frac{9}{2}\\\frac{9}{2}\\2\end{bmatrix}$$

是 $\boldsymbol{AX}=\boldsymbol{b}$ 的一个特解，故 $\boldsymbol{AX}=\boldsymbol{b}$ 的通解为

$$\boldsymbol{X}=\begin{bmatrix}\frac{1}{2}\\ \frac{9}{2}\\ \frac{9}{2}\\ 2\end{bmatrix}+k\begin{bmatrix}0\\ 1\\ 1\\ -1\end{bmatrix}\qquad k \text{ 为任意实数}$$

问题 非齐次线性方程组 $\boldsymbol{AX}=\boldsymbol{b}$ 的解集合是否构成向量空间?

线性方程组的几何应用

A. 平面与平面、直线与直线、平面与直线之间的关系

设有两个平面

$$\pi_1: A_1x+B_1y+C_1z+D_1=0$$

与

$$\pi_2: A_2x+B_2y+C_2z+D_2=0$$

则 π_1、π_2 间的相互关系有下面三种情形:

(1) 当 $R\begin{bmatrix}A_1 & B_1 & C_1\\ A_2 & B_2 & C_2\end{bmatrix}\neq R\begin{bmatrix}A_1 & B_1 & C_1 & D_1\\ A_2 & B_2 & C_2 & D_2\end{bmatrix}$,即方程组

$$\begin{cases}A_1x+B_1y+C_1z+D_1=0\\ A_2x+B_2y+C_2z+D_2=0\end{cases}\tag{5.16}$$

的系数矩阵的秩不等于其增广矩阵的秩时,方程组(5.16)无解,故 π_1、π_2 没有公共点,π_1 与 π_2 平行且不重合。

(2) 当 $R\begin{bmatrix}A_1 & B_1 & C_1\\ A_2 & B_2 & C_2\end{bmatrix}=R\begin{bmatrix}A_1 & B_1 & C_1 & D_1\\ A_2 & B_2 & C_2 & D_2\end{bmatrix}=1$ 时,方程

$$A_1x+B_1y+C_1z+D_1=0$$

与

$$A_2x+B_2y+C_2z+D_2=0$$

同解,故 π_1 与 π_2 重合。

(3) 当 $R\begin{bmatrix}A_1 & B_1 & C_1\\ A_2 & B_2 & C_2\end{bmatrix}=R\begin{bmatrix}A_1 & B_1 & C_1 & D_1\\ A_2 & B_2 & C_2 & D_2\end{bmatrix}=2$ 时,方程组(5.16)有无穷多解,但 π_1、π_2 不重合,相交于一条直线。

称 π_1、π_2 的法向量之间的夹角 φ 为这**两平面的夹角**(通常指锐角)。平面 π_1 与 π_2 的夹角可由公式

$$\cos\varphi=\frac{|A_1A_2+B_1B_2+C_1C_2|}{\sqrt{A_1^2+B_1^2+C_1^2}\sqrt{A_2^2+B_2^2+C_2^2}}\tag{5.17}$$

来确定(图 5.1)。

由两向量垂直、平行的条件可得

$$\begin{cases}\pi_1 /\!/ \pi_2\Leftrightarrow\boldsymbol{n}_1 /\!/ \boldsymbol{n}_2\Leftrightarrow\boldsymbol{n}_1\times\boldsymbol{n}_2=\boldsymbol{0}\Leftrightarrow\dfrac{A_1}{A_2}=\dfrac{B_1}{B_2}=\dfrac{C_1}{C_2}\\ \pi_1\perp\pi_2\Leftrightarrow\boldsymbol{n}_1\perp\boldsymbol{n}_2\Leftrightarrow\boldsymbol{n}_1\cdot\boldsymbol{n}_2=0\Leftrightarrow A_1A_2+B_1B_2+C_1C_2=0\end{cases}\tag{5.18}$$

【例 5.13】 判断平面

$$\pi_1: x+2y-z+8=0$$

与 $$\pi_2: 2x+y+z-7=0$$

的位置关系，并求 π_1、π_2 之间的夹角。

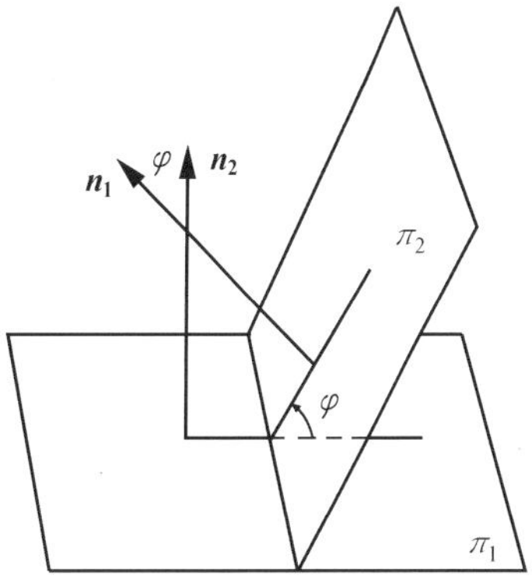

图 5.1

【解】 $R\begin{bmatrix}1 & 2 & -1\\2 & 1 & 1\end{bmatrix}=R\begin{bmatrix}1 & 2 & -1 & 8\\2 & 1 & 1 & -7\end{bmatrix}=2$

所以，平面 π_1、π_2 相交于一条直线 L

$$\cos\varphi=\frac{|1\times2+2\times1+(-1)\times1|}{\sqrt{1^2+2^2+(-1)^2}\sqrt{2^2+1^2+1^2}}=\frac{1}{2}$$

故所求夹角 $\varphi=\frac{\pi}{3}$。

设有两直线

$$L_1:\frac{x-x_1}{m_1}=\frac{y-y_1}{n_1}=\frac{z-z_1}{p_1}$$

$$L_2:\frac{x-x_2}{m_2}=\frac{y-y_2}{n_2}=\frac{z-z_2}{p_2}$$

称 L_1、L_2 的方向向量 $\boldsymbol{s}_1=(m_1,n_1,p_1)$、$\boldsymbol{s}_2=(m_2,n_2,p_2)$ 的夹角 φ 为**两直线 L_1 与 L_2 的夹角**（常指锐角）。

L_1、L_2 的夹角 φ 可由公式

$$\cos\varphi=\frac{|m_1m_2+n_1n_2+p_1p_2|}{\sqrt{m_1^2+n_1^2+p_1^2}\sqrt{m_2^2+n_2^2+p_2^2}} \tag{5.19}$$

给出。

与平面的情形类似，有

$$\begin{cases}L_1 /\!/ L_2\Leftrightarrow\boldsymbol{s}_1 /\!/ \boldsymbol{s}_2\Leftrightarrow\boldsymbol{s}_1\times\boldsymbol{s}_2=\boldsymbol{0}\Leftrightarrow\dfrac{m_1}{m_2}=\dfrac{n_1}{n_2}=\dfrac{p_1}{p_2}\\L_1\perp L_2\Leftrightarrow\boldsymbol{s}_1\perp\boldsymbol{s}_2\Leftrightarrow\boldsymbol{s}_1\cdot\boldsymbol{s}_2=0\Leftrightarrow m_1m_2+n_1n_2+p_1p_2=0\end{cases} \tag{5.20}$$

设直线 L 的方向向量 $\boldsymbol{s}=(m,n,p)$，平面 π 的法向量为 $\boldsymbol{n}=(A,B,C)$，显然有

$$\begin{cases}L /\!/ \pi\Leftrightarrow\boldsymbol{n}\perp\boldsymbol{s}\Leftrightarrow\boldsymbol{n}\cdot\boldsymbol{s}=0\Leftrightarrow mA+nB+pC=0\\L\perp\pi\Leftrightarrow\boldsymbol{n} /\!/ \boldsymbol{s}\Leftrightarrow\boldsymbol{n}\times\boldsymbol{s}=\boldsymbol{0}\Leftrightarrow\dfrac{A}{m}=\dfrac{B}{n}=\dfrac{C}{p}\end{cases} \tag{5.21}$$

直线 L 与其在平面 π 上的投影直线 L_1 的夹角 φ 称为直线 L 与平面 π 的夹角（图 5.2），通常规定 $0\leqslant\varphi\leqslant\frac{\pi}{2}$。

由于 $\cos\left(\frac{\pi}{2}-\varphi\right)=\frac{|\boldsymbol{n}\cdot\boldsymbol{s}|}{|\boldsymbol{n}||\boldsymbol{s}|}$

所以 φ 可由公式

$$\sin\varphi=\frac{|mA+nB+pC|}{\sqrt{A^2+B^2+C^2}\cdot\sqrt{m^2+n^2+p^2}} \tag{5.22}$$

确定。

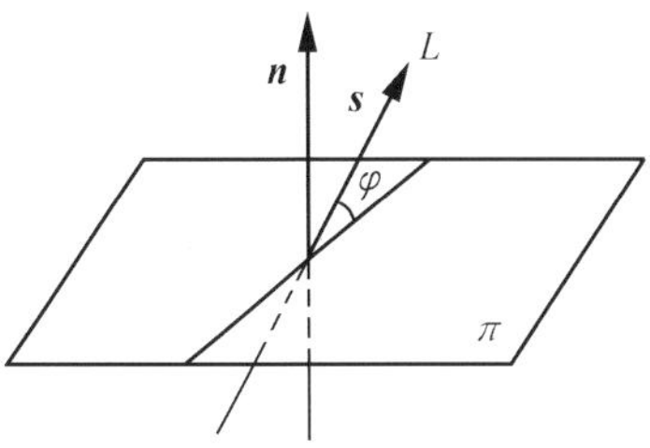

图 5.2

【例 5.14】 已知直线 L_1、L_2 的方程分别为

$$L_1:\frac{x-1}{3}=\frac{y+2}{-1}=\frac{z-4}{2}$$

$$L_2:\frac{x-1}{-3}=\frac{y+3}{2}=\frac{z+1}{3}$$

求 L_1 与 L_2 的交点,给出过直线 L_1、L_2 的平面方程。

【解】 将 L_1、L_2 的方程写成参数方程

$$L_1:\begin{cases}x=1+3t\\y=-2-t\\z=4+2t\end{cases}\qquad L_2:\begin{cases}x=1-3l\\y=-3+2l\\z=-1+3l\end{cases}$$

将 L_1 与 L_2 的交点记为 $M_0(x_0,y_0,z_0)$,则 x_0、y_0、z_0 同时满足 L_1、L_2 的方程,于是相应的 t、l 满足

$$\begin{cases}1+3t=1-3l\\-2-t=-3+2l\\4+2t=-1+3l\end{cases}$$

即

$$\begin{cases}t+l=0\\t+2l=1\\2t-3l=-5\end{cases}\tag{5.23}$$

解(5.23)得:$t=-1,l=1$,故

$$\begin{cases}x_0=-2\\y_0=-1\\z_0=2\end{cases}$$

即交点为 $M_0(-2,-1,2)$。

由于 L_1、L_2 的方向向量分别为 $\boldsymbol{s}_1=(3,-1,2)$ 和 $\boldsymbol{s}_2=(-3,2,3)$,所以过 L_1、L_2 的平面法向量为

$$\boldsymbol{n}=\boldsymbol{s}_1\times\boldsymbol{s}_2=\begin{vmatrix}\boldsymbol{i}&\boldsymbol{j}&\boldsymbol{k}\\3&-1&2\\-3&2&3\end{vmatrix}=(-7,-15,3)$$

其点法式方程为

$$-7(x+2)-15(y+1)+3(z-2)=0$$

【例 5.15】 试证平面上三点 (x_1,y_1)、(x_2,y_2)、(x_3,y_3) 共线的等价条件是 $\begin{vmatrix}x_1&y_1&1\\x_2&y_2&1\\x_3&y_3&1\end{vmatrix}=0$。

【证明】 设所共直线为 $y=kx+b$,则有关 k、b 的方程组 $y_i=kx_i+b(i=1,2,3)$ 有解。从而矩阵

$$\begin{bmatrix}x_1&1\\x_2&1\\x_3&1\end{bmatrix}\quad 与\quad \begin{bmatrix}x_1&1&y_1\\x_2&1&y_2\\x_3&1&y_3\end{bmatrix}$$

秩相等,故 $\begin{vmatrix}x_1&y_1&1\\x_2&y_2&1\\x_3&y_3&1\end{vmatrix}=\begin{vmatrix}x_1&1&y_1\\x_2&1&y_2\\x_3&1&y_3\end{vmatrix}=0$。

反之，若 $x_1=x_2=x_3$，显然此三点共线。否则有 $R\begin{bmatrix}x_1 & 1\\ x_2 & 1\\ x_3 & 1\end{bmatrix}=2$，但 $\begin{vmatrix}x_1 & y_1 & 1\\ x_2 & y_2 & 1\\ x_3 & y_3 & 1\end{vmatrix}=0$，故 $R\begin{bmatrix}x_1 & y_1 & 1\\ x_2 & y_2 & 1\\ x_3 & y_3 & 1\end{bmatrix}=2$，从而 $\begin{bmatrix}x_1 & 1\\ x_2 & 1\\ x_3 & 1\end{bmatrix}$ 与 $\begin{bmatrix}x_1 & 1 & y_1\\ x_2 & 1 & y_2\\ x_3 & 1 & y_3\end{bmatrix}$ 的秩相等，方程组(未知数为 k、b)

$$\begin{cases}kx_1+b=y_1\\ kx_2+b=y_2\\ kx_3+b=y_3\end{cases}$$

有解，于是该三点共线。

【例 5.16】 已知平面 π

$$x+4y-z+2=0$$

直线 L

$$\frac{x+1}{1}=\frac{y+1}{-2}=\frac{z}{2}$$

求直线 L 与平面 π 的交点及夹角 φ。

【解】 把直线 L 的方程写成参数方程得

$$\begin{cases}x=-1+\ \ t\\ y=-1-2t\\ z=\qquad\ \ 2t\end{cases}$$

代入平面方程，得 $t=-\dfrac{1}{3}$，于是 L 与 π 的交点坐标为

$$\begin{cases}x_0=-\dfrac{4}{3}\\ y_0=-\dfrac{1}{3}\\ z_0=-\dfrac{2}{3}\end{cases}$$

由平面 π 的法向量 $\boldsymbol{n}=(1,4,-1)$，直线 L 的方向向量 $\boldsymbol{s}=(1,-2,2)$ 知 π 与 L 的夹角 φ 满足

$$\sin\varphi=\frac{|1-8-2|}{\sqrt{18}\cdot\sqrt{9}}=\frac{\sqrt{2}}{2}$$

故

$$\varphi=\frac{\pi}{4}$$

B. 平面束

称通过给定直线 L 的所有平面的全体为**平面束**。

设 L 的一般方程为

$$\begin{cases}A_1x+B_1y+C_1z+D_1=0\\ A_2x+B_2y+C_2z+D_2=0\end{cases}\tag{5.24}$$

其中系数 A_1、B_1、C_1 与 A_2、B_2、C_2 不成比例。对两个不同时为 0 的参数 λ_1、λ_2，因 A_1、B_1、C_1 与 A_2、B_2、C_2 不成比例，所以三元一次方程

$$\lambda_1(A_1x+B_1y+C_1z+D_1)+\lambda_2(A_2x+B_2y+C_2z+D_2)=0\tag{5.25}$$

的系数 $\lambda_1 A_1+\lambda_2 A_2,\lambda_1 B_1+\lambda_2 B_2,\lambda_1 C_1+\lambda_2 C_2$ 不全为零，从而方程(5.25)是平面方程。对直线 L 上任一点 $M(x,y,z)$，由于 x,y,z 满足式(5.24)，故也满足式(5.25)，从而点 $M(x,y,z)$ 在式(5.25)所确定的平面上。因此，式(5.25)表示的平面通过直线 L。反之，通过直线 L 的任何一个平面都可写成式(5.25)的形式。称方程(5.25)为通过直线 L 的**平面束方程**。

【例 5.17】 求直线

$$L:\begin{cases}2x-y+z-1=0\\ x+y-z+1=0\end{cases}$$

在平面 $\pi: x+2y-z=0$ 上的投影方程。

【解】 L 在 π 上的投影可视为平面 π 与过直线 L 且垂直于 π 的平面 π_1 的交线。

设 π_1 的方程为

$$\lambda_1(2x-y+z-1)+\lambda_2(x+y-z+1)=0$$

其法向量为 $\boldsymbol{n}_1=(2\lambda_1+\lambda_2,-\lambda_1+\lambda_2,\lambda_1-\lambda_2)$，由 $\boldsymbol{n}_1$ 与 π 的法向量 $\boldsymbol{n}=(1,2,-1)$ 垂直知

$$\boldsymbol{n}_1\cdot\boldsymbol{n}=(2\lambda_1+\lambda_2)+2(-\lambda_1+\lambda_2)-(\lambda_1-\lambda_2)=4\lambda_2-\lambda_1=0$$

得 $\dfrac{\lambda_1}{\lambda_2}=4$。从而 π_1 的方程为

$$3x-y+z-1=0$$

故所求投影方程为

$$\begin{cases}3x-y+z-1=0\\ x+2y-z\quad\;\;=0\end{cases}$$

C. 点到平面的距离及点到直线的矩离

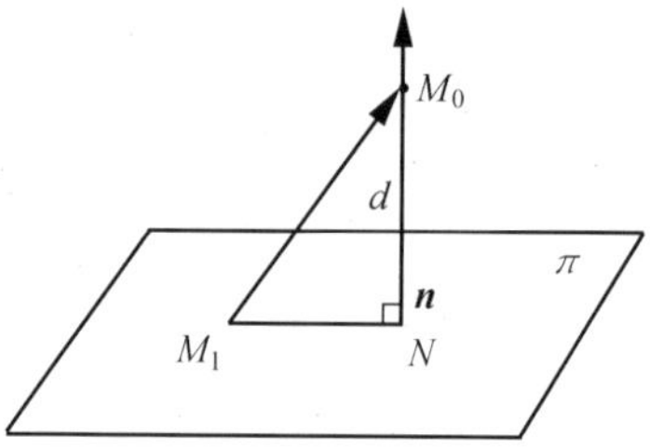

图 5.3

设 $M_0(x_0,y_0,z_0)$ 是平面 $\pi: Ax+By+Cz+D=0$ 外一点。在平面 π 上任取一点 $M_1(x_1,y_1,z_1)$，得到向量 $\overrightarrow{M_1M_0}$，点 M_0 到平面 π 的距离 d(图 5.3)应为向量 $\overrightarrow{M_1M_0}$ 在平面 π 的法向量 $\boldsymbol{n}=(A,B,C)$ 上的投影的长度，即

$$d=|\,\mathbf{Pr}_n\,\overrightarrow{M_1M_0}\,|$$

设 $\boldsymbol{n}^\circ$ 是与 $\boldsymbol{n}$ 方向一致的单位向量，则

$$\mathbf{Pr}_n\,\overrightarrow{M_1M_0}=\boldsymbol{n}^\circ\cdot\overrightarrow{M_1M_0}$$

但

$$\boldsymbol{n}^\circ=\frac{\boldsymbol{n}}{|\boldsymbol{n}|}=\left[\frac{A}{\sqrt{A^2+B^2+C^2}},\frac{B}{\sqrt{A^2+B^2+C^2}},\frac{C}{\sqrt{A^2+B^2+C^2}}\right]$$

$$\overrightarrow{M_1M_0}=(x_1-x_0,y_1-y_0,z_1-z_0)$$

因 $M_1(x_1,y_1,z_1)$ 在平面 π 上，$Ax_1+By_1+Cz_1+D=0$，得

$$\begin{aligned}d&=|\,\boldsymbol{n}^\circ\cdot\overrightarrow{M_1M_0}\,|=\\ &\left|\frac{A(x_0-x_1)}{\sqrt{A^2+B^2+C^2}}+\frac{B(y_0-y_1)}{\sqrt{A^2+B^2+C^2}}+\frac{C(z_0-z_1)}{\sqrt{A^2+B^2+C^2}}\right|=\\ &\frac{|Ax_0+By_0+Cz_0-(Ax_1+By_1+Cz_1)|}{\sqrt{A^2+B^2+C^2}}=\\ &\frac{|Ax_0+By_0+Cz_0+D|}{\sqrt{A^2+B^2+C^2}}\end{aligned}\tag{5.26}$$

例如，点 $M_0(1,1,1)$ 到平面 $\pi: 2x+2y-z+10=0$ 的距离为

$$d=\frac{2+2-1+10}{\sqrt{2^2+2^2+(-1)^2}}=\frac{13}{3}$$

设直线 L 的标准方程为

$$\frac{x-x_0}{m}=\frac{y-y_0}{n}=\frac{z-z_0}{p}$$

即 L 过点 $M_0(x_0,y_0,z_0)$，并且方向向量为 $\boldsymbol{s}=(m,n,p)$。再设 $M_1(x_1,y_1,z_1)$ 是直线 L 外一点，则点 M 到直线 L 的距离 d（图 5.4）为

$$d=\frac{|\boldsymbol{s}\times\overrightarrow{M_0M_1}|}{|\boldsymbol{s}|} \tag{5.27}$$

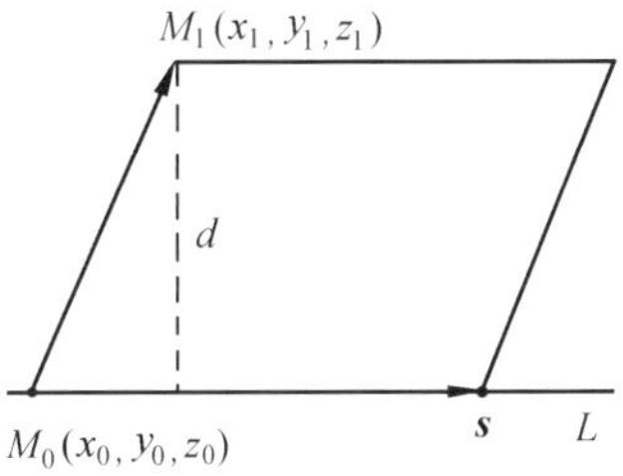

图 5.4

事实上，以 $\boldsymbol{s},\overrightarrow{M_0M_1}$ 为邻边的平行四边形的面积 $S_{\square}$ 为

$$S_{\square}=|\boldsymbol{s}\times\overrightarrow{M_0M_1}|$$

又 $S_{\square}=d\times|\boldsymbol{s}|$，故公式(5.27) 成立。

【例 5.18】 求点 $M_1(1,0,2)$ 到直线 $L:\frac{x+1}{2}=\frac{y+1}{1}=\frac{z}{1}$ 的距离。

【解】

$$\boldsymbol{s}=(2,1,1)$$

$$\overrightarrow{M_0M_1}=(1-(-1),0-(-1),2-0)=(2,1,2)$$

$$\boldsymbol{s}\times\overrightarrow{M_0M_1}=\begin{vmatrix}\boldsymbol{i}&\boldsymbol{j}&\boldsymbol{k}\\2&1&1\\2&1&2\end{vmatrix}=(1,-2,0)$$

$$|\boldsymbol{s}\times\overrightarrow{M_0M_1}|=\sqrt{1^2+(-2)^2+0^2}=\sqrt{5}$$

$$|\boldsymbol{s}|=\sqrt{2^2+1^2+1^2}=\sqrt{6}$$

故

$$d=\frac{|\boldsymbol{s}\times\overrightarrow{M_0M_1}|}{|\boldsymbol{s}|}=\frac{\sqrt{5}}{\sqrt{6}}=\frac{\sqrt{30}}{6}$$

【例 5.19】 求直线

$$L_1:\begin{cases}x+y-z-1=0\\2x+y-z-2=0\end{cases}$$

与直线 $L_2:\frac{x}{-2}=\frac{y}{1}=\frac{z+2}{0}$ 间的最短距离。

【解】 过直线 L_1 作平行于 L_2 的平面 π，则 L_2 上任一点到平面 π 的矩离为 L_1 与 L_2 间的最短距离。

设平面 π 的方程为

$$\lambda_1(x+y-z-1)+\lambda_2(2x+y-z-2)=0$$

因 L_2 与 π 平行，故 L_2 的方向向量 $\boldsymbol{s}$ 与 π 的法向量 $\boldsymbol{n}$ 垂直，有

$$\boldsymbol{s}\cdot\boldsymbol{n}=-2(\lambda_1+2\lambda_2)+(\lambda_1+\lambda_2)+0(-\lambda_1-\lambda_2)=$$

$$-\lambda_1-3\lambda_2=0$$

$$\lambda_2/\lambda_1=-\frac{1}{3}$$

从而平面 π 的方程为

$$x+2y-2z-1=0$$

在 L_2 上选取一点 $M_0(0,0,-2)$，M_0 到 π 的距离为

$$d=\frac{|-2\times(-2)-1|}{\sqrt{1^2+2^2+(-2)^2}}=1$$

故 L_1 与 L_2 的最短距离为 1。

习　题　5

1. 判断下列线性方程组是否有解

(1) $\begin{cases}2x_1+4x_2-x_3=6\\ x_1-2x_2+x_3=4\\ 3x_1+6x_2+2x_3=-1\end{cases}$

(2) $\begin{cases}x_1+x_2=1\\ ax_1+bx_2=c\\ a^2x_1+b^2x_2=c^2\end{cases}$，其中 a、b、c 互不相等。

(3) $\begin{cases}2x_1+4x_2-x_3=6\\ x_1+2x_2+x_3=3\\ 3x_1+x_2-x_3=9\end{cases}$

(4) $\begin{cases}3x_1-2x_2+x_3=-2\\ x_1-4x_2+2x_3=-3\\ -2x_1+5x_2-3x_3=4\end{cases}$

2. 设 $\boldsymbol{A}$ 为 4 阶方阵，$R(\boldsymbol{A})=2$，$\boldsymbol{\eta}_1$、$\boldsymbol{\eta}_2$、$\boldsymbol{\eta}_3$ 和 $\boldsymbol{\eta}_4$ 都是非齐次线性方程组 $\boldsymbol{AX}=\boldsymbol{b}$ 的解，且满足

$$\boldsymbol{\eta}_1+\boldsymbol{\eta}_2=\begin{bmatrix}2\\4\\0\\8\end{bmatrix},2\boldsymbol{\eta}_2+\boldsymbol{\eta}_3=\begin{bmatrix}3\\0\\3\\3\end{bmatrix},3\boldsymbol{\eta}_3+\boldsymbol{\eta}_4=\begin{bmatrix}2\\1\\0\\1\end{bmatrix}$$

求：

(1) $\boldsymbol{AX}=\boldsymbol{b}$ 对应的齐次线性方程组 $\boldsymbol{AX}=\boldsymbol{0}$ 的一个基础解系；

(2) $\boldsymbol{AX}=\boldsymbol{b}$ 的通解。

3. 设 $\boldsymbol{A}\in\mathbf{R}^{4\times3}$，$\boldsymbol{b}\in\mathbf{R}^4$，$R(\boldsymbol{A},\boldsymbol{b})=R(\boldsymbol{A})=2$，$\boldsymbol{\eta}_1$，$\boldsymbol{\eta}_2$ 是 $\boldsymbol{AX}=\boldsymbol{b}$ 的解，且

$$\boldsymbol{\eta}_1+\boldsymbol{\eta}_2=\begin{bmatrix}1\\3\\0\end{bmatrix},2\boldsymbol{\eta}_1-3\boldsymbol{\eta}_2=\begin{bmatrix}2\\1\\-5\end{bmatrix}$$

求 $\boldsymbol{AX}=\boldsymbol{b}$ 的通解。

4. 判断：

(1) 设 $\boldsymbol{\xi}_1$、$\boldsymbol{\xi}_2$ 是齐次线性方程组 $\boldsymbol{AX}=\boldsymbol{0}$ 的基础解系，问 $\boldsymbol{\xi}_1+\boldsymbol{\xi}_2$，$2\boldsymbol{\xi}_2-\boldsymbol{\xi}_1$ 是否也是该方程组的基础解系？

(2) $\boldsymbol{AX}=\boldsymbol{b}$ 有惟一解当且仅当 $\boldsymbol{AX}=\boldsymbol{0}$ 只有零解，这一结论是否正确？

5. 求下列齐次方程组的基础解系及通解

(1) $\begin{cases}3x_1+2x_2+3x_3-2x_4=0\\ 2x_1+x_2+x_3-x_4=0\\ 2x_1+2x_2+x_3+2x_4=0\end{cases}$　(2) $\begin{bmatrix}1&2&4&-3\\2&3&2&-1\\4&5&-2&3\\-1&3&26&-22\end{bmatrix}\begin{bmatrix}x_1\\x_2\\x_3\\x_4\end{bmatrix}=\begin{bmatrix}0\\0\\0\\0\end{bmatrix}$

6.求下列非齐次方程组的通解

(1) $\begin{cases} 2x_1 + x_2 - x_3 + x_4 = 1 \\ 2x_1 + x_2 - x_3 = 1 \\ 4x_1 + 2x_2 - 2x_3 - x_4 = 2 \end{cases}$

(2) $\begin{cases} 3x_1 + 2x_2 + x_3 + x_4 + x_5 = 7 \\ 3x_1 + 2x_2 + x_3 + x_4 - 35x_5 = -2 \\ 5x_1 + 4x_2 + 3x_3 + 3x_4 - x_5 = 12 \end{cases}$

(3) $\begin{bmatrix} 4 & 2 & -1 \\ 3 & -1 & 2 \\ 11 & 3 & 0 \end{bmatrix} \begin{bmatrix} x_1 \\ x_2 \\ x_3 \end{bmatrix} = \begin{bmatrix} 2 \\ 10 \\ 8 \end{bmatrix}$

(4) $\begin{bmatrix} 2 & 7 & 3 & 1 \\ 1 & 3 & -1 & 1 \\ 7 & -3 & -2 & 6 \end{bmatrix} \begin{bmatrix} x_1 \\ x_2 \\ x_3 \\ x_4 \end{bmatrix} = \begin{bmatrix} 6 \\ -2 \\ 4 \end{bmatrix}$

7.当 a 取何值时，齐次线性方程组

$$\begin{cases} (a-2)x_1 - 3x_2 - 2x_3 = 0 \\ -x_1 + (a-8)x_2 - 2x_3 = 0 \\ 2x_1 + 14x_2 + (a+3)x_3 = 0 \end{cases}$$

有非零解？并求之。

8.当 a 取何值时，方程组

$$\begin{cases} ax_1 + x_2 + x_3 = 1 \\ (a+1)x_1 + (a+1)x_2 + 2x_3 = 2 \\ (2a+1)x_1 + 3x_2 + (a+2)x_3 = 2 \end{cases}$$

有惟一解；有无穷多解；无解？当有解时，请求之。

9.已知

$$\boldsymbol{\alpha}_1 = \begin{bmatrix} 1 \\ 0 \\ 2 \\ 3 \end{bmatrix}, \boldsymbol{\alpha}_2 = \begin{bmatrix} 1 \\ 1 \\ 3 \\ 5 \end{bmatrix}, \boldsymbol{\alpha}_3 = \begin{bmatrix} 1 \\ -1 \\ a+2 \\ 1 \end{bmatrix}, \boldsymbol{\alpha}_4 = \begin{bmatrix} 1 \\ 2 \\ 4 \\ a+8 \end{bmatrix}, \boldsymbol{\beta} = \begin{bmatrix} 1 \\ 1 \\ b+3 \\ 5 \end{bmatrix}$$

问：(1) a、b 为何值时，$\boldsymbol{\beta}$ 不能表示为 $\boldsymbol{\alpha}_1,\boldsymbol{\alpha}_2,\boldsymbol{\alpha}_3,\boldsymbol{\alpha}_4$ 的线性组合？

(2) a、b 为何值时，$\boldsymbol{\beta}$ 可惟一地表示为 $\boldsymbol{\alpha}_1,\boldsymbol{\alpha}_2,\boldsymbol{\alpha}_3,\boldsymbol{\alpha}_4$ 的线性组合？

10.证明：对任意正整数 m，若线性方程组 $\boldsymbol{AX}=\boldsymbol{0}$ 只有零解，则 $\boldsymbol{A}^m\boldsymbol{X}=\boldsymbol{0}$ 也只有零解。

11. a_1、a_2 取何值时，方程组

$$\begin{cases} x_1 + 2x_2 + 3x_3 - x_4 = a_2 \\ -x_1 + x_2 + x_4 = 3-a_2 \\ 2x_1 + 3x_2 + 5x_3 + a_1x_4 = 1 \end{cases}$$

有解？有解时求出解。

12.求方程组

$$\begin{cases} x_1 - x_2 = a_1 \\ x_2 - x_3 = a_2 \\ \vdots \\ x_n - x_1 = a_n \end{cases}$$

有解的充分必要条件。

13. 设方程组

$$\begin{cases} a_{11}x_1 + a_{12}x_2 + \cdots + a_{1n-1}x_{n-1} = a_{1n} \\ a_{21}x_1 + a_{22}x_2 + \cdots + a_{2n-1}x_{n-1} = a_{2n} \\ \vdots \qquad\qquad\qquad\qquad \vdots \\ a_{n1}x_1 + a_{n2}x_2 + \cdots + a_{nn-1}x_{n-1} = a_{nn} \end{cases}$$

若

$$\begin{vmatrix} a_{11} & a_{12} & \cdots & a_{1n} \\ a_{21} & a_{22} & \cdots & a_{2n} \\ \vdots & \vdots & & \vdots \\ a_{n1} & a_{n2} & \cdots & a_{nn} \end{vmatrix} \neq 0$$

方程组是否有解?

14. 设方程组 $\boldsymbol{AX}=\boldsymbol{0}$,$R(\boldsymbol{A})=n-1$,$\boldsymbol{A}$ 中某元素 a_{ij} 的代数余子式 $A_{ij}\neq 0$,证明:$(A_{i1},A_{i2},\cdots,A_{in})^{\mathrm{T}}$ 是该方程组的基础解系。

15. 设 $\boldsymbol{A}\in\mathbf{R}^{m\times n}$,$R(\boldsymbol{A})=r$,证明:$\boldsymbol{AX}=\boldsymbol{0}$ 的任意 $n-r$ 个线性无关的解向量均可构成基础解系。

16. 设 $\boldsymbol{\eta}_1,\boldsymbol{\eta}_2,\cdots,\boldsymbol{\eta}_m$ 都是非齐次线性方程组 $\boldsymbol{AX}=\boldsymbol{b}$ 的解向量,令

$$\boldsymbol{\eta}=k_1\boldsymbol{\eta}_1+k_2\boldsymbol{\eta}_2+\cdots k_m\boldsymbol{\eta}_m$$

证明:

(1) 若 $k_1+k_2+\cdots+k_m=0$,则 $\boldsymbol{\eta}$ 是 $\boldsymbol{AX}=\boldsymbol{b}$ 对应的齐次线性方程组 $\boldsymbol{AX}=\boldsymbol{0}$ 的解向量;

(2) 若 $k_1+k_2+\cdots+k_m=1$,则 $\boldsymbol{\eta}$ 是 $\boldsymbol{AX}=\boldsymbol{b}$ 的解向量。

17. 设 $\boldsymbol{\eta}$ 是非齐次线性方程组 $\boldsymbol{AX}=\boldsymbol{b}$ 的一个解向量,$\boldsymbol{\xi}_1,\boldsymbol{\xi}_2,\cdots,\boldsymbol{\xi}_{n-r}$ 是对应的齐次线性方程组的一个基础解系,证明:

(1) $\boldsymbol{\eta},\boldsymbol{\xi}_1,\boldsymbol{\xi}_2,\cdots,\boldsymbol{\xi}_{n-r}$ 线性无关;

(2) $\boldsymbol{\eta},\boldsymbol{\eta}+\boldsymbol{\xi}_1,\boldsymbol{\eta}+\boldsymbol{\xi}_2,\cdots,\boldsymbol{\eta}+\boldsymbol{\xi}_{n-r}$ 是 $\boldsymbol{AX}=\boldsymbol{b}$ 的 $n-r+1$ 个线性无关的解向量。

18. 设 $\eta_1,\eta_2,\cdots,\eta_{n-r},\boldsymbol{\eta}_{n-r+1}$ 是非齐次线性方程组 $\boldsymbol{AX}=\boldsymbol{b}$ 的 $n-r+1$ 个线性无关的解向量,且 $R(\boldsymbol{A})=r$。证明:该方程组的任意一个解向量都可表示成

$$x=k_1\boldsymbol{\eta}_1+k_2\boldsymbol{\eta}_2+\cdots+k_{n-r+1}\boldsymbol{\eta}_{n-r+1}$$

其中 $k_1+k_2+\cdots+k_{n-r+1}=1$。

19. 设 $\boldsymbol{A}\in\mathbf{R}^{m\times n}$,若任一 $\boldsymbol{X}\in\mathbf{R}^n$ 均是 $\boldsymbol{AX}=\boldsymbol{0}$ 的解,证明:$\boldsymbol{A}=\boldsymbol{0}$。

20. 设 $\boldsymbol{A}\in\mathbf{R}^{m\times n}$,$R(\boldsymbol{A})=r$,证明:存在列满秩矩阵 $\boldsymbol{B}$,且 $R(\boldsymbol{B})=n-r$,使 $\boldsymbol{AB}=\boldsymbol{0}$。

21. 讨论下列各直线的位置关系,若这两条直线共面,求该平面方程。

(1) $\begin{cases} x+z-1=0 \\ x-2y+3=0 \end{cases}$ 和 $\begin{cases} 3x+y-z-13=0 \\ y+2z-8=0 \end{cases}$

(2) $\begin{cases} x+y+z-1=0 \\ 2x-y+z+3=0 \end{cases}$ 和 $\begin{cases} 4x+y+3z+2=0 \\ x-2y+5=0 \end{cases}$

(3) $\begin{cases} x=t \\ y=-8-4t \\ z=-3-3t \end{cases}$ 和 $\begin{cases} x+y-z=0 \\ 2x-y+2z=0 \end{cases}$

22. 已知三个平面的方程分别为

$$\pi_1: \lambda x+y+3z=8, \quad \pi_2: 2x+y+2z=6, \quad \pi_3: 3x+2y+3z=\mu$$

问 λ、μ 取何值时：(1) 三平面交于一点；(2) 三平面无公共交点；(3) 三平面相交于一条直线，并求此直线方程。

23. 已知二直线

$$L_1: \begin{cases} x=2t \\ y=-3+3t \\ z=4t \end{cases} \qquad L_2: \frac{x-1}{1}=\frac{y+2}{1}=\frac{z-2}{2}$$

问 L_1 与 L_2 是否共面；是否相交，若相交，求其交点。

24. 已知平面 $\pi_1: x-2y+2z+1=0$，$\pi_2: 2x+3y-6z-6=0$，求 π_1 与 π_2 之间的夹角。

25. 设二直线

$$L_1: \begin{cases} x=-2-4t \\ y=2+mt \\ z=3+2t \end{cases} \qquad L_2: \frac{x-1}{2}=\frac{y+1}{-2}=\frac{z}{n}$$

(1) 求 m、n，使 $L_1 \parallel L_2$；

(2) 求 m、n，使 $L_1 \perp L_2$，并问这样的 m、n 是否惟一；

(3) 求 m、n，使 L_1 与 L_2 共面，并问这样的 m、n 是否惟一；

(4) 当 $m=-4$、$n=-1$ 时，求 L_1 与 L_2 的夹角。

26. 已知平面 $\pi: x-2y-2z+4=0$，直线 $L: \dfrac{x-1}{-1}=\dfrac{y}{2}=\dfrac{z+2}{n}$

(1) 求 n 使 L 与 π 垂直；

(2) 求 n 使 $L \parallel \pi$；

(3) 当 $n=-2$ 时，求 L 与 π 之间的夹角；

(4) 当 $n=-2$ 时，求 L 与 π 的交点。

27. 已知平面 $\pi_1: x-y-2z=2$；$\pi_2: x+2y+z=8$；$\pi_3: x+y+z=0$，求过 π_1 与 π_2 的交线且与平面 π_3 垂直的平面的方程。

28. 判别直线与平面的位置关系：

(1) $\dfrac{x+3}{-2}=\dfrac{y+4}{-7}=\dfrac{z}{3}$ 与平面：$4x-2y-2z=3$；

(2) $\dfrac{x}{3}=\dfrac{y}{-2}=\dfrac{z}{7}$ 与平面：$3x-2y+7z=8$；

(3) $\dfrac{x-2}{3}=\dfrac{y+2}{1}=\dfrac{z-3}{-4}$ 与平面：$x+y+z=3$。

29. 求点 $(-1,2,0)$ 在平面 $x+2y-z+1=0$ 上的投影的坐标。

30. 求点 $A(2,4,3)$ 在直线 $x=y=z$ 上投影点的坐标及点 A 到该直线的距离。

31. 求直线 $\begin{cases}2x-4y+z=0\\3x-2z-9=0\end{cases}$ 在平面 $4x-y+z=1$ 上的投影直线的方程。

32. 求过点 $M(-4,-5,3)$，且与直线 $L_1:\dfrac{x+1}{3}=\dfrac{y+3}{-2}=\dfrac{z-2}{-1}$ 和直线 $L_2:\dfrac{x-2}{2}=\dfrac{y+1}{3}=\dfrac{z-1}{-5}$ 都相交的直线方程。

33. 一平面 π 垂直于平面 $z=0$，并通过由点 $M_0(1,-1,1)$ 到直线 $\begin{cases}y-z+1=0\\x=0\end{cases}$ 的垂线，求平面 π 的方程。

第6章　线性变换

映射是近代数学中的一个基本概念，它是实变量的实值函数概念的推广。映射是研究线性空间中向量之间的联系的重要工具，线性空间 **V** 到其自身的映射通常称做 **V** 的一个变换。本章讨论的线性变换是线性空间 **V** 中最简单也是最重要的一种变换。

本章在一般的数域 **F** 上讨论问题，主要讨论有限维线性空间中的线性变换，介绍如下内容：

1. 线性变换的定义；

2. 线性变换的运算，值域与核；

3. 线性变换的表示矩阵。

线性变换的定义

【定义 6.1】 设 V_n，U_m 分别是数域 **F** 上的 n 维和 m 维线性空间，若对于 V_n 中任一元素 α，依照一定规则 $\mathscr{A}$，总有 U_m 中一个惟一确定的元素 β 与之对应，则称这个对应规则 $\mathscr{A}$ 为由 V_n 到 U_m 的**映射**。

设映射 $\mathscr{A}$ 将 V_n 中元素 α 映成 U_m 中元素 β，则记为 $\mathscr{A}(\alpha)=\beta$ 或 $\mathscr{A}\alpha=\beta$。称 β 为 α 的**像**，像的全体构成的集合称为**像集**，记为 $\mathscr{A}(V_n)$，即

$$\mathscr{A}(V_n)=\{\beta \mid \beta=\mathscr{A}(\alpha),\alpha \in V_n\}$$

【定义 6.2】 若 V_n 到 U_m 的映射 $\mathscr{A}$ 满足：

(1) 对任意 $\alpha_1,\alpha_2 \in V_n$，有 $\mathscr{A}(\alpha_1+\alpha_2)=\mathscr{A}(\alpha_1)+\mathscr{A}(\alpha_2)$；

(2) 对任意 $\alpha \in V_n$ 及任意 $k \in \mathbf{F}$，有

$$\mathscr{A}(k\alpha)=k\mathscr{A}(\alpha)$$

则称 $\mathscr{A}$ 是从 V_n 到 U_m 的**线性映射**。

线性空间 V_n 到自身的线性映射称为 V_n 中的**线性变换**。

若 $\mathscr{A}_1$，$\mathscr{A}_2$ 都是 V_n 中的线性变换，且对任意 $\alpha \in V_n$，有 $\mathscr{A}_1(\alpha)=\mathscr{A}_2(\alpha)$，则称 $\mathscr{A}_1$ 与 $\mathscr{A}_2$ 相等，记为 $\mathscr{A}_1=\mathscr{A}_2$。

【例 6.1】 设 V_n 是线性空间，$k \in \mathbf{F}$ 是一常数，定义

$$\mathscr{A}(\alpha)=k\alpha,\quad \forall\, \alpha \in V_n$$

易见 $\mathscr{A}(\alpha+\beta)=k(\alpha+\beta)=k\alpha+k\beta=\mathscr{A}(\alpha)+\mathscr{A}(\beta)$

$$\mathscr{A}(l\alpha)=k(l\alpha)=l(k\alpha)=l\mathscr{A}(\alpha),\ l \in \mathbf{F}$$

故 $\mathscr{A}$ 是一线性变换，称 $\mathscr{A}$ 为由数 k 所决定的**数乘变换**。

若 $k=1$，数乘变换 $\mathscr{A}$ 把每个向量 $\boldsymbol{\alpha}$ 映为自身，此时称 $\mathscr{A}$ 为**恒等变换**，记做 $\mathscr{E}$，即 $\mathscr{E}(\boldsymbol{\alpha})=\boldsymbol{\alpha}$。

若 $k=0$，数乘变换 $\mathscr{A}$ 把每个向量 $\boldsymbol{\alpha}$ 都变成 $\mathbf{0}$，此时称 $\mathscr{A}$ 为**零变换**，记为 $\mathbf{0}$，即 $\mathbf{0}(\boldsymbol{\alpha})=\mathbf{0}$。

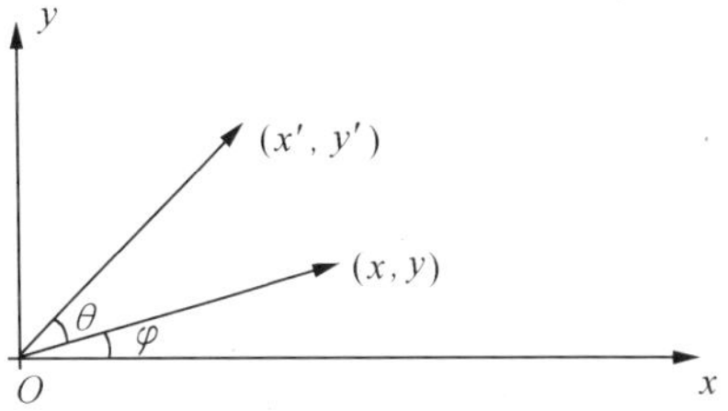

图 6.1

【例 6.2】 令 Oxy 为平面直角坐标系，$\boldsymbol{\alpha}=(x,y)^{\mathrm{T}}$ 为起点是 O 的向量，将 $\boldsymbol{\alpha}$ 绕 O 点依逆时针方向旋转 θ 角（图6.1），记这一变换为 $\mathscr{A}$，且令 $\mathscr{A}(\boldsymbol{\alpha})=(x',y')^{\mathrm{T}}$，则

$$x'=r\cos(\theta+\varphi)=$$
$$r\cos\varphi\cos\theta-r\sin\varphi\sin\theta=x\cos\theta-y\sin\theta$$
$$y'=r\sin(\theta+\varphi)=$$
$$r\cos\varphi\sin\theta+r\sin\varphi\cos\theta=x\sin\theta+y\cos\theta$$

这里 $r=\sqrt{x^2+y^2}$。

即
$$\begin{cases}x'=x\cos\theta-y\sin\theta\\ y'=x\sin\theta+y\cos\theta\end{cases}$$

令
$$\boldsymbol{A}=\begin{pmatrix}\cos\theta & -\sin\theta\\ \sin\theta & \cos\theta\end{pmatrix}$$

于是有 $\mathscr{A}(\boldsymbol{\alpha})=\boldsymbol{A}\begin{pmatrix}x\\ y\end{pmatrix}=\boldsymbol{A\alpha}$。

显然
$$\mathscr{A}(\boldsymbol{\alpha}+\boldsymbol{\beta})=\boldsymbol{A}(\boldsymbol{\alpha}+\boldsymbol{\beta})=\boldsymbol{A\alpha}+\boldsymbol{A\beta}=\mathscr{A}(\boldsymbol{\alpha})+\mathscr{A}(\boldsymbol{\beta})$$
$$\mathscr{A}(k\boldsymbol{\alpha})=\boldsymbol{A}(k\boldsymbol{\alpha})=k\boldsymbol{A\alpha}=k\mathscr{A}(\boldsymbol{\alpha})$$

因此，$\mathscr{A}$ 是一线性变换，称为坐标轴**旋转变换**。

【性质 6.1】 V_n 中的线性变换 $\mathscr{A}$ 满足：

(1) $\mathscr{A}(\mathbf{0})=\mathbf{0}$，$\mathscr{A}(-\boldsymbol{\alpha})=-\mathscr{A}(\boldsymbol{\alpha})$；

(2) 若 $\boldsymbol{\beta}=k_1\boldsymbol{\alpha}_1+k_2\boldsymbol{\alpha}_2+\cdots+k_n\boldsymbol{\alpha}_n$，则

$$\mathscr{A}(\boldsymbol{\beta})=k_1\mathscr{A}(\boldsymbol{\alpha}_1)+k_2\mathscr{A}(\boldsymbol{\alpha}_2)+\cdots+k_n\mathscr{A}(\boldsymbol{\alpha}_n)$$

(3) 若 $\boldsymbol{\alpha}_1,\boldsymbol{\alpha}_2,\cdots,\boldsymbol{\alpha}_n$ 线性相关，则 $\mathscr{A}(\boldsymbol{\alpha}_1),\mathscr{A}(\boldsymbol{\alpha}_2),\cdots,\mathscr{A}(\boldsymbol{\alpha}_n)$ 也线性相关。

【证明】 (1) $\mathscr{A}(\mathbf{0})=\mathscr{A}(\mathbf{0}+\mathbf{0})=\mathscr{A}(\mathbf{0})+\mathscr{A}(\mathbf{0})$，在等式两边同时加上 $-\mathscr{A}(\mathbf{0})$ 得 $-\mathscr{A}(\mathbf{0})+\mathscr{A}(\mathbf{0})=-\mathscr{A}(\mathbf{0})+\mathscr{A}(\mathbf{0})+\mathscr{A}(\mathbf{0})$，推出 $\mathbf{0}=\mathscr{A}(\mathbf{0})$。

(2) 由线性变换的定义显然可以得到

$$\mathscr{A}(\boldsymbol{\beta})=\mathscr{A}(k_1\boldsymbol{\alpha}_1+k_2\boldsymbol{\alpha}_2+\cdots+k_n\boldsymbol{\alpha}_n)=k_1\mathscr{A}(\boldsymbol{\alpha}_1)+k_2\mathscr{A}(\boldsymbol{\alpha}_2)+\cdots+k_n\mathscr{A}(\boldsymbol{\alpha}_n)$$

(3) 因 $\boldsymbol{\alpha}_1,\boldsymbol{\alpha}_2,\cdots,\boldsymbol{\alpha}_n$ 线性相关，所以存在不全为零的数 $k_1,k_2,\cdots,k_n$，使

$$k_1\boldsymbol{\alpha}_1+k_2\boldsymbol{\alpha}_2+\cdots+k_n\boldsymbol{\alpha}_n=\mathbf{0}$$

则
$$\mathscr{A}(k_1\boldsymbol{\alpha}_1+k_2\boldsymbol{\alpha}_2+\cdots+k_n\boldsymbol{\alpha}_n)=\mathscr{A}(\mathbf{0})$$

即
$$k_1\mathscr{A}(\boldsymbol{\alpha}_1)+k_2\mathscr{A}(\boldsymbol{\alpha}_2)+\cdots+k_n\mathscr{A}(\boldsymbol{\alpha}_n)=\mathbf{0}$$

因 $k_1,k_2,\cdots,k_n$ 不全为 0，故 $\mathscr{A}(\boldsymbol{\alpha}_1),\mathscr{A}(\boldsymbol{\alpha}_2),\cdots,\mathscr{A}(\boldsymbol{\alpha}_n)$ 线性相关。

注 由 $\boldsymbol{\alpha}_1,\boldsymbol{\alpha}_2,\cdots,\boldsymbol{\alpha}_m$ 线性无关，一般不能推出向量组 $\mathscr{A}(\boldsymbol{\alpha}_1),\mathscr{A}(\boldsymbol{\alpha}_2),\cdots,\mathscr{A}(\boldsymbol{\alpha}_m)$ 也线性无关，零变换就是一个例子。可是，当给定一组向量 $\boldsymbol{\alpha}_1,\boldsymbol{\alpha}_2,\cdots,\boldsymbol{\alpha}_m$，若 $\mathscr{A}(\boldsymbol{\alpha}_1),\mathscr{A}(\boldsymbol{\alpha}_2),\cdots,\mathscr{A}(\boldsymbol{\alpha}_m)$ 线性无关，则 $\boldsymbol{\alpha}_1,\boldsymbol{\alpha}_2,\cdots,\boldsymbol{\alpha}_m$ 线性无关。事实上，这是性质(3) 的推论。

【例 6.3】 设有 n 阶矩阵 $\boldsymbol{A}$，定义 $V_n(\boldsymbol{F})$ 中变换 $\mathscr{A}$ 为

$$\mathscr{A}(\boldsymbol{X})=\boldsymbol{AX},\ \forall\,\boldsymbol{X}=(x_1,x_2,\cdots,x_n)^{\mathrm{T}}\in V_n(\boldsymbol{F})$$

则 $\mathscr{A}$ 是 $V_n(\boldsymbol{F})$ 中的线性变换。

【例 6.4】 在 $\boldsymbol{F}[x]_n$ 中作变换 $\mathscr{A}$ 如下：

对任一多项式 $f(x)$，$\mathscr{A}(f(x))=f'(x)$，由多项式的导数性质知，$\mathscr{A}$ 是 $\boldsymbol{F}[x]_n$ 中的线性变换。

线性变换的运算 值域与核

A. 线性变换的运算

【定义 6.3】 设 $\mathscr{A}_1,\mathscr{A}_2$ 是 $V_n(\boldsymbol{F})$ 的线性变换，$\mathscr{A}_1+\mathscr{A}_2$ 定义为

$$(\mathscr{A}_1+\mathscr{A}_2)(\boldsymbol{\alpha})=\mathscr{A}_1(\boldsymbol{\alpha})+\mathscr{A}_2(\boldsymbol{\alpha}),\forall\,\boldsymbol{\alpha}\in V_n(\boldsymbol{F})$$

称变换 $\mathscr{A}_1+\mathscr{A}_2$ 为线性变换 $\mathscr{A}_1$ 与 $\mathscr{A}_2$ **的和**。

我们指出，$\mathscr{A}_1+\mathscr{A}_2$ 仍是 $V_n(\boldsymbol{F})$ 的线性变换。事实上，对任意 $\boldsymbol{\alpha},\boldsymbol{\beta}\in V_n(\boldsymbol{F})$，有

$$\begin{aligned}(\mathscr{A}_1+\mathscr{A}_2)(k\boldsymbol{\alpha}+l\boldsymbol{\beta})=&\mathscr{A}_1(k\boldsymbol{\alpha}+l\boldsymbol{\beta})+\mathscr{A}_2(k\boldsymbol{\alpha}+l\boldsymbol{\beta})=\\&k\mathscr{A}_1(\boldsymbol{\alpha})+l\mathscr{A}_1(\boldsymbol{\beta})+k\mathscr{A}_2(\boldsymbol{\alpha})+l\mathscr{A}_2(\boldsymbol{\beta})=\\&k(\mathscr{A}_1(\boldsymbol{\alpha})+\mathscr{A}_2(\boldsymbol{\alpha}))+l(\mathscr{A}_1(\boldsymbol{\beta})+\mathscr{A}_2(\boldsymbol{\beta}))=\\&k(\mathscr{A}_1+\mathscr{A}_2)(\boldsymbol{\alpha})+l(\mathscr{A}_1+\mathscr{A}_2)(\boldsymbol{\beta})\end{aligned}$$

这说明 $\mathscr{A}_1+\mathscr{A}_2$ 是 $V_n(\boldsymbol{F})$ 的线性变换。

线性变换的加法满足：

(1) 结合律，即 $(\mathscr{A}_1+\mathscr{A}_2)+\mathscr{A}_3=\mathscr{A}_1+(\mathscr{A}_2+\mathscr{A}_3)$；

(2) 交换律，即 $\mathscr{A}_1+\mathscr{A}_2=\mathscr{A}_2+\mathscr{A}_1$；

(3) 对于零变换 $\mathbf{0}$，有 $\mathbf{0}+\mathscr{A}=\mathscr{A}+\mathbf{0}$。

【定义 6.4】 设 $\mathscr{A}$ 是 $V_n(\boldsymbol{F})$ 的线性变换，$k\in\boldsymbol{F}$，定义 $V_n(\boldsymbol{F})$ 的变换 $k\mathscr{A}$ 为

$$(k\mathscr{A})(\boldsymbol{\alpha})=k\mathscr{A}(\boldsymbol{\alpha}),\forall\,\boldsymbol{\alpha}\in V_n(\boldsymbol{F})$$

称 $k\mathscr{A}$ 为数 k 与线性变换 $\mathscr{A}$ 的**数量乘积**。可以证明 $k\mathscr{A}$ 是 $V_n(\boldsymbol{F})$ 的线性变换。

记 $(-1)\mathscr{A}=-\mathscr{A}$，并称 $-\mathscr{A}$ 为 $\mathscr{A}$ 的**负变换**。显然有 $\mathscr{A}+(-\mathscr{A})=\mathbf{0}$。

线性变换的数量乘积有以下性质：

(4) $k(\mathscr{A}_1+\mathscr{A}_2)=k\mathscr{A}_1+k\mathscr{A}_2$；

(5) $(k+l)\mathscr{A}=k\mathscr{A}+l\mathscr{A}$；

(6) $(kl)\mathscr{A}=k(l\mathscr{A})$；

(7) $1\cdot\mathscr{A}=\mathscr{A}$。

其中 $k,l\in\boldsymbol{F}$，$\mathscr{A}$、$\mathscr{A}_1$、$\mathscr{A}_2$ 为线性变换。

【定义 6.5】 设 $\mathscr{A}_1,\mathscr{A}_2$ 是 $V_n(\boldsymbol{F})$ 的线性变换，定义 $V_n(\boldsymbol{F})$ 的变换 $\mathscr{A}_1\mathscr{A}_2$ 为

$$(\mathscr{A}_1\mathscr{A}_2)(\boldsymbol{\alpha})=\mathscr{A}_1(\mathscr{A}_2(\boldsymbol{\alpha})),\forall\,\boldsymbol{\alpha}\in V_n(\boldsymbol{F})$$

称变换 $\mathscr{A}_1\mathscr{A}_2$ 为 $\mathscr{A}_1$ **与** $\mathscr{A}_2$ **的乘积**。

$\mathscr{A}_1\mathscr{A}_2$ 也是 $V_n(\boldsymbol{F})$ 的线性变换。事实上，对任意 $\boldsymbol{\alpha},\boldsymbol{\beta}\in V_n(\boldsymbol{F})$，任意 $k,l\in\boldsymbol{F}$，有

$$\begin{aligned}(\mathscr{A}_1\mathscr{A}_2)(k\boldsymbol{\alpha}+l\boldsymbol{\beta})=&\mathscr{A}_1(\mathscr{A}_2(k\boldsymbol{\alpha}+l\boldsymbol{\beta}))=\\&\mathscr{A}_1(k\mathscr{A}_2(\boldsymbol{\alpha})+l\mathscr{A}_2(\boldsymbol{\alpha}))=k\mathscr{A}_1(\mathscr{A}_2(\boldsymbol{\alpha}))+l\mathscr{A}_1(\mathscr{A}_2(\boldsymbol{\alpha}))=\\&k(\mathscr{A}_1\mathscr{A}_2)(\boldsymbol{\alpha})+l(\mathscr{A}_1\mathscr{A}_2)(\boldsymbol{\beta})\end{aligned}$$

所以 $\mathscr{A}_1\mathscr{A}_2$ 也是 $V_n(\boldsymbol{F})$ 的线性变换。

线性变换的乘法有以下性质：

(8) 结合律：$(\mathscr{A}_1\mathscr{A}_2)\mathscr{A}_3=\mathscr{A}_1(\mathscr{A}_2\mathscr{A}_3)$；

(9) 乘法对加法的左、右分配律，即

$$\mathscr{A}_1(\mathscr{A}_2+\mathscr{A}_3)=\mathscr{A}_1\mathscr{A}_2+\mathscr{A}_1\mathscr{A}_3$$
$$(\mathscr{A}_2+\mathscr{A}_3)\mathscr{A}_1=\mathscr{A}_2\mathscr{A}_1+\mathscr{A}_3\mathscr{A}_1$$

(10) 对恒等变换 $\mathscr{E}$，有 $\mathscr{E}\mathscr{A}=\mathscr{A}\mathscr{E}=\mathscr{A}$；

(11) 对于 $k\in \boldsymbol{F}$，有 $k(\mathscr{A}_1\mathscr{A}_2)=(k\mathscr{A}_1)\mathscr{A}_2=\mathscr{A}_1(k\mathscr{A}_2)$

这里，$\mathscr{A},\mathscr{A}_1,\mathscr{A}_2,\mathscr{A}_3$ 都是 $V_n(\boldsymbol{F})$ 中的线性变换。

【例 6.5】 设 $V_3(\boldsymbol{F})$ 的线性变换 $\mathscr{A}_1$、$\mathscr{A}_2$ 为

$$\mathscr{A}_1(x_1,x_2,x_3)=(x_1+x_2+x_3,0,0)$$
$$\mathscr{A}_2(x_1,x_2,x_3)=(x_2,x_3,x_1)$$

试求：(1)$(\mathscr{A}_1\mathscr{A}_2)(1,0,1)$；(2)$(\mathscr{A}_2\mathscr{A}_1)(1,0,1)$。

【解】 (1)$(\mathscr{A}_1\mathscr{A}_2)(1,0,1)=\mathscr{A}_1(\mathscr{A}_2(1,0,1))=$

$$\mathscr{A}_1(0,1,1)=(2,0,0)$$

(2)$(\mathscr{A}_2\mathscr{A}_1)(1,0,1)=\mathscr{A}_2(\mathscr{A}_1(1,0,1))=$

$$\mathscr{A}_2(2,0,0)=(0,0,2)$$

由(1)与(2)知，$\mathscr{A}_1\mathscr{A}_2\neq\mathscr{A}_2\mathscr{A}_1$。

【例 6.6】 在 $\boldsymbol{F}[x]$ 中考虑线性变换

$$D(f(x))=f'(x),\ J(f(x))=\int_0^x f(t)\mathrm{d}t$$

的乘积，易见 $DJ=\mathscr{E}$，但一般情形下，$JD\neq\mathscr{E}$。

【定义 6.6】 设 $\mathscr{A}$ 是 $V_n(\boldsymbol{F})$ 的线性变换，若存在 $V_n(\boldsymbol{F})$ 的变换 $\mathscr{B}$，使得

$$\mathscr{A}\mathscr{B}=\mathscr{B}\mathscr{A}=\mathscr{E}$$

则称变换 $\mathscr{B}$ 为线性变换 $\mathscr{A}$ 的**逆变换**，此时称 $\mathscr{A}$ 为**可逆线性变换**。

当然不是所有线性变换都可逆，例如，例 6.5 中的线性变换 $\mathscr{A}_1$ 就不可逆。

若线性变换 $\mathscr{A}$ 可逆，那么 $\mathscr{A}$ 的逆变换是惟一的。事实上，设 $\mathscr{B}$ 与 $\mathscr{D}$ 都是 $\mathscr{A}$ 的逆变换，即

$$\mathscr{A}\mathscr{B}=\mathscr{B}\mathscr{A}=\mathscr{E},\mathscr{A}\mathscr{D}=\mathscr{D}\mathscr{A}=\mathscr{E}$$

则
$$\mathscr{B}=\mathscr{E}\mathscr{B}=(\mathscr{D}\mathscr{A})\mathscr{B}=\mathscr{D}(\mathscr{A}\mathscr{B})=\mathscr{D}\mathscr{E}=\mathscr{D}$$

故 $\mathscr{A}$ 的逆变换只有一个，将其记为 $\mathscr{A}^{-1}$。

下面来证明线性变换 $\mathscr{A}$ 的逆变换 $\mathscr{A}^{-1}$ 也是线性变换，事实上

$$\mathscr{A}^{-1}(k\boldsymbol{\alpha}+l\boldsymbol{\beta})=\mathscr{A}^{-1}[k\mathscr{A}\mathscr{A}^{-1}(\boldsymbol{\alpha})+l\mathscr{A}\mathscr{A}^{-1}(\boldsymbol{\beta})]=$$
$$\mathscr{A}^{-1}[\mathscr{A}(k\mathscr{A}^{-1}(\boldsymbol{\alpha})+l\mathscr{A}^{-1}(\boldsymbol{\beta}))]=k\mathscr{A}^{-1}(\boldsymbol{\alpha})+l\mathscr{A}^{-1}(\boldsymbol{\beta})$$

故 $\mathscr{A}^{-1}$ 是线性变换。

【例 6.7】 在 $\boldsymbol{M}_n(\boldsymbol{F})$ 中取定一可逆矩阵 $\boldsymbol{A}$。定义

$$\mathscr{A}(\boldsymbol{X})=\boldsymbol{A}\boldsymbol{X},\forall\boldsymbol{X}\in V_n(\boldsymbol{F})$$
$$\mathscr{B}(\boldsymbol{X})=\boldsymbol{A}^{-1}\boldsymbol{X},\forall\boldsymbol{X}\in V_n(\boldsymbol{F})$$

由例 6.3 知 $\mathscr{A},\mathscr{B}$ 都是线性变换。又

$$\mathscr{A}\mathscr{B}(\boldsymbol{X})=\mathscr{A}(\mathscr{B}(\boldsymbol{X}))=\mathscr{A}(\boldsymbol{A}^{-1}\boldsymbol{X})=\boldsymbol{A}(\boldsymbol{A}^{-1}\boldsymbol{X})=(\boldsymbol{A}\boldsymbol{A}^{-1})\boldsymbol{X}=\boldsymbol{X}$$
$$\mathscr{B}\mathscr{A}(\boldsymbol{X})=\mathscr{B}(\mathscr{A}(\boldsymbol{X}))=\mathscr{B}(\boldsymbol{A}\boldsymbol{X})=\boldsymbol{A}^{-1}(\boldsymbol{A}\boldsymbol{X})=(\boldsymbol{A}^{-1}\boldsymbol{A})\boldsymbol{X}=\boldsymbol{X}$$

故
$$\mathscr{A}\mathscr{B}=\mathscr{E}=\mathscr{B}\mathscr{A}$$

设 $\mathscr{A}$ 是 $V_n(\boldsymbol{F})$ 的线性变换，因线性变换乘法满足结合律，我们可用 $\mathscr{A}^n$ 表示 $\underbrace{\mathscr{A}\mathscr{A}\cdots\mathscr{A}}_{n个}$，且有

$$\mathscr{A}^{m+n}=\mathscr{A}^m\mathscr{A}^n,\ (\mathscr{A}^m)^n=\mathscr{A}^{mn}$$

当 $\mathscr{A}$ 为可逆线性变换时，又有

$$\mathscr{A}^{-n}=(\mathscr{A}^{-1})^n$$

【例 6.8】 由例 6.4 知在 $\boldsymbol{F}[x]_n$ 中求导是线性变换，记为 D。那么易于证明 $D^n=\mathbf{0}$。

【例 6.9】 设 $\boldsymbol{\alpha}_0$ 是 $\mathbf{R}^n$ 中一固定非零向量，对任意 $\boldsymbol{\alpha}\in\mathbf{R}^n$，定义

$$\mathscr{A}(\boldsymbol{\alpha})=\frac{1}{(\boldsymbol{\alpha}_0,\boldsymbol{\alpha}_0)}(\boldsymbol{\alpha},\boldsymbol{\alpha}_0)\boldsymbol{\alpha}_0$$

由向量的内积的性质可证得 $\mathscr{A}$ 是线性变换。$\mathscr{A}$ 的几何意义是把 $\mathbf{R}^n$ 中的向量 $\boldsymbol{\alpha}$ 投影到 $\boldsymbol{\alpha}_0$ 上。

现令 $n=3$，$\mathbf{R}^3$ 是通常的三维空间。现考虑 $\boldsymbol{\alpha}$ 在以 $\boldsymbol{\alpha}_0$ 为法向量的平面 π 上的投影向量。为方便，将 $\boldsymbol{\alpha}$ 在 $\boldsymbol{\alpha}_0$ 上的投影变换记为 $\sigma_{\boldsymbol{\alpha}_0}$，在 π 上投影变换为 σ_π。

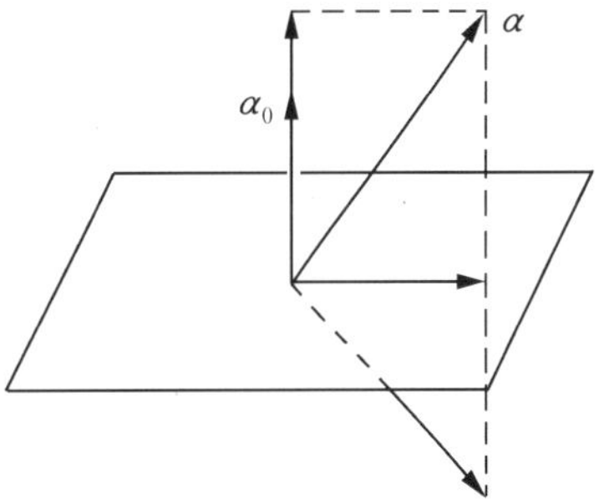

图 6.2

从图 6.2 可见

$$\sigma_\pi(\boldsymbol{\alpha})=\boldsymbol{\alpha}-\sigma_{\boldsymbol{\alpha}_0}(\boldsymbol{\alpha}),\ \forall\,\boldsymbol{\alpha}\in\mathbf{R}^3$$

因此
$$\sigma_\pi=\varepsilon-\sigma_{\boldsymbol{\alpha}_0}$$

若设 α_0、β_0 是 $\mathbf{R}^3$ 中的两个非零向量。我们有

$$\sigma_{\boldsymbol{\beta}_0}\sigma_{\boldsymbol{\alpha}_0}(\boldsymbol{\alpha})=\mathbf{0}\Leftrightarrow\sigma_{\boldsymbol{\beta}_0}\left(\frac{(\boldsymbol{\alpha}_0,\boldsymbol{\alpha})}{(\boldsymbol{\alpha}_0,\boldsymbol{\alpha}_0)}\boldsymbol{\alpha}_0\right)=\mathbf{0}\Leftrightarrow$$

$$\frac{1}{(\boldsymbol{\beta}_0,\boldsymbol{\beta}_0)}\left(\boldsymbol{\beta}_0,\frac{(\boldsymbol{\alpha}_0,\boldsymbol{\alpha})}{(\boldsymbol{\alpha}_0,\boldsymbol{\alpha}_0)}\boldsymbol{\alpha}_0\right)\boldsymbol{\beta}_0=\mathbf{0}\Leftrightarrow\frac{(\boldsymbol{\alpha}_0,\boldsymbol{\alpha})(\boldsymbol{\beta}_0,\boldsymbol{\alpha}_0)}{(\boldsymbol{\alpha}_0,\boldsymbol{\alpha}_0)(\boldsymbol{\beta}_0,\boldsymbol{\beta}_0)}\boldsymbol{\beta}_0=\mathbf{0}\Leftrightarrow$$

$$(\boldsymbol{\alpha}_0,\boldsymbol{\beta}_0)=0\qquad(\text{注意 }\alpha\text{ 是 }\mathbf{R}^3\text{ 中任意向量})$$

因而 $\sigma_{\boldsymbol{\beta}_0}\sigma_{\boldsymbol{\alpha}_0}=\mathbf{0}$ 的充要条件是 $(\boldsymbol{\alpha}_0,\boldsymbol{\beta}_0)=0$。

B. 线性变换的值域与核

设 $\mathscr{A}$ 是 $V_n(\boldsymbol{F})$ 的线性变换

$$\mathscr{A}(V_n(\boldsymbol{F}))=\{\mathscr{A}(\boldsymbol{\alpha})\mid\boldsymbol{\alpha}\in V_n(\boldsymbol{F})\}$$

与
$$\mathscr{A}^{-1}(\mathbf{0})=\{\boldsymbol{\alpha}\in V_n(\boldsymbol{F})\mid\mathscr{A}(\boldsymbol{\alpha})=\mathbf{0}\}$$

分别称为 $\mathscr{A}$ 的**值域**（亦称像集）与**核**。

【定理 6.1】 设 $\mathscr{A}$ 是 $V_n(\boldsymbol{F})$ 的线性变换，则 $\mathscr{A}$ 的值域与核都是 $V_n(\boldsymbol{F})$ 的子空间。

【证明】 (1) 在 $\mathscr{A}(V_n(\boldsymbol{F}))$ 中任取向量 $\mathscr{A}(\boldsymbol{\alpha})$ 与 $\mathscr{A}(\boldsymbol{\beta})$，则有

$$\mathscr{A}(\boldsymbol{\alpha})+\mathscr{A}(\boldsymbol{\beta})=\mathscr{A}(\boldsymbol{\alpha}+\boldsymbol{\beta})\in\mathscr{A}(V_n(\boldsymbol{F}))$$

对 $k\in\boldsymbol{F}$，有

$$k\mathscr{A}(\boldsymbol{\alpha})=\mathscr{A}(k\boldsymbol{\alpha})\in\mathscr{A}(V_n(\boldsymbol{F}))$$

因 $\mathbf{0}\in\mathscr{A}(V_n(\boldsymbol{F}))$，$\mathscr{A}$ 的值域是 $V_n(\boldsymbol{F})$ 的非空子集，故为 $V_n(\boldsymbol{F})$ 的子空间。

(2) 令 $\boldsymbol{\alpha},\boldsymbol{\beta}\in\mathscr{A}^{-1}(\mathbf{0})$，即 $\mathscr{A}(\boldsymbol{\alpha})=\mathbf{0}$，$\mathscr{A}(\boldsymbol{\beta})=\mathbf{0}$，那么

$$\mathscr{A}(\boldsymbol{\alpha}+\boldsymbol{\beta})=\mathscr{A}(\boldsymbol{\alpha})+\mathscr{A}(\boldsymbol{\beta})=\mathbf{0}$$

即 $\boldsymbol{\alpha}+\boldsymbol{\beta}\in\mathscr{A}^{-1}(\mathbf{0})$，又 $\forall\,k\in\boldsymbol{F}$，有

$$\mathscr{A}(k\boldsymbol{\alpha})=k\mathscr{A}(\boldsymbol{\alpha})=k\mathbf{0}=\mathbf{0}$$

即 $k\boldsymbol{\alpha}\in\mathscr{A}^{-1}(\mathbf{0})$。又 $\mathbf{0}\in\mathscr{A}^{-1}(\mathbf{0})$，$\mathscr{A}^{-1}(\mathbf{0})$ 非空，故 $\mathscr{A}^{-1}(\mathbf{0})$ 是 $V_n(\boldsymbol{F})$ 的子空间。

【定义 6.7】 设 $\mathscr{A}$ 是 $V_n(F)$ 的线性变换，称 $\mathscr{A}(V_n(\boldsymbol{F}))$ 的维数为 $\mathscr{A}$ **的秩**，称 $\mathscr{A}^{-1}(\mathbf{0})$ 的维数为 $\mathscr{A}$ **的零度**。

【定理 6.2】 设 $\mathscr{A}$ 是 n 维线性空间 $V_n(\boldsymbol{F})$ 的线性变换，则

$$\mathscr{A}\text{的秩}+\mathscr{A}\text{的零度}=n$$

【证明】 令 $\mathscr{A}$ 的零度为 r。在 $\mathscr{A}^{-1}(\mathbf{0})$ 中取一个基底：$e_1,e_2,\cdots,e_r$，将它扩充成 $V_n(\boldsymbol{F})$ 的基底：$e_1,\cdots,e_r,e_{r+1},\cdots,e_n$。对任意 $\mathscr{A}(\boldsymbol{\alpha})\in\mathscr{A}(V_n(\boldsymbol{F}))$，设

$$\boldsymbol{\alpha}=k_1e_1+\cdots+k_re_r+k_{r+1}e_{r+1}+\cdots+k_ne_n$$

则有

$$\mathscr{A}\boldsymbol{\alpha}=k_1\mathscr{A}(e_1)+\cdots+k_r\mathscr{A}(e_r)+k_{r+1}\mathscr{A}(e_{r+1})+\cdots+k_n\mathscr{A}(e_n)$$

因 $e_1,\cdots,e_r\in\mathscr{A}^{-1}(\mathbf{0})$，故

$$\mathscr{A}\boldsymbol{\alpha}=k_{r+1}\mathscr{A}(e_{r+1})+\cdots+k_n\mathscr{A}(e_n)$$

这说明 $\mathscr{A}(V_n(\boldsymbol{F}))$ 由 $\mathscr{A}(e_{r+1}),\cdots,\mathscr{A}(e_n)$ 生成。下面来说明 $\mathscr{A}(e_{r+1}),\cdots,\mathscr{A}(e_n)$ 线性无关。

设

$$l_{r+1}\mathscr{A}(e_{r+1})+l_{r+2}\mathscr{A}(e_{r+2})+\cdots+l_n\mathscr{A}(e_n)=\mathbf{0}$$

其中 $l_{r+1},l_{r+2},\cdots,l_n\in\mathbf{F}$，则有

$$\mathscr{A}(l_{r+1}e_{r+1}+l_{r+2}e_{r+2}+\cdots+l_ne_n)=\mathbf{0}$$

即

$$l_{r+1}e_{r+1}+l_{r+2}e_{r+2}+\cdots+l_ne_n\in\mathscr{A}^{-1}(\mathbf{0})$$

因 $e_1,e_2\cdots,e_r$ 是 $\mathscr{A}^{-1}(\mathbf{0})$ 的基底，故可设

$$l_{r+1}e_{r+1}+l_{r+2}e_{r+2}+\cdots+l_ne_n=l_1e_1+l_2e_2+\cdots+l_re_r$$

但 $e_1,\cdots,e_r,e_{r+1},\cdots,e_n$ 线性无关，所以

$$l_{r+1}=l_{r+2}=\cdots=l_n=0$$

因此 $\mathscr{A}(e_{r+1}),\mathscr{A}(e_{r+2}),\cdots,\mathscr{A}(e_n)$ 线性无关。

综上，$\mathscr{A}(e_{r+1}),\mathscr{A}(e_{r+2}),\cdots,\mathscr{A}(e_n)$ 是 $\mathscr{A}(V_n(\boldsymbol{F}))$ 的基底，所以 $\mathscr{A}$ 的秩 $=n-r$，于是

$$\mathscr{A}\text{的秩}+\mathscr{A}\text{的零度}=(n-r)+r=n$$

【例 6.10】 求下列线性变换的值域与核，并确定其秩与零度。

(1) 在 $\mathbf{R}^3$ 中定义 $\mathscr{A}$

$$\mathscr{A}(x_1,x_2,x_3)=(x_1,x_1+x_2,x_2+x_3)$$

(2) 在 $\boldsymbol{M}_3(\boldsymbol{F})$ 中定义 $\mathscr{A}$

$$\mathscr{A}(\mathbf{A})=\begin{bmatrix}0&0&1\\0&1&0\\0&0&0\end{bmatrix}\mathbf{A},\ \forall\,\mathbf{A}\in\boldsymbol{M}_3(\boldsymbol{F})$$

【解】 (1) 令 $\boldsymbol{\alpha}=(x_1,x_2,x_3)\in\mathscr{A}^{-1}(\mathbf{0})$，则

$$\mathscr{A}(\boldsymbol{\alpha})=(x_1,x_1+x_2,x_2+x_3)=(0,0,0)$$

推出 $x_1=x_2=x_3=0$，即 $\boldsymbol{\alpha}=\mathbf{0}$，故 $\mathscr{A}^{-1}(\mathbf{0})=\mathbf{0}$，因而 $\mathscr{A}$ 的零度为 0。由定理 6.2 知 $\mathscr{A}$ 的秩为 3，又 $\mathscr{A}(R^3)\subseteq R^3$，因而 $\mathscr{A}(R^3)=R^3$。

(2) 首先明确 $\dim\boldsymbol{M}_3(\boldsymbol{F})=9$。

令 $\mathbf{A}\in\mathscr{A}^{-1}(\mathbf{0})$，则有

$$\mathscr{A}(\mathbf{A})=\begin{bmatrix}0&0&1\\0&1&0\\0&0&0\end{bmatrix}\begin{bmatrix}a_{11}&a_{12}&a_{13}\\a_{21}&a_{22}&a_{23}\\a_{31}&a_{32}&a_{33}\end{bmatrix}=\begin{bmatrix}a_{31}&a_{32}&a_{33}\\a_{21}&a_{22}&a_{23}\\0&0&0\end{bmatrix}=\begin{bmatrix}0&0&0\\0&0&0\\0&0&0\end{bmatrix}\tag{6.1}$$

即可推出：$a_{21}=a_{22}=a_{23}=a_{31}=a_{32}=a_{33}=0$，故 $\boldsymbol{A}$ 具形状

$$\boldsymbol{A}=\begin{pmatrix} a_{11} & a_{12} & a_{13} \\ & 0 & \end{pmatrix} \qquad a_{11}、a_{12}、a_{13} \text{ 为 } \boldsymbol{F} \text{ 中任意元素}$$

$\boldsymbol{A}$ 可表成：$\boldsymbol{A}=a_{11}\boldsymbol{E}_{11}+a_{12}\boldsymbol{E}_{12}+a_{13}\boldsymbol{E}_{13}$，这里

$$\boldsymbol{E}_{11}=\begin{bmatrix}1&0&0\\0&0&0\\0&0&0\end{bmatrix},\boldsymbol{E}_{12}=\begin{bmatrix}0&1&0\\0&0&0\\0&0&0\end{bmatrix},\boldsymbol{E}_{13}=\begin{bmatrix}0&0&1\\0&0&0\\0&0&0\end{bmatrix}$$

故 $\mathscr{A}^{-1}(\boldsymbol{0})$ 是由 $\boldsymbol{E}_{11}、\boldsymbol{E}_{12}、\boldsymbol{E}_{13}$ 生成的子空间，且 $\dim \mathscr{A}^{-1}(\boldsymbol{0})=3$。

由式(6.1)还可看出 $\mathscr{A}(\boldsymbol{M}_3(\boldsymbol{F}))$ 由 $\boldsymbol{E}_{11}、\boldsymbol{E}_{12}、\boldsymbol{E}_{13}、\boldsymbol{E}_{21}、\boldsymbol{E}_{22}、\boldsymbol{E}_{23}$ 生成，且 $\dim \mathscr{A}(\boldsymbol{M}_3(\boldsymbol{F}))=6$，这里

$$\boldsymbol{E}_{21}=\begin{bmatrix}0&0&0\\1&0&0\\0&0&0\end{bmatrix},\boldsymbol{E}_{22}=\begin{bmatrix}0&0&0\\0&1&0\\0&0&0\end{bmatrix},\boldsymbol{E}_{23}=\begin{bmatrix}0&0&0\\0&0&1\\0&0&0\end{bmatrix}$$

线性变换的矩阵表示

在例 6.3 中，用关系式

$$\mathscr{A}(\boldsymbol{X})=\boldsymbol{AX}$$

表示了 $V_n(\boldsymbol{F})$ 中的一个线性变换，我们自然希望用类似方法清晰地表示数域 $\mathbf{F}$ 上线性空间 $V_n(\boldsymbol{F})$ 中的任何一个线性变换。

设 $\mathscr{A}$ 是 $V_n(\boldsymbol{F})$ 中的一个线性变换，$\boldsymbol{e}_1,\boldsymbol{e}_2,\cdots,\boldsymbol{e}_n$ 是 $V_n(\boldsymbol{F})$ 的一个基，那么 $\mathscr{A}(\boldsymbol{e}_1)$，$\mathscr{A}(\boldsymbol{e}_2),\cdots,\mathscr{A}(\boldsymbol{e}_n)$ 是 $V_n(\boldsymbol{F})$ 的一组确定的向量，它们可由基底线性表出。设

$$\begin{aligned}\mathscr{A}(\boldsymbol{e}_1)&=a_{11}\boldsymbol{e}_1+a_{21}\boldsymbol{e}_2+\cdots+a_{n1}\boldsymbol{e}_n\\ \mathscr{A}(\boldsymbol{e}_2)&=a_{12}\boldsymbol{e}_1+a_{22}\boldsymbol{e}_2+\cdots+a_{n2}\boldsymbol{e}_n\\ &\ \ \vdots\\ \mathscr{A}(\boldsymbol{e}_n)&=a_{1n}\boldsymbol{e}_1+a_{2n}\boldsymbol{e}_2+\cdots+a_{nn}\boldsymbol{e}_n\end{aligned} \tag{6.2}$$

由于 $V_n(\boldsymbol{F})$ 的每个向量在基底 $\boldsymbol{e}_1,\boldsymbol{e}_2,\cdots,\boldsymbol{e}_n$ 上的坐标是惟一确定的，因此我们得到惟一确定的矩阵

$$\boldsymbol{A}=\begin{bmatrix}a_{11}&a_{12}&\cdots&a_{1n}\\a_{21}&a_{22}&\cdots&a_{2n}\\\vdots&\vdots&&\vdots\\a_{n1}&a_{n2}&\cdots&a_{nn}\end{bmatrix} \tag{6.3}$$

称这个矩阵 $\boldsymbol{A}$ 为线性变换 $\mathscr{A}$ 在基底 $\boldsymbol{e}_1,\boldsymbol{e}_2,\cdots,\boldsymbol{e}_n$ 上的**表示矩阵**。

记 $\mathscr{A}(\boldsymbol{e}_1,\boldsymbol{e}_2,\cdots,\boldsymbol{e}_n)=(\mathscr{A}(\boldsymbol{e}_1),\mathscr{A}(\boldsymbol{e}_2),\cdots,\mathscr{A}(\boldsymbol{e}_n))$，(6.2) 可形式地写成

$$\mathscr{A}(\boldsymbol{e}_1,\boldsymbol{e}_2,\cdots,\boldsymbol{e}_n)=(\mathscr{A}(\boldsymbol{e}_1),\mathscr{A}(\boldsymbol{e}_2),\cdots,\mathscr{A}(\boldsymbol{e}_n))=(\boldsymbol{e}_1,\boldsymbol{e}_2,\cdots,\boldsymbol{e}_n)\boldsymbol{A} \tag{6.4}$$

对于给定的基 $\boldsymbol{e}_1,\boldsymbol{e}_2,\cdots,\boldsymbol{e}_n$，矩阵 $\boldsymbol{A}$ 由 $\mathscr{A}$ 惟一确定。那么，给定一个 n 阶方阵 $\boldsymbol{A}$，能否惟一地确定一个线性变换 $\mathscr{A}$ 呢？

设 $\boldsymbol{\alpha}\in V_n(\boldsymbol{F})$，$\boldsymbol{\alpha}$ 可由基 $\boldsymbol{e}_1,\boldsymbol{e}_2,\cdots,\boldsymbol{e}_n$ 惟一线性表示

$$\boldsymbol{\alpha}=x_1\boldsymbol{e}_1+x_2\boldsymbol{e}_2+\cdots+x_n\boldsymbol{e}_n,\ x_i(i=1,2,\cdots,n)\in\boldsymbol{F}$$

那么
$$\mathscr{A}(\boldsymbol{\alpha})=\mathscr{A}(x_1\boldsymbol{e}_1+x_2\boldsymbol{e}_2+\cdots+x_n\boldsymbol{e}_n)=x_1\mathscr{A}(\boldsymbol{e}_1)+x_2\mathscr{A}(\boldsymbol{e}_2)+\cdots+x_n\mathscr{A}(\boldsymbol{e}_n)$$
由此可见，$V_n(\boldsymbol{F})$ 中任意元素 $\boldsymbol{\alpha}$ 的像 $\mathscr{A}(\boldsymbol{\alpha})$ 由 $\boldsymbol{\alpha}$ 在基 $\boldsymbol{e}_1,\boldsymbol{e}_2,\cdots,\boldsymbol{e}_n$ 下的坐标 $x_1,x_2,\cdots,x_n$ 及基的像 $\mathscr{A}(\boldsymbol{e}_1),\mathscr{A}(\boldsymbol{e}_2),\cdots,\mathscr{A}(\boldsymbol{e}_n)$ 所惟一确定。从而 $\mathscr{A}(\boldsymbol{e}_1),\mathscr{A}(\boldsymbol{e}_2),\cdots,\mathscr{A}(\boldsymbol{e}_n)$ 完全确定了线性变换 $\mathscr{A}$，而 $\mathscr{A}(\boldsymbol{e}_1),\mathscr{A}(\boldsymbol{e}_2),\cdots,\mathscr{A}(\boldsymbol{e}_n)$ 又可由 $\mathbf{A}$ 通过(6.2)所惟一确定。因此，给定一个 $\boldsymbol{F}$ 上 n 阶方阵 $\mathbf{A}$ 可惟一确定 $V_n(\boldsymbol{F})$ 的一个线性变换 $\mathscr{A}$。不过，这种对应（或说确定）是以给定 $V_n(\boldsymbol{F})$ 的基为前提条件的。如果 $V_n(\boldsymbol{F})$ 的基改变了，$\mathscr{A}$ 的表示矩阵一般也会改变。

【例 6.11】 在 $\mathbf{R}^3$ 中，线性变换 $\mathscr{A}$ 将
$$\boldsymbol{\varepsilon}_1=\begin{bmatrix}1\\0\\0\end{bmatrix},\boldsymbol{\varepsilon}_2=\begin{bmatrix}0\\1\\0\end{bmatrix},\boldsymbol{\varepsilon}_3=\begin{bmatrix}0\\0\\1\end{bmatrix}$$
依次变成
$$\boldsymbol{\eta}_1=\begin{bmatrix}1\\0\\0\end{bmatrix},\boldsymbol{\eta}_2=\begin{bmatrix}0\\2\\2\end{bmatrix},\boldsymbol{\eta}_3=\begin{bmatrix}0\\0\\0\end{bmatrix}$$
求 $\mathscr{A}$ 在基 $\boldsymbol{\varepsilon}_1,\boldsymbol{\varepsilon}_2,\boldsymbol{\varepsilon}_3$ 上的表示矩阵。

【解】
$$\begin{cases}\mathscr{A}(\boldsymbol{\varepsilon}_1)=\boldsymbol{\eta}_1=1\cdot\boldsymbol{\varepsilon}_1+0\cdot\boldsymbol{\varepsilon}_2+0\cdot\boldsymbol{\varepsilon}_3\\ \mathscr{A}(\boldsymbol{\varepsilon}_2)=\boldsymbol{\eta}_2=0\cdot\boldsymbol{\varepsilon}_1+2\cdot\boldsymbol{\varepsilon}_2+2\cdot\boldsymbol{\varepsilon}_3\\ \mathscr{A}(\boldsymbol{\varepsilon}_3)=\boldsymbol{\eta}_3=0\cdot\boldsymbol{\varepsilon}_1+0\cdot\boldsymbol{\varepsilon}_2+0\cdot\boldsymbol{\varepsilon}_3\end{cases}$$
所以 $\mathscr{A}$ 在基 $\boldsymbol{\varepsilon}_1,\boldsymbol{\varepsilon}_2,\boldsymbol{\varepsilon}_3$ 上的表示矩阵为
$$\mathbf{A}=\begin{bmatrix}1&0&0\\0&2&0\\0&2&0\end{bmatrix}$$

易见，$\mathbf{R}^n$ 中线性变换 $\mathscr{A}$ 在自然基
$$\boldsymbol{\varepsilon}_1=\begin{bmatrix}1\\0\\\vdots\\0\end{bmatrix},\boldsymbol{\varepsilon}_2=\begin{bmatrix}0\\1\\\vdots\\0\end{bmatrix},\boldsymbol{\varepsilon}_3=\begin{bmatrix}0\\\vdots\\0\\1\end{bmatrix}$$
上的矩阵为
$$\mathbf{A}=(\mathscr{A}(\boldsymbol{\varepsilon}_1),\mathscr{A}(\boldsymbol{\varepsilon}_2),\cdots,\mathscr{A}(\boldsymbol{\varepsilon}_n))$$

【例 6.12】 求 $\mathbf{F}[x]_{n+1}$ 中线性变换
$$\mathscr{A}(f(x))=f'(x),\forall f(x)\in\mathbf{F}[x]_{n+1}$$
在基底 $1,x,\cdots,x^n$ 上的表示矩阵。

【解】 因为
$$\begin{aligned}\mathscr{A}(1)&=0=0\cdot1+0\cdot x+0\cdot x^2+\cdots+0\cdot x^{n-1}+0\cdot x^n\\ \mathscr{A}(x)&=1=1\cdot1+0\cdot x+0\cdot x^2+\cdots+0\cdot x^{n-1}+0\cdot x^n\\ \mathscr{A}(x^2)&=2x=0\cdot1+2\cdot x+0\cdot x^2+\cdots+0\cdot x^{n-1}+0\cdot x^n\\ &\vdots\\ \mathscr{A}(x^n)&=nx^{n-1}=0\cdot1+0\cdot x+0\cdot x^2+\cdots+n\cdot x^{n-1}+0\cdot x^n\end{aligned}$$

故 $\mathscr{A}$ 在此基上的表示矩阵为

$$\boldsymbol{A}=\begin{bmatrix}0 & 1 & 0 & \cdots & 0\\ 0 & 0 & 2 & \cdots & 0\\ \vdots & \vdots & \vdots & & \vdots\\ 0 & 0 & 0 & \cdots & n\\ 0 & 0 & 0 & \cdots & 0\end{bmatrix}$$

【定理 6.3】 设线性变换 $\mathscr{A}$ 在基底 $\boldsymbol{e}_1,\boldsymbol{e}_2,\cdots,\boldsymbol{e}_n$ 上的表示矩阵是 $\boldsymbol{A}$，向量 $\boldsymbol{\alpha}$ 在基底 $\boldsymbol{e}_1,\boldsymbol{e}_2,\cdots,\boldsymbol{e}_n$ 上的坐标是$(x_1,x_2,\cdots,x_n)$，则 $\mathscr{A}(\boldsymbol{\alpha})$ 在此基底上的坐标$(y_1,y_2,\cdots,y_n)$可表示为

$$\begin{bmatrix}y_1\\ y_2\\ \vdots\\ y_n\end{bmatrix}=\boldsymbol{A}\begin{bmatrix}x_1\\ x_2\\ \vdots\\ x_n\end{bmatrix}$$

【证明】 因
$$\boldsymbol{\alpha}=x_1\boldsymbol{e}_1+x_2\boldsymbol{e}_2+\cdots+x_n\boldsymbol{e}_n$$
所以
$$\mathscr{A}(\boldsymbol{\alpha})=x_1\mathscr{A}(\boldsymbol{e}_1)+x_2\mathscr{A}(\boldsymbol{e}_2)+\cdots+x_n\mathscr{A}(\boldsymbol{e}_n)=$$
$$(\mathscr{A}(\boldsymbol{e}_1),\mathscr{A}(\boldsymbol{e}_2),\cdots,\mathscr{A}(\boldsymbol{e}_n))\begin{bmatrix}x_1\\ x_2\\ \vdots\\ x_n\end{bmatrix}$$
又因 $\mathscr{A}$ 在 $\boldsymbol{e}_1,\boldsymbol{e}_2,\cdots,\boldsymbol{e}_n$ 上的表示矩阵是 $\boldsymbol{A}$，故
$$(\mathscr{A}(\boldsymbol{e}_1),\mathscr{A}(\boldsymbol{e}_2),\cdots,\mathscr{A}(\boldsymbol{e}_n))=(\boldsymbol{e}_1,\boldsymbol{e}_2,\cdots,\boldsymbol{e}_n)\boldsymbol{A}$$
从而
$$\mathscr{A}(\boldsymbol{\alpha})=(\boldsymbol{e}_1,\boldsymbol{e}_2,\cdots,\boldsymbol{e}_n)\boldsymbol{A}\begin{bmatrix}x_1\\ x_2\\ \vdots\\ x_n\end{bmatrix}$$
另一方面，由假设
$$\mathscr{A}(\boldsymbol{\alpha})=(\boldsymbol{e}_1,\boldsymbol{e}_2,\cdots,\boldsymbol{e}_n)\begin{bmatrix}y_1\\ y_2\\ \vdots\\ y_n\end{bmatrix}$$
由向量坐标的惟一性，得
$$\begin{bmatrix}y_1\\ y_2\\ \vdots\\ y_n\end{bmatrix}=\boldsymbol{A}\begin{bmatrix}x_1\\ x_2\\ \vdots\\ x_n\end{bmatrix}$$

【例 6.13】 在例 6.11 中，若向量 $\boldsymbol{\alpha}$ 在自然基底 $\boldsymbol{\varepsilon}_1,\boldsymbol{\varepsilon}_2,\boldsymbol{\varepsilon}_3$ 上的坐标为$(1,-1,1)$，求 $\mathscr{A}(\boldsymbol{\alpha})$ 在此基底上的坐标。

【解】 由例 6.11 知，$\mathscr{A}$ 在 $\boldsymbol{\varepsilon}_1,\boldsymbol{\varepsilon}_2,\boldsymbol{\varepsilon}_3$ 上的表示矩阵为

$$\boldsymbol{A}=\begin{bmatrix}1 & 0 & 0\\ 0 & 2 & 0\\ 0 & 2 & 0\end{bmatrix}$$

由定理 6.3 知，$\mathscr{A}(\boldsymbol{\alpha})$ 在 $\boldsymbol{\varepsilon}_1,\boldsymbol{\varepsilon}_2,\boldsymbol{\varepsilon}_3$ 上的坐标为

$$\begin{bmatrix} y_1 \\ y_2 \\ y_3 \end{bmatrix} = \begin{bmatrix} 1 & 0 & 0 \\ 0 & 2 & 0 \\ 0 & 2 & 0 \end{bmatrix} \begin{bmatrix} 1 \\ -1 \\ 1 \end{bmatrix} = \begin{bmatrix} 1 \\ -2 \\ -2 \end{bmatrix}$$

【例 6.14】 求例 6.11 中的线性变换 $\mathscr{A}$ 在基

$$\boldsymbol{\alpha}_1 = \begin{bmatrix} 1 \\ 0 \\ 0 \end{bmatrix}, \boldsymbol{\alpha}_2 = \begin{bmatrix} 1 \\ 1 \\ 0 \end{bmatrix}, \boldsymbol{\alpha}_3 = \begin{bmatrix} 1 \\ 1 \\ 1 \end{bmatrix}$$

上的表示矩阵。

【解】

$$\mathscr{A}(\boldsymbol{\alpha}_1) = \mathscr{A}(\boldsymbol{\varepsilon}_1) = \boldsymbol{\eta}_1 = \begin{bmatrix} 1 \\ 0 \\ 0 \end{bmatrix}$$

$$\mathscr{A}(\boldsymbol{\alpha}_2) = \mathscr{A}(\boldsymbol{\varepsilon}_1 + \boldsymbol{\varepsilon}_2) = \mathscr{A}(\boldsymbol{\varepsilon}_1) + \mathscr{A}(\boldsymbol{\varepsilon}_2) = \boldsymbol{\eta}_1 + \boldsymbol{\eta}_2 = \begin{bmatrix} 1 \\ 2 \\ 2 \end{bmatrix}$$

$$\mathscr{A}(\boldsymbol{\alpha}_3) = \mathscr{A}(\boldsymbol{\varepsilon}_1 + \boldsymbol{\varepsilon}_2 + \boldsymbol{\varepsilon}_3) = \mathscr{A}(\boldsymbol{\varepsilon}_1) + \mathscr{A}(\boldsymbol{\varepsilon}_2) + \mathscr{A}(\boldsymbol{\varepsilon}_3) =$$

$$\boldsymbol{\eta}_1 + \boldsymbol{\eta}_2 + \boldsymbol{\eta}_3 = \begin{bmatrix} 1 \\ 2 \\ 2 \end{bmatrix}$$

将 $\mathscr{A}(\boldsymbol{\alpha}_1),\mathscr{A}(\boldsymbol{\alpha}_2),\mathscr{A}(\boldsymbol{\alpha}_3)$ 用 $\boldsymbol{\alpha}_1,\boldsymbol{\alpha}_2,\boldsymbol{\alpha}_3$ 线性表示，得

$$\mathscr{A}(\boldsymbol{\alpha}_1) = \begin{bmatrix} 1 \\ 0 \\ 0 \end{bmatrix} = \boldsymbol{\alpha}_1 = (\boldsymbol{\alpha}_1,\boldsymbol{\alpha}_2,\boldsymbol{\alpha}_3)\begin{bmatrix} 1 \\ 0 \\ 0 \end{bmatrix}$$

$$\mathscr{A}(\boldsymbol{\alpha}_2) = \begin{bmatrix} 1 \\ 2 \\ 2 \end{bmatrix} = -\boldsymbol{\alpha}_1 + 2\boldsymbol{\alpha}_3 = (\boldsymbol{\alpha}_1,\boldsymbol{\alpha}_2,\boldsymbol{\alpha}_3)\begin{bmatrix} -1 \\ 0 \\ 2 \end{bmatrix}$$

$$\mathscr{A}(\boldsymbol{\alpha}_3) = \begin{bmatrix} 1 \\ 2 \\ 2 \end{bmatrix} = -\boldsymbol{\alpha}_1 + 2\boldsymbol{\alpha}_3 = (\boldsymbol{\alpha}_1,\boldsymbol{\alpha}_2,\boldsymbol{\alpha}_3)\begin{bmatrix} -1 \\ 0 \\ 2 \end{bmatrix}$$

于是 $\mathscr{A}$ 在新基 $\boldsymbol{\alpha}_1,\boldsymbol{\alpha}_2,\boldsymbol{\alpha}_3$ 上的矩阵为

$$\boldsymbol{A}_1 = \begin{bmatrix} 1 & -1 & -1 \\ 0 & 0 & 0 \\ 0 & 2 & 2 \end{bmatrix}$$

同一线性变换在不同基底上的矩阵一般说是不同的。但是，这些矩阵毕竟是同一线性变换的表示矩阵，它们之间必有内在联系。

【定理 6.4】 在线性空间 $V_n(\boldsymbol{F})$ 中取定两个基

$$\boldsymbol{\alpha}_1,\boldsymbol{\alpha}_2,\cdots,\boldsymbol{\alpha}_n$$

与

$$\boldsymbol{\beta}_1,\boldsymbol{\beta}_2,\cdots,\boldsymbol{\beta}_n$$

设由基 $\boldsymbol{\alpha}_1,\boldsymbol{\alpha}_2,\cdots,\boldsymbol{\alpha}_n$ 到基 $\boldsymbol{\beta}_1,\boldsymbol{\beta}_2,\cdots,\boldsymbol{\beta}_n$ 的过渡阵是 $\boldsymbol{P}$，$V_n(\boldsymbol{F})$ 中线性变换 $\mathscr{A}$ 在这两个基上的矩

阵依次为 $\boldsymbol{A}$ 和 $\boldsymbol{B}$，则

$$\boldsymbol{B}=\boldsymbol{P}^{-1}\boldsymbol{A}\boldsymbol{P}$$

【证明】 我们已知

$$(\boldsymbol{\beta}_1,\boldsymbol{\beta}_2,\cdots,\boldsymbol{\beta}_n)=(\boldsymbol{\alpha}_1,\boldsymbol{\alpha}_2,\cdots,\boldsymbol{\alpha}_n)\boldsymbol{P}$$
$$(\boldsymbol{\alpha}_1,\boldsymbol{\alpha}_2,\cdots,\boldsymbol{\alpha}_n)=(\boldsymbol{\beta}_1,\boldsymbol{\beta}_2,\cdots,\boldsymbol{\beta}_n)\boldsymbol{P}^{-1}$$
$$\mathscr{A}(\boldsymbol{\alpha}_1,\boldsymbol{\alpha}_2,\cdots,\boldsymbol{\alpha}_n)=(\boldsymbol{\alpha}_1,\boldsymbol{\alpha}_2,\cdots,\boldsymbol{\alpha}_n)\boldsymbol{A}$$
$$\mathscr{A}(\boldsymbol{\beta}_1,\boldsymbol{\beta}_2,\cdots,\boldsymbol{\beta}_n)=(\boldsymbol{\beta}_1,\boldsymbol{\beta}_2,\cdots,\boldsymbol{\beta}_n)\boldsymbol{B}$$

于是

$$\mathscr{A}(\boldsymbol{\beta}_1,\boldsymbol{\beta}_2,\cdots,\boldsymbol{\beta}_n)=\mathscr{A}[(\boldsymbol{\alpha}_1,\boldsymbol{\alpha}_2,\cdots,\boldsymbol{\alpha}_n)\boldsymbol{P}]=[\mathscr{A}(\boldsymbol{\alpha}_1,\boldsymbol{\alpha}_2,\cdots,\boldsymbol{\alpha}_n)]\boldsymbol{P}=$$
$$[(\boldsymbol{\alpha}_1,\boldsymbol{\alpha}_2,\cdots,\boldsymbol{\alpha}_n)\boldsymbol{A}]\boldsymbol{P}=(\boldsymbol{\alpha}_1,\boldsymbol{\alpha}_2,\cdots,\boldsymbol{\alpha}_n)\boldsymbol{A}\boldsymbol{P}=(\boldsymbol{\beta}_1,\boldsymbol{\beta}_2,\cdots,\boldsymbol{\beta}_n)\boldsymbol{P}^{-1}\boldsymbol{A}\boldsymbol{P}$$

由于在基 $\boldsymbol{\beta}_1,\boldsymbol{\beta}_2,\cdots,\boldsymbol{\beta}_n$ 上线性变换 $\mathscr{A}$ 的表示矩阵是惟一的，故 $B=\boldsymbol{P}^{-1}AP$。 **证毕**

当 $\boldsymbol{A}$、$\boldsymbol{B}$ 是数域 $\mathbf{F}$ 上的两个 n 阶方阵时，若有 n 阶可逆方阵 $\boldsymbol{P}$，使得 $\boldsymbol{B}=\boldsymbol{P}^{-1}A\boldsymbol{P}$，我们称方阵 **$\boldsymbol{A}$ 相似于方阵 $\boldsymbol{B}$**。记做 $\boldsymbol{A}\sim\boldsymbol{B}$。

相似关系是一种等价关系。因其满足：

(1) 反身性：$\boldsymbol{A}\sim\boldsymbol{A}$。因 $\boldsymbol{A}=\boldsymbol{I}_n^{-1}\boldsymbol{A}\boldsymbol{I}_n$。

(2) 对称性：若 $\boldsymbol{A}\sim\boldsymbol{B}$，则 $\boldsymbol{B}\sim\boldsymbol{A}$。

事实上，因若 $\boldsymbol{A}\sim\boldsymbol{B}$，则有可逆矩阵 $\boldsymbol{P}$，使得 $\boldsymbol{B}=\boldsymbol{P}^{-1}\boldsymbol{A}\boldsymbol{P}$，则 $\boldsymbol{A}=\boldsymbol{P}\boldsymbol{B}\boldsymbol{P}^{-1}$。令 $\boldsymbol{Q}=\boldsymbol{P}^{-1}$，于是$\boldsymbol{A}=\boldsymbol{Q}^{-1}\boldsymbol{B}\boldsymbol{Q}$。

(3) 传递性：若 $\boldsymbol{A}\sim\boldsymbol{B}$，$\boldsymbol{B}\sim\boldsymbol{C}$，则 $\boldsymbol{A}\sim\boldsymbol{C}$。

事实上，因若$\boldsymbol{A}\sim\boldsymbol{B}$，$\boldsymbol{B}\sim\boldsymbol{C}$，则有可逆阵 $\boldsymbol{P}$、$\boldsymbol{Q}$，使得 $\boldsymbol{B}=\boldsymbol{P}^{-1}\boldsymbol{A}\boldsymbol{P}$，$\boldsymbol{C}=\boldsymbol{Q}^{-1}\boldsymbol{B}\boldsymbol{Q}$，令 $\boldsymbol{T}=\boldsymbol{P}\boldsymbol{Q}$，则$\boldsymbol{C}=\boldsymbol{T}^{-1}\boldsymbol{A}\boldsymbol{T}$。

定理 6.4 表明，线性空间 $V_n(\boldsymbol{F})$ 中同一线性变换在两个不同基底上的矩阵是相似的，其相似变换矩阵是相应的基底过渡矩阵。用矩阵表示一个线性变换时，我们自然希望找到较简单的矩阵表示该线性变换，在后面的章节中我们将讨论这一问题。

【例 6.15】 设 $V_3(\boldsymbol{F})$ 中的线性变换 $\mathscr{A}$ 在基 $\boldsymbol{\alpha}_1,\boldsymbol{\alpha}_2,\boldsymbol{\alpha}_3$ 上的矩阵是

$$\boldsymbol{A}=\begin{bmatrix}a_{11}&a_{12}&a_{13}\\a_{21}&a_{22}&a_{23}\\a_{31}&a_{32}&a_{33}\end{bmatrix}$$

求 $\mathscr{A}$ 在基 $\boldsymbol{\alpha}_3,\boldsymbol{\alpha}_2,\boldsymbol{\alpha}_1$ 上的矩阵 $\boldsymbol{B}$。

【解】

$$(\boldsymbol{\alpha}_3,\boldsymbol{\alpha}_2,\boldsymbol{\alpha}_1)=(\boldsymbol{\alpha}_1,\boldsymbol{\alpha}_2,\boldsymbol{\alpha}_3)\begin{bmatrix}0&0&1\\0&1&0\\1&0&0\end{bmatrix}$$

故由基 $\boldsymbol{\alpha}_1,\boldsymbol{\alpha}_2,\boldsymbol{\alpha}_3$ 到 $\boldsymbol{\alpha}_3,\boldsymbol{\alpha}_2,\boldsymbol{\alpha}_1$ 的过渡矩阵是

$$\boldsymbol{P}=\begin{bmatrix}0&0&1\\0&1&0\\1&0&0\end{bmatrix}$$

于是 $\mathscr{A}$ 在基 $\boldsymbol{\alpha}_3,\boldsymbol{\alpha}_2,\boldsymbol{\alpha}_1$ 上的矩阵为

$$B = P^{-1}AP =$$

$$\begin{bmatrix} 0 & 0 & 1 \\ 0 & 1 & 0 \\ 1 & 0 & 0 \end{bmatrix} \begin{bmatrix} a_{11} & a_{12} & a_{13} \\ a_{21} & a_{22} & a_{23} \\ a_{31} & a_{32} & a_{33} \end{bmatrix} \begin{bmatrix} 0 & 0 & 1 \\ 0 & 1 & 0 \\ 1 & 0 & 0 \end{bmatrix} = \begin{bmatrix} a_{33} & a_{32} & a_{31} \\ a_{23} & a_{22} & a_{21} \\ a_{13} & a_{12} & a_{11} \end{bmatrix}$$

习　题　6

1. 下列各变换中，哪些是线性变换？为什么？

(1) 在线性空间 $V_n(F)$ 中，$\mathscr{A}(\boldsymbol{\alpha}) = \boldsymbol{\alpha} + \boldsymbol{\alpha}_0$，$\forall \boldsymbol{\alpha} \in V_n(F)$，其中 $\boldsymbol{\alpha}_0$ 是 $V_n(F)$ 中一固定向量。

(2) 在线性空间 $V_n(F)$ 中，$\mathscr{A}(\boldsymbol{\alpha}) = \boldsymbol{\eta}$，$\boldsymbol{\eta}$ 是 $V_n(F)$ 中一固定向量。

(3) 在 $\mathbf{R}^3$ 中

$$\mathscr{A}\begin{bmatrix} x_1 \\ x_2 \\ x_3 \end{bmatrix} = \begin{bmatrix} 2x_1 + 3x_2 \\ x_2 + x_3 \\ x_3 \end{bmatrix}$$

(4) 在 $\mathbf{R}^3$ 中

$$\mathscr{A}\begin{bmatrix} x_1 \\ x_2 \\ x_3 \end{bmatrix} = \begin{bmatrix} 1 \\ x_2 \\ x_3 \end{bmatrix}$$

(5) 在 $\boldsymbol{M}_2(\boldsymbol{F})$ 中，$\mathscr{A}(\boldsymbol{A}) = \boldsymbol{A}^{\mathrm{T}}$。

(6) 在 $\boldsymbol{M}_2(\boldsymbol{F})$ 中，$\mathscr{A}(\boldsymbol{A}) = \boldsymbol{A}^*$，$\boldsymbol{A}^*$ 是 $\boldsymbol{A}$ 的伴随矩阵。

(7) 把复数域看做是复数域上的线性空间，$\mathscr{A}\xi = \bar{\xi}$，$\bar{\xi}$ 为 ξ 的共轭复数。

2. 设 $\mathscr{A}: \mathbf{R}^3 \to \mathbf{R}^3$，$\mathscr{A}(\boldsymbol{X}) = (x_1 + x_2, x_1 - x_2, x_3)^{\mathrm{T}}$，这里 $\boldsymbol{X} = (x_1, x_2, x_3)^{\mathrm{T}}$，求：

(1) $\mathscr{A}$ 在自然基底 $\boldsymbol{\varepsilon}_1 = (1,0,0)^{\mathrm{T}}$、$\boldsymbol{\varepsilon}_2 = (0,1,0)^{\mathrm{T}}$、$\boldsymbol{\varepsilon}_3 = (0,0,1)^{\mathrm{T}}$ 上的矩阵；

(2) $\mathscr{A}$ 在基 $\boldsymbol{\eta}_1 = (1,0,0)^{\mathrm{T}}$、$\boldsymbol{\eta}_2 = (1,1,0)^{\mathrm{T}}$、$\boldsymbol{\eta}_3 = (1,1,1)^{\mathrm{T}}$ 上的矩阵。

3. 说明 xOy 平面上变换 $\mathscr{A}\begin{bmatrix} x_1 \\ x_2 \end{bmatrix} = \boldsymbol{A}\begin{bmatrix} x_1 \\ x_2 \end{bmatrix}$ 的几何意义，其中

(1) $\boldsymbol{A} = \begin{bmatrix} -1 & 0 \\ 0 & 1 \end{bmatrix}$　　(2) $\boldsymbol{A} = \begin{bmatrix} 1 & 0 \\ 0 & 0 \end{bmatrix}$

(3) $\boldsymbol{A} = \begin{bmatrix} 0 & 1 \\ 1 & 0 \end{bmatrix}$　　(4) $\boldsymbol{A} = \begin{bmatrix} 0 & 1 \\ -1 & 0 \end{bmatrix}$

4. n 阶实对称阵的全体 V 对于矩阵通常的线性运算构成一个实数域 $\mathbf{R}$ 上的 $\dfrac{n(n+1)}{2}$ 维线性空间，给定一个 n 阶实可逆阵 $\boldsymbol{P}$，则变换

$$\mathscr{A}(\boldsymbol{B}) = \boldsymbol{P}^{\mathrm{T}}\boldsymbol{B}\boldsymbol{P}, \forall \boldsymbol{B} \in V_n$$

称为**合同变换**，试证 V 中的合同变换是线性变换。

5. 设 $\mathscr{A}$ 是 $\mathbf{R}^3$ 中的线性变换，$\mathscr{A}$ 在自然基 $\boldsymbol{\varepsilon}_1, \boldsymbol{\varepsilon}_2, \boldsymbol{\varepsilon}_3$ 上的表示矩阵是

$$\boldsymbol{A} = \begin{bmatrix} 0 & 2 & 1 \\ -1 & 0 & 3 \\ 1 & -1 & 2 \end{bmatrix}$$

求：(1) $\mathscr{A}$ 在基 $\boldsymbol{\eta}_1 = \boldsymbol{\varepsilon}_1$，$\boldsymbol{\eta}_2 = \boldsymbol{\varepsilon}_1 + 2\boldsymbol{\varepsilon}_2$，$\boldsymbol{\eta}_3 = 2\boldsymbol{\varepsilon}_1 - \boldsymbol{\varepsilon}_2 - 3\boldsymbol{\varepsilon}_3$ 上的矩阵；(2) $\mathscr{A}$ 的核与像空间；

(3)$\mathscr{A}$ 的秩。

6. 求 $\mathbf{R}^3$ 中下列变换的逆变换

(1) $\begin{cases} y_1 = 2x_1 + 2x_2 + x_3 \\ y_2 = 3x_1 + x_2 + 5x_3 \\ y_3 = 3x_1 + 2x_2 + 3x_3 \end{cases}$ $\begin{cases} y_1 = 2x_1 + x_2 - x_3 \\ y_2 = 2x_1 + x_2 + 2x_3 \\ y_3 = x_1 - x_2 + x_3 \end{cases}$

7. 求 $\mathbf{R}^2$ 中的线性变换 $\mathscr{A}$，使得正方形 $ABCD$ 变换成如下四边形 $A'B'C'D'$。

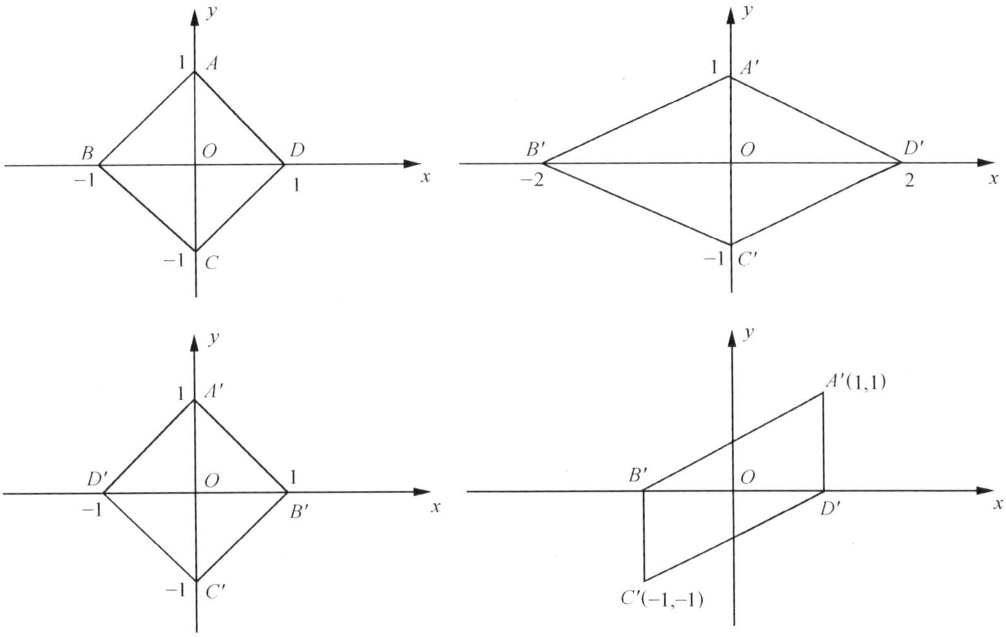

8. 设 $\boldsymbol{\alpha}_1, \boldsymbol{\alpha}_2$ 是数域 $\mathbf{F}$ 上的线性空间 V_2 中的一组基，$x_1\boldsymbol{\alpha}_1 + x_2\boldsymbol{\alpha}_2 \in V_2$，定义变换

$$\mathscr{A}(x_1\boldsymbol{\alpha}_1 + x_2\boldsymbol{\alpha}_2) = r_1x_1\boldsymbol{\alpha}_1 + r_2x_2\boldsymbol{\alpha}_2$$

其中 $r_1, r_2 \in \mathbf{F}$ 是常数。证明：$\mathscr{A}$ 是 V_2 中的一个线性变换。当 $V_2 = \mathbf{R}^2$ 时，$\mathscr{A}$ 的几何意义是什么？

9. 设 V_n 是 n 维线性空间，$\mathscr{A}$ 既不是恒等变换也不是零变换，问下列情况是否会发生？试在 $\mathbf{R}^2$ 或 $\mathbf{R}^3$ 中举例。

(1) $\mathscr{A}(V_n) \cap \mathscr{A}^{-1}(\mathbf{0}) = \{\mathbf{0}\}$

(2) $\mathscr{A}(V_n) \subset \mathscr{A}^{-1}(\mathbf{0})$

(3) $\mathscr{A}(V_n) = \mathscr{A}^{-1}(\mathbf{0})$

(4) $\mathscr{A}^{-1}(\mathbf{0}) \subseteq \mathscr{A}(V_n)$

当 $\mathscr{A}$ 为投影变换时，哪些情况能发生？

10. 证明存在惟一的线性变换 $\mathscr{A}: \mathbf{R}^2 \to \mathbf{R}^2$，使

$$\mathscr{A}(1,2) = (1,3), \mathscr{A}(0,1) = (2,-1)，并求\ \mathscr{A}(1,-1)。$$

11. 如 $\boldsymbol{\alpha}_1 = (1,-1)^{\mathrm{T}}, \boldsymbol{\alpha}_2 = (2,-1)^{\mathrm{T}}, \boldsymbol{\alpha}_3 = (-3,2)^{\mathrm{T}}, \boldsymbol{\beta}_1 = (1,0)^{\mathrm{T}}, \boldsymbol{\beta}_2 = (0,1)^{\mathrm{T}}, \boldsymbol{\beta}_3 = (1,1)^{\mathrm{T}}$，是否存在 $\mathbf{R}^2$ 中的线性变换 $\mathscr{A}$，使 $\mathscr{A}(\boldsymbol{\alpha}_i) = \boldsymbol{\beta}_i, i = 1,2,3$。

12. 设 $\mathscr{A}$ 是线性空间 V_n 中的线性变换，$\boldsymbol{\alpha} \in V_n$，若 $\mathscr{A}^{k-1}(\boldsymbol{\alpha}) \neq \mathbf{0}$，但 $\mathscr{A}^k(\boldsymbol{\alpha}) = \mathbf{0}$，试证向量组（当 $k \geqslant 1$）

$$\boldsymbol{\alpha}, \mathscr{A}(\boldsymbol{\alpha}), \cdots, \mathscr{A}^{k-1}(\boldsymbol{\alpha})$$

线性无关。

13. 设 $\mathscr{A}$ 为 $\mathbf{R}^3$ 中的线性变换，它使

$$\mathscr{A}\begin{bmatrix}1\\0\\2\end{bmatrix}=\begin{bmatrix}-1\\0\\3\end{bmatrix},\mathscr{A}\begin{bmatrix}1\\1\\0\end{bmatrix}=\begin{bmatrix}0\\2\\1\end{bmatrix},\mathscr{A}\begin{bmatrix}1\\1\\1\end{bmatrix}=\begin{bmatrix}-2\\1\\4\end{bmatrix}$$

(1) 求 $\mathscr{A}$ 在自然基上的表示矩阵；

(2) 求 $\mathscr{A}$ 在基

$$\boldsymbol{\alpha}_1=\begin{bmatrix}-1\\0\\2\end{bmatrix},\boldsymbol{\alpha}_2=\begin{bmatrix}0\\1\\1\end{bmatrix},\boldsymbol{\alpha}_3=\begin{bmatrix}3\\-1\\0\end{bmatrix}$$

上的表示矩阵。

14. 在线性空间 $\mathbf{F}[x]_n$ 中，$D(f(x))=f'(x)$，$\forall f(x)\in\mathbf{F}[x]_n$，试在基底

$$1,x,\frac{x^2}{2},\cdots,\frac{x^{n-1}}{(n-1)!}$$

上求 D、D^2 的表示矩阵。

15. 设 $\mathbf{R}^3$ 的一个二维子空间 W 为

$$W=\{\boldsymbol{\xi}\mid(\boldsymbol{\xi},\boldsymbol{e})=0,\boldsymbol{\xi}\in\mathbf{R}^3\}$$

其中 $\boldsymbol{e}$ 是一个固定的单位向量，求：

(1) $\mathbf{R}^3$ 到 W 上的**投影变换** P，并证明 $P^2=P$；

(2) $\mathbf{R}^3$ 关于镜面 W(W 是过原点的一个平面) 的**镜像变换**。

第7章　特征值、特征向量及相似矩阵

前一章我们讲述了同一线性变换在空间的不同基底上的表示矩阵具有相似关系。本章我们将首先研究相似矩阵的一些不变量，即主要研究矩阵的特征值这一在相似变换下的不变量。然后对相似矩阵的最简形式作初步的讨论。矩阵的特征值、特征向量有很多应用，它们是线性代数中的两个基本概念。

本章主要研究如下几个问题：

1. 特征值与特征向量；

2. 相似矩阵；

3. 实对称阵的正交相似对角化；

特征值与特征向量

A. 特征值与特征向量的概念

【定义7.1】　设$\mathscr{A}$是$V_n(\boldsymbol{F})$的线性变换，λ是$\boldsymbol{F}$中的一个数，如果在$V_n(\boldsymbol{F})$中有非零向量$\boldsymbol{\alpha}$，使得

$$\mathscr{A}(\boldsymbol{\alpha})=\lambda\boldsymbol{\alpha} \tag{7.1}$$

则称λ为$\mathscr{A}$的一个**特征值**（特征根），称$\boldsymbol{\alpha}$为$\mathscr{A}$的属于特征值λ的**特征向量**。

例如，任何非零向量都是恒等变换属于特征值1的特征向量，也是零变换的属于特征值0的特征向量。

我们知道，对于线性空间$V_n(\boldsymbol{F})$的一个给定基底，线性变换$\mathscr{A}$可在这个基底上得到惟一的表示矩阵$\boldsymbol{A}$。因此，上面关于线性变换的特征值、特征向量的概念也可以用于矩阵。

【定义7.2】　设$\boldsymbol{A}$是n阶方阵，如果有数域$\mathbf{F}$中的数λ和$\mathbf{F}$上的n维非零列向量

$$\boldsymbol{X}=\begin{bmatrix}x_1\\x_2\\\vdots\\x_n\end{bmatrix}，使得$$

$$\boldsymbol{AX}=\lambda\boldsymbol{X} \tag{7.2}$$

则称λ为方阵$\boldsymbol{A}$的特征值，非零向量$\boldsymbol{X}$称为$\boldsymbol{A}$的属于特征值λ的特征向量。

式(7.2)可以写成

$$(\lambda\boldsymbol{I}_n-\boldsymbol{A})\boldsymbol{X}=\boldsymbol{0} \tag{7.3}$$

这是n个未知量n个方程的齐次线性方程组，它有非零解的充要条件是系数行列式

$$|\lambda\boldsymbol{I}_n-\boldsymbol{A}|=0 \tag{7.4}$$

即

$$\begin{vmatrix} \lambda-a_{11} & -a_{12} & \cdots & a_{1n} \\ -a_{21} & \lambda-a_{22} & \cdots & -a_{2n} \\ \vdots & \vdots & & \vdots \\ -a_{n1} & -a_{n2} & \cdots & \lambda-a_{nn} \end{vmatrix}=0 \tag{7.5}$$

这是以 λ 为未知量的一元 n 次方程,称为方阵 $\boldsymbol{A}$ 的**特征方程**。左端 $f_{\boldsymbol{A}}(\lambda)=|\lambda\boldsymbol{I}_n-\boldsymbol{A}|$ 是关于 λ 的 n 次多项式,称为方阵 $\boldsymbol{A}$ 的**特征多项式**。

显然,$\boldsymbol{A}$ 的特征值都是 $f_{\boldsymbol{A}}(\lambda)$ 的根,而 $f_{\boldsymbol{A}}(\lambda)$ 的全部根也都是 $\boldsymbol{A}$ 的特征值。$\boldsymbol{A}$ 的属于特征值 λ_i 的特征向量就是齐次线性方程组

$$(\lambda_i\boldsymbol{I}_n-\boldsymbol{A})\boldsymbol{X}=0 \tag{7.6}$$

的非零解向量。称式(7.6) 的解空间 $N(\lambda_i\boldsymbol{I}_n-\boldsymbol{A})$ 为 $\boldsymbol{A}$ 的关于特征值 λ_i 的**特征子空间**。易于证明,$\boldsymbol{A}$ 的属于同一特征值 λ_i 的特征向量的线性组合(但不为零向量) 仍是 $\boldsymbol{A}$ 的属于特征值 λ_i 的特征向量。这样,$\boldsymbol{A}$ 的关于特征值 λ_i 的特征子空间内,除 $\boldsymbol{0}$ 外,其余向量全是 $\boldsymbol{A}$ 的关于 λ_i 的特征向量。

【例 7.1】 在现实的三维空间中,可对特征向量作一几何解释。$\mathscr{A}$ 是一线性变换,所谓的 $\mathscr{A}$ 的特征向量就是这样一些非零向量 $\boldsymbol{\alpha}$,它们在 $\mathscr{A}$ 下的像 $\mathscr{A}\boldsymbol{\alpha}$ 与原像 $\boldsymbol{\alpha}$ 平行。见图 7.1。

应注意的是定义中的要求 $\boldsymbol{\alpha}\neq\boldsymbol{0}$ 必不可少,否则对任意数 $\boldsymbol{\lambda}$ 总有 $\mathscr{A}\boldsymbol{0}=\lambda\boldsymbol{0}=\boldsymbol{0}$,"特征" 二字就无从谈起。

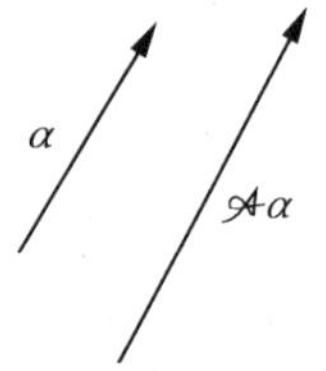

图 7.1

【例 7.2】 令 V 是实数域 $\mathbf{R}$ 上所有可微函数 $f(x)$ 组成的线性空间。我们知道求导变换 D:$D(f(x))=f'(x)$ 是一线性变换。我们能否找到一个实数 c 和一个函数 $f(x)\neq 0$,使得

$$D(f(x))=cf(x) \tag{7.7}$$

若令 $y=f(x)$,式(7.7) 就变成

$$\frac{\mathrm{d}y}{\mathrm{d}x}=cy \tag{7.8}$$

许多物理现象、生物现象、经济规律都满足式(7.8),如人口增长、细胞与细菌的增殖、放射性衰变、人体药物的浓度、投资问题等等。因此线性变换(方阵) 的特征值、特征向量的应用背景十分广泛。

【例 7.3】 求矩阵 $\boldsymbol{A}=\begin{bmatrix} 1 & -2 & 2 \\ -2 & -2 & 4 \\ 2 & 4 & -2 \end{bmatrix}$ 的特征值和特征向量及特征子空间。

【解】 $\boldsymbol{A}$ 的特征多项式为

$$|\lambda\boldsymbol{I}_3-\boldsymbol{A}|=\begin{vmatrix} \lambda-1 & 2 & -2 \\ 2 & \lambda+2 & -4 \\ -2 & -4 & \lambda+2 \end{vmatrix}=\begin{vmatrix} \lambda-1 & 2 & -2 \\ 2 & \lambda+2 & -4 \\ 0 & \lambda-2 & \lambda-2 \end{vmatrix}=$$

$$\begin{vmatrix} \lambda-1 & 4 & -2 \\ 2 & \lambda+6 & -4 \\ 0 & 0 & \lambda-2 \end{vmatrix}=(\lambda-2)\begin{vmatrix} \lambda-1 & 4 \\ 2 & \lambda+6 \end{vmatrix}=(\lambda-2)^2(\lambda+7)$$

故 $\boldsymbol{A}$ 的特征值为:$\lambda_1=\lambda_2=2$,$\lambda_3=-7$。

对 $\lambda_1=\lambda_2=2$,解线性方程组$(2\boldsymbol{I}_3-\boldsymbol{A})\boldsymbol{X}=\boldsymbol{0}$,由

$$(2\boldsymbol{I}_3-\boldsymbol{A})=\begin{bmatrix}1 & 2 & -2\\ 2 & 4 & -4\\ -2 & -4 & 4\end{bmatrix}\xrightarrow{\text{行}}\begin{bmatrix}1 & 2 & -2\\ 0 & 0 & 0\\ 0 & 0 & 0\end{bmatrix}$$

得同解的齐次线性方程组

$$x_1+2x_2-2x_3=0$$

得基础解系

$$\boldsymbol{\xi}_1=\begin{bmatrix}-2\\ 1\\ 0\end{bmatrix},\quad \boldsymbol{\xi}_2=\begin{bmatrix}2\\ 0\\ 1\end{bmatrix}$$

所以 **A** 的对应于 $\lambda_1=\lambda_2=2$ 的全部特征向量为 $k_1\boldsymbol{\xi}_1+k_2\boldsymbol{\xi}_2$，其中 k_1、k_2 为不同时为零的任意常数。

对 $\lambda_3=-7$，解线性方程组 $(-7I_3-\boldsymbol{A})\boldsymbol{X}=\boldsymbol{0}$，由

$$-7\boldsymbol{I}_3-\boldsymbol{A}=\begin{bmatrix}-8 & 2 & -2\\ 2 & -5 & -4\\ -2 & -4 & -5\end{bmatrix}\xrightarrow{\text{行}}\begin{bmatrix}2 & -5 & -4\\ 0 & 1 & 1\\ 0 & 0 & 0\end{bmatrix}$$

得一基础解系

$$\boldsymbol{\xi}_3=\begin{bmatrix}1\\ 2\\ -2\end{bmatrix}$$

故 **A** 属于 $\lambda_3=-7$ 的全部特征向量为

$$k_3\boldsymbol{\xi}_3\quad (k_3\neq 0)$$

而 **A** 的关于特征值 2 和 -7 的特征子空间分别为：

$V_1=\{\boldsymbol{X}\mid \boldsymbol{X}=k_1\boldsymbol{\xi}_1+k_2\boldsymbol{\xi}_2,\ k_1、k_2\text{ 为任意常数}\}$；

$V_2=\{\boldsymbol{X}\mid \boldsymbol{X}=k\boldsymbol{\xi}_3,\ k\text{ 为任意常数}\}$。

B. 特征值与特征向量的性质

n 次特征多项式 $f_{\boldsymbol{A}}(\lambda)$ 在复数域内有且仅有 n 个根（重根按重数计算），因此，n 阶方阵 **A** 在数域 **F** 内至多有 n 个特征值，在复数域内有 n 个特征值。

n 阶方阵 **A** 的特征值满足：

【性质 7.1】 **A** 的 n 个特征值之和等于 **A** 的 n 个对角元素之和，即

$$\lambda_1+\lambda_2+\cdots+\lambda_n=a_{11}+a_{22}+\cdots+a_{nn}$$

【性质 7.2】 **A** 的 n 个特征值之积等于 **A** 的行列式，即

$$\lambda_1\lambda_2\cdots\lambda_n=|\boldsymbol{A}|$$

【证明】 我们先证性质 2。易见 $f_{\boldsymbol{A}}(\lambda)$ 是关于 λ 的首项系数为 1 的多项式，故

$$|\lambda\boldsymbol{I}_n-\boldsymbol{A}|=f_{\boldsymbol{A}}(\lambda)=(\lambda-\lambda_1)(\lambda-\lambda_2)\cdots(\lambda-\lambda_n)$$

令 $\lambda=0$，则有 $|\boldsymbol{A}|=\lambda_1\lambda_2\cdots\lambda_n$。

再证性质 1。利用行列式定义将 $|\lambda\boldsymbol{I}_n-\boldsymbol{A}|$ 展开，其中有一项是主对角线元素的乘积

$$(\lambda-a_{11})(\lambda-a_{22})\cdots(\lambda-a_{nn})$$

展开式中其余各项最多含 $n-2$ 个主对角线元素，这些项中 λ 的次数最多是 $n-2$，因此特征多项式中含 λ 的 n 次与 $n-1$ 次的项只能在上述主对角线元素的乘积中出现，它们是

$$\lambda^n+(-1)(a_{11}+a_{22}+\cdots+a_{nn})\lambda^{n-1}$$

根据一元 n 次多项式根与系数的关系(韦达定理),可得

$$\lambda_1+\lambda_2+\cdots+\lambda_n=a_{11}+a_{22}+\cdots+a_{nn}$$

方阵 $\boldsymbol{A}$ 的主对角元素之和 $a_{11}+a_{22}+\cdots+a_{nn}$ 称为 $\boldsymbol{A}$ 的**迹**,记为 $\mathrm{tr}(\boldsymbol{A})$。所以 $\boldsymbol{A}$ 的 n 个特征值之和等于 $\boldsymbol{A}$ 的迹 $\mathrm{tr}(\boldsymbol{A})$;$\boldsymbol{A}$ 的 n 个特征值之积等于 $\boldsymbol{A}$ 的行列式 $|\boldsymbol{A}|$。

【推论】 n 阶方阵 $\boldsymbol{A}$ 可逆当且仅当 $\boldsymbol{A}$ 的 n 个特征值全不为零。

【例 7.4】 设 λ 是 $\boldsymbol{A}$ 的特征值,$\boldsymbol{X}$ 是 $\boldsymbol{A}$ 的属于 λ 的特征向量,证明:

(1) 对任意常数 k,$k\lambda$ 是 $k\boldsymbol{A}$ 的特征值,且 $\boldsymbol{X}$ 是 $k\boldsymbol{A}$ 属于 $k\lambda$ 的特征向量;

(2) 对任意正整数 m,λ^m 是 $\boldsymbol{A}^m$ 的特征值,且 $\boldsymbol{X}$ 是 $\boldsymbol{A}^m$ 的属于 λ^m 的特征向量;

(3) 当 $\boldsymbol{A}$ 可逆时,λ^{-1} 是 $\boldsymbol{A}^{-1}$ 的特征值,且 $\boldsymbol{X}$ 是 $\boldsymbol{A}^{-1}$ 属于 λ^{-1} 的特征向量;

(4)$\boldsymbol{A}^{\mathrm{T}}$ 与 $\boldsymbol{A}$ 有相同的特征多项式和特征值。

【证明】 (1) 由 $\boldsymbol{AX}=\lambda\boldsymbol{X}$ 得,$(k\boldsymbol{A})\boldsymbol{X}=(k\lambda)\boldsymbol{X}$,于是,$k\lambda$ 是 $k\boldsymbol{A}$ 的特征值,且 $\boldsymbol{X}$ 是 $k\boldsymbol{A}$ 的属于 $k\lambda$ 的特征向量。

(2) 由 $\boldsymbol{AX}=\lambda\boldsymbol{X}$ 得,$\boldsymbol{A}(\boldsymbol{AX})=\boldsymbol{A}(\lambda\boldsymbol{X})=\lambda(\boldsymbol{AX})=\lambda^2\boldsymbol{X}$,即 $\boldsymbol{A}^2\boldsymbol{X}=\lambda^2\boldsymbol{X}$,继续这个步骤 $m-1$ 次,有 $\boldsymbol{A}^m\boldsymbol{X}=\lambda^m\boldsymbol{X}$,于是 λ^m 是 $\boldsymbol{A}^m$ 的特征值,且 $\boldsymbol{X}$ 是 $\boldsymbol{A}^m$ 的属于 λ^m 的特征向量。

(3) 当 $\boldsymbol{A}$ 可逆时,显然 $\lambda\neq 0$,于是由 $\boldsymbol{AX}=\lambda\boldsymbol{X}$,有 $\boldsymbol{A}^{-1}\boldsymbol{AX}=\lambda\boldsymbol{A}^{-1}\boldsymbol{X}$,即 $\boldsymbol{A}^{-1}\boldsymbol{X}=\lambda^{-1}\boldsymbol{X}$,故 λ^{-1} 是 $\boldsymbol{A}^{-1}$ 的特征值,且 $\boldsymbol{X}$ 是 $\boldsymbol{A}^{-1}$ 的属于 λ^{-1} 的特征向量。

(4) 由行列式性质知,$|\lambda\boldsymbol{I}_n-\boldsymbol{A}^{\mathrm{T}}|=|(\lambda\boldsymbol{I}_n-\boldsymbol{A})^{\mathrm{T}}|=|\lambda\boldsymbol{I}_n-\boldsymbol{A}|$,可得 $\boldsymbol{A}^{\mathrm{T}}$ 与 $\boldsymbol{A}$ 有相同的特征多项式,从而有相同的特征值。

【例 7.5】 设

$$\boldsymbol{A}=\begin{bmatrix}\boldsymbol{A}_1 & & & \\ & \boldsymbol{A}_2 & & * \\ & & \ddots & \\ 0 & & & \boldsymbol{A}_s\end{bmatrix}$$,其中 $\boldsymbol{A}_i$ 是 n_i 阶方阵,证明

$$f_{\boldsymbol{A}}(\lambda)=f_{\boldsymbol{A}_1}(\lambda)f_{\boldsymbol{A}_2}(\lambda)\cdots f_{\boldsymbol{A}_s}(\lambda)$$

【证明】

$$|\lambda\boldsymbol{I}_n-\boldsymbol{A}|=\begin{vmatrix}\lambda\boldsymbol{I}_{n_1}-\boldsymbol{A}_1 & & & \\ & \lambda\boldsymbol{I}_{n_2}-\boldsymbol{A}_2 & & -(*) \\ 0 & & \ddots & \\ & & & \lambda\boldsymbol{I}_{n_s}-\boldsymbol{A}_s\end{vmatrix}=$$

$$|\lambda\boldsymbol{I}_{n_1}-\boldsymbol{A}_1||\lambda\boldsymbol{I}_{n_2}-\boldsymbol{A}_2|\cdots|\lambda\boldsymbol{I}_{n_s}-\boldsymbol{A}_s|=$$

$$f_{\boldsymbol{A}_1}(\lambda)f_{\boldsymbol{A}_2}(\lambda)\cdots f_{\boldsymbol{A}_s}(\lambda)$$

对于方阵 $\boldsymbol{A}$ 的 n 个特征值 $\lambda_i(i=1,2,\cdots,n)$,称

$$\rho(A)=\max_{1\leqslant i\leqslant n}\{|\lambda_i|\}$$

为方阵 $\boldsymbol{A}$ 的**谱半径**。

【例 7.6】 设 $\boldsymbol{A}=(a_{ij})_{n\times n}$,若

(1) $\sum_{j=1}^{n}|a_{ij}|<1\ (i=1,2,\cdots,n)$

(2) $\sum_{i=1}^{n} |a_{ij}| < 1 \ (j=1,2,\cdots,n)$

之一成立，则 $\rho(A) < 1$。

【证明】 我们只证明(1)，(2) 留给读者自己证明。

设 λ 是 $\boldsymbol{A}$ 的任一特征值，$\boldsymbol{X}$ 为属于 $\boldsymbol{A}$ 的特征向量，记 $\boldsymbol{X}=(x_1,x_2,\cdots,x_n)^{\mathrm{T}}$，由 $\boldsymbol{AX}=\lambda\boldsymbol{X}$ 得 $\sum_{j=1}^{n} a_{ij}x_j=\lambda x_i (i=1,2,\cdots,n)$。设 $|x_k|=\max\limits_{1\leqslant j\leqslant n}\{|x_j|\}$，则

$$|\lambda| = \frac{1}{|x_k|}\left|\sum_{j=1}^{n} a_{kj}x_j\right| \leqslant \sum_{j=1}^{n} |a_{kj}|\left|\frac{x_j}{x_k}\right| \leqslant \sum_{j=1}^{n} |a_{kj}|$$

由(1) 成立，$|\lambda| < 1$。再由 λ 的任意性立得结论。

相 似 矩 阵

A. 相似矩阵的性质

两个 n 阶方阵 $\boldsymbol{A}$ 与 $\boldsymbol{B}$ 相似的概念已在 6.3 节中介绍过。相似的矩阵有一些不变量。

【定理 7.1】 若 n 阶方阵 $\boldsymbol{A}$ 与 $\boldsymbol{B}$ 相似，则

(1) $\boldsymbol{A}$ 与 $\boldsymbol{B}$ 有相同的特征多项式；

(2) $\boldsymbol{A}$ 与 $\boldsymbol{B}$ 有相同的特征值；

(3) $\mathrm{tr}(\boldsymbol{A})=\mathrm{tr}(\boldsymbol{B})$，$|\boldsymbol{A}|=|\boldsymbol{B}|$。

【证明】 易见(2) 与(3) 都是(1) 的直接推论。

因 $\boldsymbol{A}$ 与 $\boldsymbol{B}$ 相似，所以存在可逆阵 $\boldsymbol{T}$，使

$$\boldsymbol{B}=\boldsymbol{T}^{-1}\boldsymbol{AT}$$

于是

$$|\lambda\boldsymbol{I}_n-\boldsymbol{B}|=|\boldsymbol{T}^{-1}(\lambda\boldsymbol{I}_n)\boldsymbol{T}-\boldsymbol{T}^{-1}\boldsymbol{AT}|=|\boldsymbol{T}^{-1}(\lambda\boldsymbol{I}_n-\boldsymbol{A})\boldsymbol{T}|=$$
$$|\boldsymbol{T}^{-1}||\lambda\boldsymbol{I}_n-\boldsymbol{A}||\boldsymbol{T}|=|\lambda\boldsymbol{I}_n-\boldsymbol{A}|$$

证毕

注 当两个 n 阶方阵 $\boldsymbol{A}$ 与 $\boldsymbol{B}$ 的特征多项式相同时，$\boldsymbol{A}$ 与 $\boldsymbol{B}$ 未必相似。例如 $\begin{bmatrix}1 & 0\\0 & 1\end{bmatrix}$ 与 $\begin{bmatrix}1 & 1\\0 & 1\end{bmatrix}$ 的特征多项式相同，但并不相似。

【推论】 若 n 阶方阵 $\boldsymbol{A}$ 与对角阵 $\boldsymbol{D}=\begin{bmatrix}\lambda_1 & & & \\ & \lambda_2 & & \\ & & \ddots & \\ & & & \lambda_n\end{bmatrix}$ 相似，则 $\lambda_1,\lambda_2,\cdots,\lambda_n$ 是 $\boldsymbol{A}$ 的 n 个特征值。

【证明】

$$f_{\boldsymbol{D}}(\lambda)=|\lambda\boldsymbol{I}_n-\boldsymbol{D}|=\begin{vmatrix}\lambda-\lambda_1 & & & \\ & \lambda-\lambda_2 & & \\ & & \ddots & \\ & & & \lambda-\lambda_n\end{vmatrix}=(\lambda-\lambda_1)(\lambda-\lambda_2)\cdots(\lambda-\lambda_n)$$

故 $\lambda_1,\lambda_2,\cdots,\lambda_n$ 是 $\boldsymbol{D}$ 的 n 个特征值，也是 $\boldsymbol{A}$ 的 n 个特征值。 **证毕**

若方阵 $\boldsymbol{A}$ 与一个对角阵 $\boldsymbol{D}$ 相似，称 $\boldsymbol{A}$ 可**相似对角化**。

B. 方阵相似对角化的条件及方法

【定理 7.2】 n 阶方阵 $\boldsymbol{A}$ 与对角阵相似的充要条件是 $\boldsymbol{A}$ 有 n 个线性无关的特征向量。进而，$\boldsymbol{T}^{-1}\boldsymbol{A}\boldsymbol{T}=\boldsymbol{D}$ 为对角阵的充要条件是，$\boldsymbol{T}$ 的 n 个列向量是 $\boldsymbol{A}$ 的 n 个线性无关的特征向量，且这 n 个特征向量对应的特征值依次为对角阵 $\boldsymbol{D}$ 的主对角线上的元素。

【证明】 设有 n 阶可逆阵 $\boldsymbol{T}=(T_1,T_2,\cdots,T_n)$，使

$$\boldsymbol{T}^{-1}\boldsymbol{A}\boldsymbol{T}=\boldsymbol{D}=\begin{bmatrix}\lambda_1 & & & \\ & \lambda_2 & & \\ & & \ddots & \\ & & & \lambda_n\end{bmatrix}$$

则 $\boldsymbol{A}\boldsymbol{T}=\boldsymbol{T}\boldsymbol{D}$，由分块阵乘法得

$$\boldsymbol{A}\boldsymbol{T}=\boldsymbol{A}(\boldsymbol{T}_1,\boldsymbol{T}_2,\cdots,\boldsymbol{T}_n)=(\boldsymbol{A}\boldsymbol{T}_1,\boldsymbol{A}\boldsymbol{T}_2,\cdots,\boldsymbol{A}\boldsymbol{T}_n)$$

$$\boldsymbol{T}\boldsymbol{D}=(\boldsymbol{T}_1,\boldsymbol{T}_2,\cdots,\boldsymbol{T}_n)\begin{bmatrix}\lambda_1 & & & \\ & \lambda_2 & & \\ & & \ddots & \\ & & & \lambda_n\end{bmatrix}=(\lambda_1\boldsymbol{T}_1,\lambda_2\boldsymbol{T}_2,\cdots,\lambda_n\boldsymbol{T}_n)$$

于是

$$\boldsymbol{A}\boldsymbol{T}_i=\lambda_i\boldsymbol{T}_i\quad(i=1,2,\cdots,n)\tag{7.9}$$

由 $\boldsymbol{T}$ 可逆，知 $\boldsymbol{T}_i\neq\boldsymbol{0}(i=1,2,\cdots,n)$，且 $\boldsymbol{T}_1,\boldsymbol{T}_2,\cdots,\boldsymbol{T}_n$ 线性无关。由(7.9)便知 $\boldsymbol{T}_1,\boldsymbol{T}_2,\cdots,\boldsymbol{T}_n$ 是 $\boldsymbol{A}$ 的 n 个线性无关的特征向量，λ_i 是与 $\boldsymbol{T}_i$ 对应的特征值。

反之，假设 $\boldsymbol{A}$ 有 n 个线性无关的特征向量 $\boldsymbol{T}_1,\boldsymbol{T}_2,\cdots,\boldsymbol{T}_n$，而 $\lambda_1,\lambda_2,\cdots,\lambda_n$ 依次为与它们对应的特征值，令

$$\boldsymbol{T}=(\boldsymbol{T}_1,\boldsymbol{T}_2,\cdots,\boldsymbol{T}_n),\qquad D=\begin{bmatrix}\lambda_1 & & & \\ & \lambda_2 & & \\ & & \ddots & \\ & & & \lambda_n\end{bmatrix}$$

则由

$$\boldsymbol{A}\boldsymbol{T}_i=\lambda_i\boldsymbol{T}_i\quad(i=1,2,\cdots,n)$$

得

$$\boldsymbol{A}\boldsymbol{T}=\boldsymbol{A}(\boldsymbol{T}_1,\boldsymbol{T}_2,\cdots,\boldsymbol{T}_n)=(\boldsymbol{A}\boldsymbol{T}_1,\boldsymbol{A}\boldsymbol{T}_2,\cdots,\boldsymbol{A}\boldsymbol{T}_n)=(\lambda_1\boldsymbol{T}_1,\lambda_2\boldsymbol{T}_2,\cdots,\lambda_n\boldsymbol{T}_n)=$$

$$(\boldsymbol{T}_1,\boldsymbol{T}_2,\cdots,\boldsymbol{T}_n)\begin{bmatrix}\lambda_1 & & & \\ & \lambda_2 & & \\ & & \ddots & \\ & & & \lambda_n\end{bmatrix}=\boldsymbol{T}\boldsymbol{D}$$

因 n 个 n 维向量 $\boldsymbol{T}_1,\boldsymbol{T}_2,\cdots,\boldsymbol{T}_n$ 线性无关，所以 $\boldsymbol{T}=(\boldsymbol{T}_1,\boldsymbol{T}_2,\cdots,\boldsymbol{T}_n)$ 可逆，故

$$\boldsymbol{T}^{-1}\boldsymbol{A}\boldsymbol{T}=\boldsymbol{D}=\begin{bmatrix}\lambda_1 & & & \\ & \lambda_2 & & \\ & & \ddots & \\ & & & \lambda_n\end{bmatrix}$$

证毕

由定理7.2知，当方阵 $\boldsymbol{A}$ 有 n 个线性无关的特征向量时，$\boldsymbol{A}$ 可相似对角化。这也就是说，n 维线性空间 $V_n(\boldsymbol{F})$ 上的线性变换 $\mathscr{A}$ 若有 n 个线性无关的特征向量，在 $V_n(\boldsymbol{F})$ 中就存在一个基底(实际上，可以这 n 个线性无关的特征向量为基底)，使 $\mathscr{A}$ 在此基底上的表示阵为对角阵。那么，在哪些可能的条件下，n 阶方阵 $\boldsymbol{A}$ 可有 n 个线性无关的特征向量呢？

【定理7.3】 设 $\lambda_1,\lambda_2,\cdots,\lambda_m$ 是 n 阶方阵 $\boldsymbol{A}$(或 $V_n(\boldsymbol{F})$ 上的线性变换 $\mathscr{A}$) 的 m 个特征值，$\boldsymbol{X}_1,\boldsymbol{X}_2,\cdots,\boldsymbol{X}_m$ 依次是与之对应的特征向量，如果 $\lambda_1,\lambda_2,\cdots,\lambda_m$ 互不相等，则 $\boldsymbol{X}_1,\boldsymbol{X}_2,\cdots,\boldsymbol{X}_m$ 线性无关。

【证明】 对特征值的个数 m 用数学归纳法。

(1)$m=1$ 时，由 $\boldsymbol{X}_1\neq\boldsymbol{0}$ 知命题成立。

(2) 假设当 $m=s$ 时命题成立。当 $m=s+1$ 时，设有常数 $k_1,k_2,\cdots,k_s,k_{s+1}$ 使

$$k_1\boldsymbol{X}_1+k_2\boldsymbol{X}_2+\cdots+k_s\boldsymbol{X}_s+k_{s+1}\boldsymbol{X}_{s+1}=\boldsymbol{0} \tag{7.10}$$

用 $\boldsymbol{A}$ 左乘上式两边，得

$$k_1\lambda_1\boldsymbol{X}_1+k_2\lambda_2\boldsymbol{X}_2+\cdots+k_s\lambda_s\boldsymbol{X}_s+k_{s+1}\lambda_{s+1}\boldsymbol{X}_{s+1}=\boldsymbol{0} \tag{7.11}$$

用 λ_{s+1} 乘式(7.10)两边得

$$k_1\lambda_{s+1}\boldsymbol{X}_1+k_2\lambda_{s+1}\boldsymbol{X}_2+\cdots+k_s\lambda_{s+1}\boldsymbol{X}_s+k_{s+1}\lambda_{s+1}\boldsymbol{X}_{s+1}=\boldsymbol{0} \tag{7.12}$$

式(7.11)－式(7.12)，得

$$k_1(\lambda_1-\lambda_{s+1})\boldsymbol{X}_1+k_2(\lambda_2-\lambda_{s+1})\boldsymbol{X}_2+\cdots+k_s(\lambda_s-\lambda_{s+1})\boldsymbol{X}_s=\boldsymbol{0}$$

由归纳假设 $\boldsymbol{X}_1,\boldsymbol{X}_2,\cdots,\boldsymbol{X}_s$ 线性无关，又 $\lambda_1,\lambda_2,\cdots,\lambda_{s+1}$ 互不相同，知 $k_1=k_2=\cdots=k_s=0$。于是由式(7.10)知 $k_{s+1}=0$，故 $\boldsymbol{X}_1,\boldsymbol{X}_2,\cdots,\boldsymbol{X}_{s+1}$ 线性无关。 **证毕**

【推论】 若 n 阶方阵 $\boldsymbol{A}$ 的 n 个特征值均在数域 $\mathbf{F}$ 中且互不相同，则 $\boldsymbol{A}$ 在 $\mathbf{F}$ 上可相似对角化。

【例7.7】 求可逆矩阵 $\boldsymbol{T}$，使 $\boldsymbol{T}^{-1}\boldsymbol{A}\boldsymbol{T}$ 为对角阵，其中

$$\boldsymbol{A}=\begin{bmatrix}2&3\\0&1\end{bmatrix}$$

【解】 (1) 求特征值，由

$$|\lambda\boldsymbol{I}_2-\boldsymbol{A}|=\begin{vmatrix}\lambda-2&-3\\0&\lambda-1\end{vmatrix}=(\lambda-2)(\lambda-1)$$

知 $\boldsymbol{A}$ 的特征值是1,2。

(2) 求 $\boldsymbol{A}$ 的两个特征向量构成的线性无关向量组。

对 $\lambda_1=1$，解 $(\boldsymbol{I}_2-\boldsymbol{A})\boldsymbol{X}=\boldsymbol{0}$，得

$$\boldsymbol{T}_1=\begin{bmatrix}-3\\1\end{bmatrix}$$

对 $\lambda_2=2$，解 $(2\boldsymbol{I}_2-\boldsymbol{A})\boldsymbol{X}=\boldsymbol{0}$，得

$$\boldsymbol{T}_2=\begin{bmatrix}1\\0\end{bmatrix}$$

显然，$\boldsymbol{T}_1$、$\boldsymbol{T}_2$ 线性无关。

(3) 令 $\boldsymbol{T}=(\boldsymbol{T}_1,\boldsymbol{T}_2)=\begin{bmatrix}-3&1\\1&0\end{bmatrix}$，$\boldsymbol{D}=\begin{bmatrix}\lambda_1&\\&\lambda_2\end{bmatrix}=\begin{bmatrix}1&\\&2\end{bmatrix}$

则

$$T^{-1}AT = D = \begin{bmatrix} 1 & 0 \\ 0 & 2 \end{bmatrix}$$

【例 7.8】 设 3 阶方阵 A 的特征值是 $-2,1,1$,对应的特征向量依次为

$$T_1 = \begin{bmatrix} -1 \\ 1 \\ 1 \end{bmatrix}, T_2 = \begin{bmatrix} -2 \\ 1 \\ 0 \end{bmatrix}, T_3 = \begin{bmatrix} 0 \\ 0 \\ 1 \end{bmatrix}$$

求 A 及 A^{10}。

【解】 令

$$T = (T_1, T_2, T_3) = \begin{bmatrix} -1 & -2 & 0 \\ 1 & 1 & 0 \\ 1 & 0 & 1 \end{bmatrix}$$

$$D = \begin{bmatrix} -2 & 0 & 0 \\ 0 & 1 & 0 \\ 0 & 0 & 1 \end{bmatrix}$$

则由 $|T| \neq 0$ 知,T 可逆,得 $A = TDT^{-1}$

而

$$T^{-1} = \begin{bmatrix} 1 & 2 & 0 \\ -1 & -1 & 0 \\ -1 & -2 & 1 \end{bmatrix}$$

故

$$A = \begin{bmatrix} -1 & -2 & 0 \\ 1 & 1 & 0 \\ 1 & 0 & 1 \end{bmatrix} \begin{bmatrix} -2 & 0 & 0 \\ 0 & 1 & 0 \\ 0 & 0 & 1 \end{bmatrix} \begin{bmatrix} 1 & 2 & 0 \\ -1 & -1 & 0 \\ -1 & -2 & 1 \end{bmatrix} = \begin{bmatrix} 1 & 6 & 0 \\ -3 & -5 & 0 \\ -3 & -6 & 1 \end{bmatrix}$$

$$A^{10} = TD^{10}T^{-1} = \begin{bmatrix} -1 & -2 & 0 \\ 1 & 1 & 0 \\ 1 & 0 & 1 \end{bmatrix} \begin{bmatrix} (-2)^{10} & 0 & 0 \\ 0 & 1 & 0 \\ 0 & 0 & 1 \end{bmatrix} \begin{bmatrix} 1 & 2 & 0 \\ -1 & -1 & 0 \\ -1 & -2 & 1 \end{bmatrix} =$$

$$\begin{bmatrix} -1\,022 & -2\,046 & 0 \\ 1\,023 & 2\,047 & 0 \\ 1\,023 & 2\,046 & 1 \end{bmatrix}$$

当 n 阶方阵 A 的特征值中有相同的值时,判断 A 能否相似对角化是比较困难的。下面我们作进一步的讨论。

【定义 7.3】 若 λ 是 n 阶方阵 A 的特征多项式 $f_A(\lambda)$ 的 k 重根,则称 k 为 λ 的**代数重数**;若 A 关于特征值 λ 的特征子空间的维数 $\dim V_\lambda = r$,称 r 为 λ 的**几何重数**。

【定理 7.4】 对于 n 阶方阵 A 的特征值 λ_0,几何重数一定不大于代数重数。

【证明】 设 λ_0 的几何重数为 r,则在 λ_0 的特征子空间 V_{λ_0} 中存在 r 个线性无关的向量 T_1,$T_2,\cdots,T_r$。将其扩充为 n 维空间 V_n 的一个基

$$T_1, \cdots, T_r, T_{r+1}, \cdots, T_n$$

对于前 r 个向量 $\boldsymbol{T}_j(1\leqslant j\leqslant r)$，我们有 $\boldsymbol{AT}_j=\lambda_0\boldsymbol{T}_j$；而对于后 $n-r$ 个向量 $\boldsymbol{T}_k(r+1\leqslant k\leqslant n)$，我们设

$$\boldsymbol{AT}_k=(\boldsymbol{T}_1,\boldsymbol{T}_2,\cdots,\boldsymbol{T}_n)\begin{bmatrix}b_{1k}\\b_{2k}\\\vdots\\b_{nk}\end{bmatrix}$$

于是

$$\boldsymbol{A}(\boldsymbol{T}_1,\cdots,\boldsymbol{T}_r,\boldsymbol{T}_{r+1},\cdots,\boldsymbol{T}_n)=(\boldsymbol{T}_1,\cdots,\boldsymbol{T}_r,\boldsymbol{T}_{r+1},\cdots,\boldsymbol{T}_n)\left[\begin{array}{ccc|ccc}\lambda_0 & & & b_{1r+1} & \cdots & b_{1n}\\ & \ddots & & \vdots & & \vdots\\ & & \lambda_0 & b_{r,r+1} & \cdots & b_{rn}\\ \hline & & & b_{r+1,r+1} & \cdots & b_{r+1,n}\\ & 0 & & \vdots & & \vdots\\ & & & b_{n,r+1} & \cdots & b_{nn}\end{array}\right]$$

令 $\boldsymbol{T}=(\boldsymbol{T}_1,\cdots,\boldsymbol{T}_r,\boldsymbol{T}_{r+1},\cdots,\boldsymbol{T}_n)$，且将上式右端的矩阵分块，则有

$$\boldsymbol{T}^{-1}\boldsymbol{AT}=\begin{bmatrix}\lambda_0\boldsymbol{I}_r & \boldsymbol{A}_1\\0 & \boldsymbol{A}_2\end{bmatrix}$$

因相似矩阵有相同的特征多项式，因此

$$|\lambda\boldsymbol{I}_n-\boldsymbol{A}|=|\lambda\boldsymbol{I}_n-\boldsymbol{T}^{-1}\boldsymbol{AT}|=\begin{vmatrix}(\lambda-\lambda_0)\boldsymbol{I}_r & -\boldsymbol{A}_1\\0 & \lambda\boldsymbol{I}_{n-r}-\boldsymbol{A}_2\end{vmatrix}=$$

$$(\lambda-\lambda_0)^r\,|\lambda\boldsymbol{I}_{n-r}-\boldsymbol{A}_2|$$

易见，λ_0 至少是 $\boldsymbol{A}$ 的 r 重特征值，即 λ_0 的代数重数 k 至少是 r。 **证毕**

【定理 7.5】 若 n 阶方阵 $\boldsymbol{A}$ 在数域 $\boldsymbol{F}$ 中 n 个特征值存在，则 $\boldsymbol{A}$ 可在 $\boldsymbol{F}$ 上相似于对角阵当且仅当 $\boldsymbol{A}$ 的每个特征值的代数重数等于几何重数。

【证明】 必要性显然，只证充分性。

令 $\lambda_1,\lambda_2,\cdots,\lambda_m$ 为 $\boldsymbol{A}$ 的互异的特征值，$V_{\lambda_1},V_{\lambda_2},\cdots,V_{\lambda_m}$ 分别为相应的特征子空间，设 $\dim V_{\lambda_i}=r_i$。在 $V_{\lambda_i}(1\leqslant i\leqslant m)$ 中取一基底，合并起来得到

$$\boldsymbol{T}_{11},\cdots,\boldsymbol{T}_{1r_1},\boldsymbol{T}_{21},\cdots,\boldsymbol{T}_{2r_2},\cdots,\boldsymbol{T}_{m1},\cdots,\boldsymbol{T}_{mr_m}\tag{7.13}$$

由于对每一 λ_i，其代数重数与几何重数相等，故有

$$r_1+r_2+\cdots r_m=n$$

根据定理 7.2，我们只需证明(7.13) 中的 n 个向量线性无关即可。若有

$$\sum_{i=1}^{m}(k_{i1}\boldsymbol{T}_{i1}+k_{i2}\boldsymbol{T}_{i2}+\cdots+k_{ir_i}\boldsymbol{T}_{ir_i})=\boldsymbol{0}$$

令
$$\boldsymbol{T}_i=k_{i1}\boldsymbol{T}_{i1}+k_{i2}\boldsymbol{T}_{i2}+\cdots+k_{ir_i}\boldsymbol{T}_{ir_i}\tag{7.14}$$

则
$$\boldsymbol{T}_1+\boldsymbol{T}_2+\cdots+\boldsymbol{T}_m=\boldsymbol{0}$$

其中 $\boldsymbol{T}_i$ 是属于 λ_i 的特征向量或为零向量($i=1,2,\cdots,m$)。由于 $\lambda_1,\cdots,\lambda_m$ 互不相同，依据定理 7.3，$\boldsymbol{T}_1,\boldsymbol{T}_2,\cdots,\boldsymbol{T}_m$ 都不能是 $\boldsymbol{A}$ 的分属于 $\lambda_i(i=1,2,\cdots,m)$ 的特征向量，故只能有

$$\boldsymbol{T}_i=\boldsymbol{0}\qquad i=1,2,\cdots,m\tag{7.15}$$

由于 $\boldsymbol{T}_{i1},\boldsymbol{T}_{i2},\cdots,\boldsymbol{T}_{ir_i}$ 线性无关，由式(7.14)、(7.15)知

$$k_{i1}=k_{i2}=\cdots=k_{ir}=0 \qquad i=1,2,\cdots,m$$

即(7.13)中的 n 个向量线性无关。 **证毕**

【例 7.9】 判断 $\boldsymbol{A}=\begin{bmatrix}0 & 1\\0 & 0\end{bmatrix}$ 能否相似对角化。

【解】 (1) 求 $\boldsymbol{A}$ 的特征值

$$|\lambda\boldsymbol{I}_2-\boldsymbol{A}|=\begin{vmatrix}\lambda & -1\\0 & \lambda\end{vmatrix}=\lambda^2$$

得 $\lambda_1=\lambda_2=0$，即 0 是 $\boldsymbol{A}$ 的代数重数为 2 的特征值。

(2) 因 $R(\lambda_1\boldsymbol{I}_2-\boldsymbol{A})=R\left[\begin{bmatrix}0 & -1\\0 & 0\end{bmatrix}\right]=1$，$\boldsymbol{A}$ 的属于 0 的特征子空间维数为 1，即 0 的几何重数为 1。所以，$\boldsymbol{A}$ 不能相似对角化。

【例 7.10】 讨论矩阵

$$\boldsymbol{A}=\begin{bmatrix}3 & 0 & 0\\2 & 0 & 1\\0 & -1 & 0\end{bmatrix}$$

的相似对角化问题。

【解】 由 $\boldsymbol{A}$ 的特征多项式

$$|\lambda\boldsymbol{I}_3-\boldsymbol{A}|=\begin{vmatrix}\lambda-3 & 0 & 0\\-2 & \lambda & -1\\0 & 1 & \lambda\end{vmatrix}=(\lambda-3)(\lambda^2+1)$$

知 $\boldsymbol{A}$ 的特征值为 $\lambda_1=3,\lambda_2=i,\lambda_3=-i$，因 i 与 $-i$ 为虚数，$\boldsymbol{A}$ 在实数域上不能相似对角化。但在复数域上，$\boldsymbol{A}$ 的 3 个特征值互异，A 可相似于

$$\boldsymbol{D}=\begin{bmatrix}3 & & \\ & i & \\ & & -i\end{bmatrix}$$

进一步，可求出 $\boldsymbol{A}$ 的分别属于 $\lambda_1=3,\lambda_2=i,\lambda_3=-i$ 的特征向量依次为

$$\boldsymbol{T}_1=\begin{bmatrix}5\\3\\-1\end{bmatrix},\boldsymbol{T}_2=\begin{bmatrix}0\\1\\i\end{bmatrix},\boldsymbol{T}_3=\begin{bmatrix}0\\1\\-i\end{bmatrix}$$

令

$$\boldsymbol{T}=\begin{bmatrix}5 & 0 & 0\\3 & 1 & 1\\-1 & i & -i\end{bmatrix}$$

则有 $\boldsymbol{T}^{-1}\boldsymbol{A}\boldsymbol{T}=\boldsymbol{D}$

上例说明一个 n 阶方阵能否相似对角化与所给定的数域有关。

问题 设 $\boldsymbol{A}$、$\boldsymbol{D}$ 都是实数域上的 n 阶方阵，$\boldsymbol{D}$ 是对角阵。已知 $\boldsymbol{A}$ 与 $\boldsymbol{D}$ 在复数域上相似，即有复可逆阵 $\boldsymbol{T}$，使得 $\boldsymbol{T}^{-1}\boldsymbol{A}\boldsymbol{T}=\boldsymbol{D}$，那么是否可找到一实可逆阵 $\boldsymbol{P}$，使得 $\boldsymbol{P}^{-1}\boldsymbol{A}\boldsymbol{P}=\boldsymbol{D}$。

实对称阵的正交相似对角化

A. 实对称阵的特征值与特征向量

实对称阵的特征值与特征向量有下面两个重要性质：

(1) 实对称阵的特征值都是实数；

(2) 实对称阵的属于不同特征值的实特征向量必正交。

【证明】 (1) 设 λ 是实对称阵 $\boldsymbol{A}$ 的任一特征值，对 $\boldsymbol{AX}=\lambda\boldsymbol{X}(\boldsymbol{X}\neq 0)$ 取共轭，再取转置，并利用 $\overline{\boldsymbol{A}}=\boldsymbol{A}$，$\boldsymbol{A}^{\mathrm{T}}=A$，得

$$\overline{\boldsymbol{X}}^{\mathrm{T}}\boldsymbol{A}=\overline{\lambda}\,\overline{\boldsymbol{X}}^{\mathrm{T}}$$

两边右乘以 $\boldsymbol{X}$，利用 $\boldsymbol{AX}=\lambda\boldsymbol{X}$，得

$$\lambda\overline{\boldsymbol{X}}^{\mathrm{T}}\boldsymbol{X}=\overline{\boldsymbol{X}}^{\mathrm{T}}\boldsymbol{AX}=\overline{\lambda}\,\overline{\boldsymbol{X}}^{\mathrm{T}}\boldsymbol{X}$$

即

$$(\lambda-\overline{\lambda})\overline{\boldsymbol{X}}^{\mathrm{T}}\boldsymbol{X}=0$$

因 $\boldsymbol{X}=(x_1,x_2,\cdots,x_m)^{\mathrm{T}}\neq 0$，故

$$\overline{\boldsymbol{X}}^{\mathrm{T}}\boldsymbol{X}=\overline{x}_1x_1+\overline{x}_2x_2+\cdots+\overline{x}_nx_n>0$$

推出 $\lambda=\overline{\lambda}$，即任一特征值为实数。

(2) 设 λ_1、λ_2 是实对称阵 $\boldsymbol{A}$ 的两个不同特征值，$\boldsymbol{X}_1$、$\boldsymbol{X}_2$ 是分别属于 λ_1、λ_2 的特征向量，即 $\boldsymbol{AX}_1=\lambda_1\boldsymbol{X}_1$，$\boldsymbol{AX}_2=\lambda_2\boldsymbol{X}_2$，于是

$$\lambda_1\boldsymbol{X}_1^{\mathrm{T}}\boldsymbol{X}_2=(\lambda_1\boldsymbol{X}_1)^{\mathrm{T}}\boldsymbol{X}_2=(\boldsymbol{AX}_1)^{\mathrm{T}}\boldsymbol{X}_2=\boldsymbol{X}_1^{\mathrm{T}}\boldsymbol{A}^{\mathrm{T}}\boldsymbol{X}_2=\boldsymbol{X}_1^{\mathrm{T}}(\boldsymbol{AX}_2)=\boldsymbol{X}_1^{\mathrm{T}}(\lambda_2\boldsymbol{X}_2)=\lambda_2\boldsymbol{X}_1^{\mathrm{T}}\boldsymbol{X}_2$$

故

$$(\lambda_1-\lambda_2)\boldsymbol{X}_1^{\mathrm{T}}\boldsymbol{X}_2=0$$

而 $\lambda_1\neq\lambda_2$，所以 $\boldsymbol{X}_1^{\mathrm{T}}\boldsymbol{X}_2=(\boldsymbol{X}_1,\boldsymbol{X}_2)=0$，即 $\boldsymbol{X}_1$ 与 $\boldsymbol{X}_2$ 正交。

【例 7.11】 设 $\boldsymbol{A}$ 是 3 阶实对称阵，$\boldsymbol{A}$ 的特征值为 1,2,2，$\boldsymbol{X}_1=(1,1,0)^{\mathrm{T}}$、$\boldsymbol{X}_2=(0,1,1)^{\mathrm{T}}$ 都是与特征值 2 对应的特征向量，求 $\boldsymbol{A}$ 的属于特征值 1 的实单位特征向量。

【解】 设 $\boldsymbol{X}=(x_1,x_2,x_3)^{\mathrm{T}}$ 为 $\boldsymbol{A}$ 的属于特征值 1 的实单位特征向量。由 $\boldsymbol{A}$ 为实对称阵知：$(\boldsymbol{X},\boldsymbol{X}_1)=0$、$(\boldsymbol{X},\boldsymbol{X}_2)=0$ 及 $|\boldsymbol{X}|=1$。于是

$$\begin{cases}x_1+x_2=0\\ x_2+x_3=0\\ x_1^2+x_2^2+x_3^2=1\end{cases}$$

解之得

$$\boldsymbol{X}=\pm\begin{bmatrix}\frac{1}{\sqrt{3}}\\ -\frac{1}{\sqrt{3}}\\ \frac{1}{\sqrt{3}}\end{bmatrix}$$

B. 实对称阵的正交相似对角化

【定理 7.6】 设 $\boldsymbol{A}$ 为 n 阶实对称阵，则存在 n 阶正交阵 $\boldsymbol{P}$，使

$$P^{-1}AP=\begin{bmatrix}\lambda_1 & & & 0\\ & \lambda_2 & & \\ & & \ddots & \\ 0 & & & \lambda_n\end{bmatrix}$$

其中$\lambda_1,\lambda_2,\cdots,\lambda_n$为$A$的$n$个特征值。

【证明】 对n作数学归纳法。对于1阶实对称阵，定理显然成立。假设对$n-1$阶对称阵定理成立，现证对n阶实对称阵结论成立。

设λ_1是A的一个特征值，由上节知λ_1为实数。设T_1是A的属于λ_1的特征向量，那么$X_1=\dfrac{T_1}{|T_1|}$也是A的属于λ_1的特征向量，但其长度为1。将X_1扩充成$\mathbf{R}^n$的一组标准正交基底：$X_1,X_2,\cdots,X_n$，令

$$P_1=(X_1,X_2,\cdots,X_n)$$

则P_1为正交矩阵。我们有

$$P_1^{-1}AP_1=P_1^{\mathrm{T}}AP_1=\begin{bmatrix}X_1^{\mathrm{T}}\\X_2^{\mathrm{T}}\\\vdots\\X_n^{\mathrm{T}}\end{bmatrix}A(X_1X_2\cdots X_n)=$$

$$\begin{bmatrix}X_1^{\mathrm{T}}AX_1 & X_1^{\mathrm{T}}AX_2 & \cdots & X_1^{\mathrm{T}}AX_n\\ X_2^{\mathrm{T}}AX_1 & X_2^{\mathrm{T}}AX_2 & \cdots & X_2^{\mathrm{T}}AX_n\\ \vdots & \vdots & & \vdots\\ X_n^{\mathrm{T}}AX_1 & X_n^{\mathrm{T}}AX_2 & \cdots & X_n^{\mathrm{T}}AX_n\end{bmatrix}=$$

$$\begin{bmatrix}\lambda_1 & 0 & 0 & \cdots & 0\\ 0 & b_{22} & b_{23} & \cdots & b_{2n}\\ \vdots & \vdots & \vdots & & \vdots\\ 0 & b_{n2} & b_{n3} & \cdots & b_{nn}\end{bmatrix}$$

（事实上$AX_1=\lambda_1X_1,X_iX_1=0,i=2,\cdots,n$）令

$$A_1=\begin{bmatrix}b_{22} & b_{23} & \cdots & b_{2n}\\ b_{32} & b_{33} & \cdots & b_{3n}\\ \vdots & \vdots & & \vdots\\ b_{n2} & b_{n3} & \cdots & b_{nn}\end{bmatrix}$$

显然A_1是$n-1$阶实对称阵。由归纳假设存在$n-1$阶正交阵P_2，使

$$P_2^{-1}A_1P_2=\begin{bmatrix}\lambda_2 & & & 0\\ & \lambda_3 & & \\ & & \ddots & \\ 0 & & & \lambda_n\end{bmatrix}\quad(\lambda_i\text{ 为 }A_1\text{ 的特征值},i=2,\cdots,n)$$

令$P=P_1\begin{bmatrix}1 & 0\\0 & P_2\end{bmatrix}$，显然$P$为正交阵，且有

$$\boldsymbol{P}^{-1}\boldsymbol{A}\boldsymbol{P}=\begin{bmatrix}1&0\\0&\boldsymbol{P}_2^{-1}\end{bmatrix}\boldsymbol{P}_1^{-1}\boldsymbol{A}\boldsymbol{P}_1\begin{bmatrix}1&0\\0&\boldsymbol{P}_2\end{bmatrix}=$$

$$\begin{bmatrix}1&0\\0&\boldsymbol{P}_2^{-1}\end{bmatrix}\begin{bmatrix}\lambda_1&0\\0&\boldsymbol{A}_1\end{bmatrix}\begin{bmatrix}1&0\\0&\boldsymbol{P}_2\end{bmatrix}=\begin{bmatrix}\lambda_1&0\\0&\boldsymbol{P}_2^{-1}\boldsymbol{A}_1\boldsymbol{P}_2\end{bmatrix}=\mathrm{diag}(\lambda_1,\lambda_2,\cdots,\lambda_n)$$

【推论】 实对称阵的任一特征值的代数重数等于几何重数。

依据上述理论,实对称阵正交相似对角化的过程可以如下进行:

(1) 求出 $\boldsymbol{A}$ 的全部特征值,即求

$$f_{\boldsymbol{A}}(\lambda)=|\lambda I_n-\boldsymbol{A}|=\prod_{i=1}^{m}(\lambda-\lambda_i)^{n_i}$$

的所有根,这里 $\lambda_i\neq\lambda_j$ 若 $i\neq j$。

(2) 因 λ_i 的代数重数 n_i 等于其几何重数,$\boldsymbol{A}$ 的关于 λ_i 的特征子空间的维数为 n_i。这样,对应于每一特征值 $\lambda_i(i=1,2,\cdots,m)$ 恰有 n_i 个线性无关的特征向量,且所有这 n 个线性无关的特征向量组成 $\mathbf{R}^n$ 的一个基。因此可分步求出

$$(\lambda_i\boldsymbol{I}_n-\boldsymbol{A})\boldsymbol{X}=\boldsymbol{0}\qquad(i=1,2,\cdots,m)$$

的基础解系,得到 n_i 个线性无关的 $\boldsymbol{A}$ 的属于 λ_i 特征向量 $\boldsymbol{T}_{i1},\boldsymbol{T}_{i2},\cdots,\boldsymbol{T}_{in_i}(i=1,2,\cdots,m)$。

(3) 将属于 λ_i 的特征向量 $\boldsymbol{T}_{i1},\boldsymbol{T}_{i2},\cdots,\boldsymbol{T}_{in_i}$ 标准正交化,得到一标准正交向量组 $\boldsymbol{P}_{i1},\boldsymbol{P}_{i2},\cdots,\boldsymbol{P}_{in_i}(i=1,2,\cdots,m)$。

(4) 由于属于 $\boldsymbol{A}$ 的不同特征值的特征向量正交,故 $\boldsymbol{P}_{11},\cdots,\boldsymbol{P}_{1n_1},\boldsymbol{P}_{21},\cdots,\boldsymbol{P}_{2n_2},\cdots,\boldsymbol{P}_{m1},\cdots,\boldsymbol{P}_{mn_m}$ 构成 $\mathbf{R}^n$ 的一标准正交基底。令

$$\boldsymbol{P}=(\boldsymbol{P}_{11},\cdots,\boldsymbol{P}_{1n_1},\boldsymbol{P}_{21},\cdots,\boldsymbol{P}_{2n_2},\cdots,\boldsymbol{P}_{m1},\cdots,\boldsymbol{P}_{mn_m})$$

则 $\boldsymbol{P}$ 是一正交矩阵,且

$$\boldsymbol{P}^{-1}\boldsymbol{A}\boldsymbol{P}=\begin{bmatrix}\lambda_1&&&&&&&&\\&\ddots&&&&&&&\\&&\lambda_1&&&&&&\\&&&\lambda_2&&&&&\\&&&&\ddots&&&&\\&&&&&\lambda_2&&&\\&&&&&&\ddots&&\\&&&&&&&\lambda_m&\\&&&&&&&&\ddots&\\&&&&&&&&&\lambda_m\end{bmatrix}$$

【例 7.12】 设 $\boldsymbol{A}=\begin{bmatrix}1&2&2\\2&1&2\\2&2&1\end{bmatrix}$,求一正交阵 $\boldsymbol{P}$,使 $\boldsymbol{P}^{-1}\boldsymbol{A}\boldsymbol{P}$ 为对角阵。

【解】 (1) 求特征值

$$|\lambda I_3-\boldsymbol{A}|=\begin{vmatrix}\lambda-1&-2&-2\\-2&\lambda-1&-2\\-2&-2&\lambda-1\end{vmatrix}=(\lambda-5)(\lambda+1)^2$$

$\boldsymbol{A}$ 的特征值为 $-1,-1,5$。

(2) 求 3 个标准正交的特征向量。

对 $\lambda_1=\lambda_2=-1$，由

$$\begin{bmatrix}-2 & -2 & -2\\ -2 & -2 & -2\\ -2 & -2 & -2\end{bmatrix}\begin{bmatrix}x_1\\ x_2\\ x_3\end{bmatrix}=\begin{bmatrix}0\\ 0\\ 0\end{bmatrix}$$

解得

$$\begin{bmatrix}x_1\\ x_2\\ x_3\end{bmatrix}=k_1\begin{bmatrix}-1\\ 1\\ 0\end{bmatrix}+k_2\begin{bmatrix}-1\\ 0\\ 1\end{bmatrix}$$

令

$$\boldsymbol{T}_1=\begin{bmatrix}-1\\ 1\\ 0\end{bmatrix},\boldsymbol{T}_2=\begin{bmatrix}-1\\ 0\\ 1\end{bmatrix}$$

将 $\boldsymbol{T}_1$、$\boldsymbol{T}_2$ 标准正交化，得

$$\boldsymbol{P}_1=\begin{bmatrix}\frac{-1}{\sqrt{2}}\\ \frac{1}{\sqrt{2}}\\ 0\end{bmatrix}\qquad \boldsymbol{P}_2=\begin{bmatrix}-\frac{1}{\sqrt{6}}\\ -\frac{1}{\sqrt{6}}\\ \frac{2}{\sqrt{6}}\end{bmatrix}$$

对 $\lambda_3=5$，由

$$\begin{bmatrix}4 & -2 & -2\\ -2 & 4 & -2\\ -2 & -2 & 4\end{bmatrix}\begin{bmatrix}x_1\\ x_2\\ x_3\end{bmatrix}=\begin{bmatrix}0\\ 0\\ 0\end{bmatrix}$$

解得

$$\begin{bmatrix}x_1\\ x_2\\ x_3\end{bmatrix}=k\begin{bmatrix}1\\ 1\\ 1\end{bmatrix}$$

令 $\boldsymbol{T}_3=\begin{bmatrix}1\\ 1\\ 1\end{bmatrix}$，并标准化得

$$\boldsymbol{P}_3=\begin{bmatrix}\frac{1}{\sqrt{3}}\\ \frac{1}{\sqrt{3}}\\ \frac{1}{\sqrt{3}}\end{bmatrix}$$

令

$$\boldsymbol{P}=(\boldsymbol{P}_1\quad \boldsymbol{P}_2\quad \boldsymbol{P}_3)$$

得正交阵

$$\boldsymbol{P}=\begin{bmatrix}-\frac{1}{\sqrt{2}} & -\frac{1}{\sqrt{6}} & \frac{1}{\sqrt{3}}\\ \frac{1}{\sqrt{2}} & -\frac{1}{\sqrt{6}} & \frac{1}{\sqrt{3}}\\ 0 & \frac{2}{\sqrt{6}} & \frac{1}{\sqrt{3}}\end{bmatrix}$$

则

$$P^{-1}AP=\begin{bmatrix}-1&0&0\\0&-1&0\\0&0&5\end{bmatrix}$$

【例 7.13】 已知 3 阶实对称阵 $\boldsymbol{A}$ 的特征值是 10,1,1,且 $\boldsymbol{X}_1=(1,2,-2)^{\mathrm{T}}$ 是 $\boldsymbol{A}$ 对应于特征值 10 的特征向量,求 $\boldsymbol{A}$。

【解】 这是矩阵对角化的"反问题"。由属于特征值 1 的特征向量必与属于特征值 10 的特征向量正交,可得

$$x_1+2x_2-2x_3=0$$

这里$(\boldsymbol{x}_1,\boldsymbol{x}_2,\boldsymbol{x}_3)^{\mathrm{T}}$ 是属于 1 的特征向量。

解得
$$\boldsymbol{X}=k_1\begin{bmatrix}2\\1\\2\end{bmatrix}+k_2\begin{bmatrix}-2\\2\\1\end{bmatrix}$$

令

$$\boldsymbol{X}_2=\begin{bmatrix}2\\1\\2\end{bmatrix},\boldsymbol{X}_3=\begin{bmatrix}-2\\2\\1\end{bmatrix}$$

将 $\boldsymbol{X}_2$、$\boldsymbol{X}_3$ 标准正交化,并将 $\boldsymbol{X}_1$ 单位化,得

$$\boldsymbol{P}_1=\begin{bmatrix}\frac{1}{3}\\\frac{2}{3}\\-\frac{2}{3}\end{bmatrix},\boldsymbol{P}_2=\begin{bmatrix}\frac{2}{3}\\\frac{1}{3}\\\frac{2}{3}\end{bmatrix},\boldsymbol{P}_3=\begin{bmatrix}-\frac{2}{3}\\\frac{2}{3}\\\frac{1}{3}\end{bmatrix}$$

令

$$\boldsymbol{P}=(\boldsymbol{P}_1\ \boldsymbol{P}_2\ \boldsymbol{P}_3)=\begin{bmatrix}\frac{1}{3}&\frac{2}{3}&-\frac{2}{3}\\\frac{2}{3}&\frac{1}{3}&\frac{2}{3}\\-\frac{2}{3}&\frac{2}{3}&\frac{1}{3}\end{bmatrix}$$

可得

$$\boldsymbol{A}=\boldsymbol{PDP}^{-1}=\boldsymbol{PDP}^{\mathrm{T}}=$$

$$\begin{bmatrix}\frac{1}{3}&\frac{2}{3}&-\frac{2}{3}\\\frac{2}{3}&\frac{1}{3}&\frac{2}{3}\\-\frac{2}{3}&\frac{2}{3}&\frac{1}{3}\end{bmatrix}\begin{bmatrix}10&&\\&1&\\&&1\end{bmatrix}\begin{bmatrix}\frac{1}{3}&\frac{2}{3}&-\frac{2}{3}\\\frac{2}{3}&\frac{1}{3}&\frac{2}{3}\\-\frac{2}{3}&\frac{2}{3}&\frac{1}{3}\end{bmatrix}=\begin{bmatrix}2&2&-2\\2&5&-4\\-2&-4&5\end{bmatrix}$$

注 上题中向量 $\boldsymbol{X}_2$、$\boldsymbol{X}_3$ 的选取有无穷多种方法,因而正交阵 $\boldsymbol{P}$ 不是惟一的,所求的方阵 $\boldsymbol{A}$ 的形式也可能不同。

【例 7.14】 设 n 阶实对称阵 $\boldsymbol{A}$ 的特征值都大于零,试证 $|\boldsymbol{I}_n+\boldsymbol{A}|>1$。

【证明】 因 $\boldsymbol{A}$ 是实对称阵,故存在正交阵 $\boldsymbol{P}$,使

$$P^{-1}AP=\begin{bmatrix}\lambda_1 & & & \\ & \lambda_2 & & \\ & & \ddots & \\ & & & \lambda_n\end{bmatrix}$$

于是

$$A=P\begin{bmatrix}\lambda_1 & & & \\ & \lambda_2 & & \\ & & \ddots & \\ & & & \lambda_n\end{bmatrix}P^{-1}$$

故

$$|I_n+A|=\left|I_n+P\begin{bmatrix}\lambda_1 & & & \\ & \lambda_2 & & \\ & & \ddots & \\ & & & \lambda_n\end{bmatrix}P^{-1}\right|=|P|\cdot\begin{vmatrix}1+\lambda_1 & & & \\ & 1+\lambda_2 & & \\ & & \ddots & \\ & & & 1+\lambda_n\end{vmatrix}|P^{-1}|=$$

$$\begin{vmatrix}1+\lambda_1 & & & \\ & 1+\lambda_2 & & \\ & & \ddots & \\ & & & 1+\lambda_n\end{vmatrix}=(1+\lambda_1)(1+\lambda_2)\cdots(1+\lambda_n)$$

因 A 的特征值都大于零，所以 $\lambda_i>0(i=1,2,\cdots,n)$。故

$$|I_n+A|>1$$

应　用

特征值理论的建立有很强的实际背景，它在现代数学及工程技术中都有广泛的应用，下面介绍几个典型例子。

A. 求解微分方程组问题

1. 常系数齐次线性微分方程组的解法

设
$$\begin{cases}\dfrac{dx_1}{dt}=a_{11}x_1+a_{12}x_2+\cdots+a_{1n}x_n\\ \dfrac{dx_2}{dt}=a_{21}x_1+a_{22}x_2+\cdots+a_{2n}x_n\\ \vdots\\ \dfrac{dx_n}{dt}=a_{n1}x_1+a_{n2}x_2+\cdots+a_{nn}x_n\end{cases}$$

为求解此微分方程，可将其写成矩阵形式，即

$$\frac{dX}{dt}=AX \tag{7.16}$$

其中

$$X=\begin{bmatrix}x_1\\x_2\\\vdots\\x_n\end{bmatrix},A=\begin{bmatrix}a_{11}&a_{12}&\cdots&a_{1n}\\a_{21}&a_{22}&\cdots&a_{2n}\\\vdots&\vdots&&\vdots\\a_{n1}&a_{n2}&\cdots&a_{nn}\end{bmatrix}$$

此方程与高等数学中学过的微分方程$\frac{\mathrm{d}x}{\mathrm{d}t}=ax$(其中 a 是常数)完全类似。因此用类比的方法寻求(7.16)形如

$$\boldsymbol{X}=e^{\lambda t}\boldsymbol{c},(\boldsymbol{c}=(c_1,\cdots,c_n)^{\mathrm{T}}\neq\boldsymbol{0})\tag{7.17}$$

的解,其中常数 λ 和向量 $\boldsymbol{c}$ 待定。将(7.17)代入(7.16),有

$$\lambda e^{\lambda t}\boldsymbol{c}=\boldsymbol{A}e^{\lambda t}\boldsymbol{c}$$

因为 $e^{\lambda t}\neq 0$,上式变形为

$$(\lambda\boldsymbol{I}-\boldsymbol{A})\boldsymbol{c}=0\tag{7.18}$$

这表明 $e^{\lambda t}\boldsymbol{c}$ 是方程组(7.16)的解的充要条件是常数 λ 和向量 $\boldsymbol{c}$ 满足代数方程组(7.18)。即微分方程组(7.16)有解 $x_1=c_1e^{\lambda t},x_2=c_2e^{\lambda t},\cdots,x_n=c_ne^{\lambda t}\Leftrightarrow\lambda$ 是矩阵 $\boldsymbol{A}$ 的特征值,$(c_1,\cdots,c_n)^{\mathrm{T}}$ 是 $\boldsymbol{A}$ 对应 λ 的特征向量。

因此,若 $\boldsymbol{A}$ 有 n 个实特征值 $\lambda_1,\lambda_2,\cdots,\lambda_n$(重根按重数计算)及 n 个线性无关的对应的特征向量 $\boldsymbol{X}^{(1)}$,$\boldsymbol{X}^{(2)},\cdots,\boldsymbol{X}^{(n)}$,则称方程组(7.16)有 n 个线性无关的基本解 $e^{\lambda_i t}\boldsymbol{X}^{(i)}(i=1,2,\cdots,n)$,从而方程(7.16)的通解为

$$\boldsymbol{X}(t)=\sum_{i=1}^{n}k_ie^{\lambda_i t}\boldsymbol{X}^{(i)}=(e^{\lambda_1 t}\boldsymbol{X}^{(1)},e^{\lambda_2 t}\boldsymbol{X}^{(2)},\cdots,e^{\lambda_n t}\boldsymbol{X}^{(n)})(k_1,k_2,\cdots,k_n)^{\mathrm{T}}\tag{7.19}$$

k_i 是任意常数$(i=1,2,\cdots,n)$。称 $\boldsymbol{\Phi}(t)=(e^{\lambda_1 t}\boldsymbol{X}^{(1)},e^{\lambda_2 t}\boldsymbol{X}^{(2)},\cdots,e^{\lambda_n t}\boldsymbol{X}^{(n)})$ 是方程组(7.16)的一个基本解矩阵。显然有$\frac{\mathrm{d}\boldsymbol{\Phi}(t)}{\mathrm{d}t}=\boldsymbol{A\Phi}(t)$,于是 $\boldsymbol{\Phi}(t)=e^{\boldsymbol{A}t}$。

对于(7.16)的初值问题

$$\begin{cases}\dfrac{\mathrm{d}\boldsymbol{X}}{\mathrm{d}t}=\boldsymbol{AX}\\ \boldsymbol{X}(t_0)=\boldsymbol{X}_0\end{cases}$$

由 $e^{-\boldsymbol{A}t}\frac{\mathrm{d}\boldsymbol{X}}{\mathrm{d}t}=e^{-\boldsymbol{A}t}\boldsymbol{AX}$,有

$$\int_{t_0}^{t}(e^{-\boldsymbol{A}t}\frac{\mathrm{d}\boldsymbol{X}}{\mathrm{d}t}-e^{-\boldsymbol{A}t}\boldsymbol{AX})\mathrm{d}t=0$$

而

$$e^{-\boldsymbol{A}t}\frac{\mathrm{d}\boldsymbol{X}}{\mathrm{d}t}-e^{-\boldsymbol{A}t}\boldsymbol{AX}=\frac{\mathrm{d}}{\mathrm{d}t}(e^{-\boldsymbol{A}t}\boldsymbol{X})$$

从而

$$\int_{t_0}^{t}\frac{\mathrm{d}}{\mathrm{d}t}(e^{-\boldsymbol{A}t}\boldsymbol{X})\mathrm{d}t=e^{-\boldsymbol{A}t}\boldsymbol{X}\Big|_{t_0}^{t}=e^{-\boldsymbol{A}t}\boldsymbol{X}(t)-e^{-\boldsymbol{A}t}\boldsymbol{X}(t_0)$$

即

$$\boldsymbol{X}(t)=e^{\boldsymbol{A}(t-t_0)}\boldsymbol{X}_0$$

若 $t_0=0$,则

$$\boldsymbol{X}(t)=e^{\boldsymbol{A}t}\boldsymbol{X}_0$$

【例 7.15】 利用上述方法,求微分方程组

$$\begin{cases}\dfrac{\mathrm{d}x_1}{\mathrm{d}t}=x_1+2x_2\\ \dfrac{\mathrm{d}x_2}{\mathrm{d}t}=2x_2+x_1\end{cases}$$

的通解。

【解】 首先将原微分方程写成矩阵形式

$$\frac{\mathrm{d}\boldsymbol{X}}{\mathrm{d}t}=\boldsymbol{AX}$$

其中

$$\boldsymbol{A}=\begin{bmatrix}1&2\\2&1\end{bmatrix}\qquad\boldsymbol{X}=\begin{bmatrix}x_1\\x_2\end{bmatrix}$$

求 $\boldsymbol{A}$ 的特征值和特征向量。由于

$$|\lambda\boldsymbol{I}-\boldsymbol{A}|=\begin{vmatrix}\lambda-1&-2\\-2&\lambda-1\end{vmatrix}=(\lambda-3)(\lambda+1)$$

得 $\boldsymbol{A}$ 的特征值为 $\lambda_1=3,\lambda_2=-1$。

对于 $\lambda_1=3$,其线性无关的特征向量是方程组

$$(\lambda_1\boldsymbol{I}-\boldsymbol{A})\boldsymbol{X}=\begin{bmatrix}2&-2\\-2&2\end{bmatrix}\begin{bmatrix}x_1\\x_2\end{bmatrix}=\begin{bmatrix}0\\0\end{bmatrix}$$

的一个基础解系。不难求得此特征向量是 $\boldsymbol{X}^{(1)}=(1,1)^{\mathrm{T}}$；

对于 $\lambda_2=-1$，由

$$(\lambda_2\boldsymbol{I}-\boldsymbol{A})\boldsymbol{X}=\begin{bmatrix}-2 & -2\\ -2 & -2\end{bmatrix}\begin{bmatrix}x_1\\ x_2\end{bmatrix}=\begin{bmatrix}0\\ 0\end{bmatrix}$$

同理可得特征向量 $\boldsymbol{X}^{(2)}=(1,-1)^{\mathrm{T}}$。于是得原微分方程组的通解为

$$\begin{bmatrix}x_1\\ x_2\end{bmatrix}=k_1e^{3t}\begin{bmatrix}1\\ 1\end{bmatrix}+k_2e^{-t}\begin{bmatrix}1\\ -1\end{bmatrix}$$

k_1、k_2 是任意常数。

2. 常系数非齐次线性微分方程组的解法

设
$$\frac{\mathrm{d}\boldsymbol{X}}{\mathrm{d}t}=\boldsymbol{AX}+\boldsymbol{f}(t) \tag{7.20}$$

为常系数非齐次微分方程组。其中 $\boldsymbol{A}\in\mathbf{R}^{n\times n}$，$\boldsymbol{X}(t)$，$\boldsymbol{f}(t)\in\mathbf{R}^n$。(7.16) 称为(7.20) 所对应的齐次方程组。

求解(7.20) 的常数变易法具体步骤如下：

(1) 首先求出(7.20) 所对应的齐次方程组(7.16) 的基本解矩阵 $\boldsymbol{\Phi}(t)$；

(2) 令方程组(7.20) 的解为 $\boldsymbol{X}(t)=\boldsymbol{\Phi}(t)\boldsymbol{k}(t)$，其中 $\boldsymbol{k}(t)\in\mathbf{R}^n$，代入(7.20)，有

$$\frac{\mathrm{d}\boldsymbol{\Phi}(t)}{\mathrm{d}t}\boldsymbol{k}(t)+\boldsymbol{\Phi}(t)\frac{\mathrm{d}\boldsymbol{k}(t)}{\mathrm{d}t}=\boldsymbol{A\Phi}(t)\boldsymbol{k}(t)+\boldsymbol{f}(t)$$

由 $\dfrac{\mathrm{d}\boldsymbol{\Phi}(t)}{\mathrm{d}t}=\boldsymbol{A\Phi}(t)$ 得，$\boldsymbol{\Phi}(t)\dfrac{\mathrm{d}\boldsymbol{k}(t)}{\mathrm{d}t}=\boldsymbol{f}(t)$，即

$$\frac{\mathrm{d}\boldsymbol{k}(t)}{\mathrm{d}t}=\boldsymbol{\Phi}^{-1}(t)\boldsymbol{f}(t)$$

积分上式，得

$$\boldsymbol{k}(t)=\int\boldsymbol{\Phi}^{-1}(t)\boldsymbol{f}(t)\mathrm{d}t+\boldsymbol{k}$$

$\boldsymbol{k}$ 是常数向量(也可用 Cramer 法则求 $\dfrac{\mathrm{d}\boldsymbol{k}(t)}{\mathrm{d}t}$，再求 $\boldsymbol{k}(t)$)。从而得(7.20) 的通解为

$$\boldsymbol{X}(t)=\boldsymbol{\Phi}(t)(\boldsymbol{k}+\int\boldsymbol{\Phi}^{-1}(t)\boldsymbol{f}(t)\mathrm{d}t) \tag{7.21}$$

而(7.20) 满足初始条件 $\boldsymbol{X}(t_0)=\boldsymbol{X}_0$ 的解为

$$\boldsymbol{X}(t)=\boldsymbol{\Phi}(t)\boldsymbol{\Phi}^{-1}(t_0)\boldsymbol{X}_0+\int_{t_0}^{t}\boldsymbol{\Phi}(t)\Phi^{-1}(s)\boldsymbol{f}(s)\mathrm{d}s \tag{7.22}$$

若 $\boldsymbol{\Phi}(t)=e^{At}$，则

$$\boldsymbol{X}(t)=e^{A(t-t_0)}\boldsymbol{X}_0+\int_{t_0}^{t}e^{A(t-s)}\boldsymbol{f}(s)\mathrm{d}s$$

【例 7.16】 用常数变易法求

$$\frac{\mathrm{d}\boldsymbol{X}}{\mathrm{d}t}=\begin{bmatrix}1 & 2\\ 4 & 3\end{bmatrix}\boldsymbol{X}+\begin{bmatrix}-e^{-t}\\ 4e^{-t}\end{bmatrix}$$

的通解。

【解】 先求出对应齐次方程组

$$\frac{\mathrm{d}\boldsymbol{X}}{\mathrm{d}t}=\begin{bmatrix}1 & 2\\ 4 & 3\end{bmatrix}\boldsymbol{X}$$

的基本解矩阵 $\boldsymbol{\Phi}(t)$，不难求得

$$\boldsymbol{\Phi}(t)=\begin{bmatrix}e^{-5t} & e^{-5t}\\ 2e^{t} & -e^{t}\end{bmatrix}$$

由于
$$\boldsymbol{X}(t)=\boldsymbol{\Phi}(t)(\boldsymbol{k}+\int\boldsymbol{\Phi}^{-1}(t)\boldsymbol{f}(t)\mathrm{d}t)$$

因此代入 $\boldsymbol{\Phi}(t)$ 与 $\boldsymbol{\Phi}^{(-1)}(t)$，得

$$\boldsymbol{X}(t)=\begin{bmatrix}e^{5t} & e^{-t}\\ 2e^{5t} & -e^{-t}\end{bmatrix}\left[\begin{bmatrix}k_1\\ k_2\end{bmatrix}+\frac{1}{3}\int\begin{bmatrix}e^{-5t} & e^{-5t}\\ 2e^{t} & -e^{t}\end{bmatrix}\begin{bmatrix}-e^{-t}\\ 4e^{-t}\end{bmatrix}\mathrm{d}t\right]=$$

$$\begin{bmatrix} k_1e^{5t}+k_2e^{-t}-(2t+\frac{1}{6})e^{-t} \\ 2k_1e^{5t}+k_2e^{-t}+(2t-\frac{1}{3})e^{-t} \end{bmatrix}$$

对于 $\boldsymbol{f}(t)$ 是形如 $\boldsymbol{k}e^{\alpha t}$，$\boldsymbol{k}e^{\alpha t}\sin\beta t$，$\boldsymbol{k}e^{\alpha t}\cos\beta t$ 的函数时($\boldsymbol{k}\in\mathbf{R}^n$)，也可以采用如下介绍的待定系数法求解。

【例 7.17】 用待定系数法解例 7.16 的方程组。

【解】 由 $\boldsymbol{A}$ 的特征方程

$$\begin{vmatrix} \lambda-1 & -2 \\ -4 & \lambda-3 \end{vmatrix}=(\lambda-5)(\lambda+1)=0$$

求得 $\boldsymbol{A}$ 的特征值为 $\lambda_1=5$，$\lambda_2=-1$。解

$$(\lambda_1\boldsymbol{I}-\boldsymbol{A})\boldsymbol{X}=0,(\lambda_2\boldsymbol{I}-\boldsymbol{A})\boldsymbol{X}=0$$

得相应的特征向量分别为 $(1,2)^{\mathrm{T}}$，$(1,-1)^{\mathrm{T}}$。因此对应原方程的齐次方程组的基本解矩阵为

$$\boldsymbol{\Phi}(t)=\begin{bmatrix} e^{5t} & e^{-t} \\ 2e^{5t} & -e^{-t} \end{bmatrix}$$

因为 $\boldsymbol{f}(t)=[-1,4]^{\mathrm{T}}e^{\alpha t}$ 中 $\alpha=-1$ 为单重特征值，故令原方程的一个特解为

$$\boldsymbol{X}^*(t)=\begin{bmatrix} a_1t+b_1 \\ a_2t+b_2 \end{bmatrix}e^{-t}$$

代入原方程组，得

$$\begin{cases} a_1-a_1t-b_1=a_1t+b_1+2(a_2t+b_2)-1 \\ a_2-a_2t-b_2=4(a_1t+b_1)+3(a_2t+b_2)+4 \end{cases}$$

比较 t 的同次幂系数，得

$$\begin{cases} a_1-2b_1-2b_2=-1 \\ a_1+a_2=0 \\ -4b_1-4b_2+a_2=4 \end{cases}$$

从而解出 $a_1=-2$，$a_2=2$，$b_1=0$，$b_2=-\frac{1}{2}$。故

$$\boldsymbol{X}^*=\begin{bmatrix} -2t \\ -2t-\frac{1}{2} \end{bmatrix}e^{-t}$$

于是得原方程组的通解为

$$\boldsymbol{X}(t)=k_1\begin{bmatrix}1\\2\end{bmatrix}e^{5t}+k_2\begin{bmatrix}1\\-1\end{bmatrix}e^{-t}+\begin{bmatrix}-2t\\2t-\frac{1}{2}\end{bmatrix}e^{-t}$$

B. 质点振动问题

【例 7.18】 一根长 $3l$ 的弹簧，放在光滑水平桌面上，固定两端，使其处在自由状态。将两个质量为 m 的质点加在弹簧的两个三分点上(图 7.1)。讨论在不计弹簧质量情况下，该系统在弹簧所在直线上运动时质点的运动规律。

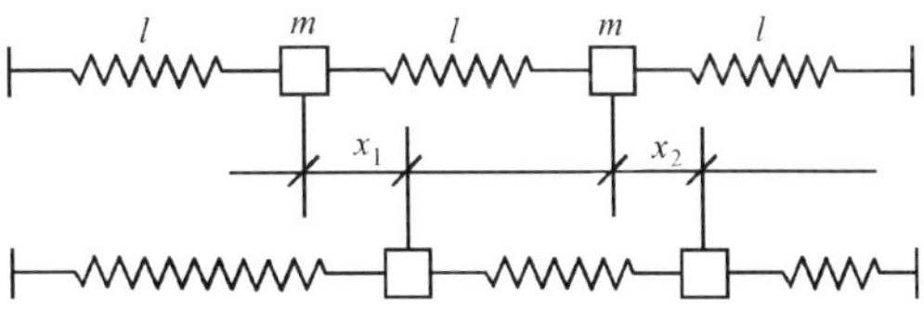

图 7.1

由虎克定律，当弹簧拉伸或压缩长度为 s 时，弹簧产生的恢复力与 s 成正比，其比例系数 k 即为弹簧的弹性系数。现设给定的三段弹簧的弹性系数均为 k。

当将两个质点分别移动距离 $x_1=x_1(t)$ 和 $x_2=x_2(t)$ 时，质点开始振动，它们受的力分别记为 F_1、F_2 和 F_3(图 7.1)。利用牛顿第二定律 $F=ma$，列出质点的运动方程。

$$\begin{cases} m\dfrac{\mathrm{d}^2 x_1}{\mathrm{d}t^2} = F_1 - F_2 = -kx_1 + k(x_2 - x_1) \\ m\dfrac{\mathrm{d}^2 x_2}{\mathrm{d}t^2} = F_3 - F_2 = -kx_2 - k(x_2 - x_1) \end{cases}$$

令 $q = \dfrac{k}{m}$,则方程为

$$\begin{cases} x''_1 = q(-2x_1 + x_2) \\ x''_2 = q(x_1 - 2x_2) \end{cases}$$

记

$$\boldsymbol{X} = \begin{bmatrix} x_1 \\ x_2 \end{bmatrix}, \boldsymbol{X}'' = \begin{bmatrix} x''_1 \\ x''_2 \end{bmatrix}, \boldsymbol{A} = \begin{bmatrix} -2q & q \\ q & -2q \end{bmatrix}$$

则质点的运动方程可用向量方程表示为

$$\boldsymbol{X}'' = \boldsymbol{AX} \tag{7.23}$$

为解这个微分方程组,不妨取 $q = 1$。于是

$$\boldsymbol{A} = \begin{bmatrix} -2 & 1 \\ 1 & -2 \end{bmatrix}$$

容易求得 $\boldsymbol{A}$ 的特征值 $\lambda_1 = -1, \lambda_2 = -3$,它们对应的特征向量是 $\boldsymbol{\alpha}_1 = (1,1)^{\mathrm{T}}, \boldsymbol{\alpha}_2 = (1,-1)^{\mathrm{T}}$。令

$$\boldsymbol{P} = \begin{bmatrix} 1 & 1 \\ 1 & -1 \end{bmatrix}$$

则可将 $\boldsymbol{A}$ 对角化(为简化计算)

$$\boldsymbol{P}^{-1}\boldsymbol{AP} = \begin{bmatrix} -1 & 0 \\ 0 & -3 \end{bmatrix}$$

作变换 $\boldsymbol{X} = \boldsymbol{PY}, \boldsymbol{Y} = (y_1, y_2)^{\mathrm{T}}$。因此 $\boldsymbol{X}'' = \boldsymbol{PY}''$。代入方程组(7.23),得

$$\boldsymbol{PY}'' = \boldsymbol{P}\begin{bmatrix} -1 & 0 \\ 0 & -3 \end{bmatrix}\boldsymbol{P}^{-1}\boldsymbol{PY}$$

即

$$\boldsymbol{Y}'' = \begin{bmatrix} -1 & 0 \\ 0 & 3 \end{bmatrix}\boldsymbol{Y}$$

于是方程组(7.23)化成易于求解的形式

$$\begin{cases} y''_1 + y_1 = 0 \\ y''_2 + 3y_2 = 0 \end{cases}$$

其通解为

$$\begin{cases} y_1 = k_1\sin(t + \theta_1) \\ y_2 = k_2\sin(\sqrt{3}t + \theta_2) \end{cases}$$

k_1、k_2 为常数,代入 $\boldsymbol{X} = \boldsymbol{PY}$,得到

$$\begin{cases} x_1 = y_1 + y_2 = k_1\sin(t + \theta_1) + k_2\sin(\sqrt{3}t + \theta_2) \\ x_2 = y_1 - y_2 = k_1\sin(t + \theta_1) - k_2\sin(\sqrt{3}t + \theta_2) \end{cases} \tag{7.24}$$

假设系统在初始时刻($t = 0$)处在静止状态,两个质点的初始速度分别是每秒 a 单位和 b 单位,$x_1(0) = x_2(0) = 0, x'_1(0) = a, x'_2(0) = b$,代入式(7.24),经过计算求得

$$\theta_1 = \theta_2 = 0,\ k_1 = \frac{a+b}{2},\ k_2 = \frac{a-b}{2\sqrt{3}}$$

于是有

$$\begin{cases} x_1 = \dfrac{a+b}{2}\sin t + \dfrac{a-b}{2\sqrt{3}}\sin\sqrt{3}t \\ x_2 = \dfrac{a+b}{2}\sin t - \dfrac{a-b}{2\sqrt{3}}\sin\sqrt{3}t \end{cases}$$

当两质点初始速度一致,即 $a = b$ 时,有

$$\begin{cases} x_1 = a\sin t \\ x_2 = a\sin t \end{cases}$$

这表明两个质点都以频率为 1,振幅为 a 振动。

C. 马尔可夫(Markov)过程

【例 7.19】 某公司对所生产的产品通过市场营销调查得到的统计资料表明,已经使用本公司的产品的客户中有 60% 表明仍将继续购买该公司产品,在尚未使用过该产品的被调查者中 25% 表示将购买该产品。目前该产品在市场的占有率为 60%,能否预测 k 年后该产品的市场占有状况呢?

一个系统 的每个状态的概率,如果仅与紧靠在它前面的状态有关,称这样的一种连续过程为马尔可夫过程。

若系统有几种可能的状态,记为 $1,2,\cdots,n$。假设在某个观察期间它的状态为 $j(1\leqslant j\leqslant n)$,而在下个观察期间它的状态为 $i(1\leqslant i\leqslant n)$ 的概率为 $\boldsymbol{P}_{ij}$,称 $\boldsymbol{P}_{ij}$ 为转移概率,不随时间变化,取值为 $0\leqslant \boldsymbol{P}_{ij}\leqslant 1$,且满足

$$\boldsymbol{P}_{1j}+\boldsymbol{P}_{2j}+\cdots+\boldsymbol{P}_{nj}=1$$

称矩阵 $\boldsymbol{P}=(\boldsymbol{P}_{ij})_{n\times n}$ 为概率矩阵或转移矩阵。

在本例中,概率矩阵为

$$\boldsymbol{P}=\begin{bmatrix}\boldsymbol{P}_{11} & \boldsymbol{P}_{12}\\ \boldsymbol{P}_{21} & \boldsymbol{P}_{22}\end{bmatrix}=\begin{bmatrix}0.6 & 0.25\\ 0.4 & 0.75\end{bmatrix}$$

其中 $\boldsymbol{P}_{11}$ 表示原来买了该产品并继续准备买该产品的概率,$\boldsymbol{P}_{12}$ 表示原来未买该产品但准备要买该产品的概率,$\boldsymbol{P}_{21}$ 表示原来买该产品但不准备再买该产品的概率,$\boldsymbol{P}_{22}$ 表示原来未买该产品下次也不打算买该产品的概率。用预测开始时的状态构造一个向量 $\boldsymbol{X}^{(0)}$,称为状态向量,因此本例中取

$$\boldsymbol{X}^{(0)}=\begin{bmatrix}0.60\\ 0.40\end{bmatrix}$$

一年后的状态为

$$\boldsymbol{X}^{(1)}=\boldsymbol{P}\boldsymbol{X}^{(0)}$$

于是,k 年后的状态是

$$\boldsymbol{X}^{(k)}=\boldsymbol{P}\boldsymbol{X}^{(k-1)}=\cdots=\boldsymbol{P}^k\boldsymbol{X}^{(0)}$$

要计算 $\boldsymbol{X}^{(k)}$ 就归结为求 $\boldsymbol{P}^k$。利用矩阵的对角化可以简化计算,即寻求一可逆阵 $\boldsymbol{T}$,使 $\boldsymbol{T}^{-1}\boldsymbol{P}\boldsymbol{T}=\boldsymbol{D}$,$\boldsymbol{D}$ 是对角阵,则

$$\boldsymbol{X}^{(k)}=\boldsymbol{P}^k\boldsymbol{X}^{(0)}=\boldsymbol{T}\boldsymbol{D}^k\boldsymbol{T}^{-1}\boldsymbol{X}^{(0)}$$

为此,由

$$|\lambda\boldsymbol{I}-\boldsymbol{P}|=\begin{vmatrix}\lambda-0.6 & -0.25\\ 0.4 & \lambda-0.75\end{vmatrix}=(\lambda-1)(\lambda-0.35)$$

解得 $\boldsymbol{P}$ 的特征值 $\lambda_1=1,\lambda_2=0.35$,再由 $(\lambda_1\boldsymbol{I}-\boldsymbol{P})\boldsymbol{X}=0$,$(\lambda_2\boldsymbol{I}-\boldsymbol{P})\boldsymbol{X}=0$,解得相应的特征向量 $\alpha_1=(5,8)^{\mathrm{T}}$ 和 $\boldsymbol{\alpha}_2=(1,-1)$。于是令

$$\boldsymbol{T}=\begin{bmatrix}5 & 1\\ 8 & -1\end{bmatrix}$$

则

$$\boldsymbol{T}^{-1}=\frac{1}{13}\begin{bmatrix}1 & 1\\ 8 & -5\end{bmatrix}\qquad \boldsymbol{T}^{-1}\boldsymbol{P}\boldsymbol{T}=\begin{bmatrix}1 & 0\\ 0 & 0.35\end{bmatrix}=\boldsymbol{D}$$

因此
$$\boldsymbol{X}^{(k)}=\boldsymbol{T}\boldsymbol{D}^k\boldsymbol{T}^{-1}\boldsymbol{X}^{(0)}=\frac{1}{13}\begin{bmatrix}5+2.8\times 0.35^k\\ 8-2.8\times 0.35^k\end{bmatrix}$$

习　题　7

1. 求下列矩阵的特征值和特征向量

(1) $\begin{bmatrix} 1 & 3 \\ -2 & 0 \end{bmatrix}$　　(2) $\begin{bmatrix} 0 & 0 & 1 \\ 0 & 1 & 0 \\ 1 & 0 & 0 \end{bmatrix}$

2. 设

$$\boldsymbol{A}=\begin{bmatrix} 1 & 0 & 0 \\ 2 & 1 & 2 \\ 1 & -2 & 1 \end{bmatrix}$$

求 $\boldsymbol{A}$ 的特征值及特征子空间。

3. 设线性变换 $\mathscr{A}$ 在基 $\boldsymbol{\varepsilon}_1,\boldsymbol{\varepsilon}_2,\boldsymbol{\varepsilon}_3$ 下的矩阵是

$$\boldsymbol{A}=\begin{bmatrix} 3 & 2 & 0 \\ -4 & -1 & 6 \\ 4 & 8 & -2 \end{bmatrix}$$

求 $\mathscr{A}$ 的特征值与特征向量。

4. 设 $\boldsymbol{A}$、$\boldsymbol{B}$ 都是 n 阶方阵，且 $|\boldsymbol{A}|\neq 0$，证明 $\boldsymbol{AB}$ 与 $\boldsymbol{BA}$ 相似。若 $|\boldsymbol{A}|=0$，结论如何？

5. 已知矩阵

$$\boldsymbol{A}=\begin{bmatrix} 7 & 4 & -1 \\ 4 & 7 & -1 \\ -4 & -4 & -x \end{bmatrix}$$

的特征值 $\lambda_1=\lambda_2=3,\lambda_3=12$，求 x 及 $\boldsymbol{A}$ 的特征向量。

6. 证明：(1) 若 $\boldsymbol{A}$ 是 n 阶幂等矩阵(即 $\boldsymbol{A}^2=\boldsymbol{A}$)，则 $\boldsymbol{A}$ 的特征值是 1 或 0；

(2) 若 $\boldsymbol{A}$ 是 n 阶对合矩阵(即 $\boldsymbol{A}^2=I$)，则 $\boldsymbol{A}$ 的特征值 是 1 或 -1；

(3) 反对称实矩阵的特征值为 0 或纯虚数；

(4) n 阶幂零矩阵($\boldsymbol{A}^k=0$，k 为正整数) 只有 0 为特征值。

7. 设 $\boldsymbol{A}$ 的对应于特征值 λ_0 的特征向量为 $\boldsymbol{X}$，证明：

(1) $\boldsymbol{X}$ 是 $\boldsymbol{A}^m$ 的对应于特征值 λ_0^m 的特征向量；

(2) 对于特征多项式 $f(\lambda)$，$\boldsymbol{X}$ 是 $f(\boldsymbol{A})$ 的对应于特征值 $f(\lambda_0)$ 的特征向量。

8. 若 $\boldsymbol{A}$ 是可逆的，$\boldsymbol{A}$、$\boldsymbol{A}^*$、$\boldsymbol{A}^{-1}$ 三个矩阵的特征值与特征向量之间的关系如何？

9. 设 λ 是 n 阶方阵 $\boldsymbol{A}$ 的特征值，证明：

(1) $\lambda^2+\lambda+1$ 是 $\boldsymbol{A}^2+\boldsymbol{A}+I$ 的特征值；

(2) 若 $\boldsymbol{A}$ 可逆，$\dfrac{|\boldsymbol{A}|}{\lambda}$ 是 $\boldsymbol{A}^*$ 的一个特征值。

10. 设 λ_1、λ_2 是矩阵 $\boldsymbol{A}$ 的两个不同的特征值，$\boldsymbol{\alpha}_1,\boldsymbol{\alpha}_2$ 分别是 $\boldsymbol{A}$ 的属于 λ_1、λ_2 的特征向量，试证：$\boldsymbol{\alpha}_1+\boldsymbol{\alpha}_1$ 不是 $\boldsymbol{A}$ 的特征向量。

11. 设

$$\boldsymbol{A}=\begin{bmatrix} 0 & 0 & 1 \\ x & 1 & y \\ 1 & 0 & 0 \end{bmatrix}\qquad x、y \text{ 是实数}$$

(1) 求 $\boldsymbol{A}$ 的特征多项式；

(2) 若 $\boldsymbol{A}$ 相似于对角阵，求 x、y 应满足何种条件；

(3) 若 $\boldsymbol{A}$ 正交相似于实对角阵，x、y 又如何？

12. 设 3 阶方阵 $\boldsymbol{A}$ 的特征值为 0，1，−1，对应的特征向量为 $\boldsymbol{X}_1=(1,0,0)^{\mathrm{T}}$，$\boldsymbol{X}_2=(1,1,0)^{\mathrm{T}}$，$\boldsymbol{X}_3=(0,1,1)^{\mathrm{T}}$，求 $\boldsymbol{A}$ 及 $\boldsymbol{A}^{2n}$。

13. 已知 $\boldsymbol{A}$ 与 $\boldsymbol{B}$ 相似，其中

$$\boldsymbol{B}=\begin{bmatrix}1 & 0 & 0\\ 0 & 2 & 0\\ 0 & 0 & -1\end{bmatrix}$$

求：(1) $\boldsymbol{A}$ 的特征值；(2) $\det(\boldsymbol{A})$；(3) $\mathrm{tr}(\boldsymbol{A})$；(4) $R(\boldsymbol{A})$。

14. 下列哪些矩阵与对角阵相似？写出对角阵及相似变换矩阵。不能对角化的，请说明理由。

(1) $\begin{bmatrix}-2 & -1\\ 5 & 2\end{bmatrix}$　　(2) $\begin{bmatrix}2 & -1 & -1\\ 2 & -1 & -2\\ -1 & 1 & 2\end{bmatrix}$

(3) $\begin{bmatrix}3 & 1 & 0\\ -4 & -1 & 0\\ 4 & -8 & -2\end{bmatrix}$　　(4) $\begin{bmatrix}0 & 0 & 0\\ 0 & 1 & 1\\ 0 & 1 & 1\end{bmatrix}$

(5) $\begin{bmatrix}0 & 0 & 4 & 1\\ 0 & 0 & 1 & 4\\ 4 & 1 & 0 & 0\\ 1 & 4 & 0 & 0\end{bmatrix}$　　(6) $\begin{bmatrix}3 & 0 & 1\\ 0 & 2 & 0\\ 1 & 0 & 3\end{bmatrix}$

15. 已知 3 阶矩阵 $\boldsymbol{A}$ 的特征值为 1，−1，2，设 $\boldsymbol{B}=\boldsymbol{A}^3-5\boldsymbol{A}^2$，求：

(1) 矩阵 $\boldsymbol{B}$ 的特征值及与 $\boldsymbol{B}$ 相似的对角阵；

(2) $\boldsymbol{A}^{-1}+\boldsymbol{A}^*$ 的特征值；

(3) $\det(\boldsymbol{B})$ 及 $\det(\boldsymbol{A}^{-1}+\boldsymbol{A}^*)$。

16. 设 n 阶方阵 $\boldsymbol{A}$ 的每一行元素之和都等于数 λ，证明 λ 是 $\boldsymbol{A}$ 的一个特征值，且 $\boldsymbol{X}=(1,1,\cdots,1)^{\mathrm{T}}$ 是 $\boldsymbol{A}$ 对应于 λ 的一个特征向量。

17. 已知 $\boldsymbol{A}$ 与对角阵 $\mathrm{diag}(-1,2)$ 相似，求 $\det(\boldsymbol{I}_n+\boldsymbol{A})$。

18. 设 $\boldsymbol{B}=\boldsymbol{P}^{-1}\boldsymbol{AP}$，$\boldsymbol{AX}=\lambda_0\boldsymbol{X}(\boldsymbol{X}\neq 0)$，证明 $\boldsymbol{BP}^{-1}\boldsymbol{X}=\lambda_0\boldsymbol{P}^{-1}\boldsymbol{X}$。

19. 设 $\boldsymbol{A}$ 为下三角阵，证明：

(1) 若 $a_{ii}\neq a_{jj}$，$i\neq j$，$1\leqslant i,j\leqslant n$，则 $\boldsymbol{A}$ 可相似对角化；

(2) 若对某 i 与 j，$a_{ii}=a_{jj}(1\leqslant i,j\leqslant n)$ 且至少有一元素 $a_{ij}\neq 0(i>j)$，则 $\boldsymbol{A}$ 不可相似对角化。

20. 若 n 阶方阵 $\boldsymbol{A}$ 有 $R(\boldsymbol{A})=1$。且 $\mathrm{tr}(\boldsymbol{A})\neq 0$，证明 $\boldsymbol{A}$ 可对角化。

21. 设

$$\boldsymbol{A}=\begin{bmatrix}1 & 4 & -1\\ 0 & -3 & 2\\ 0 & 1 & 3\end{bmatrix}$$

求 $\boldsymbol{A}^m$。

22. 设 3 阶矩阵 $\boldsymbol{A}$ 有二重特征值 λ_0，问向量 $\boldsymbol{\alpha}_1=(1,0,1)^{\mathrm{T}}$、$\boldsymbol{\alpha}_2=(-1,0,-1)^{\mathrm{T}}$、$\boldsymbol{\alpha}_3=(1,1,1)^{\mathrm{T}}$、$\boldsymbol{\alpha}_4=(1,0,-1)^{\mathrm{T}}$ 能否都是 $\boldsymbol{A}$ 的属于特征值 λ_0 的特征向量？为什么？

23. 设 3 阶矩阵 $\boldsymbol{A}$ 有三个特征值 1,2,3,且 $\boldsymbol{\alpha}_i$ 为 $\lambda_i=i$ 的特征向量($i=1,2,3$),即 $\boldsymbol{\alpha}_1=(1,-1,0)^{\mathrm{T}}$,$\boldsymbol{\alpha}_2=(-1,1,1)^{\mathrm{T}}$,$\boldsymbol{\alpha}_3=(1,1,1)^{\mathrm{T}}$,记 $\boldsymbol{\beta}=(b_1,b_2,b_3)^{\mathrm{T}}$。

(1) 试将 $\boldsymbol{\beta}$ 用 $\boldsymbol{\alpha}_1,\boldsymbol{\alpha}_2,\boldsymbol{\alpha}_3$ 线性表出;

(2) 求 $\boldsymbol{A}^m\boldsymbol{\beta}$。

24. $\boldsymbol{A}$ 是 3 阶矩阵,若 $\boldsymbol{I}_3-\boldsymbol{A}$、$\boldsymbol{I}_3+\boldsymbol{A}$、$3\boldsymbol{I}_3-\boldsymbol{A}$ 都不可逆,问 $\boldsymbol{A}$ 能否相似对角化?

25. 设 $\boldsymbol{A}$ 是 n 阶实对称幂等矩阵($\boldsymbol{A}^2=\boldsymbol{A}$)

(1) 证明存在正交矩阵 $\boldsymbol{P}$,使得

$$\boldsymbol{P}^{-1}\boldsymbol{A}\boldsymbol{P}=\mathrm{diag}(1,1,\cdots,1,0,0,\cdots,0)$$

(2) 若 $R(\boldsymbol{A})=r$,求 $\det(\boldsymbol{A}-2\boldsymbol{I}_n)$。

26. 设 $\boldsymbol{A}$ 是实对称阵,证明:存在实对称阵 $\boldsymbol{B}$,使 $\boldsymbol{A}=\boldsymbol{B}^3$。

27. 设 $\lambda_1,\lambda_2,\cdots,\lambda_n$ 是 n 阶实对称矩阵的特征值,$\boldsymbol{\alpha}_1,\boldsymbol{\alpha}_2,\cdots,\boldsymbol{\alpha}_n$ 依次是对应的标准正交特征向量,$n\geqslant 2$,证明

$$\boldsymbol{A}=\lambda_1\boldsymbol{\alpha}_1\boldsymbol{\alpha}_1^{\mathrm{T}}+\lambda_2\boldsymbol{\alpha}_2\boldsymbol{\alpha}_2^{\mathrm{T}}+\cdots+\lambda_n\boldsymbol{\alpha}_n\boldsymbol{\alpha}_n^{\mathrm{T}}$$

28. 若方阵 $\boldsymbol{A}$ 满足:对称阵、正交阵、对合阵这三个性质中的任意两个,则必具有第三个性质。

29. 证明:欧氏空间的一组标准正交基变为另一组标准正交基的变换矩阵是正交矩阵。

30. 设

$$\boldsymbol{A}=\begin{bmatrix}1 & 2 & 0\\ 2 & 2 & -2\\ 0 & -2 & 3\end{bmatrix}$$

求正交阵 $\boldsymbol{P}$,使 $\boldsymbol{P}^{-1}\boldsymbol{B}\boldsymbol{P}$ 成为对角阵。

31. 设

$$\boldsymbol{A}=\begin{bmatrix}2 & 0 & 0\\ 0 & 3 & k\\ 0 & k & 3\end{bmatrix}$$

有正交阵 $\boldsymbol{P}$,使

$$\boldsymbol{P}^{\mathrm{T}}\boldsymbol{A}\boldsymbol{P}=\begin{bmatrix}1 & 0 & 0\\ 0 & 2 & 0\\ 0 & 0 & 5\end{bmatrix}$$

求常数 k 与矩阵 $\boldsymbol{P}$。

32. 设 $\boldsymbol{A}\in\mathbf{R}^{3\times 3}$ 是实对称阵,其特征值为 $1,1,-2$,且 $(1,1,-1)^{\mathrm{T}}$ 是 -2 所对应的特征向量,求 $\boldsymbol{A}$。

33. 设 $\boldsymbol{B}=\boldsymbol{\alpha}\boldsymbol{\alpha}^{\mathrm{T}}$,$\boldsymbol{\alpha}\in\mathbf{R}^n$ 且 $\boldsymbol{\alpha}\neq\mathbf{0}$

(1) 证明 $\boldsymbol{B}^{\mathrm{m}}=k\boldsymbol{B}$,其中 m 为正整数,k 为常数,并求 k;

(2) 求可逆阵 $\boldsymbol{P}$,使 $\boldsymbol{P}^{-1}\boldsymbol{B}\boldsymbol{P}$ 为对角阵,并写出对角阵。

34. 设 $\boldsymbol{\alpha}=(a_1,a_2,\cdots,a_n)^{\mathrm{T}}\neq\mathbf{0}$,$\boldsymbol{\beta}=(b_1,b_2,\cdots,b_n)^{\mathrm{T}}\neq\mathbf{0}$,若 $(\boldsymbol{\alpha},\boldsymbol{\beta})=0$,证明

$$\boldsymbol{C}=\begin{bmatrix}a_1b_1 & a_1b_2 & \cdots & a_1b_n\\ a_2b_1 & a_2b_2 & \cdots & a_2b_n\\ \vdots & & & \vdots\\ a_nb_1 & a_nb_2 & \cdots & a_nb_n\end{bmatrix}=\boldsymbol{\alpha}\boldsymbol{\beta}^{\mathrm{T}}$$

的全部特征值均为零。

35. 设 $\boldsymbol{A}=\begin{bmatrix}a & b\\ c & d\end{bmatrix}$,试求 $\boldsymbol{A}$ 可对角化的充分必要条件。

36. 某试验性生产线每年一月份进行熟练工与非熟练工的人数统计，然后将$\frac{1}{6}$熟练工支援其他生产部门，其缺额由招收新的非熟练工补齐。新、老非熟练工经过培训及实践至年终考核有$\frac{2}{5}$成为熟练工。设第n年一月份统计的熟练工和非熟练工所占百分比分别为x_n和y_n，记成向量$\begin{pmatrix} x_n \\ y_n \end{pmatrix}$。

(1) 求$\begin{bmatrix} x_{n+1} \\ y_{n+1} \end{bmatrix}$与$\begin{bmatrix} x_n \\ y_n \end{bmatrix}$的关系式并写成矩阵形式

$$\begin{bmatrix} x_{n+1} \\ y_{n+1} \end{bmatrix} = \boldsymbol{A} \begin{bmatrix} x_n \\ y_n \end{bmatrix}$$

(2) 验证$\boldsymbol{\eta}_1 = \begin{bmatrix} 4 \\ 1 \end{bmatrix}$，$\boldsymbol{\eta}_2 = \begin{bmatrix} -1 \\ 1 \end{bmatrix}$是$\boldsymbol{A}$的两个线性无关的特征向量，并求出相应的特征值；

(3) 当$\begin{bmatrix} x_1 \\ y_1 \end{bmatrix} = \begin{bmatrix} \frac{1}{2} \\ \frac{1}{2} \end{bmatrix}$时，求$\begin{bmatrix} x_{n+1} \\ y_{n+1} \end{bmatrix}$。

第 8 章　Jordan 标准形

数域 **F** 上的 n 阶方阵 **A** 相似于一个对角矩阵的充要条件是 **A** 有 n 个线性无关的特征向量。当 **A** 在 **F** 上没有 n 个线性无关的特征向量时，**A** 在 **F** 上就不能相似对角化。对于不能相似对角化的矩阵，人们也希望能找到它所能相似的矩阵的最简形式，即相似标准形。因为这样便于了解这个矩阵的性质和进行某些计算。这一章将研究这一问题。

不过，n 阶方阵所能相似的矩阵的最简形式与所给定的数域密切相关。在这本教材中我们只讨论复数域上 n 阶方阵的相似标准形问题。

本章主要介绍如下内容：

1. λ－矩阵及其法式；
2. 不变因子，初等因子组；
3. Jordan 标准形。

λ－矩阵及其法式

用未定元 λ 的多项式为元素作成的矩阵

$$(f_{ij}(\lambda))=\begin{bmatrix} f_{11}(\lambda) & f_{12}(\lambda) & \cdots & f_{1n}(\lambda) \\ f_{21}(\lambda) & f_{22}(\lambda) & \cdots & f_{2n}(\lambda) \\ \vdots & \vdots & & \vdots \\ f_{m1}(\lambda) & f_{m2}(\lambda) & \cdots & f_{mn}(\lambda) \end{bmatrix}$$

称为 λ－矩阵，简记为 $\boldsymbol{A}(\lambda)$ 或 $\boldsymbol{B}(\lambda)$、$\boldsymbol{C}(\lambda)$ 等等。

数元矩阵也可看做 λ－矩阵。由于 λ 的多项式的和、差、积仍为 λ 的多项式，因此对 $\boldsymbol{\lambda}$－矩阵自然可同数元矩阵一样定义各种运算。两个 λ－矩阵的相等、和、数乘，与 λ－矩阵相乘完全采取数元矩阵相同的定义，这里不再赘述。

对于正方 λ－矩阵的行列式、余子式、代数余子式以及一般 λ－矩阵的子式也自然采取与数元矩阵相同的定义。但对于 λ－矩阵的"秩"的概念还需要明确一下。

【定义 8.1】 λ－矩阵 $\boldsymbol{A}(\lambda)$ 中不为 0 的子式的最大阶数称为 $\boldsymbol{A}(\lambda)$ 的秩，记为 $R(\boldsymbol{A}(\lambda))$。

例如

$$R\left[\begin{pmatrix} \lambda & 0 \\ 0 & \lambda \end{pmatrix}\right]=2, R\left[\begin{pmatrix} \lambda & \lambda+1 \\ 0 & 0 \end{pmatrix}\right]=1, R\left[\begin{pmatrix} 1 & 0 & 1 \\ 0 & \lambda & 0 \\ 0 & 0 & 0 \end{pmatrix}\right]=2$$

当 n 阶 λ－矩阵的秩为 n 时，称该 λ－矩阵为**满秩**的或**非奇异**的。

【定义 8.2】 n 阶 λ－矩阵 $\boldsymbol{A}(\lambda)$ 称为可逆的，如有 n 阶 λ－矩阵 $\boldsymbol{B}(\lambda)$，使得

$$\boldsymbol{A}(\lambda)\boldsymbol{B}(\lambda)=\boldsymbol{B}(\lambda)\boldsymbol{A}(\lambda)=\boldsymbol{I}_n$$

$\boldsymbol{B}(\lambda)$ 称为 $\boldsymbol{A}(\lambda)$ 的逆矩阵。

λ - 矩阵 $\boldsymbol{A}(\lambda)$ 若有逆矩阵，一定是惟一的，记为 $\boldsymbol{A}^{-1}(\lambda)$。不过，与数元矩阵不同的是：满秩的 λ - 方阵未必可逆。我们有：

【定理 8.1】 n 阶 λ - 矩阵 $\boldsymbol{A}(\lambda)$ 可逆当且仅当 $|\boldsymbol{A}(\lambda)|=d\neq 0$，$d$ 为常数。

【证明】 **必要性**　若 $\boldsymbol{A}(\lambda)$ 有逆矩阵 $\boldsymbol{A}^{-1}(\lambda)$，则 $\boldsymbol{A}(\lambda)\boldsymbol{A}^{-1}(\lambda)=\boldsymbol{I}_n$，两边取行列式，$|\boldsymbol{A}(\lambda)\boldsymbol{A}^{-1}(\lambda)|=|\boldsymbol{A}(\lambda)||\boldsymbol{A}^{-1}(\lambda)|=|\boldsymbol{I}_n|=1$。由于 $|\boldsymbol{A}(\lambda)|$ 与 $|\boldsymbol{A}^{-1}(\lambda)|$ 都是 λ 的多项式，故 $|\boldsymbol{A}(\lambda)|$ 只能为 0 多项式，即 $|\boldsymbol{A}(\lambda)|=d\neq 0$。必要性得证。

充分性　若 $|\boldsymbol{A}(\lambda)|=d\neq 0$，这时

$$\frac{1}{d}\boldsymbol{A}^*(\lambda)=\frac{1}{d}\begin{bmatrix}A_{11}(\lambda) & A_{21}(\lambda) & \cdots & A_{n1}(\lambda)\\ A_{12}(\lambda) & A_{22}(\lambda) & \cdots & A_{n2}(\lambda)\\ \vdots & \vdots & & \vdots\\ A_{1n}(\lambda) & A_{2n}(\lambda) & \cdots & A_{nn}(\lambda)\end{bmatrix}$$

也是 λ - 矩阵，且

$$\left(\frac{1}{d}\boldsymbol{A}^*(\lambda)\right)\boldsymbol{A}(\lambda)=\boldsymbol{A}(\lambda)\left(\frac{1}{d}\boldsymbol{A}^*(\lambda)\right)=\frac{1}{d}\begin{bmatrix}d & & & \\ & d & & \\ & & \ddots & \\ & & & d\end{bmatrix}=\boldsymbol{I}_n$$

即 $\frac{1}{d}\boldsymbol{A}^*(\lambda)$ 是 $\boldsymbol{A}(\lambda)$ 的逆矩阵，充分性得证。

对于 λ - 矩阵也可进行初等变换。λ - 矩阵的初等变换指的是：

(1) 倍法变换：用任意不为 0 的数乘 $\boldsymbol{A}(\lambda)$ 的第 i 行(列)，其相应的初等阵为

$$\boldsymbol{E}(i(k))=\begin{bmatrix}1 & & & & \\ & \ddots & & & \\ & & k & \cdots & \cdots \\ & & & \ddots & \\ & & & & 1\end{bmatrix} i \qquad (k\neq 0)$$

(2) 换法变换：交换 $\boldsymbol{A}(\lambda)$ 的两行(列)，其相应的初等阵为

$$\boldsymbol{E}(i,j)=\begin{bmatrix}1 & & & & & & & & & \\ & \ddots & & & & & & & & \\ & & 0 & \cdots & \cdots & \cdots & 1 & \cdots & \cdots & \cdots \\ & & \vdots & 1 & & & \vdots & & & \\ & & \vdots & & \ddots & & \vdots & & & \\ & & \vdots & & & 1 & \vdots & & & \\ & & 1 & \cdots & \cdots & \cdots & 0 & \cdots & \cdots & \cdots \\ & & & & & & & 1 & & \\ & & & & & & & & \ddots & \\ & & & & & & & & & 1\end{bmatrix}\begin{matrix}\\ \\ i\\ \\ \\ \\ j\\ \\ \\ \\ \end{matrix}$$

(3) 消法变换：用任一多项式 $f(\lambda)$ 乘 $\boldsymbol{A}(\lambda)$ 的第 j 行(i 列)加到 $\boldsymbol{A}(\lambda)$ 的第 i 行(j 列)上，

其相应的初等阵为

$$E(i,j(f(\lambda)))=\begin{bmatrix}1&&&&&&\\&\ddots&&&&&\\&&1&\cdots&f(\lambda)&\cdots&\cdots\\&&&\ddots&\vdots&&\\&&&&1&\cdots&\cdots\\&&&&&\ddots&\\&&&&&&1\end{bmatrix}\begin{matrix}\\\\i\\\\j\\\\\\\end{matrix}$$

【定义 8.3】 设 $\boldsymbol{A}(\lambda)$、$\boldsymbol{B}(\lambda)$ 为两个 $m\times n$ 的 λ-矩阵，若经有限次行与列的初等变换可将 $\boldsymbol{A}(\lambda)$ 化为 $\boldsymbol{B}(\lambda)$，则称 $\boldsymbol{A}(\lambda)$ 与 $\boldsymbol{B}(\lambda)$ 等价。

【定义 8.4】 对角形 λ-矩阵

$$D(\lambda)=\begin{bmatrix}f_1(\lambda)&&&&&&\\&f_2(\lambda)&&&&&\\&&\ddots&&&&\\&&&f_r(\lambda)&&&\\&&&&0&&\\&&&&&\ddots&\\&&&&&&0\end{bmatrix}$$

若满足：(1) $f_i(\lambda)(i=1,2,\cdots,r)$ 是首项系数为 1 的 λ 多项式；(2) $f_i(\lambda)\mid f_{i+1}(\lambda)(i=1,2,\cdots,r-1)$，则称 $\boldsymbol{D}(\lambda)$ 为 λ-矩阵的**法式或标准形**。

【定理 8.2】 任一 λ-方阵 $\boldsymbol{A}(\lambda)$ 都可经若干次初等变换化为法式，即任一 λ-方阵都与一法 λ-矩阵等价。

【证明】 对 $\boldsymbol{A}(\lambda)$ 的秩用归纳法。

当 $R(\boldsymbol{A}(\lambda))=0$ 时，$\boldsymbol{A}(\lambda)$ 为零矩阵，已是对角阵且满足法式的条件。假定对秩数 $\leqslant r-1$ 的 λ-矩阵定理已证明，现看秩为 r 的 λ-矩阵 $\boldsymbol{A}(\lambda)$。

因 $\boldsymbol{A}(\lambda)\neq 0$，令 $a_{ij}(\lambda)$ 为 $\boldsymbol{A}(\lambda)$ 的元素中次数最低的多项式，这时可通过交换两行、两列将 $a_{ij}(\lambda)$ 换到 (1,1) 位置。故不妨设 $\boldsymbol{A}(\lambda)$ 中 $a_{11}(\lambda)\neq 0$ 是次数最低的元素。

考虑 $\boldsymbol{A}(\lambda)$ 的第 1 行与第 1 列中的元素，如在第 1 行中有元素 $a_{1k}(\lambda)$ 不能被 $a_{11}(\lambda)$ 整除时，则由带余除法有 $q(\lambda)$ 与 $r(\lambda)$，使得

$$a_{1k}(\lambda)=a_{11}(\lambda)q(\lambda)+r(\lambda)$$

其中 $\deg(r(\lambda))<\deg(a_{11}(\lambda))$。用 $-q(\lambda)$ 乘 $A(\lambda)$ 的第 1 列加到第 k 列上，得到一与 $A(\lambda)$ 等价的 λ-矩阵 $\boldsymbol{A}_1(\lambda)$，在 $\boldsymbol{A}_1(\lambda)$ 中存在次数小于 $a_{11}(\lambda)$ 次数的元素，因 $\boldsymbol{A}_1(\lambda)$ 中第 1 行第 k 列元素是 $r(\lambda)$，而 $r(\lambda)$ 的次数小于 $a_{11}(\lambda)$ 的次数。对 $\boldsymbol{A}_1(\lambda)$ 重复上述作法，则又可降低最小次数元素的次数。如此继续下去，因多项式的次数是有限的，所以，可得到一个与 $\boldsymbol{A}(\lambda)$ 等价的 λ-矩阵 $\boldsymbol{A}_2(\lambda)$，其 (1,1) 位置的元素可整除 $\boldsymbol{A}_1(\lambda)$ 的第 1 行与第 1 列的所有元素。于是利用消法变换可将 $\boldsymbol{A}_2(\lambda)$ 的第 1 行与第 1 列的元素除了 (1,1) 位置外全化为 0，得到与 $\boldsymbol{A}(\lambda)$ 等价且有如下形状的 λ-矩阵

$$B(\lambda)=\begin{bmatrix}b_{11}(\lambda)&0&\cdots&0\\0&b_{22}(\lambda)&\cdots&b_{2n}(\lambda)\\\vdots&\vdots&&\vdots\\0&b_{n2}(\lambda)&\cdots&b_{nn}(\lambda)\end{bmatrix}$$

令

$$\boldsymbol{B}_1(\lambda)=\begin{bmatrix} b_{22}(\lambda) & \cdots & b_{2n}(\lambda) \\ \vdots & & \vdots \\ b_{n2}(\lambda) & \cdots & b_{nn}(\lambda) \end{bmatrix}$$

显然 $R(\boldsymbol{B}_1(\lambda))=r-1$，由归纳假设知，$\boldsymbol{B}_1(\lambda)$ 可由若干次初等变换化为

$$\begin{bmatrix} \varphi_2(\lambda) & & & & & \\ & \ddots & & & & \\ & & \varphi_r(\lambda) & & & \\ & & & 0 & & \\ & & & & \ddots & \\ & & & & & 0 \end{bmatrix}$$

其中 $\varphi_2(\lambda)\mid\varphi_3(\lambda)\mid\cdots\mid\varphi_r(\lambda)$，且 $\varphi_i(\lambda)(i=2,\cdots,r)$ 的首项系数为 1。故 $\boldsymbol{A}(\lambda)$ 可经若干次初等变换化为

$$\boldsymbol{C}(\lambda)=\begin{bmatrix} \varphi_1(\lambda) & & & & & & \\ & \varphi_2(\lambda) & & & & & \\ & & \ddots & & & & \\ & & & \varphi_r(\lambda) & & & \\ & & & & 0 & & \\ & & & & & \ddots & \\ & & & & & & 0 \end{bmatrix}$$

若 $\varphi_1(\lambda)\nmid\varphi_2(\lambda)$，将 $\boldsymbol{C}(\lambda)$ 的第 2 行加到第 1 行，得到

$$\begin{bmatrix} \varphi_1(\lambda) & \varphi_2(\lambda) & & & & & \\ & \varphi_2(\lambda) & & & & & \\ & & \ddots & & & & \\ & & & \varphi_r(\lambda) & & & \\ & & & & 0 & & \\ & & & & & \ddots & \\ & & & & & & 0 \end{bmatrix}$$

又可重复上述做法，将上面的 λ - 矩阵化为对角阵

$$\boldsymbol{C}_1(\lambda)=\begin{bmatrix} \psi_1(\lambda) & & & & & & \\ & \psi_2(\lambda) & & & & & \\ & & \ddots & & & & \\ & & & \psi_r(\lambda) & & & \\ & & & & 0 & & \\ & & & & & \ddots & \\ & & & & & & 0 \end{bmatrix}$$

这里 $\psi_i(\lambda)\mid\psi_{i+1}(\lambda),i\geqslant 2$。

但此时 $\boldsymbol{C}_1(\lambda)$ 中 $\psi_1(\lambda)$ 的次数低于 $\boldsymbol{C}(\lambda)$ 中 $\varphi_1(\lambda)$ 的次数，这样反复作下去，由于 $\varphi_1(\lambda)$ 的次数有限，经有限步后必得一法对角 λ - 矩阵。 **证毕**

【例 8.1】 化

$$A(\lambda)=\begin{bmatrix}1-\lambda & \lambda^2 & \lambda \\ \lambda & \lambda & -\lambda \\ 1+\lambda^2 & \lambda^2 & -\lambda^2\end{bmatrix}$$

为法式。

【解】

$$A(\lambda)=\begin{bmatrix}1-\lambda & \lambda^2 & \lambda \\ \lambda & \lambda & -\lambda \\ 1+\lambda^2 & \lambda^2 & -\lambda^2\end{bmatrix}\xrightarrow{E(1,2(1))}\begin{bmatrix}1 & \lambda^2+\lambda & 0 \\ \lambda & \lambda & -\lambda \\ 1+\lambda^2 & \lambda^2 & -\lambda^2\end{bmatrix}\xrightarrow[E(1,2(-\lambda^2-\lambda))]{}$$

$$\begin{bmatrix}1 & 0 & 0 \\ \lambda & -\lambda^3-\lambda^2+\lambda & -\lambda \\ 1+\lambda^2 & -\lambda^4-\lambda^3-\lambda & -\lambda^2\end{bmatrix}\longrightarrow\begin{bmatrix}1 & 0 & 0 \\ 0 & -\lambda^3-\lambda^2+\lambda & -\lambda \\ 0 & -\lambda^4-\lambda^3-\lambda & -\lambda^2\end{bmatrix}\xrightarrow{E(3,2(-\lambda))}$$

$$\begin{bmatrix}1 & 0 & 0 \\ 0 & -\lambda^3-\lambda^2+\lambda & -\lambda \\ 0 & -\lambda^2-\lambda & 0\end{bmatrix}\longrightarrow\begin{bmatrix}1 & 0 & 0 \\ 0 & 0 & -\lambda \\ 0 & -\lambda^2-\lambda & 0\end{bmatrix}\longrightarrow$$

$$\begin{bmatrix}1 & 0 & 0 \\ 0 & -\lambda & 0 \\ 0 & 0 & -\lambda^2-\lambda\end{bmatrix}\longrightarrow\begin{bmatrix}1 & 0 & 0 \\ 0 & \lambda & 0 \\ 0 & 0 & \lambda(\lambda+1)\end{bmatrix}$$

【推论 1】 任一 n 阶可逆 λ - 矩阵 $A(\lambda)$ 可经若干次初等变换化为 I_n。

【证明】 由定理 8.2,$A(\lambda)$ 可经若干次初等变换化为

$$\begin{bmatrix}\varphi_1(\lambda) & & & & & \\ & \varphi_2(\lambda) & & & & \\ & & \ddots & & & \\ & & & \varphi_r(\lambda) & & \\ & & & & 0 & \\ & & & & & \ddots \\ & & & & & & 0\end{bmatrix}$$

其中 $\varphi_i(\lambda)\mid\varphi_{i+1}(\lambda),i=1,\cdots,r-1$,且 $\varphi_i(\lambda)$ 的首项系数为 1。

由于初等矩阵的行列式为非 0 常数 d,而 $A(\lambda)$ 可逆,故有 $r=n$ 且 $\varphi_1(\lambda)\cdots\varphi_n(\lambda)=c\neq 0$,$c$ 为一常数。但诸 $\varphi_i(\lambda)$ 的首项系数为 1,故 $c=1,\varphi_1(\lambda)=\varphi_2(\lambda)=\cdots=\varphi_n(\lambda)=1$,即 $A(\lambda)$ 的法式为 I_n。

【推论 2】 可逆 λ - 矩阵可表示为若干个初等矩阵之积。

不变因子 初等因子组

A. 不变因子

【定义 8.5】 λ - 矩阵 $A(\lambda)$ 中所有 k 阶子式的首项系数为 1 的最大公因式称为 $A(\lambda)$ 的 k 阶行列式因子,记为 $D_k(\lambda)$。

由于 n 阶行列式可表为其 $n-1$ 阶子式的代数和,所以 $A(\lambda)$ 的 k 阶行列式因子 $D_k(\lambda)$ 必

整除 $\boldsymbol{A}(\lambda)$ 的 $k+1$ 阶行列式因子 $D_{k+1}(\lambda)$，即 $D_k(\lambda) \mid D_{k+1}(\lambda)$，$k=1,2,\cdots,n-1$。

若 $\boldsymbol{A}(\lambda)$ 的秩为 r，那么 $D_r(\lambda) \neq 0$，而 $D_{r+1}(\lambda)=0$。我们可得 r 个首项系数为 1 的多项式

$$D_1(\lambda),\quad \frac{D_2(\lambda)}{D_1(\lambda)},\quad \frac{D_3(\lambda)}{D_2(\lambda)},\quad \cdots,\quad \frac{D_r(\lambda)}{D_{r-1}(\lambda)} \tag{8.1}$$

【定义 8.6】 (8.1) 中 r 个多项式称为 $A(\lambda)$ 的**不变因子**，其中 r 为 $\boldsymbol{A}(\lambda)$ 的秩。

【定理 8.3】 等价的 n 阶 λ - 矩阵有相同的行列式因子与不变因子。

【证明】 设 $\boldsymbol{A}(\lambda) \rightarrow \boldsymbol{B}(\lambda)$，并设 $D_k(\lambda)_{\boldsymbol{A}}$ 与 $D_k(\lambda)_{\boldsymbol{B}}$ 分别是 $\boldsymbol{A}(\lambda)$ 与 $\boldsymbol{B}(\lambda)$ 的 k 阶行列式因子，因 $\boldsymbol{A}(\lambda) \rightarrow \boldsymbol{B}(\lambda)$，即 $\boldsymbol{A}(\lambda)$ 可由若干次初等变换化为 $\boldsymbol{B}(\lambda)$，因此我们只需说明任一种初等变换不改变 $\boldsymbol{A}(\lambda)$ 的 k 阶行列式因子即可。但我们仅以消法变换不改变 $\boldsymbol{A}(\lambda)$ 的 k 阶行列式因子为例说明之。

设将 $\boldsymbol{A}(\lambda)$ 的第 j 行乘以 $\psi(\lambda)$ 加到第 i 行上得到 $\boldsymbol{B}(\lambda)$。这时 $\boldsymbol{B}(\lambda)$ 中的 k 阶子式 Δ_k 只能为如下两种情形：

(1) Δ_k 不含第 i 行，显然此时 Δ_k 等于 $\boldsymbol{A}(\lambda)$ 的某一 k 阶子式。

(2) Δ_k 含第 i 行，这时 Δ_k 可分解为 $\boldsymbol{A}(\lambda)$ 中一个 k 阶子式与另一 k 阶行列式乘以 $\psi(\lambda)$ 之和

$$\Delta_k = \begin{vmatrix} \cdots & \cdots & \cdots \\ a_{it_1}(\lambda)+\psi(\lambda)a_{jt_1}(\lambda) & \cdots & a_{it_k}(\lambda)+\psi(\lambda)a_{jt_k}(\lambda) \\ \cdots & \cdots & \cdots \end{vmatrix} =$$

$$\begin{vmatrix} \cdots & \cdots & \cdots \\ a_{it_1}(\lambda) & \cdots & a_{it_k}(\lambda) \\ \cdots & \cdots & \cdots \end{vmatrix} + \psi(\lambda) \begin{vmatrix} \cdots & \cdots & \cdots \\ a_{jt_1}(\lambda) & \cdots & a_{jt_k}(\lambda) \\ \cdots & \cdots & \cdots \end{vmatrix}$$

上式中的第一个 k 阶子式显然是 $\boldsymbol{A}(\lambda)$ 的 k 阶子式，而对于后一个 k 阶行列式而言，当 Δ_k 不含第 j 行时也是 $\boldsymbol{A}(\lambda)$ 的一个 k 阶子式(或经交换某两行后为 $\boldsymbol{A}(\lambda)$ 的一 k 阶子式)。当 Δ_k 含第 j 行时，虽然后一 k 阶行列式不是 $\boldsymbol{A}(\lambda)$ 的 k 阶子式，但有两行相同，故其值为 0。所以 $\boldsymbol{A}(\lambda)$ 的 k 阶子式的最大公因子 $D_k(\lambda)_{\boldsymbol{A}}$ 必整除 Δ_k，而此 Δ_k 是 $\boldsymbol{B}(\lambda)$ 中任意 k 阶子式，所以 $D_k(\lambda)_{\boldsymbol{A}}$ 是 $\boldsymbol{B}(\lambda)$ 中所有 k 阶子式的公因子，因此，由最大公因式的定义有 $D_k(\lambda)_{\boldsymbol{A}} \mid D_k(\lambda)_{\boldsymbol{B}}$。

因对 $\boldsymbol{B}(\lambda)$ 进行一次消法变换也可回复到 $\boldsymbol{A}(\lambda)$，故亦有 $D_k(\lambda)_{\boldsymbol{B}} \mid D_k(\lambda)_{\boldsymbol{A}}$，因而 $D_k(\lambda)_{\boldsymbol{A}} = D_k(\lambda)_{\boldsymbol{B}}$。

证毕

这就是说，若 $\boldsymbol{A}(\lambda) \rightarrow \boldsymbol{B}(\lambda)$，则 $\boldsymbol{A}(\lambda)$ 与 $\boldsymbol{B}(\lambda)$ 中非零子式的最大阶数是一致的，故 $\boldsymbol{A}(\lambda)$ 与 $\boldsymbol{B}(\lambda)$ 有相同的秩。因此，若 $\boldsymbol{A}(\lambda) \rightarrow \boldsymbol{B}(\lambda)$，则 $\boldsymbol{A}(\lambda)$ 与 $\boldsymbol{B}(\lambda)$ 秩相同，行列式因子也相同，从而不变因子也相同。

【定理 8.4】 若

$$\boldsymbol{D}(\lambda) = \begin{bmatrix} \psi_1(\lambda) & & & & & \\ & \ddots & & & & \\ & & \psi_r(\lambda) & & & \\ & & & 0 & & \\ & & & & \ddots & \\ & & & & & 0 \end{bmatrix}$$

为 $\boldsymbol{A}(\lambda)$ 的法式，则 $\psi_1(\lambda),\cdots,\psi_r(\lambda)$ 恰为 $\boldsymbol{A}(\lambda)$ 的 r 个不变因子。

【证明】 由定理 8.3 知，$\boldsymbol{A}(\lambda)$ 的不变因子与 $\boldsymbol{D}(\lambda)$ 的不变因子完全相同，而 $\boldsymbol{D}(\lambda)$ 的行列式因子(注意 $\psi_1(\lambda) \mid \psi_2(\lambda) \mid \cdots \mid \psi_r(\lambda)$) 恰为

$$D_1(\lambda)=\psi_1(\lambda),D_2(\lambda)=\psi_1(\lambda)\psi_2(\lambda),\cdots,D_r(\lambda)=\psi_1(\lambda)\psi_2(\lambda)\cdots\psi_r(\lambda)$$

由此得 $\boldsymbol{A}(\lambda)$ 的不变因子为：$\psi_1(\lambda),\psi_2(\lambda),\cdots,\psi_r(\lambda)$。 **证毕**

【推论 1】 与 λ - 矩阵 $\boldsymbol{A}(\lambda)$ 等价的法对角形 λ - 矩阵由 $\boldsymbol{A}(\lambda)$ 惟一确定。

【推论 2】 两个 n 阶 λ - 矩阵等价当且仅当它们有相同的不变因子。

【例 8.2】 例 8.1 中

$$\boldsymbol{A}(\lambda)=\begin{bmatrix}1-\lambda & \lambda^2 & \lambda\\ \lambda & \lambda & -\lambda\\ 1+\lambda^2 & \lambda^2 & -\lambda^2\end{bmatrix}$$

的法式为

$$\begin{bmatrix}1 & & \\ & \lambda & \\ & & \lambda(\lambda+1)\end{bmatrix}$$

故其不变因子为：$1,\lambda,\lambda(\lambda+1)$。

【例 8.3】 求 λ - 矩阵

$$\boldsymbol{A}(\lambda)=\begin{bmatrix}1-\lambda & 2\lambda-1 & \lambda\\ \lambda & \lambda^2 & -\lambda\\ 1+\lambda^2 & \lambda^3+\lambda-1 & -\lambda^2\end{bmatrix}$$

的不变因子。

【解】

$$\boldsymbol{A}(\lambda)=\begin{bmatrix}1-\lambda & 2\lambda-1 & \lambda\\ \lambda & \lambda^2 & -\lambda\\ 1+\lambda^2 & \lambda^3+\lambda-1 & -\lambda^2\end{bmatrix}\xrightarrow[c_1+c_3]{}\begin{bmatrix}1 & 2\lambda-1 & \lambda\\ 0 & \lambda^2 & -\lambda\\ 1 & \lambda^3+\lambda-1 & -\lambda^2\end{bmatrix}\xrightarrow{r_3+(-1)r_1}$$

$$\begin{bmatrix}1 & 2\lambda-1 & \lambda\\ 0 & \lambda^2 & -\lambda\\ 0 & \lambda^3-\lambda & -\lambda^2-\lambda\end{bmatrix}\longrightarrow\begin{bmatrix}1 & 0 & 0\\ 0 & \lambda^2 & -\lambda\\ 0 & \lambda^3-\lambda & -\lambda^2-\lambda\end{bmatrix}\xrightarrow[c_2\leftrightarrow c_3]{}$$

$$\begin{bmatrix}1 & 0 & 0\\ 0 & \lambda & \lambda^2\\ 0 & \lambda^2+\lambda & \lambda^3-\lambda\end{bmatrix}\xrightarrow{r_3+(-\lambda-1)r_2}\begin{bmatrix}1 & 0 & 0\\ 0 & \lambda & \lambda^2\\ 0 & 0 & -\lambda^2-\lambda\end{bmatrix}\longrightarrow$$

$$\begin{bmatrix}1 & 0 & 0\\ 0 & \lambda & 0\\ 0 & 0 & \lambda^2+\lambda\end{bmatrix}$$

$\boldsymbol{A}(\lambda)$ 的不变因子为：$1,\lambda,\lambda(\lambda+1)$。

【例 8.4】 求

$$\boldsymbol{A}(\lambda)=\begin{bmatrix}\lambda^3+1 & & \\ & \lambda & \\ & & \lambda^2-1\end{bmatrix}$$

的法式及不变因子。

【解】 易于求出 $\boldsymbol{A}(\lambda)$ 的行列式因子

$$D_1(\lambda)=1,\quad D_2(\lambda)=\lambda+1,\quad D_3(\lambda)=\lambda(\lambda^2-1)(\lambda^3+1)$$

故其不变因子为

$$\psi_1(\lambda)=1,\quad \psi_2(\lambda)=\lambda+1,\quad \psi_3(\lambda)=\lambda(\lambda-1)(\lambda^3+1)$$

而法式为

$$\boldsymbol{D}(\lambda)=\begin{bmatrix}1 & & \\ & \lambda+1 & \\ & & \lambda(\lambda-1)(\lambda^3+1)\end{bmatrix}$$

B. 初等因子组

我们知道,在复数域上任一 $n(n\geqslant 1)$ 次多项式可分解成一次因式的乘积。现在我们在复数域 **F** 上来分解 λ - 矩阵 $\boldsymbol{A}(\lambda)$ 的不变因子 $\psi_1(\lambda),\psi_2(\lambda),\cdots,\psi_r(\lambda)$,设为

$$\begin{aligned}&\psi_1(\lambda)=(\lambda-a_1)^{n_{11}}(\lambda-a_2)^{n_{12}}\cdots(\lambda-a_k)^{n_{1k}}\\&\psi_2(\lambda)=(\lambda-a_1)^{n_{21}}(\lambda-a_2)^{n_{22}}\cdots(\lambda-a_k)^{n_{2k}}\\&\vdots\\&\psi_r(\lambda)=(\lambda-a_1)^{n_{r1}}(\lambda-a_2)^{n_{r2}}\cdots(\lambda-a_k)^{n_{rk}}\end{aligned}\tag{8.2}$$

这里指数 $n_{ij}(i=1,2,\cdots,r;j=1,2,\cdots k)$ 是非负整数。若 $n_{ij}>0$,称$(\lambda-a_j)^{n_{ij}}$ 为 $\psi_i(\lambda)$ 的一个初等因子。

由不变因子的“依次整除性”知

$$n_{11}\leqslant n_{21}\leqslant\cdots\leqslant n_{r1},\ \cdots,\ n_{1k}\leqslant n_{2k}\leqslant\cdots\leqslant n_{rk}$$

【定义 8.7】 (8.2) 中这些因子$(\lambda-a_j)^{n_{ij}}$ 除去指数为 0 者,通常称为 λ - 矩阵 $\boldsymbol{A}(\lambda)$ 的**初等因子**。计算初等因子个数时应包括重复的在内,初等因子之全体,称为 $\boldsymbol{A}(\lambda)$ 的**初等因子组**。

【例 8.5】 例 8.2 中

$$\boldsymbol{A}(\lambda)=\begin{bmatrix}1-\lambda & \lambda^2 & \lambda\\ \lambda & \lambda & -\lambda\\ 1+\lambda^2 & \lambda^2 & -\lambda^2\end{bmatrix}$$

的法式为

$$\begin{bmatrix}1 & & \\ & \lambda & \\ & & \lambda(\lambda+1)\end{bmatrix}$$

故其初等因子组为:$\lambda,\lambda,\lambda+1$。

从 λ - 矩阵 $\boldsymbol{A}(\lambda)$ 的不变因子由 $\boldsymbol{A}(\lambda)$ 惟一确定的事实可得出 $\boldsymbol{A}(\lambda)$ 的初等因子组由 $\boldsymbol{A}(\lambda)$ 惟一确定的结论。反之,若已知 $\boldsymbol{A}(\lambda)$ 的秩与初等因子组可否求出 $\boldsymbol{A}(\lambda)$ 的不变因子呢?

【定理 8.5】 λ - 矩阵的秩与初等因子组完全决定其不变因子。

【证明】 因 λ - 矩阵 $\boldsymbol{A}(\lambda)$ 的秩已给定,设为 r,则 $\boldsymbol{A}(\lambda)$ 应有 r 个不变因子 $\psi_1(\lambda)$,$\psi_2(\lambda),\cdots,\psi_r(\lambda)$。先确定 $\psi_r(\lambda)$,由不变因子的“依次整除性”知

$$\psi_r(\lambda)=(\lambda-a_1)^{n_{r1}}(\lambda-a_2)^{n_{r2}}\cdots(\lambda-a_k)^{n_{rk}}$$

这里 $\lambda-a_j$ 取遍初等因子组中出现的所有不同的一次多项式,n_{rj} 则取 $\lambda-a_j$ 形的初等因子中所具有的最高指数。

然后在余下的初等因子中,用上述方法求出 $\psi_{r-1}(\lambda)$,依次类推,直到初等因子完全用完。若已作出的不变因子的个数小于 r,则余下的不变因子全为 1。 **证毕**

例如，设 $\boldsymbol{A}(\lambda)$ 为 6 阶 λ-矩阵，其秩为 5，初等因子组为

$$\lambda,\lambda^2,\lambda^3,(\lambda+1),(\lambda+1)^3,(\lambda-1),(\lambda-1)$$

因 $\boldsymbol{A}(\lambda)$ 的秩为 5，故有 5 个不变因子：$\psi_1(\lambda),\psi_2(\lambda),\psi_3(\lambda),\psi_4(\lambda),\psi_5(\lambda)$。

因 $\psi_1(\lambda)\mid\psi_2(\lambda)\mid\psi_3(\lambda)\mid\psi_4(\lambda)\mid\psi_5(\lambda)$，由定理 8.5 的证明知：$\psi_5(\lambda)=\lambda^3(\lambda+1)^3(\lambda-1)$。

在余下的初等因子：$\lambda,\lambda^2,(\lambda+1),(\lambda-1)$ 中，属于所有因式的初等因子的次数最高的，必含于 $\psi_4(\lambda)$ 的分解式，所以

$$\psi_4(\lambda)=\lambda^2(\lambda+1)(\lambda-1)$$

最后只剩一个初等因子 λ，必有

$$\psi_3(\lambda)=\lambda$$

而 $\psi_2(\lambda)=\psi_1(\lambda)=1$。

上面讲述的求一个 λ-矩阵 $\boldsymbol{A}(\lambda)$ 的初等因子组是先将 $\boldsymbol{A}(\lambda)$ 化为与其等价的法式，然后将法式中次数大于零的多项式(不变因子)分解成一次因式的幂之积，由此确定出 $\boldsymbol{A}(\lambda)$ 的初等因子组。不过求 $\boldsymbol{A}(\lambda)$ 的初等因子组还有较为简洁的方法。

【定理 8.6】 将秩为 r 的对角形 λ-矩阵

$$\boldsymbol{A}(\lambda)=\begin{bmatrix} f_1(\lambda) & & & & \\ & f_2(\lambda) & & & \\ & & \ddots & & \\ & & & f_r(\lambda) & \\ & & & & \boldsymbol{0} \end{bmatrix}\quad (f_i(\lambda)\text{ 为首系数 1 的多项式})$$

中主对角线元素 $f_i(\lambda)(i=1,2,\cdots,r)$ 分解成一次因式的方幂的积，那么 $f_i(\lambda)(i=1,2,\cdots,r)$ 的所有一次因式连同其方幂(指数为 0 者除外)，即为 $\boldsymbol{A}(\lambda)$ 的初等因子组。

读者可考虑如何给出上述定理的证明。

定理 8.6 中的 λ-矩阵 $\boldsymbol{A}(\lambda)$ 虽然是对角矩阵，但主对角线上元素并不要求“依次整除性”。把 λ-矩阵化成与其等价的对角阵一般要比化为与其等价的法式容易一些，因而应用定理 8.6 求一个 λ-矩阵的初等因子组在实际计算中较为便利。

【定理 8.7】 设分块对角形 λ-矩阵

$$\boldsymbol{A}(\lambda)=\begin{bmatrix} \boldsymbol{A}_1(\lambda) & & & \\ & \boldsymbol{A}_2(\lambda) & & \\ & & \ddots & \\ & & & \boldsymbol{A}_k(\lambda) \end{bmatrix}$$

则 λ-矩阵 $\boldsymbol{A}_1(\lambda),\boldsymbol{A}_2(\lambda),\cdots,\boldsymbol{A}_k(\lambda)$ 各个初等因子组的全体就是 $\boldsymbol{A}(\lambda)$ 的初等因子组。

【证明】 因用初等变换变换 $\boldsymbol{A}(\lambda)$ 中某一 $\boldsymbol{A}_i(\lambda)$ 时不影响其他 $\boldsymbol{A}_j(\lambda)(j\neq i)$。所以可用初等变换统一将 $\boldsymbol{A}_1(\lambda),\cdots,\boldsymbol{A}_k(\lambda)$ 都化成对角形，也就把 $\boldsymbol{A}(\lambda)$ 化为对角形，然后应用定理 8.6 得出结论。

证毕

【例 8.6】 求 n 阶 λ-矩阵

$$\boldsymbol{A}(\lambda)=\begin{bmatrix} \lambda-a & b_1 & & & \\ & \lambda-a & b_2 & & \\ & & \ddots & \ddots & \\ & & & \ddots & b_{n-1} \\ & & & & \lambda-a \end{bmatrix}$$

的初等因子组，这里 $b_1,\cdots,b_{n-1}$ 都是不为 0 的常数。

【解】 易见 $D_n(\lambda)=(\lambda-a)^n$。但删去 $\mathbf{A}(\lambda)$ 中的第 1 列第 n 行得到 $n-1$ 阶行列式为非零常数 $b_1\cdots b_{n-1}$，故 $D_{n-1}(\lambda)=1$。因 $D_{n-1}(\lambda)\mid D_n(\lambda)$，于是 $D_1(\lambda)=\cdots=D_{n-1}(\lambda)=1$。由此得出 $\mathbf{A}(\lambda)$ 的不变因子为：$\psi_1(\lambda)=\cdots=\psi_{n-1}(\lambda)=1,\psi_n(\lambda)=(\lambda-a)^n$。$\mathbf{A}(\lambda)$ 仅有初等因子组 $(\lambda-a)^n$。

【例 8.7】 求 λ－矩阵

$$\mathbf{A}(\lambda)=\begin{bmatrix}\lambda & 1 & & \\ 1 & \lambda & \multicolumn{2}{c}{\smash{\raisebox{.5ex}{0}}} \\ & & \lambda & 0 \\ \multicolumn{2}{c}{0} & 0 & \lambda-1\end{bmatrix}$$

的初等因子组。

【解】 $\mathbf{A}(\lambda)$ 是分块对角形 λ－矩阵，对块 $\begin{bmatrix}\lambda & 1\\ 1 & \lambda\end{bmatrix}$ 施行初等变换不影响另一个块 $\begin{bmatrix}\lambda & 0\\ 0 & \lambda-1\end{bmatrix}$。交换 $\mathbf{A}(\lambda)$ 的 1、2 两行，再将第 1 行乘 $-\lambda$ 加到第 2 行，第 1 列乘 $-\lambda$ 加到第 2 列，块 $\begin{bmatrix}\lambda & 1\\ 1 & \lambda\end{bmatrix}$ 变为 $\begin{bmatrix}1 & 0\\ 0 & 1-\lambda^2\end{bmatrix}$。易见 $\mathbf{A}(\lambda)$ 的初等因子组为：$\lambda,\lambda-1,\lambda+1,1-\lambda$。

标准形

【定义 8.8】 m 阶方阵

$$\begin{bmatrix}\rho & 1 & & \\ & \rho & \ddots & \\ & & \ddots & 1\\ & & & \rho\end{bmatrix}$$

称为 m 阶 **Jordan 块**，简称 Jordan 块。

【定义 8.9】 设 m_i 阶 Jordan 块为

$$\boldsymbol{J}_i=\begin{bmatrix}\rho_i & 1 & & \\ & \rho_i & \ddots & \\ & & \ddots & 1\\ & & & \rho_i\end{bmatrix}\qquad(i=1,2,\cdots,s)$$

则

$$\boldsymbol{J}=\begin{bmatrix}\boldsymbol{J}_1 & & & \\ & \boldsymbol{J}_2 & & \\ & & \ddots & \\ & & & \boldsymbol{J}_s\end{bmatrix}$$

称为 n 阶 **Jordan 阵**，其中 $n=m_1+m_2+\cdots+m_s$。

例如

$$(3),\begin{bmatrix}5 & 1\\ 0 & 5\end{bmatrix},\begin{bmatrix}2 & 1 & 0\\ & 2 & 1\\ & & 2\end{bmatrix}$$

都是 Jordan 块，而方阵

$$\begin{bmatrix} 3 & & & & & \\ & 5 & 1 & & & \\ & & 5 & & & \\ & & & 2 & 1 & 0 \\ & & & & 2 & 1 \\ & & & & & 2 \end{bmatrix}$$

为 Jordan 阵。

对一个数元矩阵 $\boldsymbol{A}$，$\lambda\boldsymbol{I}_n-\boldsymbol{A}$ 称为 $\boldsymbol{A}$ 的**特征矩阵**。显然数元矩阵 $\boldsymbol{A}$ 的特征矩阵是 λ - 矩阵。今后，我们将数元矩阵 $\boldsymbol{A}$ 的特征矩阵 $\lambda\boldsymbol{I}_n-\boldsymbol{A}$ 的初等因子组称为 $\boldsymbol{A}$ 的初等因子组。

【引理 8.1】 m 阶 Jordan 块

$$\boldsymbol{J}_m=\begin{bmatrix} \rho & 1 & & \\ & \rho & \ddots & \\ & & \ddots & 1 \\ & & & \rho \end{bmatrix}$$

只有一个初等因子 $(\lambda-\rho)^m$。

【证明】 $\boldsymbol{J}_m$ 的特征矩阵为

$$\lambda\boldsymbol{I}_m-\boldsymbol{J}_m=\begin{bmatrix} \lambda-\rho & -1 & & \\ & \lambda-\rho & \ddots & \\ & & \ddots & -1 \\ & & & \lambda-\rho \end{bmatrix}$$

余下的证明可以仿造例 8.6 得出。

【引理 8.2】 如两个 Jordan 阵相似，则它们有相同的 Jordan 块。即不计 Jordan 块的次序，相似的 Jordan 阵惟一。

在证明这一引理之前，我们先给出下面的重要结论及推论。

【定理 8.8】 n 阶数元矩阵 $\boldsymbol{A}$ 与 $\boldsymbol{B}$ 相似当且仅当它们的特征矩阵等价。

本定理的证明较为复杂，这里不给出。

【推论】 n 阶数元矩阵 $\boldsymbol{A}$ 与 $\boldsymbol{B}$ 相似当且仅当 $\boldsymbol{A}$ 与 $\boldsymbol{B}$ 有相同的初等因子组。

【证明】 因 $\lambda\boldsymbol{I}_n-\boldsymbol{A}$ 与 $\lambda\boldsymbol{I}_n-\boldsymbol{B}$ 都是满秩 λ - 矩阵，由 $\boldsymbol{A}\sim\boldsymbol{B}\Leftrightarrow(\lambda\boldsymbol{I}_n-\boldsymbol{A})\rightarrow(\lambda\boldsymbol{I}_n-\boldsymbol{B})\Leftrightarrow$ 它们有相同的秩与相同的初等因子组，证得结论。

现在来证明引理 8.2。

设

$$\boldsymbol{J}=\begin{bmatrix} \boldsymbol{J}_1 & & & \\ & \boldsymbol{J}_2 & & \\ & & \ddots & \\ & & & \boldsymbol{J}_s \end{bmatrix} \qquad \boldsymbol{J}'=\begin{bmatrix} \boldsymbol{J}'_1 & & & \\ & \boldsymbol{J}'_2 & & \\ & & \ddots & \\ & & & \boldsymbol{J}'_s \end{bmatrix}$$

是两个相似的 Jordan 阵，这里 $\boldsymbol{J}_i(i=1,\cdots,s)$，$\boldsymbol{J}'_i(i=1,\cdots,t)$ 分别为 r_i，r'_i 阶 Jordan 块，即

$$J_i=\begin{bmatrix}\rho_i & 1 & & \\ & \rho_i & \ddots & \\ & & \ddots & 1 \\ & & & \rho_i\end{bmatrix} \qquad J'_i=\begin{bmatrix}\rho'_i & 1 & & \\ & \rho'_i & \ddots & \\ & & \ddots & 1 \\ & & & \rho'_i\end{bmatrix}$$

那么

$$\lambda I_n-J=\begin{bmatrix}\lambda I-J_1 & & & \\ & \lambda I-J_2 & & \\ & & \ddots & \\ & & & \lambda I-J_s\end{bmatrix}$$

$$\lambda I_n-J'=\begin{bmatrix}\lambda I-J'_1 & & & \\ & \lambda I-J'_2 & & \\ & & \ddots & \\ & & & \lambda I-J'_t\end{bmatrix}$$

由定理 8.7 知：(λI_n-J)，$(\lambda I_n-J')$ 的初等因子组分别为它们的各个 Jordan 块的初等因子组的总和。由引理 8.1 知：(λI_n-J) 的初等因子组应为

$$(\lambda-\rho_1)^{r_1},(\lambda-\rho_2)^{r_2},\cdots,(\lambda-\rho_s)^{r_s}$$

$(\lambda I_n-J')$ 的初等因子组应为

$$(\lambda-\rho'_1)^{r'_1},(\lambda-\rho'_2)^{r'_2},\cdots,(\lambda-\rho'_t)^{r'_t}$$

由定理 8.8 及其推论知：J 与 J' 必有相同的初等因子组，故在不计顺序的前提下必有

$$\rho_1=\rho'_1,\quad \rho_2=\rho'_2,\quad \cdots,\quad \rho_s=\rho'_t \quad (\text{即 } s=t)$$

$$r_1=r'_1,\quad r_2=r'_2,\quad \cdots,\quad r_s=r'_t$$

【定理 8.9】 任一 n 阶方阵 A 在复数域上都相似于一个 Jordan 阵，而且，不计对角线上各子块的顺序，是惟一的。

【证明】 令 A 的初等因子组为

$$(\lambda-\rho_1)^{r_{11}},\cdots,(\lambda-\rho_1)^{r_{1t_1}},(\lambda-\rho_2)^{r_{21}},\cdots,(\lambda-\rho_2)^{r_{2t_2}},\cdots,(\lambda-\rho_s)^{r_{s1}},\cdots,(\lambda-\rho_s)^{r_{st_s}}$$

这里 $\sum r_{ij}=n$。

对应于每个初等因子 $(\lambda-\rho_k)^{r_{kj}}$，有一个 r_{kj} 阶 Jordan 块

$$J_{kj}=\begin{bmatrix}\rho_k & 1 & & \\ & \rho_k & \ddots & \\ & & \ddots & 1 \\ & & & \rho_k\end{bmatrix}_{r_{kj}\times r_{kj}}$$

以 $(\lambda-\rho_k)^{r_{kj}}$ 为初等因子。

以 $J_{11},\cdots,J_{1t_1},J_{21},\cdots,J_{2t_2},\cdots,J_{s1},\cdots,J_{st_s}$ 为子块作成一个 Jordan 阵

$$
J = \begin{bmatrix} J_{11} & & & & & & & & \\ & \ddots & & & & & & & \\ & & J_{1t_1} & & & & & & \\ & & & J_{21} & & & & & \\ & & & & \ddots & & & & \\ & & & & & J_{2t_2} & & & \\ & & & & & & \ddots & & \\ & & & & & & & J_{s1} & \\ & & & & & & & & \ddots \\ & & & & & & & & & J_{st_s} \end{bmatrix}
$$

其阶为 n。由引理 8.1 及定理 8.7 知,J 的初等因子组与 A 的初等因子组完全相同,再由定理 8.8 的推论知:$A \sim J$。

【定义 8.10】 n 阶矩阵 A 所相似的 Jordan 阵(不计 Jordan 块的次序),称为 A 的 **Jordan 法式**,或 **Jordan 标准形**;$V_n(F)$ 的线性变换 $\mathscr{A}$ 在任意基 $\{e_j\}$ 上的表示矩阵 A 的 Jordan 法式称为 $\mathscr{A}$ 的 **Jordan 法式**。

【例 8.8】 求 4 阶阵

$$
A = \begin{bmatrix} -1 & 1 & 0 & 0 \\ -1 & 0 & 1 & 0 \\ & & -1 & 1 \\ \multicolumn{2}{c}{0} & -1 & 0 \end{bmatrix}
$$

的 Jordan 标准形。

【解】 因特征矩阵为

$$
\lambda I_4 - A = \begin{bmatrix} \lambda+1 & -1 & 0 & 0 \\ 1 & \lambda & -1 & 0 \\ & & \lambda+1 & -1 \\ \multicolumn{2}{c}{0} & 1 & \lambda \end{bmatrix}
$$

它的 4 阶行列式因子为

$$
D_4 = |\lambda I_4 - A| = (\lambda^2 + \lambda + 1)^2
$$

而 $\lambda I_4 - A$ 有一个 3 阶子式

$$
\begin{vmatrix} -1 & & \\ \lambda & -1 & \\ & \lambda+1 & -1 \end{vmatrix} = -1
$$

故 $D_3 = 1$,于是 A 的不变因子是:$1,1,1,(\lambda^2+\lambda+1)^2$,所以 A 的初等因子组是:$(\lambda+\omega)^2(\lambda+\omega^2)^2$,其中

$$
\omega = \frac{-1+\sqrt{-3}}{2}
$$

由此可知 A 的 Jordan 标准形为

$$\boldsymbol{J}=\begin{bmatrix} \omega & 1 & & \\ 0 & \omega & & \\ & & \omega^2 & 1 \\ & & 0 & \omega^2 \end{bmatrix}$$

【例 8.9】 求矩阵

$$\boldsymbol{A}=\begin{bmatrix} -1 & -2 & 6 \\ -1 & 0 & 3 \\ -1 & -1 & 4 \end{bmatrix}$$

的 Jordan 标准形。

【解】 首先求 $\lambda\boldsymbol{I}_3-\boldsymbol{A}$ 的初等因子组

$$\lambda\boldsymbol{I}_3-\boldsymbol{A}=\begin{bmatrix} \lambda+1 & 2 & -6 \\ 1 & \lambda & -3 \\ 1 & 1 & \lambda-4 \end{bmatrix}\to\begin{bmatrix} 0 & -\lambda+1 & -\lambda^2+3\lambda-2 \\ 0 & \lambda-1 & -\lambda+1 \\ 1 & 1 & \lambda-4 \end{bmatrix}\to$$

$$\begin{bmatrix} 1 & 0 & 0 \\ 0 & \lambda-1 & -\lambda+1 \\ 0 & -\lambda+1 & -\lambda^2+3\lambda-2 \end{bmatrix}\to\begin{bmatrix} 1 & 0 & 0 \\ 0 & \lambda-1 & -\lambda+1 \\ 0 & 0 & -\lambda^2-2\lambda-1 \end{bmatrix}\to$$

$$\begin{bmatrix} 1 & 0 & 0 \\ 0 & \lambda-1 & 0 \\ 0 & 0 & (\lambda-1)^2 \end{bmatrix}$$

因此,$\boldsymbol{A}$ 的初等因子组为:$\lambda-1,(\lambda-1)^2$。$\boldsymbol{A}$ 的 Jordan 标准形为

$$\begin{bmatrix} 1 & 0 & 0 \\ 0 & 1 & 1 \\ 0 & 0 & 1 \end{bmatrix}$$

【例 8.10】 在 $V_4(\boldsymbol{F})$ 中线性变换 $\mathscr{A}$ 为

$$\mathscr{A}(x_1,x_2,x_3,x_4)=(x_1+x_2,x_1-x_2,x_3+x_4,x_3-x_4)$$

求 $\mathscr{A}$ 的 Jordan 法式。

【解】 取自然基底

$$\boldsymbol{\varepsilon}_1=(1,0,0,0)^{\mathrm{T}} \qquad \boldsymbol{\varepsilon}_2=(0,1,0,0)^{\mathrm{T}}$$
$$\boldsymbol{\varepsilon}_3=(0,0,1,0)^{\mathrm{T}} \qquad \boldsymbol{\varepsilon}_4=(0,0,0,1)^{\mathrm{T}}$$

$\mathscr{A}$ 在该基底上的表示矩阵为

$$\boldsymbol{A}=\begin{bmatrix} 1 & 1 & & \\ 1 & -1 & & \\ & & 1 & 1 \\ & & -1 & -1 \end{bmatrix}$$

这是一分块对角阵:$\boldsymbol{A}_1=\begin{bmatrix} 1 & 1 \\ 1 & -1 \end{bmatrix}$,$\boldsymbol{A}_2=\begin{bmatrix} 1 & 1 \\ -1 & -1 \end{bmatrix}$。

因
$$|\lambda\boldsymbol{I}_2-\boldsymbol{A}_1|=(\lambda-1)(\lambda+1)-1=\lambda^2-2=(\lambda-\sqrt{2})(\lambda+\sqrt{2})$$

而 $\lambda\boldsymbol{I}_2-\boldsymbol{A}_1$ 有一阶子式 -1,故易于得出 $\lambda\boldsymbol{I}_2-\boldsymbol{A}_1$ 的初等因子组为:$\lambda-\sqrt{2},\lambda+\sqrt{2}$。

用同样方法可求出 $\lambda\boldsymbol{I}_2-\boldsymbol{A}_2$ 的初等因子组为:$\lambda-\sqrt{2},\lambda+\sqrt{2}$。

因此,$\mathscr{A}$ 的 Jordan 法式为

$$\begin{bmatrix} \sqrt{2} & & & \\ & -\sqrt{2} & & \\ & & \sqrt{2} & \\ & & & -\sqrt{2} \end{bmatrix}$$

本章关于 n 阶矩阵的相似标准形都是在复数域上讨论的。如果在较小的数域上，如实数域、有理数域，一般来讲矩阵相似的标准形要复杂一些，而且研讨也要再深入一些，在这本教材中就不介绍了。

习　题　8

1. 求下列 λ - 矩阵的法式

(1) $\begin{bmatrix} \lambda^3-\lambda & 2\lambda^2 \\ \lambda^2+5\lambda & 3\lambda \end{bmatrix}$　　(2) $\begin{bmatrix} \lambda^2+\lambda & 0 & 0 \\ 0 & \lambda & 0 \\ 0 & 0 & (\lambda+1)^2 \end{bmatrix}$

(3) $\begin{bmatrix} 0 & 0 & 0 & \lambda^2 \\ 0 & 0 & \lambda^2-\lambda & 0 \\ 0 & (\lambda-1)^2 & 0 & 0 \\ \lambda^2-\lambda & 0 & 0 & 0 \end{bmatrix}$

2. 求下列方阵的特征矩阵的法式

(1) $\boldsymbol{A}=\begin{bmatrix} 1 & 0 \\ 0 & 3 \end{bmatrix}$　　(2) $\boldsymbol{A}=\begin{bmatrix} 1 & -1 & 1 \\ 0 & -3 & -1 \\ 2 & -2 & 0 \end{bmatrix}$

3. 设 $\lambda\boldsymbol{I}_n-\boldsymbol{A}$ 的法式是 $\operatorname{diag}(1,\cdots,1,f_{k+1}(\lambda),\cdots,f_n(\lambda))$，求证：$\boldsymbol{A}$ 的特征多项式

$$f_{\boldsymbol{A}}(\lambda)=f_{k+1}(\lambda)\cdots f_n(\lambda)$$

4. 求下列 λ - 矩阵的不变因子

(1) $\begin{bmatrix} \lambda-2 & -1 & 0 \\ 0 & \lambda-2 & -1 \\ 0 & 0 & \lambda-2 \end{bmatrix}$　　(2) $\begin{bmatrix} \lambda & -1 & 0 & 0 \\ 0 & \lambda & -1 & 0 \\ 0 & 0 & \lambda & -1 \\ 5 & 4 & 3 & \lambda+2 \end{bmatrix}$

(3) $\begin{bmatrix} \lambda+\alpha & \beta & 1 & 0 \\ -\beta & \lambda+\alpha & 0 & 1 \\ 0 & 0 & \lambda+\alpha & \beta \\ 0 & 0 & -\beta & \lambda+\alpha \end{bmatrix}$　　(4) $\begin{bmatrix} 0 & 0 & 1 & \lambda+2 \\ 0 & 1 & \lambda+2 & 0 \\ 1 & \lambda+2 & 0 & 0 \\ \lambda+2 & 0 & 0 & 0 \end{bmatrix}$

5. 证明：方阵 $\boldsymbol{A}$ 相似于对角阵的充要条件是 $\boldsymbol{A}$ 的任何初等因子都是一次式。

6. 证明

$$\begin{bmatrix} \lambda & 0 & 0 & \cdots & 0 & a_n \\ -1 & \lambda & 0 & \cdots & 0 & a_{n-1} \\ 0 & -1 & \lambda & \cdots & 0 & a_{n-2} \\ \cdots & \cdots & \cdots & \cdots & \cdots & \cdots \\ 0 & 0 & 0 & \cdots & \lambda & a_2 \\ 0 & 0 & 0 & \cdots & -1 & \lambda+a_1 \end{bmatrix}$$

的不变因子是$\underbrace{1,1,\cdots,1}_{n-1个}$，$f(\lambda)$，其中 $f(\lambda)=\lambda^n+a_1\lambda^{n-1}\cdots+a_{n-1}\lambda+a_n$。

7. 求下列方阵的 Jordan 标准形

(1) $\begin{bmatrix}\sqrt{-1} & \sqrt{-1}\\ & 1 & \sqrt{-1}\end{bmatrix}$　　(2) $\begin{bmatrix}1 & 2 & 0\\ 0 & 2 & 0\\ -2 & -2 & -1\end{bmatrix}$

(3) $\begin{bmatrix}3 & 7 & -3\\ -2 & -5 & 2\\ -4 & -10 & 3\end{bmatrix}$　　(4) $\begin{bmatrix}0 & 3 & 3\\ -1 & 8 & 6\\ 2 & -14 & -10\end{bmatrix}$

(5) $\begin{bmatrix}3 & 1 & 0 & 0\\ -4 & -1 & 0 & 0\\ 7 & 1 & 2 & 1\\ -7 & -6 & -1 & 0\end{bmatrix}$　　(6) $\begin{bmatrix}1 & 2 & 3 & 4\\ 0 & 1 & 2 & 3\\ 0 & 0 & 1 & 2\\ 0 & 0 & 0 & 1\end{bmatrix}$

(7) $\begin{bmatrix}0 & 1 & 0 & 0 & 0 & 0\\ 0 & 0 & 1 & 0 & 0 & 0\\ 1 & 0 & 0 & 0 & 0 & 0\\ 0 & 0 & 0 & 0 & 0 & 1\\ 0 & 0 & 0 & 1 & 0 & 0\\ 0 & 0 & 0 & 0 & 1 & 0\end{bmatrix}$　　(8) $\begin{bmatrix}0 & 1 & 0 & \cdots & 0 & 0\\ 0 & 0 & 1 & \cdots & 0 & 0\\ \cdots & \cdots & \cdots & \cdots & \cdots & \cdots\\ 0 & 0 & 0 & \cdots & 0 & 1\\ 1 & 0 & 0 & \cdots & 0 & 0\end{bmatrix}$

8. 设 $\boldsymbol{A}^k=\boldsymbol{I}_n$，$k$ 是正整数，证明：$\boldsymbol{A}$ 与对角阵 $\boldsymbol{D}$ 相似，且 $\boldsymbol{D}$ 的主对角线元素的模是 1。

9. 求证下列各对方阵相似。

(1) $\boldsymbol{A}=\begin{bmatrix}0 & 1\\ \boldsymbol{I}_{n-1} & 0\end{bmatrix}$，$\boldsymbol{B}=\mathrm{diag}(\xi_1,\cdots,\xi_n)$

其中 $\xi_i^n=1, i=1,2,\cdots,n$。

(2) $\boldsymbol{A}=\begin{bmatrix}0 & 1 & & & \\ & 0 & 1 & & \\ & & 0 & \ddots & \\ & & & \ddots & 1\\ & & & & 0\end{bmatrix}$，$\boldsymbol{B}=\begin{bmatrix}0 & 1 & & & \\ & 0 & 1 & * & \\ & & 0 & \ddots & \\ & & & \ddots & 1\\ & & & & 0\end{bmatrix}$

$\boldsymbol{B}$ 的 $*$ 处元素是任意数。

10. 设 $\boldsymbol{J}_s(\lambda_i)$ 是 s 阶 Jordan 块，$\lambda_i\neq 0$。求 $\boldsymbol{J}_s(\lambda_i)^{-1}$。

11. 设 3 阶阵 $\boldsymbol{A}$ 的 Jordan 标准形是

$$\boldsymbol{J}=\begin{bmatrix}2 & 1 & 0\\ 0 & 2 & 0\\ 0 & 0 & -1\end{bmatrix}$$

且使 $\boldsymbol{P}^{-1}\boldsymbol{A}\boldsymbol{P}=\boldsymbol{J}$ 的 $\boldsymbol{P}$ 是

$$\begin{bmatrix}1 & 0 & 0\\ 0 & 1 & 0\\ 1 & -1 & 2\end{bmatrix}$$

如果 $f(\lambda)=\lambda^3-4\lambda^2+2$，试求 $f(\boldsymbol{A})$。

12. 设 n 阶非奇异阵 $\boldsymbol{P}$ 使

$$\boldsymbol{P}^{-1}\boldsymbol{AP}=\begin{bmatrix}\lambda & 1 & & & \\ & \lambda & 1 & & \\ & & \lambda & \ddots & \\ & & & \ddots & 1\\ & & & & \lambda\end{bmatrix}$$

把 $\boldsymbol{P}$ 按它的列分块:$\boldsymbol{P}=(\boldsymbol{P}_1,\boldsymbol{P}_2,\cdots,\boldsymbol{P}_n)$,试求 $\boldsymbol{P}_1,\boldsymbol{P}_2,\cdots,\boldsymbol{P}_n$ 所满足的方程组。

13. 设 $R(\boldsymbol{A})=1$,求 $\boldsymbol{A}$ 的 Jordan 标准形。

14. 设 $R(\boldsymbol{A})=\mathrm{tr}(\boldsymbol{A})=1$,证明:$\boldsymbol{A}$ 必是幂等阵。

15. 证明 $\lambda\boldsymbol{I}_n-\boldsymbol{A}$ 与 $\lambda\boldsymbol{I}_n-\boldsymbol{B}$ 等价的充要条件是 $\boldsymbol{A}$ 与 $\boldsymbol{B}$ 有分解式

$$\boldsymbol{A}=\boldsymbol{PQ},\quad \boldsymbol{B}=\boldsymbol{QP}$$

其中 $\boldsymbol{P}$、$\boldsymbol{Q}$ 均为方阵,且至少有一个是非奇异的。

第9章　二次型与二次曲面

二次型的理论起源于解析几何中二次曲线或二次曲面的化简问题。众所周知，平面上的有心二次曲线，当曲线中心与坐标原点重合时，它的方程为

$$ax^2+2bxy+cy^2=d \tag{9.1}$$

其左边为 x、y 的二次齐次多项式。经过旋转坐标变换

$$\begin{cases} x=x'\cos\theta-y'\sin\theta \\ y=x'\sin\theta+y'\cos\theta \end{cases}$$

将式(9.1)化成不含 xy 项的标准方程

$$a'x'^2+b'y'^2=d' \tag{9.2}$$

由此可以确定二次曲线的形状。对于二次曲面也可以作类似的处理。

二次齐次多项式不仅限于几何问题，在多元函数的极值、物理、力学等领域也有重要的应用。

本章主要介绍如下内容：

1. 二次型及其矩阵表示；
2. 化二次型为标准形；
3. 惯性定理；
4. 正定二次型；
5. 曲面与曲线；
6. 二次曲面的标准方程；
7. 化二次曲面的一般方程为标准方程。

二次型及其矩阵表示

【定义 9.1】　n 元变量 $x_1,x_2,\cdots x_n$ 的二次齐次多项式

$$\begin{aligned} f(x_1,x_2,\cdots x_n)=a_{11}x_1^2+2a_{12}x_1x_2+\quad\cdots\quad &+2a_{1n}x_1x_n \\ +a_{22}x_2^2+\cdots\quad &+2a_{2n}x_2x_n \\ &\vdots \\ &+a_{nn}x_n^2 \end{aligned} \tag{9.3}$$

称为数域 **F** 上的一个 n **元二次型**，其中系数属于数域 **F**。

当 a_{ij} 为复数时，称 $f(x_1,x_2,\cdots,x_n)$ 为复二次型，当 a_{ij} 为实数时，则称其为实二次型。以下仅讨论实二次型。

令 $a_{ji}=a_{ij}(i<j)$，则(9.3)可写成对称形式

$$\begin{aligned} f(x_1,x_2,\cdots x_n)=&a_{11}x_1^2+a_{12}x_1x_2+\cdots+a_{1n}x_1x_n+ \\ &a_{21}x_2x_1+a_{22}x_2^2+\cdots+a_{2n}x_2x_n+ \\ &\vdots \\ &a_{n1}x_nx_1+a_{n2}x_nx_2+\cdots+a_{nn}x_n^2= \end{aligned}$$

$$\sum_{i=1}^{n}\sum_{j=1}^{n}a_{ij}x_ix_j \tag{9.4}$$

显然把二次型表示成矩阵形式是十分方便的。由式(9.4)

$$\begin{aligned} f(x_1,x_2,\cdots,x_n) = & x_1(a_{11}x_1+a_{12}x_2+\cdots+a_{1n}x_n)+ \\ & x_2(a_{21}x_1+a_{22}x_2+\cdots+a_{2n}x_n)+ \\ & \vdots \\ & x_n(a_{n1}x_1+a_{n2}x_2+\cdots+a_{nn}x_n)= \\ & (x_1,x_2,\cdots,x_n)\begin{bmatrix} a_{11}x_1+a_{12}x_2+\cdots+a_{1n}x_n \\ a_{21}x_1+a_{22}x_2+\cdots+a_{2n}x_n \\ \vdots \qquad \vdots \qquad \vdots \\ a_{n1}x_1+a_{n2}x_2+\cdots+a_{nn}x_n \end{bmatrix}= \\ & (x_1,x_2,\cdots,x_n)\begin{bmatrix} a_{11} & a_{12} & \cdots & a_{1n} \\ a_{21} & a_{22} & \cdots & a_{2n} \\ \vdots & \vdots & & \vdots \\ a_{n1} & a_{n2} & \cdots & a_{nn} \end{bmatrix}\begin{bmatrix} x_1 \\ x_2 \\ \vdots \\ x_n \end{bmatrix} \end{aligned}$$

若记

$$\boldsymbol{A}=\begin{bmatrix} a_{11} & a_{12} & \cdots & a_{1n} \\ a_{21} & a_{22} & \cdots & a_{2n} \\ \vdots & \vdots & & \vdots \\ a_{n1} & a_{n2} & \cdots & a_{nn} \end{bmatrix} \qquad \boldsymbol{X}=\begin{bmatrix} x_1 \\ x_2 \\ \vdots \\ x_n \end{bmatrix}$$

则二次型(9.3)可写为

$$f=\boldsymbol{X}^{\mathrm{T}}\boldsymbol{A}\boldsymbol{X} \tag{9.5}$$

因为 $a_{ij}=a_{ji}$，所以 $\boldsymbol{A}$ 是对称矩阵。称对称矩阵 $\boldsymbol{A}$ 为**二次型 f 的矩阵**，称 $\boldsymbol{A}$ 的秩为**二次型 f 的秩**。

【例 9.1】 写出二次型 $f(x_1,x_2,x_3)=x_1^2+x_2^2-4x_3^2+x_1x_2-2x_2x_3$ 的矩阵。

【解】 $\boldsymbol{A}=\begin{bmatrix} 1 & \frac{1}{2} & 0 \\ \frac{1}{2} & 1 & -1 \\ 0 & -1 & -4 \end{bmatrix}$

【例 9.2】 求二次型 $f(x_1,x_2,x_3)=(x_1,x_2,x_3)\begin{bmatrix} 2 & 0 & -3 \\ 4 & 0 & 4 \\ 3 & 0 & -6 \end{bmatrix}\begin{bmatrix} x_1 \\ x_2 \\ x_3 \end{bmatrix}$ 的矩阵。

【解】 $f=\boldsymbol{X}^{\mathrm{T}}\boldsymbol{A}\boldsymbol{X}$ 中的 $\boldsymbol{A}$ 不是对称矩阵，f 的矩阵应为 $\frac{1}{2}(\boldsymbol{A}+\boldsymbol{A}^{\mathrm{T}})$，故 f 的矩阵为

$$\begin{bmatrix} 2 & 2 & 0 \\ 2 & 0 & 2 \\ 0 & 2 & -6 \end{bmatrix}$$

可见，任给一个二次型 f，惟一地确定了一个对称矩阵 $\boldsymbol{A}$；反之，任给一个对称矩阵 $\boldsymbol{A}$，也可惟一地确定一个二次型，即二次型和它的矩阵是相互惟一确定的。这样，研究二次型的问题就可转化成研究其所对应的对称矩阵 $\boldsymbol{A}$ 的性质了。

化二次型为标准形

解析几何中的坐标旋转变换公式用矩阵表示为

$$\begin{bmatrix} x \\ y \end{bmatrix} = \begin{bmatrix} \cos\theta & -\sin\theta \\ \sin\theta & \cos\theta \end{bmatrix} \begin{bmatrix} x' \\ y' \end{bmatrix}$$

这里矩阵$\begin{bmatrix} \cos\theta & -\sin\theta \\ \sin\theta & \cos\theta \end{bmatrix}$是正交矩阵。

对于一般的实二次型 $f(x_1, x_2, \cdots, x_n)$，若想化成只含 $y_1, y_2, \cdots, y_n$ 的平方项的形式，类似于二元情况可以考虑可逆线性变换 $X = CY$，即

$$\begin{cases} x_1 = c_{11}y_1 + c_{12}y_2 + \cdots + c_{1n}y_n \\ x_2 = c_{21}y_1 + c_{22}y_2 + \cdots + c_{2n}y_n \\ \vdots \\ x_n = c_{n1}y_1 + c_{n2}y_2 + \cdots + c_{nn}y_n \end{cases}$$

其中 $\boldsymbol{C} = (\boldsymbol{c}_{ij})_{n\times n}$ 为可逆矩阵。特别当 $\boldsymbol{C}$ 为正交矩阵时，称为正交线性变换。称矩阵 $\boldsymbol{C}$ 为线性变换的矩阵。

于是有

$$f = \boldsymbol{X}^{\mathrm{T}}\boldsymbol{A}\boldsymbol{X} = (\boldsymbol{C}\boldsymbol{Y})^{\mathrm{T}}\boldsymbol{A}(\boldsymbol{C}\boldsymbol{Y}) = \boldsymbol{Y}^{\mathrm{T}}(\boldsymbol{C}^{\mathrm{T}}\boldsymbol{A}\boldsymbol{C})\boldsymbol{Y}$$

因为 $\boldsymbol{A}$ 是对称阵，所以 $\boldsymbol{C}^{\mathrm{T}}\boldsymbol{A}\boldsymbol{C}$ 也是对称阵，若想使 $\boldsymbol{Y}^{\mathrm{T}}(\boldsymbol{C}^{\mathrm{T}}\boldsymbol{A}\boldsymbol{C})\boldsymbol{Y}$ 成为 $y_1, y_2, \cdots, y_n$ 的平方和，就是对于一个实对称矩阵 $\boldsymbol{A}$，找到一可逆矩阵 $\boldsymbol{C}$，使 $\boldsymbol{C}^{\mathrm{T}}\boldsymbol{A}\boldsymbol{C}$ 成为对角阵。为此我们给出如下定义：

【定义 9.2】 设 $\boldsymbol{A}$ 与 $\boldsymbol{B}$ 为 n 阶方阵，如果存在可逆矩阵 $\boldsymbol{C}$，使得 $\boldsymbol{C}^{\mathrm{T}}\boldsymbol{A}\boldsymbol{C} = \boldsymbol{B}$，则称 $\boldsymbol{A}$ 合同于 $\boldsymbol{B}$，记做 $\boldsymbol{A} \simeq \boldsymbol{B}$。

和等价关系、相似关系类似，合同关系也有反身性、对称性和传递性。因此 $\boldsymbol{A}$ 合同于 $\boldsymbol{B}$，也说成 $\boldsymbol{A}$、$\boldsymbol{B}$ 是合同矩阵。

【定义 9.3】 若实二次型 $f = \boldsymbol{X}^{\mathrm{T}}\boldsymbol{A}\boldsymbol{X}$ 在可逆线性变换 $\boldsymbol{X} = \boldsymbol{C}\boldsymbol{Y}$ 下变成只含平方项的二次型，即有

$$f = k_1y_1^2 + k_2y_2^2 + \cdots + k_ny_n^2 = (y_1, y_2, \cdots, y_n)\begin{bmatrix} k_1 & & & \\ & k_2 & & \\ & & \ddots & \\ & & & k_n \end{bmatrix}\begin{bmatrix} y_1 \\ y_2 \\ \vdots \\ y_n \end{bmatrix} \tag{9.6}$$

则称这种只含平方项的二次型(9.6)为**二次型 f 的标准形**。

由于 $\boldsymbol{C}$ 是可逆矩阵，所以 $R(\boldsymbol{A}) = R(\boldsymbol{C}^{\mathrm{T}}\boldsymbol{A}\boldsymbol{C})$，因此 f 的秩等于它的标准形中系数不为零的平方项的个数。

根据合同矩阵的定义，化二次型为标准形的问题就归结为把实对称矩阵合同于对角阵的问题。

以下介绍化实二次型为标准形的三种方法。

1. 正交变换法

在定理 7.6 中，已有结论：对实对称矩阵 $\boldsymbol{A}$，存在正交矩阵 $\boldsymbol{P}$，使

$$P^{-1}AP = \mathrm{diag}(\lambda_1\lambda_2\cdots\lambda_n) = \begin{bmatrix} \lambda_1 & & & \\ & \lambda_2 & & \\ & & \ddots & \\ & & & \lambda_n \end{bmatrix}$$

因为 $\boldsymbol{P}$ 是正交矩阵，所以 $\boldsymbol{P}^{-1}=\boldsymbol{P}^{\mathrm{T}}$，于是对于实二次型有：

【定理 9.1】 对于任意 n 元实二次型 $f=\boldsymbol{X}^{\mathrm{T}}\boldsymbol{AX}$，存在正交线性变换 $\boldsymbol{X}=\boldsymbol{PY}$，使二次型 f 化为标准形 $f=\lambda_1 y_1^2+\lambda_2 y_2^2+\cdots+\lambda_n y_n^2$，其中 $\lambda_1,\lambda_2,\cdots,\lambda_n$ 是 $\boldsymbol{A}$ 的 n 个特征值，$\boldsymbol{P}$ 为正交矩阵。

由于 $\boldsymbol{P}$ 是正交矩阵，则 $\boldsymbol{P}^{-1}\boldsymbol{AP}=\boldsymbol{P}^{\mathrm{T}}\boldsymbol{AP}=\boldsymbol{B}$，此时合同与相似是一致的，称为正交相似，这种方法化二次型为标准形称为**正交变换法**。

【例 9.3】 用正交变换法将二次型

$$f(x_1,x_2,x_3)=x_1^2+x_2^2+x_3^2+4x_1x_2+4x_1x_3+4x_2x_3$$

化为标准形，并求正交变换矩阵。

【解】 二次型 f 的矩阵为

$$\boldsymbol{A}=\begin{bmatrix} 1 & 2 & 2 \\ 2 & 1 & 2 \\ 2 & 2 & 1 \end{bmatrix}$$

按以下步骤将 f 化为标准形。

(1) 求 $\boldsymbol{A}$ 的特征值。

$$|\lambda\boldsymbol{I}-\boldsymbol{A}|=\begin{vmatrix} \lambda-1 & -2 & -2 \\ -2 & \lambda-1 & -2 \\ -2 & -2 & \lambda-1 \end{vmatrix}=(\lambda-5)(\lambda+1)^2$$

$\boldsymbol{A}$ 的特征值为 5，−1，−1。

(2) 求 3 个标准正交的特征向量。

对于 $\lambda_1=5$，解得特征向量 $\boldsymbol{\xi}_1=\begin{bmatrix} 1 \\ 1 \\ 1 \end{bmatrix}$，将其标准化，得 $\boldsymbol{P}_1=\begin{bmatrix} \frac{1}{\sqrt{3}} \\ \frac{1}{\sqrt{3}} \\ \frac{1}{\sqrt{3}} \end{bmatrix}$；

对于 $\lambda_2=\lambda_3=-1$，解得特征向量 $\boldsymbol{\xi}_2=\begin{bmatrix} -1 \\ 1 \\ 0 \end{bmatrix}$，$\boldsymbol{\xi}_3=\begin{bmatrix} -1 \\ 0 \\ 1 \end{bmatrix}$，用 Schmidt 方法将其正交化后再标准化，有

$$\boldsymbol{P}_2=\begin{bmatrix} -\frac{1}{\sqrt{2}} \\ \frac{1}{\sqrt{2}} \\ 0 \end{bmatrix} \qquad \boldsymbol{P}_3=\begin{bmatrix} -\frac{1}{\sqrt{6}} \\ -\frac{1}{\sqrt{6}} \\ \frac{2}{\sqrt{6}} \end{bmatrix}$$

(3) 求正交变换矩阵。

令
$$P=(P_1,P_2,P_3)=\begin{bmatrix}\frac{1}{\sqrt{3}} & -\frac{1}{\sqrt{2}} & -\frac{1}{\sqrt{6}}\\ \frac{1}{\sqrt{3}} & \frac{1}{\sqrt{2}} & -\frac{1}{\sqrt{6}}\\ \frac{1}{\sqrt{3}} & 0 & \frac{2}{\sqrt{6}}\end{bmatrix}$$

于是 $\boldsymbol{P}^{-1}\boldsymbol{A}\boldsymbol{P}=\boldsymbol{P}^{\mathrm{T}}\boldsymbol{A}\boldsymbol{P}=\mathrm{diag}(5,-1,-1)$。

(4) 作正交变换 $\boldsymbol{X}=\boldsymbol{P}\boldsymbol{Y}$,则

$$f=\boldsymbol{X}^{\mathrm{T}}\boldsymbol{A}\boldsymbol{X}=\boldsymbol{Y}^{\mathrm{T}}(\boldsymbol{P}^{\mathrm{T}}\boldsymbol{A}\boldsymbol{P})\boldsymbol{Y}=\boldsymbol{Y}^{\mathrm{T}}\begin{bmatrix}5 & & \\ & -1 & \\ & & -1\end{bmatrix}\boldsymbol{Y}=5y_1^2-y_2^2-y_3^2$$

成为标准形。

例 9.3 有明显的几何解释。考虑自然直角坐标系$\{\boldsymbol{O},\boldsymbol{\varepsilon}_1,\boldsymbol{\varepsilon}_2,\boldsymbol{\varepsilon}_3\}$下的二次曲面

$$x_1^2+x_2^2+x_3^2+4x_1x_2+4x_1x_3+4x_2x_3=1$$

若将直角坐标系$\{\boldsymbol{O};\boldsymbol{\varepsilon}_1,\boldsymbol{\varepsilon}_2,\boldsymbol{\varepsilon}_3\}$变换为另一直角坐标系$\{\boldsymbol{O};\boldsymbol{P}_1,\boldsymbol{P}_2,\boldsymbol{P}_3\}$,这里

$$\boldsymbol{P}_1=\begin{bmatrix}\frac{1}{\sqrt{3}}\\ \frac{1}{\sqrt{3}}\\ \frac{1}{\sqrt{3}}\end{bmatrix}\qquad \boldsymbol{P}_2=\begin{bmatrix}-\frac{1}{\sqrt{2}}\\ \frac{1}{\sqrt{2}}\\ 0\end{bmatrix}\qquad \boldsymbol{P}_3=\begin{bmatrix}-\frac{1}{\sqrt{6}}\\ -\frac{1}{\sqrt{6}}\\ \frac{2}{\sqrt{6}}\end{bmatrix}$$

即

$$(\boldsymbol{P}_1,\boldsymbol{P}_2,\boldsymbol{P}_3)=(\boldsymbol{\varepsilon}_1,\boldsymbol{\varepsilon}_2,\boldsymbol{\varepsilon}_3)\begin{bmatrix}\frac{1}{\sqrt{3}} & -\frac{1}{\sqrt{2}} & -\frac{1}{\sqrt{6}}\\ \frac{1}{\sqrt{3}} & \frac{1}{\sqrt{2}} & -\frac{1}{\sqrt{6}}\\ \frac{1}{\sqrt{3}} & 0 & \frac{2}{\sqrt{6}}\end{bmatrix}$$

于是在$\{\boldsymbol{O};\boldsymbol{P}_1,\boldsymbol{P}_2,\boldsymbol{P}_3\}$坐标系下,二次曲面方程为

$$5y_1^2-y_2^2-y_3^2=1$$

2. Lagrange 配方法

Lagrange 配方法就是初等代数里的配平方的方法,它得到的标准形不惟一。

仍以例 9.3 来说明 Lagrange 配方法的步骤:

设 $$f(x_1,x_2,x_3)=x_1^2+x_2^2+x_3^2+4x_1x_2+4x_1x_3+4x_2x_3$$

(1) 如果二次型 f 中至少有一个平方项系数不为零,如 $a_{ii}\neq 0$,则可对所有含 x_i 的项进行配方。现 $a_{11}=1$,于是有

$$f=(x_1+2x_2+2x_3)^2-3x_2^2-3x_3^2-4x_2x_3$$

上式除第一项外已不包含 x_1。

(2) 对 x_2 继续配方,得

$$f=(x_1+2x_2+2x_3)^2-3(x_2+\frac{2}{3}x_3)^2-\frac{5}{3}x_3^2$$

(3) 作线性变换

$$\begin{cases}y_1= & x_1+2x_2+2x_3\\ y_2= & x_2+\frac{2}{3}x_3\\ y_3= & x_3\end{cases}$$

即

$$\begin{cases}x_1= & y_1-2y_2-\frac{2}{3}y_3\\ x_2= & y_2-\frac{2}{3}y_3\\ x_3= & y_3\end{cases}\tag{9.7}$$

写成矩阵形式

$$\begin{bmatrix}x_1\\x_2\\x_3\end{bmatrix}=\begin{bmatrix}1 & -2 & -\frac{2}{3}\\ 0 & 1 & -\frac{2}{3}\\ 0 & 0 & 1\end{bmatrix}\begin{bmatrix}y_1\\y_2\\y_3\end{bmatrix}$$

变换矩阵为

$$\boldsymbol{C}=\begin{bmatrix}1 & -2 & -\frac{2}{3}\\ 0 & 1 & -\frac{2}{3}\\ 0 & 0 & 1\end{bmatrix}$$

由 $\boldsymbol{C}$ 可逆知式(9.7)是可逆线性变换,在此线性变换之下

$$f=y_1^2-3y_2^2-\frac{5}{3}y_3^2$$

且 f 的秩为 3。

上述解法中,曾假定二次型 f 中至少有一个平方项系数不为零。如若不然,则应有

$$f=2\sum_{1\leqslant i\leqslant j\leqslant n}a_{ij}x_ix_j$$

不妨设 $a_{ij}\neq 0$,令

$$\begin{cases}x_i=y_i+y_j\\ x_j=y_i-y_j\\ x_k=y_k, \quad k\neq i,j\end{cases}$$

此变换为可逆线性变换,且在此变换下 f 的表达式中出现非零平方项。

【例 9.4】 化二次型 $f=2x_1x_2+2x_1x_3-6x_2x_3$ 为标准形。

【解】 f 中不含平方项,而 $a_{12}=2\neq 0$,故令

$$\begin{cases}x_1= & y_1+y_2\\ x_2= & y_1-y_2\\ x_3= & y_3\end{cases}\tag{9.8}$$

写成矩阵形式为 $\boldsymbol{X}=\boldsymbol{C}_1\boldsymbol{Y}$，$\boldsymbol{C}_1=\begin{bmatrix}1&1&0\\1&-1&0\\0&0&1\end{bmatrix}$ 为可逆阵，代入 f，得

$$f=2y_1^2-2y_2^2-4y_1y_3+8y_2y_3$$

由上述的 Lagrange 配方法有

$$f=2(y_1-y_3)^2-2(y_2-2y_3)^2+6y_3^2$$

令

$$\begin{cases}z_1= y_1 \quad -y_3\\ z_2= \quad y_2 -2y_3\\ z_3= \quad\quad y_3\end{cases}$$

写成矩阵形式

$$\begin{bmatrix}z_1\\z_2\\z_3\end{bmatrix}=\begin{bmatrix}1&0&-1\\0&1&-2\\0&0&1\end{bmatrix}\begin{bmatrix}y_1\\y_2\\y_3\end{bmatrix}$$

由此得到

$$\boldsymbol{Y}=\begin{bmatrix}y_1\\y_2\\y_3\end{bmatrix}=\begin{bmatrix}1&0&-1\\0&1&-2\\0&0&1\end{bmatrix}^{-1}\begin{bmatrix}z_1\\z_2\\z_3\end{bmatrix}=\boldsymbol{C}_2\begin{bmatrix}z_1\\z_2\\z_3\end{bmatrix}=\boldsymbol{C}_2\boldsymbol{Z} \tag{9.9}$$

其中

$$\boldsymbol{C}_2=\begin{bmatrix}1&0&-1\\0&1&-2\\0&0&1\end{bmatrix}^{-1}=\begin{bmatrix}1&0&1\\0&1&2\\0&0&1\end{bmatrix}$$

最后有

$$\boldsymbol{X}=\boldsymbol{C}_1\boldsymbol{Y}=\boldsymbol{C}_1(\boldsymbol{C}_2\boldsymbol{Z})=(\boldsymbol{C}_1\boldsymbol{C}_2)\boldsymbol{Z}$$

令

$$\boldsymbol{C}=\boldsymbol{C}_1\boldsymbol{C}_2=\begin{bmatrix}1&1&0\\1&-1&0\\0&0&1\end{bmatrix}\begin{bmatrix}1&0&1\\0&1&2\\0&0&1\end{bmatrix}=\begin{bmatrix}1&1&3\\1&-1&-1\\0&0&1\end{bmatrix}$$

因为 $\boldsymbol{C}_1$、$\boldsymbol{C}_2$ 可逆，所以 $\boldsymbol{C}$ 可逆，故线性变换 $\boldsymbol{X}=\boldsymbol{C}\boldsymbol{Z}$ 是可逆线性变换，在此可逆线性变换下

$$f=2z_1^2-2z_2^2+6z_3^2$$

由例 9.4 可以看出 Lagrange 配方法不足之处在于不能在化 $\boldsymbol{C}^{\mathrm{T}}\boldsymbol{A}\boldsymbol{C}$ 为对角阵的同时就得到 $\boldsymbol{C}$，而要经过多次方阵的乘法计算才能得到变换矩阵。尽管如此，配方法在有些理论推导中以及化某些特殊的二次型为标准形时，仍不失为一种行之有效的方法。

3. 初等变换法

除了上述两种方法化二次型为标准形之外，还可以对实对称矩阵实行合同变换，将其表示的二次型化为标准形。

【定理 9.2】 任何一个 n 阶实对称矩阵 $\boldsymbol{A}$，可经过一系列相同类型的初等行、列变换化成标准形。

证明略。

定理 9.2 中所说的一系列相同类型的初等行、列变换是指用初等矩阵右乘 $\boldsymbol{A}$ 的同时，要用该初等阵的转置阵左乘 $\boldsymbol{A}$。这样对任意一个实对称阵 $\boldsymbol{A}$，存在一系列初等阵 $\boldsymbol{E}_1,\boldsymbol{E}_2,\cdots,\boldsymbol{E}_s$，使

$$\boldsymbol{E}_s^{\mathrm{T}}\cdots\boldsymbol{E}_2^{\mathrm{T}}\boldsymbol{E}_1^{\mathrm{T}}\boldsymbol{A}\boldsymbol{E}_1\boldsymbol{E}_2\cdots\boldsymbol{E}_s=\mathrm{diag}(d_1,d_2,\cdots,d_n) \tag{9.10}$$

记

$$C = E_1 E_2 \cdots E_s = IE_1 E_2 \cdots E_s \tag{9.11}$$

其中 I 表示 n 阶单位阵。

由式(9.10)、(9.11) 可知，将 A 合同变换为对角阵时，所作的一系列初等列变换同样作用于单位阵，就可得到变换矩阵 C，使得

$$C^{\mathrm{T}} AC = \mathrm{diag}(d_1, d_2, \cdots, d_n)$$

以下通过例子来说明这一问题。

【例 9.5】 用初等变换法把二次型

$$f = 2x_1x_2 + 2x_1x_3 + 6x_2x_3$$

化成标准形。

【解】 ① 首先写出 f 的矩阵 $A = \begin{bmatrix} 0 & 1 & 1 \\ 1 & 0 & 3 \\ 1 & 3 & 0 \end{bmatrix}$。

② 将 A 与三阶单位阵竖排在一起，对 A 进行初等列、行变换，与此同时仅对单位阵进行同样的列变换。具体变换如下：

$$\begin{bmatrix} 0 & 1 & 1 \\ 1 & 0 & 3 \\ 1 & 3 & 0 \\ \hdashline 1 & 0 & 0 \\ 0 & 1 & 0 \\ 0 & 0 & 1 \end{bmatrix} \xrightarrow[c_1 + c_2]{r_1 + r_2} \begin{bmatrix} 2 & 1 & 4 \\ 1 & 0 & 3 \\ 4 & 3 & 0 \\ \hdashline 1 & 0 & 0 \\ 1 & 1 & 0 \\ 0 & 0 & 1 \end{bmatrix} \xrightarrow[\substack{c_2 + (-\frac{1}{2}c_1) \\ c_3 + (-2c_1)}]{\substack{r_3 + (-2)r_1 \\ r_2 + (-\frac{1}{2}r_2)}} \begin{bmatrix} 2 & 0 & 0 \\ 0 & -\frac{1}{2} & 1 \\ 0 & 1 & -8 \\ \hdashline 1 & -\frac{1}{2} & -2 \\ 1 & \frac{1}{2} & -2 \\ & & 1 \end{bmatrix} \xrightarrow[c_3 + (2)c_2]{r_3 + (2)r_2}$$

$$\begin{bmatrix} 2 & 0 & 0 \\ 0 & -\frac{1}{2} & 0 \\ 0 & 0 & -6 \\ \hdashline 1 & -\frac{1}{2} & -3 \\ 1 & \frac{1}{2} & -1 \\ & & 1 \end{bmatrix} = \begin{bmatrix} D \\ \hdashline C \end{bmatrix} \tag{9.12}$$

则

$$C = \begin{bmatrix} 1 & -\frac{1}{2} & -3 \\ 1 & \frac{1}{2} & -1 \\ 0 & 0 & 1 \end{bmatrix}$$

在可逆变换 $X = CY$ 下，有

$$f = 2y_1^2 - \frac{1}{2}y_2^2 - 6y_3^2$$

上述变换中，变换矩阵C并非惟一。在式(9.12) 中若第二列、第二行乘以 2，则得到 f 的另

一标准形

$$f=2y_1^2-2y_2^2-6y_3^2$$

此时

$$C=\begin{bmatrix}1 & -1 & -3\\1 & 1 & -1\\0 & 0 & 1\end{bmatrix}$$

用初等变换法化二次型为标准形的优点在于运算简单，并且在把 **A** 化为对角阵的同时就可求出变换矩阵 **C**。

惯性定理

从例 9.3 可以看出，经不同的可逆线性变换 $X=PY$，同一实二次型所化成的标准形并不一定相同。现设 $f(x_1,x_2,\cdots,x_n)$ 是一实二次型，经某一可逆线性变换，再适当排列文字的顺序，可使 f 变成标准形

$$d_1y_1^2+\cdots+d_py_p^2-d_{p+1}y_{p+1}^2-\cdots-d_ry_r^2 \tag{9.13}$$

其中 r 是 f 的秩，$d_i>0(i=1,2,\cdots,r)$。因在实数域中，正实数总可以开平方，可再作一可逆线性变换

$$\begin{bmatrix}y_1\\\vdots\\y_r\\y_{r+1}\\\vdots\\y_n\end{bmatrix}=\begin{bmatrix}\frac{1}{\sqrt{d_1}} & & & & & \\ & \ddots & & & & \\ & & \frac{1}{\sqrt{d_r}} & & & \\ & & & 1 & & \\ & & & & \ddots & \\ & & & & & 1\end{bmatrix}\begin{bmatrix}z_1\\\vdots\\z_r\\z_{r+1}\\\vdots\\z_n\end{bmatrix}$$

(9.13) 变为

$$z_1^2+\cdots+z_p^2-z_{p+1}^2-\cdots-z_r^2 \tag{9.14}$$

【定义 9.4】 式(9.14) 称为实二次型 $f(x_1,x_2,\cdots,x_n)$ 的**规范形**。

易见，规范形完全由 r、p 这两个数所决定。

【定理 9.3】（惯性定理） 秩为 r 的实二次型 $f(x_1,x_2,\cdots,x_n)$ 经某一适当的可逆线性变换 $X=PY$ 化为规范形

$$f=y_1^2+\cdots+y_p^2-y_{p+1}^2-\cdots-y_r^2 \tag{9.15}$$

则正项个数 p 由 f 惟一确定。

【证明】（用反证法） 设 f 经另一可逆线性变换 $X=QZ$ 化为

$$f=z_1^2+\cdots+z_q^2-z_{q+1}^2-\cdots-z_r^2 \tag{9.16}$$

我们欲证 $p=q$。若不然，不妨设 $p>q$。由

$$\begin{bmatrix}z_1\\z_2\\\vdots\\z_n\end{bmatrix}=Q^{-1}P\begin{bmatrix}y_1\\y_2\\\vdots\\y_n\end{bmatrix}$$

令
$$\begin{cases} z_1 = b_{11}y_1 + b_{12}y_2 + \cdots + b_{1n}y_n \\ z_2 = b_{21}y_1 + b_{22}y_2 + \cdots + b_{2n}y_n \\ \vdots \\ z_n = b_{n1}y_1 + b_{n2}y_2 + \cdots + b_{nn}y_n \end{cases} \tag{9.17}$$
在线性方程组
$$\begin{cases} b_{11}y_1 + b_{12}y_2 + \cdots + b_{1n}y_n = 0 \\ \vdots \\ b_{q1}y_1 + b_{q2}y_2 + \cdots + b_{qn}y_n = 0 \\ \qquad\qquad y_{p+1} \qquad = 0 \\ \qquad\qquad\qquad \ddots \\ \qquad\qquad\qquad\quad y_n = 0 \end{cases} \tag{9.18}$$
中方程个数小于未知量个数，该方程组有非零解
$$(t_1, \cdots, t_p, 0, \cdots, 0)^{\mathrm{T}}$$
把这个解代入式(9.15)得 $f = t_1^2 + \cdots + t_p^2 > 0$。但把这个解代入式(9.16)，因 $z_1 = \cdots = z_q = 0$(见式(9.17))，式(9.16)变为 $f = -z_{q+1}^2 - \cdots - z_r^2 \leqslant 0$。这个矛盾指出 $p \not> q$，同理 $q \not> p$，因而 $p = q$。 **证毕**

实二次型 $f(x_1, x_2, \cdots, x_n)$ 的规范形中正平方项的项数 p 称为 f 的**正惯性指数**；负平方项的项数称为 f 的**负惯性指数**。正、负惯性指数的差称为**符号差**。

显然对于 n 阶实对称矩阵，若它的正、负惯性指数分别为 p、q，那么定有
$$\boldsymbol{A} \simeq \mathrm{diag}(1, \cdots, 1, -1, \cdots, -1, 0, \cdots 0)$$
其中 1 的个数恰为 p，-1 的个数恰为 q，$p+q$ 为它的秩，零的个数为 $n-r=n-(p+q)$。二次型的标准形经过可逆线性变换都可化为规范形，而规范形显然是惟一的。

【例 9.6】 n 元实二次型共有多少个等价类？

【解】

秩　数	正惯性指数	类　数
0	0	1
1	0	2
	1	
2	0	3
	1	
	2	
⋮	⋮	⋮
n	0	$n+1$
	1	
	2	
	⋮	
	n	

n 元实二次型共有：$1 + 2 + \cdots + n + 1 = \dfrac{(n+2)(n+1)}{2}$ 个等价类。

正定二次型

本节主要介绍在工程技术和优化问题中有广泛应用的正定二次型和正定矩阵，为此首先给出以下定义：

【定义 9.5】 如果对任意的 n 元非零实向量 $\boldsymbol{X}$，实二次型 $f=\boldsymbol{X}^{\mathrm{T}}\boldsymbol{AX}>0$，则称 f 为**正定二次型**，称 f 的矩阵 $\boldsymbol{A}$ 为**正定矩阵**。如果 $f=\boldsymbol{X}^{\mathrm{T}}\boldsymbol{AX}\geqslant 0$，且至少存在一个 $\boldsymbol{X}_0\neq\boldsymbol{0}$，使 $f=\boldsymbol{X}_0{}^{\mathrm{T}}\boldsymbol{AX}_0=0$，则称 f 为**半正定二次型**，$\boldsymbol{A}$ 称为**半正定矩阵**。

【定义 9.6】 如果对任意的 n 元非零实向量 $\boldsymbol{X}$，实二次型 $f=\boldsymbol{X}^{\mathrm{T}}\boldsymbol{AX}<0$，则称 f 为**负定二次型**，称 f 的矩阵 $\boldsymbol{A}$ 为**负定矩阵**，如果 $f=\boldsymbol{X}^{\mathrm{T}}\boldsymbol{AX}\leqslant 0$，且至少存在一个 $\boldsymbol{X}_0\neq\boldsymbol{0}$，使 $f=\boldsymbol{X}_0{}^{\mathrm{T}}\boldsymbol{AX}_0=0$，则称 f 为**半负定二次型**，$\boldsymbol{A}$ 称为**半负定矩阵**。

【定理 9.4】 实二次型 $f(x_1,x_2,\cdots,x_n)=k_1y_1^2+k_2y_2^2+\cdots+k_ny_n^2$ 正定的充要条件是 $k_i>0\quad(i=1,2,\cdots,n)$。

【证明】 **必要性** 如若不然，存在 i，使 $k_i\leqslant 0$，则取 $y_i=1,y_j=0(j\neq i)$。于是

$$f(0,\cdots,0,1,0,\cdots,0)=k_1\cdot 0^2+\cdots+k_{i-1}\cdot 0^2+k_i\cdot 1^2+\cdots+k_n\cdot 0^2=k_i\leqslant 0$$

这与 f 正定矛盾。

充分性显然。 **证毕**

由定理9.4，对于一个实二次型 $f=\boldsymbol{X}^{\mathrm{T}}\boldsymbol{AX}$，只要将其化成标准形或规范形 $f=\boldsymbol{Y}^{\mathrm{T}}(\boldsymbol{C}^{\mathrm{T}}\boldsymbol{AC})\boldsymbol{Y}=k_1y_1^2+\cdots+k_ny_n^2$，就非常容易判断它的正定性，为此有下述定理。

【定理 9.5】 设 $\boldsymbol{A}$ 为 n 阶实对称矩阵，则下列命题等价：

① $\boldsymbol{A}$ 是正定矩阵；

② $\boldsymbol{A}\simeq\boldsymbol{I}_n$；

③ 存在可逆矩阵 $\boldsymbol{Q}$，使 $\boldsymbol{A}=\boldsymbol{Q}^{\mathrm{T}}\boldsymbol{Q}$；

④ $\boldsymbol{A}$ 的 n 个特征值 $\lambda_1,\lambda_2,\cdots,\lambda_n$ 全大于 0。

【证明】 以下用循环证法来证明等价命题。

①⇒② 设 $\boldsymbol{A}$ 是正定矩阵，则由定理 9.4 存在可逆线性变换 $\boldsymbol{X}=\boldsymbol{CY}$，使二次型

$$f=\boldsymbol{X}^{\mathrm{T}}\boldsymbol{AX}=\boldsymbol{Y}^{\mathrm{T}}(\boldsymbol{C}^{\mathrm{T}}\boldsymbol{AC})\boldsymbol{Y}=k_1y_1^2+k_2y_2^2+\cdots+k_ny_n^2,\text{其中 } k_i>0(i=1,2,\cdots,n)。$$

这说明 $\boldsymbol{A}$ 的正惯性指数为 n，从而 $\boldsymbol{A}\simeq\boldsymbol{I}_n$。

②⇒③ 由 $\boldsymbol{A}\simeq\boldsymbol{I}_n$，存在可逆阵 $\boldsymbol{P}$，使 $\boldsymbol{P}^{\mathrm{T}}\boldsymbol{AP}=\boldsymbol{I}_n$，于是

$$\boldsymbol{A}=(\boldsymbol{P}^{\mathrm{T}})^{-1}\boldsymbol{I}_n\boldsymbol{P}^{-1}=(\boldsymbol{P}^{-1})^{\mathrm{T}}\boldsymbol{P}^{-1}$$

令 $\boldsymbol{Q}=\boldsymbol{P}^{-1}$，则 $\boldsymbol{A}=\boldsymbol{Q}^{\mathrm{T}}\boldsymbol{Q}$。

③⇒④ 设 $\boldsymbol{X}$ 为 $\boldsymbol{A}$ 的属于特征值 λ 的特征向量，即 $\boldsymbol{AX}=\lambda\boldsymbol{X}$，于是有

$$(\boldsymbol{Q}^{\mathrm{T}}\boldsymbol{Q})\boldsymbol{X}=\lambda\boldsymbol{X}$$

两边左乘 $\boldsymbol{X}^{\mathrm{T}}$，有

$$\boldsymbol{X}^{\mathrm{T}}\boldsymbol{Q}^{\mathrm{T}}\boldsymbol{QX}=\lambda\boldsymbol{X}^{\mathrm{T}}\boldsymbol{X}$$

即

$$(\boldsymbol{QX})^{\mathrm{T}}\boldsymbol{QX}=\lambda\boldsymbol{X}^{\mathrm{T}}\boldsymbol{X}$$

$$(\boldsymbol{QX},\boldsymbol{QX})=\lambda(\boldsymbol{X},\boldsymbol{X})$$

因 $\boldsymbol{X}$ 为特征向量，$\boldsymbol{X}\neq\boldsymbol{0}$，因此 $\boldsymbol{QX}\neq\boldsymbol{0}$，故 $\lambda=\dfrac{(\boldsymbol{QX},\boldsymbol{QX})}{(\boldsymbol{X},\boldsymbol{X})}>0$。

④⇒① 对于 n 阶实对称矩阵，存在正交矩阵 $\boldsymbol{T}$，使

$$T^{T}AT=\begin{bmatrix}\lambda_1 & & & \\ & \lambda_2 & & \\ & & \ddots & \\ & & & \lambda_n\end{bmatrix}$$

作正交变换 $X=TY$，则有

$$f=X^{T}AX=Y^{T}(T^{T}AT)Y=\lambda_1 y_1^2+\lambda_2 y_2^2+\cdots+\lambda_n y_n^2$$

因为 $\lambda_1,\lambda_2,\cdots,\lambda_n$ 为 A 的特征值，皆大于 0，由定理 9.4 知，A 是正定矩阵。 **证毕**

【例 9.7】 判断二次型 $f(x_1,x_2,x_3)=x_1^2+x_2^2+x_3^2+4x_1x_2+4x_1x_3+4x_2x_3$ 是否是正定二次型。

【解】 二次型 f 的矩阵为

$$A=\begin{bmatrix}1 & 2 & 2\\ 2 & 1 & 2\\ 2 & 2 & 1\end{bmatrix}$$

由例 9.3 知 A 的特征值分别为 5，-1，-1，根据定理 9.5 之④知，A 不是正定矩阵，即 f 不是正定二次型。

本题也可由定义 9.5 直接说明。取 $X_0=(0,-1,-1)$，则 $X_0{}^{T}AX_0=-2<0$，所以 f 不是正定二次型。

【例 9.8】 设 A、B 都是正定矩阵，求证 AB 是正定矩阵的充要条件是 A 与 B 可交换。

【证明】 **必要性** 因 AB 是正定矩阵，当然 AB 是实对称的，即有

$$AB=(AB)^{T}=B^{T}A^{T}$$

又因为 A、B 是正定的，A、B 是实对称的，因此 $A^{T}=A$，$B^{T}=B$，故

$$AB=B^{T}A^{T}=BA$$

这说明 A 与 B 是可交换的。

充分性 设 A 与 B 可交换，于是有 $AB=BA$，因此

$$(AB)^{T}=B^{T}A^{T}=BA=AB$$

这说明 AB 是实对称的。

因为 A、B 正定，由定理 9.5 之③，存在可逆矩阵 P、Q，使

$$A=P^{T}P \qquad B=Q^{T}Q$$

所以

$$AB=P^{T}PQ^{T}Q$$

考虑 $QABQ^{-1}=Q(P^{T}PQ^{T}Q)Q^{-1}=QP^{T}PQ^{T}=(PQ^{T})^{T}(PQ^{T})$，显然 PQ^{T} 是可逆矩阵，由定理 9.5 之③知，$QABQ^{-1}$ 是正定矩阵。由定理 9.5 之④知，它的特征值全大于 0，而 AB 与其相似，它们的特征值相同，故也全大于 0，所以 AB 是正定矩阵。

【例 9.9】 求证正定矩阵 A 的主对角元素 $a_{ii}>0\ (i=1,2,\cdots,n)$。

【证明】 取 $X_i=\varepsilon_i$，ε_i 为 n 阶单位阵的第 i 个列向量。因为 A 正定，故有

$$\varepsilon_i^{T}A\varepsilon_i=a_{ij}>0$$

例 9.9 可以用来判定某些实对称阵不是正定阵，例如 $A=\begin{bmatrix}1 & 2 & 0\\ 2 & -5 & 3\\ 0 & 3 & 4\end{bmatrix}$ 一定不是正定阵。因为，$a_{22}=-5<0$。

能否由二次型 f 的矩阵 A 的子式来判定 A 是否正定？回答是肯定的。这就是下面的

Hurwitz 定理。

【定理 9.6】 n 元实二次型 $f=\boldsymbol{X}^{\mathrm{T}}\boldsymbol{A}\boldsymbol{X}$ 正定的充要条件是 $\boldsymbol{A}$ 的各阶顺序主子式全大于零。

【证明】 **必要性** 因为 $\boldsymbol{A}$ 正定，所以存在可逆矩阵 $\boldsymbol{Q}$，使 $\boldsymbol{A}=\boldsymbol{Q}^{\mathrm{T}}\boldsymbol{Q}$，因此 $|\boldsymbol{A}|=|\boldsymbol{Q}^{\mathrm{T}}||\boldsymbol{Q}|=|\boldsymbol{Q}|^2>0$，这说明正定矩阵 $\boldsymbol{A}$ 的行列式一定大于零。

令 $\boldsymbol{A}_k$ 表示 $\boldsymbol{A}$ 的 k 阶顺序主子式（所谓 k 阶顺序主子式是指 $\boldsymbol{A}$ 的左上角前 k 行、前 k 列的 k 阶矩阵的行列式），即

$$|\boldsymbol{A}_k|=\begin{vmatrix} a_{11} & a_{12} & \cdots & a_{1k} \\ a_{21} & a_{22} & \cdots & a_{2k} \\ \vdots & \vdots & & \vdots \\ a_{k1} & a_{k2} & \cdots & a_{kk} \end{vmatrix}$$

设 $\boldsymbol{X}_k=(x_1,\cdots,x_k)^{\mathrm{T}}\neq\boldsymbol{0}$，$\boldsymbol{X}=(x_1,\cdots,x_k,0,\cdots,0)^{\mathrm{T}}\neq\boldsymbol{0}$，则有

$$\boldsymbol{X}^{\mathrm{T}}\boldsymbol{A}\boldsymbol{X}=(\boldsymbol{X}_k^{\mathrm{T}},\boldsymbol{0})\begin{bmatrix} \boldsymbol{A}_k & * \\ * & * \end{bmatrix}\begin{pmatrix} \boldsymbol{X}_k \\ \boldsymbol{0} \end{pmatrix}=\boldsymbol{X}_k^{\mathrm{T}}\boldsymbol{A}_k\boldsymbol{X}_k>0$$

由 $\boldsymbol{X}_k\neq\boldsymbol{0}$ 的任意性，知 k 元二次型 $\boldsymbol{X}_k^{\mathrm{T}}\boldsymbol{A}_k\boldsymbol{X}$ 是正定的，所以 $|\boldsymbol{A}_k|>0$。

充分性 对 n 作数学归纳法。

$n=1$ 时，设 $a_{11}>0$，$\forall x_1\neq 0$，$\boldsymbol{X}^{\mathrm{T}}\boldsymbol{A}\boldsymbol{X}=a_{11}x_1^2>0$，即 $n=1$ 时结论正确。

现将 $\boldsymbol{A}$ 作如下分块：$\boldsymbol{A}=\begin{bmatrix} \boldsymbol{A}_{n-1} & \boldsymbol{\alpha} \\ \boldsymbol{\alpha}^{\mathrm{T}} & a_{nn} \end{bmatrix}$，其中 $\boldsymbol{A}_{n-1}$ 是 $\boldsymbol{A}$ 的 $n-1$ 阶顺序主子阵，$\boldsymbol{\alpha}=(a_{1n},a_{2n},\cdots.a_{n-1\,n})^{\mathrm{T}}$。因 $|\boldsymbol{A}_{n-1}|>0$，$\boldsymbol{A}_{n-1}$ 可逆。令

$$\boldsymbol{C}_1=\begin{bmatrix} \boldsymbol{I}_{n-1} & -\boldsymbol{A}_{n-1}^{-1}\boldsymbol{\alpha} \\ 0 & 1 \end{bmatrix}，则\ \boldsymbol{C}_1^{\mathrm{T}}=\begin{bmatrix} \boldsymbol{I}_{n-1} & 0 \\ -\boldsymbol{\alpha}^{\mathrm{T}}\boldsymbol{A}_{n-1}^{-1} & 1 \end{bmatrix}，|\boldsymbol{C}_1|=|\boldsymbol{C}_1^{\mathrm{T}}|=1$$

作矩阵乘法运算

$$\boldsymbol{C}_1^{\mathrm{T}}\boldsymbol{A}\boldsymbol{C}_1=\begin{bmatrix} \boldsymbol{A}_{n-1} & \boldsymbol{0} \\ \boldsymbol{0} & a_{nn}-\boldsymbol{\alpha}^{\mathrm{T}}\boldsymbol{A}_{n-1}^{-1}\boldsymbol{\alpha} \end{bmatrix}$$

因 $\boldsymbol{A}$ 的顺序主子式全大于 0，知 $|\boldsymbol{A}|>0$，$|\boldsymbol{A}_{n-1}|>0$。令 $a_{nn}-\boldsymbol{\alpha}^{\mathrm{T}}\boldsymbol{A}_{n-1}^{-1}\boldsymbol{\alpha}=d$，显然 $d>0$。

由归纳法假定 $\boldsymbol{A}_{n-1}$ 正定，故由定理 9.5 之 ② 知，存在 $n-1$ 阶可逆阵 $\boldsymbol{D}$，使得 $\boldsymbol{D}^{\mathrm{T}}\boldsymbol{A}_{n-1}\boldsymbol{D}=\boldsymbol{I}_{n-1}$。

令 $\boldsymbol{C}_2=\begin{bmatrix} \boldsymbol{D} & 0 \\ 0 & \dfrac{1}{\sqrt{d}} \end{bmatrix}$，则 $\boldsymbol{C}_2^{\mathrm{T}}=\begin{bmatrix} \boldsymbol{D}^{\mathrm{T}} & 0 \\ 0 & \dfrac{1}{\sqrt{d}} \end{bmatrix}$，于是有

$$\boldsymbol{C}_2^{\mathrm{T}}(\boldsymbol{C}_1^{\mathrm{T}}\boldsymbol{A}\boldsymbol{C}_1)\boldsymbol{C}_2=\boldsymbol{I}_n$$

令 $\boldsymbol{C}=\boldsymbol{C}_1\boldsymbol{C}_2$，即有 $\boldsymbol{C}^{\mathrm{T}}\boldsymbol{A}\boldsymbol{C}=\boldsymbol{I}_n$，故 $\boldsymbol{A}$ 正定。

【例 9.10】 已知二次型 $f=2x_1^2+x_2^2+x_3^2+2x_1x_2+tx_2x_3$ 为正定二次型，求 t 的取值范围。

【解】 二次型 f 的矩阵为

$$\boldsymbol{A}=\begin{bmatrix} 2 & 1 & 0 \\ 1 & 1 & \dfrac{t}{2} \\ 0 & \dfrac{t}{2} & 1 \end{bmatrix}$$

由定理 9.6 知 $\boldsymbol{A}$ 的各阶顺序主子式全大于 0，特别有

$$|\boldsymbol{A}|=\begin{vmatrix}2 & 1 & 0\\ 1 & 1 & \frac{t}{2}\\ 0 & \frac{t}{2} & 1\end{vmatrix}=1-\frac{1}{2}t^2>0$$

所以
$$-\sqrt{2}<t<\sqrt{2}$$

以下考虑负定矩阵。若 $\boldsymbol{A}$ 是负定矩阵，显然有 $-\boldsymbol{A}$ 是正定阵，类似于定理 9.5、定理 9.6 的证明方法，可以证明以下定理。

【定理 9.7】 设 $\boldsymbol{A}$ 是 n 阶实对称矩阵，则下列命题等价：

① $\boldsymbol{X}^{\mathrm{T}}\boldsymbol{A}\boldsymbol{X}$ 负定；

② $\boldsymbol{A}$ 的负惯性指数为 n，即 $\boldsymbol{A}\simeq-\boldsymbol{I}_n$；

③ 存在可逆阵 $\boldsymbol{Q}$，使 $\boldsymbol{A}=-\boldsymbol{Q}^{\mathrm{T}}\boldsymbol{Q}$；

④ $\boldsymbol{A}$ 的特征值全小于零；

⑤ $\boldsymbol{A}$ 的顺序主子式负正相间，即奇数阶主子式全小于零，偶数阶主子式全大于零。

【例 9.11】 判断二次型 $f=-x_1^2-2x_2^2-3x_3^2+2x_1x_2+2x_2x_3$ 的类型。

【解】 二次型 f 的矩阵 $\boldsymbol{A}=\begin{bmatrix}-1 & 1 & 0\\ 1 & -2 & 1\\ 0 & 1 & -3\end{bmatrix}$

$\boldsymbol{A}$ 的顺序主子式 $|\boldsymbol{A}_1|=-1<0$，$|\boldsymbol{A}_2|=1>0$，$|\boldsymbol{A}_3|=-2<0$

由定理 9.7 知 $\boldsymbol{A}$ 是负定阵，即 f 是负定二次型。

曲面与曲线

空间中点的坐标满足 $F(x,y,z)=0$ 的点的集合 S 称为**曲面**。于是曲面 S 上点的坐标一定满足这个方程，反之坐标满足这个方程的点也一定在曲面 S 上。以下介绍柱面与旋转曲面。

【定义 9.7】 平行于定直线并沿定曲线移动的直线 L 形成的轨迹叫作**柱面**，定曲线 C 叫作柱面的**准线**，动直线叫作柱面的**母线**。

【定义 9.8】 由一条平面曲线 C 绕该平面上的一条定直线 L 旋转一周所成的曲面叫作**旋转曲面**，曲线 C 称为**母线**，直线 L 称为**旋转轴**。

【例 9.12】 在 yOz 平面上，给定曲线 C：$\begin{cases}f(y,z)=0\\ x=0\end{cases}$ 将其绕 z 轴旋转一周，求此旋转曲面的方程。

【解】 设 $M(x,y,z)$ 是曲面上任一点，且 M 点位于曲线 C 上点 $M_1(0,y_1,z_1)$ 所转过的圆周上(图 9.1)。则

$$z_1=z$$

又 M、M_1 到 z 轴的距离相等，所以

$$\sqrt{x^2+y^2}=|y_1|$$

即
$$y_1=\pm\sqrt{x^2+y^2}$$

因 $M_1(0,y_1,z_1)$ 在曲线 C 上，故

$$f(y_1,z_1)=0$$

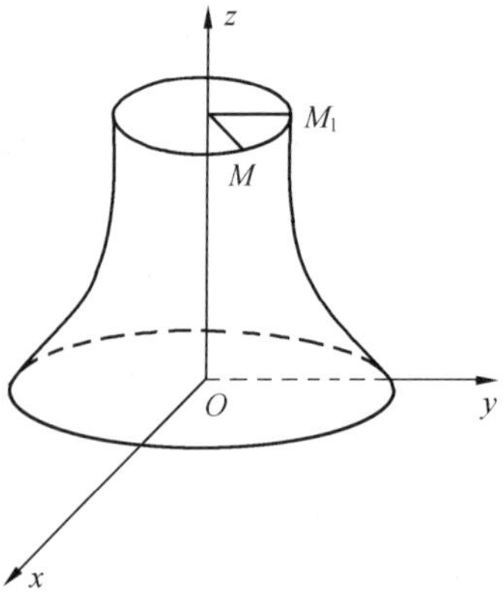

图 9.1

从而 $$f(\pm\sqrt{x^2+y^2}, z)=0$$
这就是所求的旋转曲面的方程。

类似地，曲线 C 绕 y 轴旋转所成的旋转曲面的方程为

$$f(y, \pm\sqrt{x^2+z^2})=0$$

归纳起来有，位于坐标面上的曲线 C，绕其上的一个坐标轴转动，所成的旋转曲面方程可以这样得到：曲线方程中与旋转轴相同的变量不动，而用另两个变量的平方和的正、负平方根代替曲线方程中另一个变量。

【例 9.13】 求直线 $\begin{cases} z=kx \\ y=0 \end{cases}$ 绕 z 轴转动得到的曲面方程(图 9.2)

【解】 绕 z 轴转动 z 不变，用 $\pm\sqrt{x^2+y^2}$ 代替方程 $z=kx$ 中的 x 得

$$z=\pm k\sqrt{x^2+y^2}$$

即 $$z^2=k^2(x^2+y^2)$$

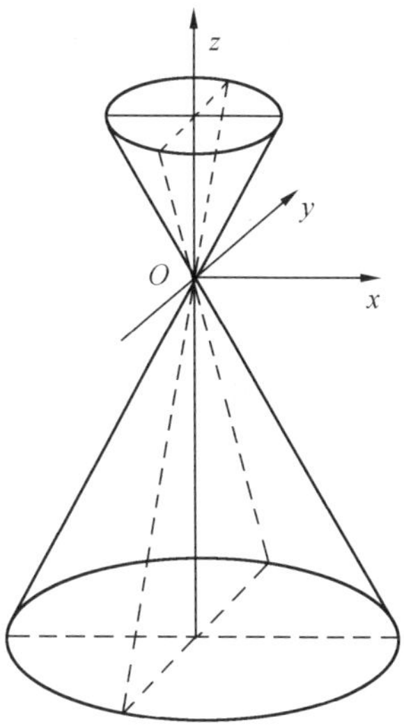

图 9.2

像例 9.13 中一条直线绕另一条与之相交直线旋转一周所得的旋转曲面称为**圆锥面**。

设 $$S_1: F(x, y, z)=0$$
$$S_2: G(x, y, z)=0$$

为空间中的两个曲面。空间中的曲线可视为两个通过它的曲面的交线。如果 C 是曲面 S_1 与 S_2 的交线，则它的方程为

$$\begin{cases} F(x, y, z)=0 \\ G(x, y, z)=0 \end{cases}$$

称之为空间曲线 C **的一般方程**。

有时，空间曲线的方程也可用参数来刻画

$$\begin{cases} x=\varphi(t) \\ y=\psi(t) \\ z=\omega(t) \end{cases} \quad t_1 \leqslant t \leqslant t_2$$

称之为空间曲线的**参数方程**。

例如空中曲线

$$\begin{cases} x=a\cos t \\ y=a\sin t \\ z=bt \end{cases}$$

称之为**阿基米德螺旋线**，它表示在半径为 a 的圆柱面上，动点匀速转动，又沿母线以匀速 b 上升的轨迹(图 9.3 为 $0 \leqslant t \leqslant 2\pi$ 的螺旋线)。

设 C 是一条空间曲线，π 是一个平面，以 C 为准线，作母线垂直于 π 的柱面，该柱面与平面 π 的交线叫做 C 在平面 π 上的**投影曲线**，**简称投影**。

在多元函数积分学中，求空间曲线在坐标面上的投影是很重要的。

设曲线 C 的方程是

$$\begin{cases} F(x, y, z)=0 \\ G(x, y, z)=0 \end{cases}$$

在这个方程组中消去 z,得到的方程 $H(x,y)=0$ 就是以 C 为准线,母线垂直于 xOy 面的柱面方程。于是曲线 C 在 xOy 面上的投影为

$$\begin{cases}H(x,y)=0\\z=0\end{cases}$$

【例 9.14】 求曲线 $\begin{cases}z=\sqrt{R^2-x^2-y^2}\\x^2+y^2=Rx\end{cases}$ 在 xOy 面、zOx 面上的投影 L_1、L_2。

【解】 $x^2+y^2=Rx$ 就是以该曲线为准线、母线垂直于 xOy 的柱面。故

$$L_1:\begin{cases}x^2+y^2=Rx\\z=0\end{cases}$$

为该曲线在 xOy 面上的投影,它是圆心位于 $(R/2,0,0)$、半径为 $\dfrac{R}{2}$ 的圆。

消去 y,得

$$z=\sqrt{R^2-Rx}$$

即

$$L_2:\begin{cases}x=R-\dfrac{z^2}{R}\\y=0\end{cases}$$

为该曲线在 zOx 平面上投影,它在 zOx 面上表示抛物线

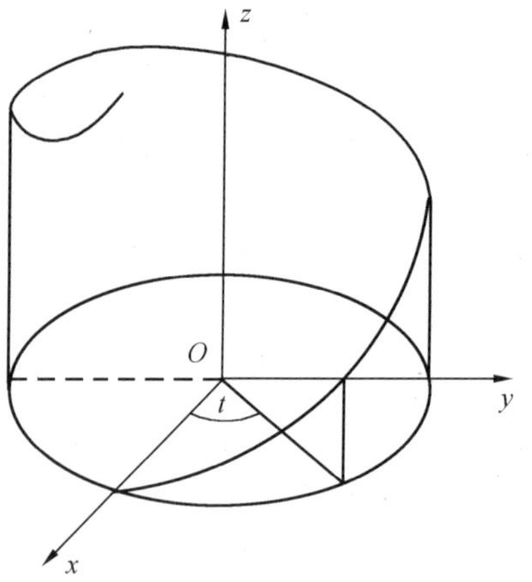

图 9.3

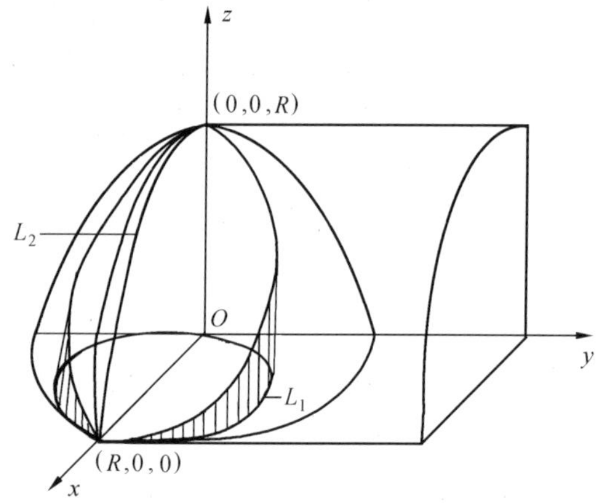

图 9.4

二次曲面的标准方程

在空间解析几何中,由三元二次方程 $F(x,y,z)=0$ 所描绘的图形称为二次曲面。通常用平行截面法,即用一组平行平面去截割二次曲面,根据截线的形状及它的变化规律就可判断出二次曲面的形状。以下介绍几种以标准方程形式出现的二次曲面。

1. 椭球面

由方程

$$\frac{x^2}{a^2}+\frac{y^2}{b^2}+\frac{z^2}{c^2}=1 \qquad (a>0,b>0,c>0) \tag{9.19}$$

所确定的曲面称为**椭球面**,数 a,b,c 称为椭球面的三个半轴。

若 $a=b=c$,则(9.19) 变为

$$x^2+y^2+z^2=a^2 \qquad (9.20)$$

这是一个以(0,0,0)为球心、半径为 a 的球面。

若 a、b、c 中有两个相等，比如 $a=b$，则式(9.19)变为

$$\frac{x^2+y^2}{a^2}+\frac{z^2}{c^2}=1 \qquad (9.21)$$

称之为**旋转椭球面**，它可以视为 zOx 平面上的椭圆

$$\frac{x^2}{a^2}+\frac{z^2}{c^2}=1$$

绕 z 轴旋转而成的旋转曲面。

式(9.19)确定的椭球面如图 9.5 所示，它关于坐标面、坐标轴、原点对称。

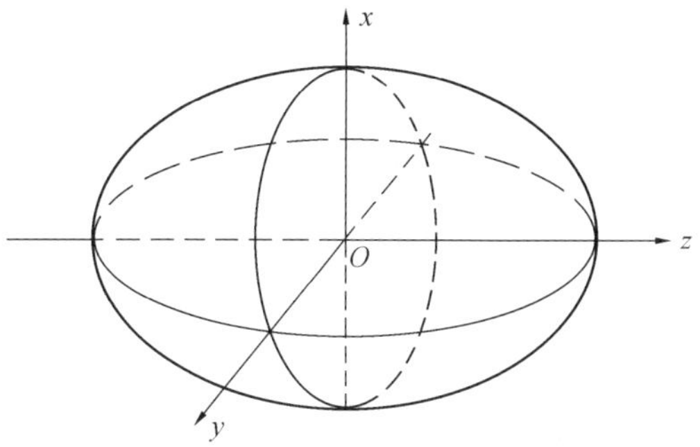

图 9.5

2. 双曲面

双曲面分单叶双曲面与双叶双曲面两种。

方程

$$\frac{x^2}{a^2}+\frac{y^2}{b^2}-\frac{z^2}{c^2}=1 \quad (a>0,b>0,c>0) \qquad (9.22)$$

称为**单叶双曲面**，见图 9.6。它关于坐标面、坐标轴、原点对称。用 $z=h$ 的平面截得的截线为椭圆；用 $y=k$ 平面截得的截线一般为双曲线，当 $k=\pm b$ 时，为两条相交直线。

方程(9.22)的特点是平方项的符号两正一负，因此方程为

$$\frac{x^2}{a^2}-\frac{y^2}{b^2}+\frac{z^2}{c^2}=1 \qquad (9.23)$$

或

$$-\frac{x^2}{a^2}+\frac{y^2}{b^2}+\frac{z^2}{c^2}=1$$

的图形也是单叶双曲面。

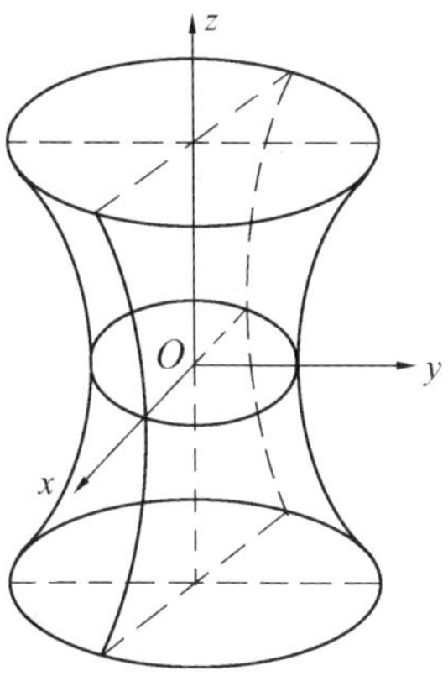

图 9.6

方程为

$$\frac{x^2}{a^2}+\frac{y^2}{b^2}-\frac{z^2}{c^2}=-1 \quad (a>0,b>0,c>0) \qquad (9.24)$$

的图形称为**双叶双曲面**。

用 $z=h(|h|\geqslant c)$ 截得截线为椭圆；用 $x=h$ 或 $y=h$ 截曲面(9.24)得到双曲线。

类似地，方程为

$$\frac{x^2}{a^2}-\frac{y^2}{b^2}+\frac{z^2}{c^2}=-1$$

或

$$-\frac{x^2}{a^2}+\frac{y^2}{b^2}+\frac{z^2}{c^2}=-1$$

的图形也是双叶双曲面。方程(9.24)的图形如图 9.7 所示。

3. 抛物面

抛物面分椭圆抛物面和双曲抛物面两种。

方程为

$$z=\frac{x^2}{a^2}+\frac{y^2}{b^2} \quad (a>0,b>0) \qquad (9.25)$$

的图形称为**椭圆抛物面**。

用 $z=h(h>0)$ 截曲面(9.25) 得到椭圆，用 $x=h$ 或 $y=h$ 截该曲面得到抛物线。

当 $a=b$ 时，(9.25) 成为

$$z=\frac{x^2+y^2}{a^2}$$

称为**旋转抛物面**，它可以由 zOx 坐标面上的抛物线 $z=\frac{x^2}{a^2}$ 绕 z 轴旋转而成。方程(9.25) 图形见图 9.8。

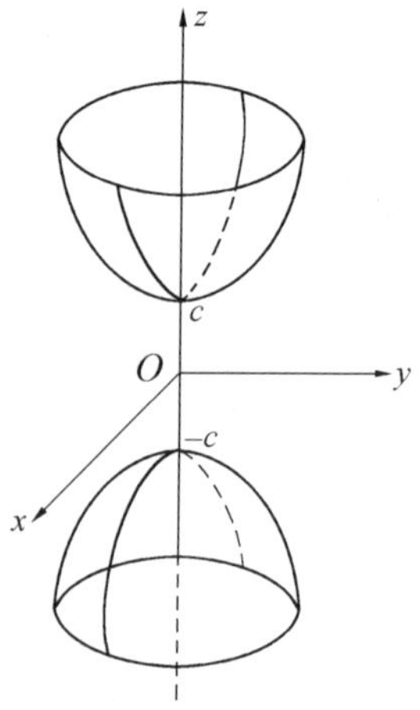

图 9.7

方程为

$$z=\frac{x^2}{a^2}-\frac{y^2}{b^2} \tag{9.26}$$

的图形称为**双曲抛物面**或**马鞍面**。

用 $z=h$ 去截曲面(9.26)；

当 $h>0$ 时，得到实轴与 x 轴平行的双曲线；

当 $h=0$ 时，截线为交点为原点的相交二直线；

当 $h<0$ 时，得到实轴与 y 轴平行的双曲线。

用 $x=h$ 去截曲面(9.26) 得到开口朝下与 yOz 坐标面平行的抛物线；

用 $y=h$ 去截曲面(9.26) 得到开口朝上与 zOx 坐标面平行的抛物线。

方程(9.26) 的图形见图 9.9。

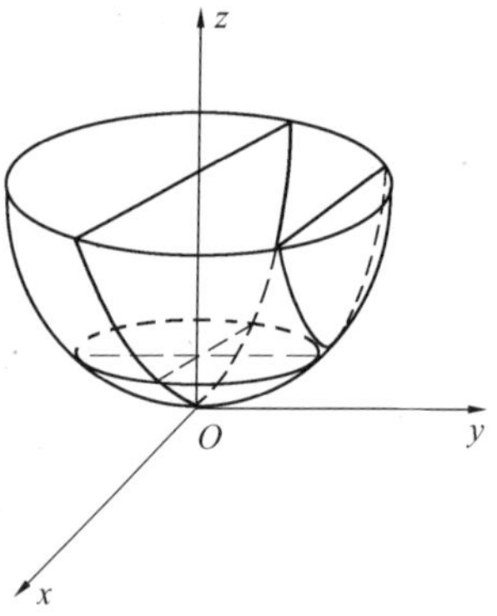

图 9.8

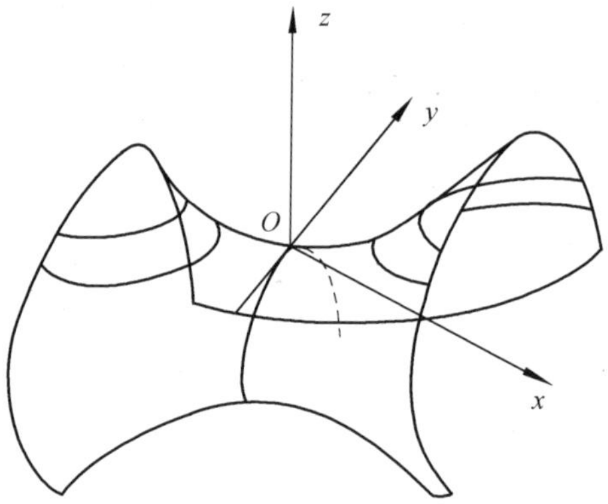

图 9.9

4. 椭圆锥面

方程为

$$\frac{x^2}{a^2}+\frac{y^2}{b^2}-\frac{z^2}{c^2}=0 \qquad (a>0,b>0,c>0) \tag{9.27}$$

的图形称为**椭圆锥面**。方程(9.27) 是齐次方程，曲面过原点(0,0,0)。

用 $z=h(h\neq 0)$ 截曲面(9.27) 得到椭圆。

若 $a=b$，则(9.27) 变为

$$\frac{x^2+y^2}{a^2}-\frac{z^2}{c^2}=0 \tag{9.28}$$

称为**圆锥面**，它是由 zOx 坐标面内过原点的直线 $z=\frac{c}{a}x$ 绕 z 轴旋转而成。

方程(9.27)的图形见图9.10。

5.柱面

方程

$$\frac{x^2}{a^2}+\frac{y^2}{b^2}=1 \qquad (a>0,b>0) \tag{9.29}$$

在空间直角坐标系下表示的图形称为椭圆柱面。

当 $a=b$ 时,(9.29)成为

$$x^2+y^2=a^2 \tag{9.30}$$

即为圆柱面。

方程

$$\frac{x^2}{a^2}-\frac{y^2}{b^2}=1 \qquad (a>0,b>0) \tag{9.31}$$

在空间直角坐标系下表示的图形称为双曲柱面。

方程

$$x^2=2py \tag{9.32}$$

在空间直角坐标系下表示的图形称为抛物柱面。

方程(9.29)、(9.31)、(9.32)所表示的柱面的母线平行于 z 轴,它们的图形分别如图9.11、图9.12、图9.13所示。二次曲面的标准方程即为上述的五类9种。

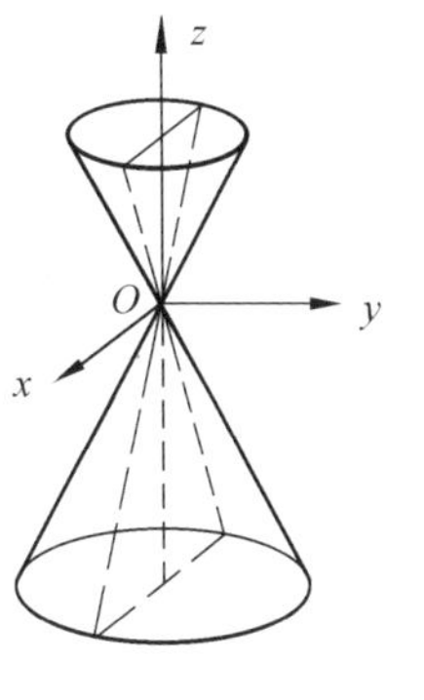

图9.10

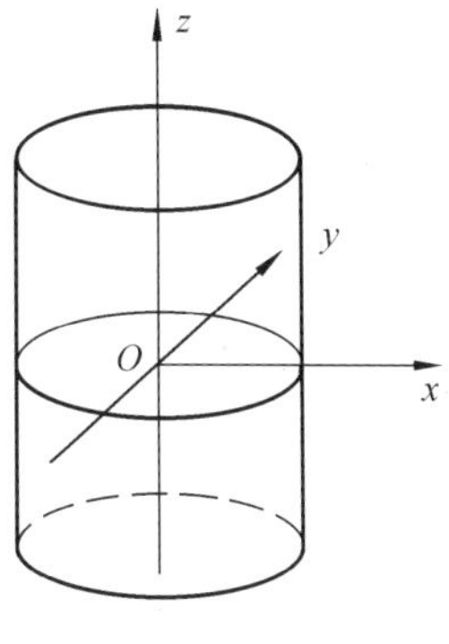

图9.11

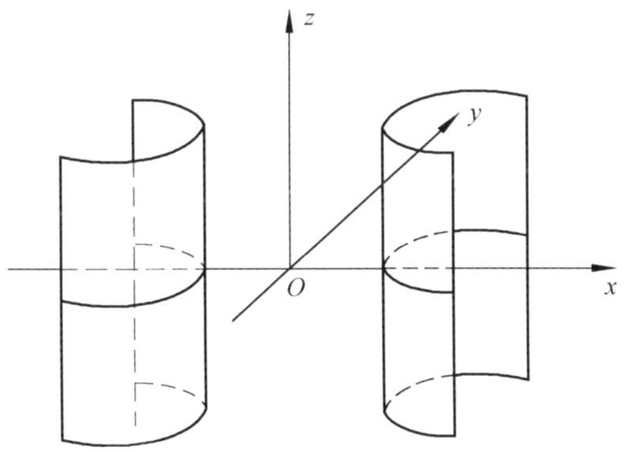

图9.12

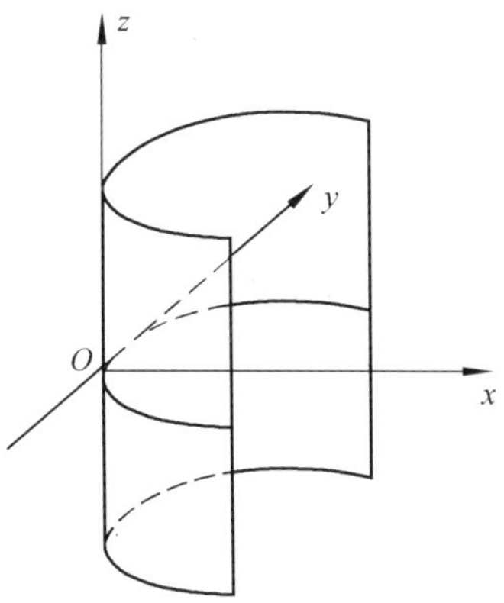

图9.13

化二次曲面的一般方程为标准方程

实系数的三元二次方程 $F(x,y,z)=0$ 往往并不是由以上述五类 9 种形式给出，它的更一般形式为

$$F(x_1,x_2,x_3)=a_{11}x_1^2+a_{22}x_2^2+a_{33}x_3^2+2a_{12}x_1x_2+2a_{13}x_1x_3+2a_{23}x_2x_3+ \\ a_{14}x_1+a_{24}x_2+a_{34}x_3+a_{44}=0 \tag{9.33}$$

其中 $a_{ij}(i,j=1,2,3,4)$ 是实数。

令

$$\boldsymbol{A}=\begin{bmatrix}a_{11} & a_{12} & a_{13}\\ a_{21} & a_{22} & a_{23}\\ a_{31} & a_{32} & a_{33}\end{bmatrix},\boldsymbol{X}=\begin{bmatrix}x_1\\ x_2\\ x_3\end{bmatrix},\boldsymbol{T}=\begin{bmatrix}a_{14}\\ a_{24}\\ a_{34}\end{bmatrix}$$

其中 $a_{ij}=a_{ji}(i,j=1,2,3)$，则(9.33) 可以写成

$$F(\boldsymbol{X})=\boldsymbol{X}^{\mathrm{T}}\boldsymbol{A}\boldsymbol{X}+\boldsymbol{T}^{\mathrm{T}}\boldsymbol{X}+a_{44}=0 \tag{9.34}$$

因为 $\boldsymbol{A}$ 是三阶实对称矩阵，它的特征值全为实数，不妨设为 $\lambda_1,\lambda_2,\lambda_3$。它们相应的标准正交特征向量组为 $\boldsymbol{P}_j=\begin{bmatrix}p_{1j}\\ p_{2j}\\ p_{3j}\end{bmatrix}$，$j=1,2,3$。于是存在正交矩阵 $\boldsymbol{P}=(\boldsymbol{P}_1,\boldsymbol{P}_2,\boldsymbol{P}_3)$，使得 $\boldsymbol{P}^{-1}\boldsymbol{A}\boldsymbol{P}=\begin{bmatrix}\lambda_1 & & \\ & \lambda_2 & \\ & & \lambda_3\end{bmatrix}$。在正交变换 $\boldsymbol{X}=\boldsymbol{P}\boldsymbol{Y}$ 下，其中 $\boldsymbol{Y}=\begin{bmatrix}y_1\\ y_2\\ y_3\end{bmatrix}$，方程(9.34) 化为

$$\begin{aligned}F(\boldsymbol{X})=&(\boldsymbol{P}\boldsymbol{Y})^{\mathrm{T}}\boldsymbol{A}(\boldsymbol{P}\boldsymbol{Y})+\boldsymbol{T}^{\mathrm{T}}(\boldsymbol{P}\boldsymbol{Y})+a_{44}=\\ &\boldsymbol{Y}^{\mathrm{T}}(\boldsymbol{P}^{\mathrm{T}}\boldsymbol{A}\boldsymbol{P})\boldsymbol{Y}+(\boldsymbol{T}^{\mathrm{T}}\boldsymbol{P})\boldsymbol{Y}+a_{44}=\\ &\lambda_1y_1^2+\lambda_2y_2^2+\lambda_3y_3^2+\tilde{a}_{14}y_1+\tilde{a}_{24}y_2+\tilde{a}_{34}y_3+a_{44}\end{aligned} \tag{9.35}$$

这样在正交变换之下，在 $\mathbf{R}^3$ 中，以实对称矩阵 $\boldsymbol{A}$ 的标准正交特征向量组 $\boldsymbol{P}_1,\boldsymbol{P}_2,\boldsymbol{P}_3$ 为基，方程(9.33) 总可化为方程(9.35)。

为了书写方便，论述简洁，我们把二次曲面的一般形式归结为如下形式

$$f(x,y,z)=\lambda_1x^2+\lambda_2y^2+\lambda_3z^2+b_{14}x+b_{24}y+b_{34}z+b_{44}=0 \tag{9.36}$$

其中 $\lambda_1,\lambda_2,\lambda_3$ 是 f 的矩阵 $\boldsymbol{A}$ 的特征值，方程(9.36) 是方程(9.33) 经正交变换消掉交叉项后得的结果。

以下根据特征值是否为零分两种情况讨论：

1. 特征值全部非零

将(9.36) 进行配方，有

$$\lambda_1\left(x+\frac{b_{14}}{2\lambda_1}\right)^2+\lambda_2\left(y+\frac{b_{24}}{2\lambda_2}\right)^2+\lambda_3\left(z+\frac{b_{34}}{2\lambda_3}\right)^2=d \tag{9.37}$$

其中 $d=\dfrac{b_{14}^2}{4\lambda_1}+\dfrac{b_{24}^2}{4\lambda_2}+\dfrac{b_{34}^2}{4\lambda_3}-b_{44}$。

再作平移变换
$$\begin{cases}\bar{x}=x+\dfrac{b_{14}}{2\lambda_1}\\ \bar{y}=y+\dfrac{b_{24}}{2\lambda_2}\\ \bar{z}=z+\dfrac{b_{34}}{2\lambda_3}\end{cases}$$
得
$$\lambda_1\bar{x}^2+\lambda_2\bar{y}^2+\lambda_3\bar{z}^2=d \tag{9.38}$$

于是可得出：

(1) 若 $\lambda_1,\lambda_2,\lambda_3$ 同号，不妨设为正，此时 $\boldsymbol{A}$ 为正定阵。

① 若 $d>0$，(9.38) 为椭球面，$\dfrac{\bar{x}^2}{\frac{d}{\lambda_1}}+\dfrac{\bar{y}^2}{\frac{d}{\lambda_2}}+\dfrac{\bar{z}^2}{\frac{d}{\lambda_3}}=1$；

② 若 $d=0$，(9.38) 退化为原点(0,0,0)；

③ 若 $d<0$，(9.38) 为虚椭球面。

(2) 若 λ_1、λ_2、λ_3 异号，不妨设 $\lambda_1>0,\lambda_2>0,\lambda_3<0$。

① 若 $d>0$，(9.38) 可化为单叶双曲面标准方程
$$\frac{\bar{x}^2}{\frac{d}{\lambda_1}}+\frac{\bar{y}^2}{\frac{d}{\lambda_2}}-\frac{\bar{z}^2}{\frac{d}{-\lambda_3}}=1$$

② 若 $d=0$，(9.38) 可化为椭圆锥面的标准方程
$$\frac{\bar{x}^2}{\left(\sqrt{\frac{-\lambda_3}{\lambda_1}}\right)^2}+\frac{\bar{y}^2}{\left(\sqrt{\frac{-\lambda_3}{\lambda_2}}\right)^2}-\frac{\bar{z}^2}{1}=0$$

③ 若 $d<0$，(9.38) 可化为双叶双曲面的标准方程
$$\frac{\bar{x}^2}{\frac{-d}{\lambda_1}}+\frac{\bar{y}^2}{\frac{-d}{\lambda_2}}-\frac{\bar{z}^2}{\frac{d}{\lambda_3}}=-1$$

2. 特征值不全非零

以下按特征值仅有一个是零及有两个是零分别论述。

(1) 设 $\lambda_1\neq 0,\lambda_2\neq 0,\lambda_3=0$。于是(9.36) 可经平移变换为
$$\lambda_1\bar{x}^2+\lambda_2\bar{y}^2+b_{34}\bar{z}=d \tag{9.39}$$
其中 $d=\dfrac{b_{14}^2}{4\lambda_1}+\dfrac{b_{24}^2}{4\lambda_2}-b_{44}$。

① 如果 $b_{34}=0$，则(9.39) 化为
$$\lambda_1\bar{x}^2+\lambda_2\bar{y}^2=d$$
成为柱面方程：

当 $d\neq 0$ 时，若 λ_1、λ_2 与 d 同号，为椭圆柱面；

若 λ_1、λ_2 同号，但与 d 异号，为虚椭圆柱面；

若 λ_1、λ_2 异号，则为双曲柱面。

当 $d=0$ 时，若 λ_1、λ_2 同号，退化为 $\bar{z}$ 轴；

若 λ_1、λ_2 异号，退化为交于 $\bar{z}$ 轴的两个平面。

② 如果 $b_{34}\neq 0$，则(9.36) 可经平移变换化为

$$b\bar{z}=\lambda_1\bar{x}^2+\lambda_2\bar{y}^2 \quad 即 \quad \bar{z}=\frac{\bar{x}^2}{\frac{b}{\lambda_1}}+\frac{\bar{y}^2}{\frac{b}{\lambda_2}} \tag{9.40}$$

其中 $b=-b_{34}\neq 0$。

若 λ_1、λ_2 同号，则(9.40) 为椭圆抛物面的标准方程；

若 λ_1、λ_2 异号，则(9.40) 为双曲抛物面的标准方程。

(2) 假定 A 的特征值有两个为零，不妨设 $\lambda_1\neq 0$，$\lambda_2=\lambda_3=0$。

此时(9.36) 化为

$$\lambda_1 x^2+b_{24}y+b_{34}z+b_{44}=0 \tag{9.41}$$

若 $b_{24}=b_{34}=0$，则(9.41) 为两平行平面，或退化为两个虚平面，或退化为 $\bar{x}=0$ 坐标面。

除此之外都为抛物柱面。

【例 9.15】 判断二次曲面 $f(x,y,z)=6x^2-2y^2+6z^2+4xz+8x-4y-8z-2=0$ 为何种二次曲面。

【解】 设

$$\boldsymbol{A}=\begin{bmatrix}6 & 0 & 2\\ 0 & -2 & 0\\ 2 & 0 & 6\end{bmatrix} \qquad \boldsymbol{T}=\begin{bmatrix}4\\ -4\\ -8\end{bmatrix}$$

$$|\lambda\boldsymbol{I}_3-\boldsymbol{A}|=\begin{vmatrix}\lambda-6 & 0 & -2\\ 0 & \lambda+2 & 0\\ -2 & 0 & \lambda-6\end{vmatrix}=(\lambda+2)(\lambda-4)(\lambda-8)$$

所以 $\boldsymbol{A}$ 的特征根为 $\lambda_1=8$、$\lambda_2=4$、$\lambda_3=-2$，即为 $\boldsymbol{A}$ 的特征值。

求出与特征值对应的特征向量，将其标准化得到 $\boldsymbol{A}$ 的标准正交特征向量

$$\boldsymbol{P}_1=\begin{bmatrix}\frac{\sqrt{2}}{2}\\ 0\\ \frac{\sqrt{2}}{2}\end{bmatrix} \qquad \boldsymbol{P}_2=\begin{bmatrix}\frac{\sqrt{2}}{2}\\ 0\\ -\frac{\sqrt{2}}{2}\end{bmatrix} \qquad \boldsymbol{P}_3=\begin{bmatrix}0\\ 1\\ 0\end{bmatrix}$$

令

$$\boldsymbol{P}=(\boldsymbol{P}_1,\boldsymbol{P}_2,\boldsymbol{P}_3)=\begin{bmatrix}\frac{\sqrt{2}}{2} & \frac{\sqrt{2}}{2} & 0\\ 0 & 0 & 1\\ \frac{\sqrt{2}}{2} & -\frac{\sqrt{2}}{2} & 0\end{bmatrix}$$

在正交变换

$$\begin{bmatrix}x\\ y\\ z\end{bmatrix}=\boldsymbol{P}\begin{bmatrix}x'\\ y'\\ z'\end{bmatrix}$$

下，原方程化为

$$8x'^2+4y'^2-2z'^2+8\sqrt{2}y'-4z'-2=0$$

配方得

$$8x'^2+4(y'+\sqrt{2})^2-2(z'+1)^2=0$$

再作平移变换

$$\begin{bmatrix}\bar{x}\\ \bar{y}\\ \bar{z}\end{bmatrix}=\begin{bmatrix}x'\\ y'+\sqrt{2}\\ z'+1\end{bmatrix}$$

得 $$8\bar{x}^2+4\bar{y}^2-2\bar{z}^2=8$$

即 $$\frac{\bar{x}^2}{1}+\frac{\bar{y}^2}{2}-\frac{\bar{z}^2}{4}=1$$

其图形为单叶双曲面。

问题 在上面的例题中将常数项 -2 改为 a，试对 a 的不同取值讨论方程的图形。

习　题　9

1. 求下列二次型的矩阵 $\boldsymbol{A}$ 及秩

(1) $f=x_1^2+4x_2^2+x_3^2+4x_1x_2+2x_1x_3+4x_2x_3$

(2) $f=x_1^2+x_2^2+x_3^2+x_4^2-2x_1x_2+4x_1x_3-2x_1x_4+6x_2x_3-4x_2x_4$

2. 用正交变换法将下列二次型化为标准形，并写出所用的变换

(1) $f=2x_1^2+5x_2^2+5x_3^2+4x_1x_2-4x_1x_3-8x_2x_3$

(2) $f=x_1x_2+x_2x_3+x_3x_4+x_4x_1$

3. 分别用配方法和初等变换法把下列二次型化为标准形，并写出所作的可逆线性变换

(1) $f=x_1^2+2x_2^2+2x_1x_2-2x_1x_3$

(2) $f=x_1x_2+x_2x_3+x_3x_1$

4. 设 $\boldsymbol{A}$ 是 n 阶反对称阵，则对任意 n 维列向量 $\boldsymbol{X}$ 都有 $\boldsymbol{X}^{\mathrm{T}}\boldsymbol{A}\boldsymbol{X}=0$。

5. 设 $\boldsymbol{A}$ 是 n 阶对称阵，若对任意 n 维列向量 $\boldsymbol{X}$ 都有 $\boldsymbol{X}^{\mathrm{T}}\boldsymbol{A}\boldsymbol{X}=0$，则 $\boldsymbol{A}=\boldsymbol{0}$。

6. 设 $\lambda_1\leqslant\lambda_2\leqslant\cdots\leqslant\lambda_n$ 为二次型 f 的矩阵 $\boldsymbol{A}$ 的特征值，求证对任意实向量 $\boldsymbol{\alpha}=(\alpha_1,\alpha_2,\cdots,\alpha_n)^{\mathrm{T}}$，下述不等式成立

$$\lambda_1\|\boldsymbol{\alpha}\|^2\leqslant f(\alpha_1,\alpha_2,\cdots,\alpha_n)\leqslant\lambda_n\|\boldsymbol{\alpha}\|^2,\ \|\boldsymbol{\alpha}\|=(\sum_{i=1}^{n}\alpha_i^2)^{\frac{1}{2}}$$

7. 若二次型 f 的负惯性指数为 0，则对任意的 $\boldsymbol{X}$，恒有 $f=\boldsymbol{X}^{\mathrm{T}}\boldsymbol{A}\boldsymbol{X}\geqslant 0$。

8. 若二次型 f 的正、负惯性指数都不为 0，则存在不全为零的实数 $k_1,k_2,\cdots,k_n$，使得

$$f(k_1,k_2,\cdots,k_n)=0$$

9. 判别下列二次型是否正定

(1) $f=x_1^2+2x_2^2+3x_3^2-2x_1x_2-2x_2x_3$

(2) $f=x_1^2+2x_2^2+3x_3^2+4x_4^2-2x_1x_2+4x_2x_3-8x_3x_4$

10. 判断下列各对称矩阵是否正定

(1) $\begin{bmatrix}5 & 2 & 2\\2 & 1 & 1\\2 & 1 & 2\end{bmatrix}$ (2) $\begin{bmatrix}1 & 0 & 3 & 0\\0 & 1 & -2 & 1\\3 & -2 & 4 & 2\\0 & 1 & 2 & 7\end{bmatrix}$

11. 若 $\boldsymbol{A}$ 是正定矩阵，则矩阵 $\boldsymbol{A}^{-1}$，$\boldsymbol{A}^*$ 都是正定矩阵。

12. 设 $\boldsymbol{A}$ 是 n 阶实对称矩阵，求证 $\boldsymbol{A}^2+\boldsymbol{A}+\boldsymbol{I}_n$ 是正定矩阵。

13. 求下列二次型中的参数 t，使得二次型正定

(1) $f=5x_1^2+x_2^2+tx_3^2+4x_1x_2-2x_1x_3-2x_2x_3$

(2) $f=2x_1^2+x_2^2+3x_3^2+2tx_1x_2+2x_1x_3$

14. λ 为何值时，二次型

$$f=x_1^2+4x_2^2+4x_3^2+2\lambda_1x_1x_2-2x_1x_3+4x_2x_3$$

为正定二次型。

15. 二次型 $f=2x_1^2+3x_2^2+3x_3^2+2ax_2x_3(a>0)$ 通过正交变换化成标准形 $f=y_1^2+2y_2^2+5y_3^2$，求参数 a 及所用的正交变换矩阵。

16. 已知二次型 $f=5x_1^2+5x_2^2+c_1x_3^2-2x_1x_2+6x_1x_3-6x_2x_3$ 的秩为 2。

(1) 求参数 c 及 f 的矩阵 $\boldsymbol{A}$ 的特征值；

(2) 指出方程 $f=1$ 表示何种二次曲面。

17. 已知二次曲面方程

$$x^2+ay^2+z^2+2bxy+2xz+2yz=4$$

可以经过正交变换 $\begin{bmatrix}x\\y\\z\end{bmatrix}=\boldsymbol{P}\begin{bmatrix}\xi\\\eta\\\zeta\end{bmatrix}$ 化为椭圆柱面方程 $\eta^2+4\zeta^2=4$，求 a、b 的值和正交矩阵 $\boldsymbol{P}$。

18. 设 n 元实二次型 $f=\boldsymbol{X}^{\mathrm{T}}\boldsymbol{A}\boldsymbol{X}$，$\boldsymbol{X}=(x_1,x_2,\cdots,x_n)^{\mathrm{T}}$，证明 f 在条件 $x_1^2+x_2^2+\cdots+x_n^2=1$ 下的最大值恰为方阵 $\boldsymbol{A}$ 的最大特征值。

19. 将 xOy 坐标面上的双曲线 $\frac{x^2}{9}-\frac{y^2}{4}=1$ 分别绕 x 轴及 y 轴旋转一周，求所生成的两个旋转曲面的方程。

20. 求母线平行于 x 轴且通过曲线 $\begin{cases}2x^2+y^2+z^2=16\\x^2-y^2+z^2=0\end{cases}$ 的柱面方程。

21. 求球面 $x^2+y^2+z^2=9$ 与平面 $x+z=1$ 的交线在 xOy 面上的投影的方程。

22. 求直线 l：$\frac{x-1}{1}=\frac{y}{1}=\frac{z-1}{-1}$ 在平面 π：$x-y+2z-1=0$ 上的投影直线 l_0 的方程，并求 l_0 绕 y 轴旋转一周所成曲面的方程。

23. 下列方程表示什么曲面

(1) $16x^2+9y^2+16z^2=144$

(2) $4x^2-4y^2+36z^2=144$

(3) $x^2+4y^2-z^2+9=0$

(4) $z=xy$

24. 下列方程表示什么曲线

(1) $\begin{cases}x^2+y^2+z^2=25\\x=3\end{cases}$

(2) $\begin{cases}y^2+z^2-4x+8=0\\y=4\end{cases}$

25. 画出下列曲面所围成立体的图形

(1) $2x+3y+6z=6, x=0, y=0, z=0$

(2) $z=\sqrt{1-x^2-y^2}, z=0$

(3) $x^2+y^2-z+1=0, z=3$

(4) $y=x^2, y=2, z=0, z=2$

(5) $x=\sqrt{y-z^2}, x=\frac{1}{2}\sqrt{y}, y=1$

(6) $x^2+y^2=R^2$ 界于 xOy 面及 $z=R+\frac{x^2}{R}$ 之间。

26. 用正交变换和坐标平移将下面二次曲面方程化为标准方程

$$x_1^2+x_2^2+2x_3^2+8x_1x_2-4x_1x_3-4x_2x_3+6x_1+6x_2+6x_3-\frac{15}{2}=0$$